华章 IT

数据库 技术丛书

Oracle Exadata Expert's Handbook

Oracle Exadata
专家手册

［美］ 塔里克·法鲁克（Tariq Farooq）

［美］ 查尔斯·金（Charles Kim）

［印］ 尼廷·文格勒卡（Nitin Vengurlekar）

［印］ 斯里达尔·阿万查（Sridhar Avantsa）   著

［澳］ 盖伊·哈里森（Guy Harrison）

［美］ 赛义德·加法尔·侯赛因（Syed Jaffar Hussain）

梁涛 杨志洪 葛云杰 高强   译

机械工业出版社
China Machine Press

图书在版编目（CIP）数据

Oracle Exadata 专家手册 / (美) 塔里克·法鲁克 (Tariq Farooq) 等著；梁涛等译.
—北京：机械工业出版社，2018.9
（数据库技术丛书）
书名原文：Oracle Exadata Expert's Handbook

ISBN 978-7-111-60736-6

I. O… II. ① 塔… ② 梁… III. 关系数据库系统 - 手册 IV. TP311.138-62

中国版本图书馆 CIP 数据核字（2018）第 194878 号

本书版权登记号：图字 01-2015-5221

Oracle Exadata 专家手册

出版发行：机械工业出版社（北京市西城区百万庄大街 22 号　邮政编码：100037）
责任编辑：赵亮宇　　　　　　　　　　　　　责任校对：李秋荣
印　　刷：北京市荣盛彩色印刷有限公司　　　版　　次：2018 年 9 月第 1 版第 1 次印刷
开　　本：186mm×240mm　1/16　　　　　　　印　　张：26.25
书　　号：ISBN 978-7-111-60736-6　　　　　　定　　价：119.00 元

凡购本书，如有缺页、倒页、脱页，由本社发行部调换
客服热线：（010）88379426　88361066　　　　投稿热线：（010）88379604
购书热线：（010）68326294　88379649　68995259　　读者信箱：hzit@hzbook.com

本书深入介绍了 Exadata 的原理和使用，包括智能扫描（smart scan）、智能卸载（cell offloading）、混合列压缩（HCC）以及 Exadata 的升级、备份等。希望读者能从本书中开卷有益、学有所用。

非常高兴能够和杨志洪、葛云杰、高强三位一起参与这本书的翻译。这是我在英文技术书籍翻译领域做出贡献的第二本书，之前的一本是《深入理解 Expert Oracle RAC 12c》。

谢谢老朱（朱龙春）的介绍，谢谢华章公司编辑王春华的支持和赵亮宇的审阅反馈。

我翻译了本书的第 5~8 章。由于本人水平有限，如有错误，欢迎大家指正。可以通过 shahand@163.com 和我探讨，再次感谢大家。

——梁涛

Oracle 研发中心资深工程师，Oracle 数据库专家

如果说 Oracle 数据库是业界最优秀的数据库产品，那 Oracle Exadata 就是业界最优秀的数据库一体机产品，没有之一。

我是 2011 年开始使用 Exadata 的，属于在国内接触 Exadata 比较早的一批人。那时候国内使用 Exadata 的企业非常少，因为它是一个全新的架构，除了所谓的极致性能之外其他都没有经过大规模生产检阅。

因为计划把 Exadata 作为核心生产，所以我们做了非常周密的上线前测试。测试发现，确实大部分的业务都跑快了，特别是跟全表扫描相关的，简直就是拖拉机速度和汽车速度的区别。但是，有个非常奇怪的事情，在一些业务执行速度变快的同时，也有业务变慢了，调整相关参数后，情况又发生了变化，最后定格在 optimizer_index_cost_adj 和 optimizer_index_caching 两个参数上，大部分应用得到了平衡，最后有 60 多条复杂的 SQL 语句通过 profile 进行了执行计划绑定，并最终稳定运行这么多年。

介绍 Exadata 的中文文章和书籍都还不多，而据我所知，由于 Exadata 的成功，国内很多企业都购买了 Exadata，也还有很多企业在观望。这些年，不同的客户在购买数据库一体机，进行选型时都会与我一起沟通。所以本书的翻译出版，对很多关心 Exadata 的朋友都是

有所裨益的。

　　我觉得所有对数据库一体机（不仅限于 Exadata）感兴趣的 IT 从业人员都可以读一读这本书。为什么呢？首先，Exadata 是国内所有一体机的仿照和对标对象，甚至有的厂家已经宣称超越 Exadata 了，但是不可否认，Exadata 仍有它的先进性。其次，书中几乎把 Oracle 一体机的主要型号、发展历史都介绍了，所以就算你是个销售人员，读读这本书，也是有好处的，这本书也很容易读懂。最后，对于专业的数据库从业者，或者说 DMA 来说，这本书就更加值得一读了，书中涉及的内容非常全面。

　　本书相对体系化地讲解了 Oracle Exadata，但是没必要逐章阅读，可以随机选择自己感兴趣的章节，读起来并不会感觉到莫名其妙。

　　这本书的 6 位作者分别来自美国、印度和澳大利亚，4 位译者也是来自中国的不同城市，所以不可避免地会出现一个问题，即同一个意思，不同章节用的词语可能不一样，但是不会影响理解。在翻译的时候，我们已经尽量统一了。

　　还有一些词语，我们没有翻译，或者给出简要说明，但主要保留英文表述形式，因为我们觉得对于 DBA 来说，看英文词可谓福至心灵，如果硬要翻译成中文可能反而还要浪费各位的时间去想对应的英文是哪个词，比如 Exadata 里特有的 Cell Disk、Grid Disk、Oracle 数据库 AWR 里经常出现的 elapsed time、CPU time、DB time，还有一些表里的简单英文词语。

　　虽然 Exadata 已经出到 X7 系列，但是本书并没有过时，反而更显得弥足珍贵，这是多国 Exadata 技术专家技术和经验的结晶。

　　虽然我们经常自诩是从事 Oracle 的专业人员，但是本书仍然可能出现翻译纰漏。我们建立了本书的 QQ 群（群号：158872749），读者可以入群讨论，我们也会在 DBAplus 社群的官方网页里专门开辟一个页面，供大家提交勘误，我们会及时进行修正。

　　在翻译本书的过程中，很多朋友都给予了帮助。感谢缪杰编辑的不舍追踪、老朱的及时鞭笞、熊宇量的行文审阅、刘毅和贾文全对 PDU 部分的释疑，还要感谢梁涛、葛云杰、高强，是你们的坚持才让本书得以付梓。当然，必须得感谢家人的谅解，"不是在看手机就是在玩电脑"可能是 IT 人的宿命，不到两岁的儿子会主动送水果到书房来，感动！

——杨志洪

新炬网络首席布道师，DBAplus 社群联合发起人，Oracle ACE

　　任何一项新的技术，一件新的产品，都是由兴趣接触、入门初识，到知识博杂、理论清晰的过程。如果这个过程生动有趣又通俗易懂，对有志于迈入这个专业领域的人士而言，将是一个非常不错的体验和自主学习下去的前进动力。我们乐于去做一项这样的工作，把目前介绍 Oracle Exadata 数据库一体机最全面的一部著作，通过我们的翻译与表述带给大家，让读者对 Oracle Exadata 数据库一体机的认知过程能够愉悦有趣。

　　本书涵盖了 Exadata 的方方面面，书中不仅包含 Exadata 的历史、软硬件的组成，还有通俗易懂的知识点，以及足够深入的原理分析，是为 Exadata 数据库一体机管理员（Database Machine Administrators，DMA）精心准备的一本真实环境的实践操作指南和专家手册。

不管你是 IT 行业的资深专家，还是刚刚入门的数据库菜鸟，甚至是外行人，研读此书都将会受益良多。

在此，希望本书有助于推进国内的 Oracle Exadata 数据库一体机研究，希望我们国内能够涌现一批有意愿、有能力从事 Oracle Exadata 数据库一体机研究的人才。

通常来说，在翻译实践中，"信"和"达"之间的平衡对于大多数译者来说都是一种挑战，对于技术性读物的译作来说，这两项要素恰是对译者专业能力的要求：一是要充分了解该技术领域，要有专业性，如此方能"信"；二是对原著和翻译的两种语言的完全掌握和熟练应用，这涉及思维水平和语言表达能力，是"达"的保证。在实现这种语言映射的过程中，译者们既要恪守专业精神，又要发挥"人工智能"。译者本人虽不乏信心和勇气，但由于水平有限、体力有限，译文中难免存在不当与疏漏之处，所以，诚恳地欢迎读者批评指正，并提出宝贵意见，不胜感激。

感谢在本书翻译过程中给予我们大力支持的家人和朋友。

希望您阅读愉快并有所收获。

——葛云杰

Oracle ACE Associate，山东 Oracle 用户组创始人，高级软件工程师

Oracle 产品的水平和质量为业界翘楚是毋庸置疑的，本书讲述了 Oracle Exadata 数据库一体机方方面面的功能，并且图文并茂地展示和验证了其强大、稳定、易用和通用的特性。

在翻译本书的过程中，我不仅学到了很多新的知识，同时也对很多以往经验温故而知新，把之前的服务器、存储、数据库、优化和系统集成的经验都串联了起来，认识到不论技术如何发展，卓越的产品都是利用最新的强大技术，将最迫切的操作、最需要的资源和最重要的数据进行最大程度的平衡、优化和满足，把好"钢"（强大的技术和资源）用在"刀刃"（关键操作、关键数据或者关键业务）上。通过学习本书，不仅能学到 Oracle 的强大技术，还能学习其产品精妙的设计思路，所以希望读者在阅读此书时带着"知其然并寻其所以然"的思路，想必会有更多收获。

非常荣幸能有机会与杨志洪、葛云杰、梁涛三位老师一起参与本书的翻译工作，在与他们协作的过程中，学到了很多专业经验，受益良多。

感谢华章公司编辑王春华和赵亮宇老师的指导和审阅。

非常感谢妻子小静对我业余时间长期伏案工作的理解和支持。

水平有限，欢迎指正。联系邮箱：gaoqiangdba@163.com。

——高强

DBA+ 社群联合发起人，新炬网络开源技术专家

前　言 *Preface*

没有最快，只有更快！

Exadata 是由 Oracle 公司出品的功能和性能完备的数据库一体机，融合了来自 Oracle 和 Sun 的软硬件技术，具有无与伦比的性能。Exadata 已经被全球的企业级用户广泛使用，包括政府、军队和商业公司。

本书由世界知名的、实战经验丰富的 Oracle ACE/ACE 总监组成的作者团队编写，他们都写过多本畅销书籍，并且活跃在全球的 Oracle 巡回演讲现场。本书是为 Exadata 数据库一体机管理员精心准备的一本面向真实环境的实践操作指南和专家手册。

针对 Oracle 数据库管理员和 Exadata 数据库一体机管理员，这本专家手册提供了完成 Oracle Exadata 数据库一体机管理操作和任务的实用技术参考。本书是一本：

❑ 完成 Oracle Exadata 数据库一体机安装和管理的实用技术指南

❑ 专家、专业级的 Exadata 手册

❑ 面向真实环境的、手把手的 Exadata 操作指南

❑ 部署、管理、维护、支持和监控方面的专家指导手册

❑ 来源于真正的 Exadata 数据库一体机管理员的实用的、最佳实践建议的集合

本书适合中、高级 Exadata 数据库一体机管理员阅读，也供专家级的 Exadata 数据库一体机用户参考。

本书内容涵盖 Exadata 数据库一体机的 11g 和 12c 两个软件版本。

Acknowledgements 致　谢

Tariq Farooq

首先，我想表达我无尽的感激，感谢我生命中所有的一切。

我把这本书献给我的父母——Abdullah Farooq 先生和夫人，我的太太——Ambreen，我的孩子们——Sumaiya、Hafsa、Fatima 和 Muhammad Talha，我的侄子——Muhammad Hamza、Muhammad Saad、Abdul Karim 和 Ibrahim。如果没有他们坚定的支持，这本书就不会取得成果。我非常感谢他们，因为我将超过两年的业余时间都用在了这本书的写作上，其中大部分是在飞机上，或者深夜以及周末的时间。

衷心感谢甲骨文技术网络（OTN）的朋友们、Oracle ACE 同行们、我的同事以及 Oracle 社区中的其他人，同时感谢我的工作场对我这个项目的支持。尤其是 Jim Czuprynski、Mike Ault、Bert Scalzo、Sandesh Rao、Bjoern Rost、Karen Clark、Vikas Chauhan、Suri Gurram、John Casale 和我的伙伴 Dave Vitalo。

考虑到 Exadata 是 Oracle 中的热门内容，在大家开始齐心协力研究这个项目之前，我已经和很多人一起讨论过写一本关于 Exadata 的书。从开始构思到写作，从技术评审到制作，创作一本书是一个复杂的、劳动密集的、冗长的，有时是痛苦的过程；如果没有 Addison-Wesley 团队的帮助和指导，这本书是不可能完成的。非常感谢执行编辑 Greg Doench 以及 Addison-Wesley 的其他人，他们就像一块巨石，在这个项目的背后屹立不倒。感谢 Addison-Wesley 的书评和编辑团队的出色工作。特别感谢 Nabil Nawaz 为编写过程提供的帮助。

最后，非常感谢我的朋友和共同作者——Charles、Nitin、Sridhar、Syed 和 Guy，感谢他们令人惊叹的团队协作精神，将这本书带给你们，我亲爱的读者。我真诚地希望你能从这本书中学到东西，你会像我们喜欢研究和创作这本书一样喜欢阅读它。

Charles Kim

我把这本书献给我的父亲，他在今年早些时候去世了。我要感谢我的妻子 Melissa，不管我的事业看起来多么疯狂，她总是支持我。最后，我要感谢我的三个儿子——Isaiah、Jeremiah 和 Noah，因为他们总是让我欢笑。

Nitin Vengurlekar

我要感谢我的家人——Nisha、Ishan、Priya 和 Penny，尤其是我的母亲、父亲和 Marlie。

Sridhar Avantsa

我所拥有或将要取得的任何成功，主要归功于我从大家那里获得的支持、鼓励和指导。有很多人对我的生活产生了深远的影响，但是这里尤其感谢陪伴我多年来的"直布罗陀巨岩"（Rock of Gibraltar）。我把这本书献给这些人，作为我表达感激的小礼物。我永远感谢他们多年来给予我的爱、鼓励和支持。

感谢我的父母，Avantsa Krishna 和 Avantsa Manga，他们多年来一直省吃俭用，以确保为我提供教育、设施和更好的机会，为我未来的成功打下坚实的基础。我要感谢我的祖父 A. V. Rayudu，他对孙辈的信任帮助我们真正地相信自己。

感谢我的哥哥，Srinivas Avantsa，他对我的了解甚于我对自己的了解，在我成长的过程中引导和支持我。要不是他，我可能永远也不会上大学。而我的表妹 Nand Kishore Avantsa，则把我带到了计算机科学的迷人世界。

感谢我携手走过 19 年的妻子——Gita Avantsa，我一生的挚爱，我的孩子们最好的母亲，多年来，她一直站在我身边，支持着我，陪我一起走过艰难险阻，她的微笑总是提醒我："一切都会好起来的"。如果没有她的支持和理解，平衡工作和写作是不可能的。

感谢我的儿子——8 岁的 Nikhil 和 7 岁的 Tarun，每天都围绕着我。你们的天真无邪、智慧和韧性令我惊叹不已。

最后，但同样重要的是，我要感谢我的合作者将我带入这个旅程中，感谢我在 Rolta AdvizeX 的团队对我的帮助，尤其是其中的 Rich Niemiec、Robert Yingst 和 Michael Messina。

非常感谢大家。

Guy Harrison

我将这部作品献给 Catherine Maree Arnold（1981～2010）。一如既往地感谢 Jenni、Chris、Kate、Mike 和 William Harrison，他们赋予了我生命的意义和幸福。感谢 Tariq 和 Greg 给我机会与 Sridhar、Syed、Charles、Sahid、Bert、Michael、Nitin、Nabil 和 Rahaman 合作。

Syed Jaffar Hussain

我想把这本书奉献给我的父母，Saifulla 先生和夫人，我的妻子 Ayesha，我的 3 个小冠军——Ashfaq、Arfan 和 Aahil，以及整个 Oracle 社区。

首先，我要感谢我的父母给了我精彩的人生，让我成为今天的我。另外，我非常感谢我的家人，因为他们让我专注于写作业，帮助我按时完成项目。毫无疑问，如果没有我妻子、朋友和同事的巨大精神支持和鼓励，这项计划是不可能实现的。再次谢谢大家。

我要感谢我的主管（Khalid Al-Qathany、Hussain Mobarak AlKalifah、Majed Saleh AlShuaibi），我最亲爱的朋友（Khusro Khan、Mohammed Farooqui、Naresh Kumar、Shaukat Ali、Chand Basha、Gaffar Baig、Hakeem、Mohsin、Inam Ullah Bukhari、Rizwan Siddiqui、Asad Khan），我的兄弟 Syed Shafiullah，同事，亲人，感谢他们的巨大支持和不断的鼓励。我不能忘记感谢 Vishnusivathej 先生以及 Nassyam Basha、YV Ravi Kumar、Aman Sharma、Karan、Asad Khan 在撰写本书时对我的帮助。

我也很感激官方技术评论家（Sandesh Rao 和 Javed）从他们繁忙的日程中抽出宝贵时间来审阅我们的书，并提出宝贵建议。此外，感谢 Addison-Wesley 团队组织了这个项目。

Nabil Nawaz

我首先要感谢我的妻子 Rabia 和孩子们的耐心，因为我忙于写这本书，有几个星期没有和家人在一起——这个项目最终花费的时间超出了我的预期。我很幸运有一个理解我的家庭在我写第一本书的过程中对我的支持！

我很感谢 Charles Kim 邀请我对这本神奇的书提出建议。Charles Kim 是一名优秀的导师，并且愿意帮助任何人学习技术。

还要感谢 Oracle 技术支持部门的 Bane Radulovic，感谢他花了很多时间与我进行交流，并详细回顾了 Exadata 堆栈升级过程。如果没有他，我将无法为堆栈升级章节做出贡献。

关于作者 *About the Authors*

Tariq Farooq 是 Oracle 技术专家、架构师、问题解决者，在国际大型组织及非常复杂的技术环境中，有超过 24 年的 Oracle 技术工作。他在世界上几乎每一个重要的 Oracle 会议/活动上都做过演讲，是一位屡获殊荣的演讲者、社区领袖/组织者、作家、论坛撰稿人和技术博主。他是 IOUG 虚拟化和云计算特别兴趣小组和各种 Oracle 社区的 BrainSurface 社交网络的创始人。他创立、组织并主持了各种 Oracle 会议，其中包括 OTN 的中东和北非地区（MENA）之旅，OTN 欧洲、中东和非洲（EMEA）之旅，VirtaThon（各种 Oracle 领域大型在线会议），CloudaThon 和 RACaThon 一系列会议，以及首次在 2011 年麻省理工学院（MIT）举行的 Oracle-centric 会议。他是 VirtaThon 互联网广播系列节目的创始人和主持人。他是 Oracle RAC 认证专家，拥有 14 个专业 Oracle 认证。在撰写了 100 多篇文章、白皮书和其他出版物之后，他是《Expert Oracle RAC 12c》等书的共同作者。他荣获 2010～2015 年度 Oracle ACE 和 ACE 总监大奖。

Charles Kim 是 Hadoop/Big Data、Linux infra-架构、云、虚拟化和 Oracle 集群技术的架构师。他拥有 Oracle、VMware、Red Hat Linux 和 Microsoft 的认证证书，并拥有超过 23 年关键业务系统的 IT 经验。他经常出现在 Oracle OpenWorld、VMWorld、IOUG 和各区域组织用户组会议。他是 Oracle ACE 总监、VMware vExpert、Oracle 认证 DBA、认证 Exadata 专家和 RAC 认证专家。他参与写作的书籍包括《Oracle ASM 12c Pocket Reference Guide》等。他是 Independent Oracle User Group 云计算（和虚拟化）SIG 的现任主席，他经常在 DBAExpert.com/blog 上撰写博客。

Nitin Vengurlekar 是 Viscosity North America 的联合创始人兼首席技术官，负责合作伙伴关系和端到端解决方案部署。在加入 Viscosity 之前，他在 Oracle 工作超过 17 年，主要在 RAC 工程组和 RAC 产品管理部门工作。他在 Oracle 担任 Oracle 云战略小组的数据库云架构师和推广人员，在过去三年中担任私有数据库云消息传递负责人。他是 Oracle 存储、高可用、Oracle RAC 和私有数据库云领域的知名演讲者。他曾参与 Oracle 技术书籍的写作与审校，并撰写了大量论文，为丰富 Oracle 文档和 Oracle 教育资料做出了贡献。他有超过 28 年的 IT 经验，是一位经验丰富的系统架构师，曾成功协助众多客户部署高度可用的

Oracle 系统。

Sridhar Avantsa 于 1991 年在甲骨文（Oracle）公司开始了自己的开发生涯。在过去的几年里，他成为了一名 DBA 和架构师。目前，他为 Rolta AdvizeX（以前称 TUSC）管理国家 Oracle 数据库基础架构咨询实践，并于 2006 年加入 Rolta AdvizeX 担任技术管理顾问。他感兴趣的领域包括基础架构、数据库性能调优、高可用/灾难恢复和业务连续性计划、Oracle RAC 和集群以及 Oracle 工程系统。Sridhar 作为演讲者和 Oracle 会议专家小组的成员，一直是 Oracle 社区的活跃成员。

Guy Harrison 是 Oracle ACE 和戴尔软件研发执行总监。他是《Oracle Performance Survival Guide》等数据库技术的书籍、文章和演示文稿的作者或合著者。他还为 "Database Trends and Application"（www.dbta.com）撰写每月专栏。

Syed Jaffar Hussain 是 Oracle 数据库专家，拥有 20 多年的 IT 经验。在过去的 15 年里，他曾在几家大型国际银行工作，在那里他实施和管理的集群和非集群环境高度复杂并有数百个关键业务数据库。他于 2011 年获得"年度最佳 DBA"和 Oracle ACE 总监大奖。他还获得了多种 Oracle 证书——Oracle Certified Master（OCM）等。他是一位活跃的 Oracle 演讲者，经常出现在 Oracle 技术会议和网络研讨会上。读者可以访问他的技术博客 http://jaffardba.blogspot.com。他是多部 Oracle 技术书籍的作者和审校者，包括《Oracle 11g R1/R2 Real Application Clusters Essentials》等。

关于技术审校人员和贡献者 *About the Technical Reviewers and Contributors*

　　Bert Scalzo 是世界知名的数据库专家、Oracle ACE、作家、HGST 公司的首席架构师，曾是 Dell 软件公司 TOAD 开发团队的一员。在他三十多年的 Oracle 数据库生涯中，Bert 的网络教学视频（webcast）获得了很高的关注和客户参与度。Bert 在 Oracle 大学和 Oracle 咨询部门都工作过，他持有许多 Oracle 的高级认证，还拥有广泛的学术背景，包括计算机科学的学士、硕士和博士学位，以及 MBA 和保险行业的头衔。

　　Javid Ur Rahaman 拥有 15 年以上在亚太、美国和非洲等区域进行 Oracle 技术性工作的经验。他目前以 Oracle 管理服务实践领导的身份在 Rapidflow 应用公司工作，这是一家总部在加利福尼亚的 VCP 甲骨文认证合作伙伴机构。他在不同的论坛上都贡献过许多 Oracle 技术方面的讲座。Javid 主要的工作包括在一些国家或跨国集团大规模地实施 Oracle Exadata、Exalogic、Exalytics、ODA、RAC、OBIEE、SOA、OTM、Web Center、Oracle Demantra、EBS 云端整合、HCM 云端整合以及其他 Oracle 技术里的 EBS。Javid 的博客地址是 http://oraclesynapse.com，推特上的用户名是 @jrahaman7，大家可以访问。

　　Nabil Nawaz 从 1997 年开始了他的 Oracle 职业生涯，目前在北美 Viscosity 公司担任高级顾问一职。他有超过 17 年的 Oracle DBA 经验，用过 7.1.6 版本。他是 OCP 认证专家、Exadata 认证专家，还是一名 Oracle ACE Associate。他在 Oracle 方面经验丰富，曾在许多财富 500 强公司担任技术顾问一职，主要关注高可用架构解决方案，包括 RAC、DataGuard，以及最近关注的 Oracle Exadata 和虚拟化技术。Nabil 和他的妻子及三个孩子生活在德克萨斯州的达拉斯，他在那里土生土长。Nabil 经常在 Oracle 用户组的活动上进行分享。他的博客是 http://nnawaz.blogspot.com/，推特用户名为 @Nabil_Nawaz。

　　Sandesh Rao 是一位 Oracle 技术专家，过去的 8 年中作为 Oracle RAC 开发部门的一员，开发了许多工具来帮助 Oracle 用户，也解决了许多客户升级方面的关键问题。Sandesh 经常在 Oracle OpenWorld、COLLABORATE 大会上进行演讲，也在 Oracle RAC 兴趣小组进行 RAC、ASM、GI 等 Oracle 高可用产品方面的一些讲座。通过 Exachk 这样的工具，他参与了 Exadata 工程一体机系统的工作，并给出最佳实践，他还负责 Oracle 数据库产品方面的诊断工作，并在这一领域开发工具。Sandesh 一直在与客户合作，进行架构设计、方案设计，解决关键问题，并领导横跨不同产品（包含数据库、OEM、中间件，以及现在的客户私有云和公有云）的四个不同团队。关于 Sandesh 的更多信息，可以访问 http://goo.gl/t6XVAQ 查询。

目 录 *Contents*

第 1 章 *Chapter 1*

全方位了解 Exadata

Exadata 是 Oracle 公司的旗舰型数据库一体机，经过数十年的技术发展与改进，已经成为业内新一代的数据库一体机的标杆。虽然 Exadata 在 2008 年才发布，但已经成为 Oracle 公司整个历史上普及最快的产品了。之所以取得前所未有的成功，是因为有许多革新特性，Exadata 不仅仅将这些尖端技术结合在一起，更重要的是这些技术能够无缝协作。这是通过利用数百项在 Oracle 数据库服务器领域已经使用的多年研究和开发成果达到的。

本章的目的是通过一个全方位的概要和介绍，让读者熟悉 Exadata 数据库一体机。

Exadata 整合了许多硬件和软件层面的新一代的技术。所有的东西都是在工厂里预先安装、调试并进行了充分的测试的，这样送到用户的数据中心机房后就可以在极短的时间内上线使用。这是 Exadata 能够在行业内快速成功的一个主要原因。

那么，要怎么样来介绍 Exadata 才好呢？

如果有一个词，让 Exadata 的采购方和使用方在所有类别和层面上都相互认同，那就是"性能卓越"。

Exadata 还有其他一些特性同样广为人知：集成、智能存储（intelligent storage）、智能扫描（smart scan）、卸载（offloading）、混合列压缩（Hybrid Columnar Compression，HCC 或者 Exadata Hybrid Columnar Comparession，EHCC）、新一代 InfiniBand（IB）作为网络交换机，大量的 PCIe 闪存、数据库云计算，以及知名的开箱即用的数据库一体机。

本书不仅涵盖这些内容，还会介绍更多有趣的内容，让读者朋友对 Exadata 数据库一体机的认知和发现之旅充满乐趣。

提示 本书中所有涉及的命令以及命令输出，不限于 Exadata 的某个具体型号或系列，这些命令已经在从 X2 到 X4 系列的不同型号中运行过，包括 X2-2、X4-2 的 1/4 配到通过 IB 交换机连接的多个满配 X2-8 机型。我们是有意这样做的，好让本书涵盖 Exadata 的方方面面。

1.1　Exadata 概览

Exadata 是一个完整的、集成的数据库一体机：硬件和软件有机整合在一起的工程系统。Exadata 被运输到数据中心时，可开箱即用——把业务数据导入到一个预安装的数据库，或者开始创建一个新的数据库，并在第一天就可以使用 Exadata。[⊖]

简而言之，Exadata 的集成水准很高，充分利用了 Oracle 在数据库服务器领域数十年的研发积累，并在智能存储层为数据库软件配备了超高速网络。Exadata 在工厂里就同时在硬件层和软件层进行了成百上千次的最佳实践集成。

Exadata 设计时的一个主要目标就是减少部署时间。Oracle 想给客户交付一个开箱即用的工程系统，不需要客户再花时间将各种各样的组件糅合在一起：从主机到存储再到网络。图 1.1 是从 Oracle 官方文档截取的广告图。

正是采用了行业内的技术，包括 InfiniBand 网络交换机、大量闪存、具有数据"记忆"的智能存储单元软件，促成了 Exadata 的成功。

在设计层面，人们花了很多心思去消除硬件部分每一层的单点故障（Single Points Of Failure，SPOF），从整个存储单元（又称"存储节点"）、电力供应到 RAC 计算节点等的故障。

Exadata 创新能力非常强，非常快速，自 X2 以来（从这个版本开始，使用 Sun 的硬件平台），几乎以年为周期发布更新、更快的版本。Exadata V1 版本的一体机使用的是 HP 的硬件（这个版本之后，所有后续版本的 Exadata 大部分都使用 Sun 的硬件）。

1.1.1　数据库一体机

Exadata 是一个工程化的数据库机器（通称数据库一体机），虽然它不是个电器（appliance），但它和"电器"之间有许多重叠的特性。在软件层面，Oracle 使用了其数据库产

图 1.1　来自 Oracle 文档的描述，Exadata 如广告一样好用

⊖　想想如果你自己买一堆不同厂家的 PC Server、PCIe 闪存卡、IB 交换机、存储器，然后再去购买 RedHat 操作系统和 Oracle 数据库，要进行各种安装协调沟通和问题处理，但数据库一体机中不需要，这也是数据库一体机开始变得流行的原因之一吧。——译者注

品家族的集群组件（RAC），同时在存储层带来了其创新特性存储单元（storage cell）软件。ASM 部署在数据库的计算节点，用于将无序的磁盘格式化成标准的 ASM 磁盘组。

　　自从 2010 年 1 月 Oracle 收购 Sun 公司之后，Oracle 工程系统采用了基于 Sun 硬件的统一策略，不只是 Oracle 数据库层面这样，其他层面，包括中间件、大数据、存储方面也是如此。这种单一供应商的方法，将所有的硬件和软件集成到单个集成工程系统，在很大程度上为企业降低了总拥有成本（TCO）。

> 提示　Exadata 是完整的、紧密集成的数据库一体机，受到 Oracle 公司的严格管制。完全不允许用户进行任何的定制化改造，举个例子，你想在计算节点的 OS 层自定义一些 RPM 包是不被允许的，因为这可能破坏整个一体机内部工作的完整性。所有部分的任何改变，补丁、升级等都是被 Oracle 当作整体的一部分进行测试和认证发布的，计算层、存储层、网络层都被以最优化的方式紧密集成在一起。

1.1.2　Exadata 会改变你的工作职责

　　从过往的经验来看，Oracle DBA（Database Administrator，数据库管理员）非常易于局限在自己的知识范围里，仅关注数据库服务器上的数据库软件层面，而系统管理员则专注操作系统层面。随着 Exadata 的横空出世，这种只限于某一知识范围的情况受到了挑战：DBA 们开始学习和了解 Exadata 所涉及的硬件和操作系统知识，并开始将所有相关维护工作纳入了日常运维管理范畴。

　　尽管有各种规章制度和职责描述，DBA 和系统管理员们都不可避免地将成为数据库一体机管理员（Database Machine Administrator，DMA）了，这是行业里的一个新术语，新工种。换句话说，为了更高效率和高效能地履行 Exadata 的管理和维护职责，DBA 和系统管理员都需要积极地学习新技能。

> 提示　Oracle DBA 正忐忑不安地进入 Exadata 维护领域，要去扩充他们的系统管理技能，要在精神上做好充分准备，去承担比以往范围更加广泛的工作。他们要把自己转型成数据库一体机管理员，就像转型为数据库云管理员（Database Cloud Administrator，DCA）一样。

1.1.3　Oracle 企业管理器 12c

　　Exadata 是一个技术综合的工程聚合体，是 Oracle 数据库家族中最复杂的一个。因此，需要为 Exadata 准备一个先进有效的、全方位的监控管理手段，Oracle 企业管理器 12c（OEM 12c）的 Exadata 插件正是 Oracle 公司为此提供的一个端到端综合解决方案。

　　为了支持 Exadata，OEM 12c 中显著增强和改进了监控、管理、维护及支持扩展性等方面的功能。

　　本书第 9 章专门讲述用 OEM 12c 来管理 Exadata。在这一章里，除了教大家怎样用

OEM 12c 来进行 Exadata 的日常维护管理外，还会讲述 Exadata 插件的初始化安装部署、配置，以及怎样用它来发现设备。图 1.2 展示了在 OEM 12c 上 Exadata 的一个整体维护界面。

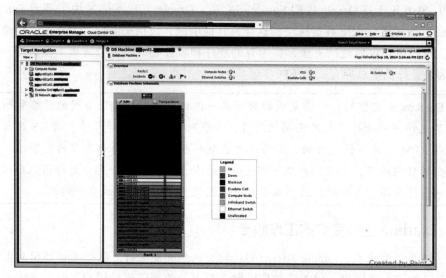

图 1.2　OEM 12c 上的 Exadata 维护界面

1.2　Exadata 硬件架构

图 1.3 从硬件的视角展示了 Exadata 的主要组成部分，在后面的章节中将会对每个部分做详细介绍。

> **提示** Oracle Exadata 研发团队非常用心地去消除每一个层面的单点故障，因此，每一个硬件组件及组件中的子组件（subcomponents）都做了不同程度的冗余配置。

1.2.1　服务器层——计算节点

本书中所说的 Exadata 计算节点，主要指的是 Sun X5-2、X4-2、X4-8 服务器（本书作者写作时最新版本是 X5-2，翻译时最新版本是 X6-2）。这是 Sun 服务器产品线新的命名模式，比如 Sun X3-2 服务器之前叫作 X4170 服务器，在 Exadata X2-2 系列是计算层的主力服务器。这是一个标准的 2U 大小的服务器，每个服务器上配 2 颗 CPU，因此 X2-2 中第二个 2 就是指每颗服务器的 CPU 核数。当然，每个

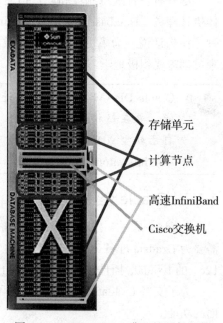

图 1.3　Exadata X4-2 满配的硬件组件

更新的版本发行时，这些服务器的性能都会提升，配置增强，X4-2 系列配置的是 12 核的 CPU 及最大 512GB 的 DDR3 内存，到 X5-2 系列配置的就是 18 核的 CPU 及最大 768GB 的内存。

1.2.2　共享存储——存储单元

Exadata 的硬件存储层是 Sun X4-2 存储服务器，配置了 3.2TB 闪存缓存 (Flash Cache)，96GB 内存，12 颗 CPU，12 块 SAS (Serial Attached SCSI) 高性能硬盘或 12 块大容量硬盘，2 个 InfiniBand 交换机端口，最高数据带宽可达 72.5Gb/s，这个存储服务器简直就是 Exadata 盒子里的存储野兽[⊖]。

随着 Exadata 版本的更新，其配置的 PCIe 闪存卡在容量和低延时方面都得到了增强和优化，在本章的末尾有一小节，展现了从 Exadata X2 到 X4 各版本闪存卡的配置更新历史。

1.2.3　网络结构——InfiniBand

Exadata 使用 InfiniBand 高速交换网络，RAC 节点之间的私有网络通信以及计算节点和存储单元之间的数据通信都用它。InfiniBand 也用在 Exadata 做水平扩展时，连接多个机柜 (rack)。

新版本的半配或满配 Exadata Xn-2 系列中，InfiniBand 交换机的数量已经减少，X2-2 和 X3-2 是 3 个，X4-2 和 X5-2 是 2 个[⊖]。X4 没有配备骨干 (Spine) 交换机，必须另外购买单独的骨干交换机用于多个 Exadata 机柜之间互联互通。

1.2.4　电源单元——PDU

每个 Exadata 一体机有两组冗余的 Sun 电源单元 (Power Distribution Unit, PDU)，可以通过以太网 RJ-45 端口连接来监控。Exadata 的 PDU 模块可以部署 OEM PDU 插件，然后通过 OEM 监控。

1.2.5　Cisco 交换机

X2、X3、X4 系列的 Exadata 一体机采用 48 口的 Cisco 4948 以太网交换机，用来连接到数据中心。这是 Exadata 提供的一种基于以太网的外部接入途径。通过部署 Exadata 插件，可以使用 OEM 来监控 Exadata Cisco 交换机。

1.2.6　2U 自定义网络交换空间

在 Exadata 一体机的机架顶端有 2U 的空间，用户可以安装自己的网络交换机。

⊖ 野兽 (Beast) 是金士顿 2013 年发布的一款高端内存，也是超频发烧友的首选。——译者注
⊜ X6-2 也是。——译者注

1.3 软件架构

图 1.4 从软件视角展示了 Exadata 的主要组成部分。

1.3.1 实时应用集群（RAC）

RAC 是 Oracle 数据库家族的集群组件，通常说的 RAC，或者 Oracle 网格软件（Grid Infrastructure, GI）是指 Oracle Clusterware 和 ASM 的集合，而 ASM 是整个 Oracle RAC 的灵魂和心脏。

第 2 章会专门介绍 RAC，告诉大家如何在 Exadata 生态体系里配置和使用 RAC 的最佳实践。

> 提示 在 Exadata 里并非一定要使用 RAC 数据库，它是可选的。然而在 Exadata 里，用户很少会选择不安装，或者不使用 RAC 数据库。其中的因素有很多，可能是出于水平扩展、负载均衡，或者高可用性考虑。
>
> 值得一提的是，笔者至今没有遇到过一例仅仅只部署了 Exadata 而没有使用 RAC 的情况。换句话说，RAC 和 Exadata 好像一对夫妻一样捆在一起，成了 Exadata 在计算层最重要软件的组成部分。

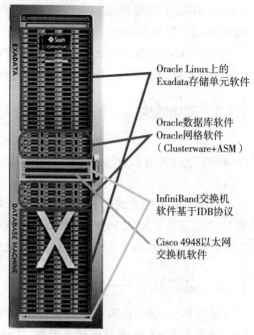

Oracle Linux上的
Exadata存储单元软件

Oracle数据库软件
Oracle网格软件
（Clusterware+ASM）

InfiniBand交换机
软件基于IDB协议

Cisco 4948以太网
交换机软件

图 1.4　Exadata X4-2 满配的软件组件

1.3.2 自动存储管理（ASM）

ASM 为 Exadata 提供了存储管理能力，为 Exadata 存储单元（或者叫存储节点）中的磁盘充当了文件系统和卷管理器的作用，供给数据库计算节点使用。

ASM 还为 ASM 磁盘组提供了镜像的能力：普通冗余模式（2 份镜像）或高度冗余模式（3 份镜像）。本书的后续内容会详细介绍怎样更好地部署、配置、监控和管理 ASM。

1.3.3 数据库计算节点

用户可以选择在 Exadata 一体机的计算节点上安装 Solaris 操作系统或者是 Oracle Linux 操作系统，目前 Exadata 上仅支持这两种操作系统。Oracle Linux 和 Solaris 都被 Oracle 预装在计算节点上了。如果已经购买了 Exadata，一体机被送到机房后，Oracle 支持工程师会在初始部署时安装和配置你所购买的操作系统。

提示 根据粗略统计，绝大部分的 Exadata 用户选择使用 Oracle Linux 操作系统。这同样有许多原因，比如 Oracle 用户社区中有大量的 Linux 知识库，很多从业者本来就具备丰富的 Linux 经验，Oracle 公司承诺加强 Linux 内核的研发。

1.3.4 存储单元软件

Exadata 同样预装了存储单元软件。存储单元软件中包含了 Exadata 内部工作的秘密，它让 Exadata 的极致性能驰名天下。这些让 Exadata 的极致性能提供"火力"的组件有：智能卸载、智能扫描、混合列压缩等。

本书用多个章节来详细讲解存储单元软件，它的工作原理，以及如何配置以根据行业标准的最佳实践最好地设置和利用 Exadata。

1.4 型号和配置

这一部分将简要介绍 Exadata 的历史，然后介绍各种型号配置，最后说明各种型号版本之间的显著差异。

Exadata 的 V1 版本（基于 HP 硬件）和 V2 版本（基于 Sun 硬件的初始版本）不在详述之列，因为它们已经被历史的长河淘汰了。

1.4.1 Exadata 历史简介

Exadata 最开始用的是 HP 硬件，但很快就被 Sun 硬件替代，一直延续到现在。Xn-2 系列版本（X2-2，X3-2，X4-2）上运行 Linux 是行业内最普遍和最受欢迎的配置。

现在的 Exadata 是第五代产品，在硬件层面经历着快速的变化。特别是闪存大小、CPU频率和核数、内存大小方面，每个更新的版本都会有大量增加。

针对数据仓库类型的工作负载，Exadata 设计了网格环境的存储设备（Storage Appliance for Grid Environment，SAGE）。2008 年，Exadata 第一个版本诞生了，基于 HP 硬件。那个时候，Oracle 还没有收购 Sun 公司，需要一个外部的硬件合作伙伴（选择了 HP）来构建第一代 Exadata 一体机：Exadata V1 ⊖。收购 Sun 公司之后，Oracle 迅速抛弃 HP 选择了 Sun的硬件平台，生产出 X2 一体机。Oracle 紧接着快速地推出了 Exadata 的后续版本：X3、X4 以及 M6-32 SuperCluster 工程一体机。

Exadata 现在已成为完整的端到端一体机典型，能够承担各种类型的 Oracle 数据库负载，比如在线交易系统（OLTP）、决策支持系统（DSS）/ 数据仓库（DW），以及交易及仓库

⊖ 原书中这里为 X1，应为作者笔误。Exadata 的第一个版本是 V1，是跟 HP 合作的。V1 之后的版本为V2，也是跟 HP 合作的。V2 之后的版本为 X2，开始与 Sun 合作。并没有 X1 这个版本。——译者注

混合型系统。

接下来的几节将从硬件到软件层面更高视角地剖析 Exadata，包括各种版本的 Exadata 及其主要差异。更深入的解析则遍布本书的各个章节。

🎯 **提示**　Exadata 起源在 HP 硬件上，2008 年 9 月 V1 版本宣告诞生。前面的内容介绍过，V1 版本是基于 HP 硬件的。在那个时候，Oracle 还没有收购 Sun 公司。

Exadata 的初始版本——V1，计算节点是基于 8 台 HP DL360 G5 服务器，总共 64 核的 CPU（每个服务器 2 颗 4 核的 CPU），整合进一个 42U 的机柜。

Exadata V1 的存储配置是 14 台 HP DL180 G5 存储单元服务器，总共 112 核的 CPU，5.3TB 的闪存大小。它的诞生是针对高性能数据仓库市场的。⊖

1.4.2　Exadata 的进化

Exadata V2 已经改用 Sun 硬件了，2009 年 9 月发布⊜。这个发布会开在 Oracle 在收购 Sun 的过程中，之后的 X2、X3 以及 X4 等后续版本一直使用 Sun 硬件。这是理所当然的事情，Oracle 收购了 Sun 公司，而 Sun 公司拥有资源、产品以及几十年的研发经验，这些都非常有利于大规模生产 Exadata 一体机。

后面的内容会提到，从 X2 系列起，Exadata 开始有各种型号、配置。从硬件角度看，这些后续的版本都有显著的差异和改进。软件组件的详细介绍以及最优化的安装、配置方法则贯穿在本书之中。

1. Exadata X2-2

Exadata X2-2 在 2010 年发布，是业内第一个被广泛使用的 Exadata 产品系列，也是 Exadata 产品家族最受欢迎和部署量最多的产品系列。一台 X2-2 满配是一个 42U 的机柜，包含 8 台中等配置的数据库计算节点，14 台运行 Exadata 存储单元软件（CELLSRV）的高性能存储节点，3 台 InfiniBand 交换机，键盘、显示器和鼠标（KVM），机柜插座（PDU），还有一台 10Gb/s 的 Cisco 4948 以太网交换机用于外部连接和内部管理。

存储节点可以配置 12 块 600GB、15 000 转速的 SAS 高性能磁盘，也可以配置 12 块 3TB、7200 转速的 SAS 大容量磁盘。

显然，比如新一代产品的软件和硬件技术的完美整合发挥了最佳性能，而且 X2-2 系列分成了三个型号：小型（1/4 配）、中型（半配）、大型（满配），易于扩展，用户可根据需要选择合适的配置，价格相对便宜，所以 X2-2 一经推出就受到市场的强烈欢迎。⊜

使用普通冗余模式的 ASM，一个大容量的满配 X2-2 提供 224TB 未压缩的存储容量⊛。同样，使用普通冗余模式的 ASM，一台高性能满配 X2-8 提供 45TB 未压缩的存储容量。

⊖　当时的竞争对手是 Teradata 和 Netezza。——译者注
⊜　为什么都是 9 月？因为这是一年一度的 Oracle Open World 大会时间。——译者注
⊜　译者 2011 年接触的第一款 Exadata 就是 X2-2，现在还在很好地为客户提供服务。——译者注
⊛　Exadata 还提供特有的 EHCC 压缩方案，压缩比高于 1∶10。——译者注

X2-2 系列机型可以用于各种负载的业务，从 OLTP、数据仓库到混合负载业务。

表 1.1 列出了 X2-2 的硬件规格参数。

 提示 1/4 配或者半配的 X2-2 可以扩展到满配。18 个满配的 X2-2 机柜不需要额外的 InfiniBand 交换机就可以实现互联。

表 1.1 Exadata X2-2 系列硬件配置

1/4 配 X2-2	半配 X2-2	满配 X2-2
2 台数据库计算节点	4 台数据库计算节点	8 台数据库计算节点
24 个 CPU 核，最大 288GB 内存（每个节点 12 个 CPU 核，最大 144GB 内存）	48 个 CPU 核，最大 576GB 内存（每个节点 12 个 CPU 核，最大 144GB 内存）	96 个 CPU 核，最大 1152GB 内存（每个节点 12 个 CPU 核，最大 144GB 内存）

计算节点

每个数据库计算节点：
- ❑ 2 颗 6 核 Intel Xeon X5675 处理器（3.06GHz）
- ❑ 96GB 内存（可扩展到 144GB）
- ❑ 磁盘控制器 HBA 卡带 512MB 写缓存（带电池）
- ❑ 4 块 300GB 10 000 转速的 SAS 盘
- ❑ 2 口 QDR（40Gb/s）InfiniBand 主机通道适配器
- ❑ 2 个 10Gb 以太网端口（基于 Intel 82599 10GbE 控制器）
- ❑ 4 个 1Gb 以太网端口
- ❑ 1 个 Oracle ILOM（Integrated Lights Out Manager）以太网端口
- ❑ 2 个冗余的热插拔电源

网络：
- ❑ 3 个 36 口 QDR（40Gb/s）InfiniBand 交换机（半配 / 满配）
- ❑ 2 个 36 口 QDR（40Gb/s）InfiniBand 交换机（1/4 配）
- ❑ 用于管理的以太网交换机
- ❑ 用于本地管理的键盘，显示器或虚拟显示单元，鼠标

其他硬件：

2 路冗余的 PDU 插线板

3 台 Exadata 存储节点	7 台 Exadata 存储节点	14 台 Exadata 存储节点
36 个 CPU 核	84 个 CPU 核	168 个 CPU 核
1.1TB Exadata 智能闪存	2.6TB Exadata 智能闪存	5.3TB Exadata 智能闪存
每个存储节点：	每个存储节点：	每个存储节点：
12 块 600GB 15 000 转速高性能 SAS 盘或 12 块 3TB 7200 转速度大容量 SAS 盘	12 块 600GB 15 000 转速高性能 SAS 盘或 12 块 3TB 7200 转速大容量 SAS 盘	12 块 600GB 15 000 转速高性能 SAS 盘或 12 块 3TB 7200 转速大容量 SAS 盘

未压缩数据的可用存储容量（普通冗余模式）

大容量盘	高性能盘	大容量盘	高性能盘	大容量盘	高性能盘
48TB	9.5TB	112TB	22.5TB	224TB	45TB

2．Exadata X2-8

Exadata X2-8 同样是在 2010 年发布的，是一款性能卓越的类对称多处理器（SMP）架构的服务器，专为负载最苛刻、数据量巨大的数据库系统设计。

X2-8 满配的 42U 机柜包括 2 台高配置的数据库计算节点（160 个 CPU 核，4TB 内存），14 台运行 Exadata 存储单元软件（CELLSRV）的高性能存储节点，3 个 InfiniBand 交换机，KVM 硬件，双电源插板（PDU），一个用于外部连接和管理的 10Gb/s 带宽的 Cisco 4948 以太网交换机。

满配的 X2-2 和满配的 X2-8 的主要差异就在于，X2-8 用的是 2 台高配置的计算服务器，而不是 8 台中等配置的计算服务器。

使用普通冗余模式的 ASM，一个大容量的满配 X2-8 提供 224TB 的未压缩数据存储容量，而一个高性能满配 X2-8 提供 45TB 的未压缩数据存储容量。

表 1.2 列出了 X2-8 的硬件规格参数。

 提示 与 X2-2 提供 1/4 配、半配、满配等配置不同，X2-8 只提供满配这一种配置。18 个满配的 X2-8 可以互相连接，无须购买额外的 InfiniBand 交换机。

表 1.2　Exadata X2-8 数据库一体机硬件配置

满配 X2-8
2 台高配置类 SMP 架构数据库计算节点
160 个 CPU 核，4TB 内存 （每个节点 80 个 CPU 核，2TB 内存）
计算节点
每个数据库计算节点： ❏ 8 颗 10 核 Intel Xeon E7-8870 处理器（2.40GHz） ❏ 2TB 内存 ❏ 磁盘控制器 HBA 卡带 512MB 写缓存（带电池） ❏ 8 块 300GB 10 000 转速的 SAS 盘 ❏ 8 口 QDR（40Gb/s）InfiniBand 主机通道适配器 ❏ 8 个 10Gb 以太网端口（基于 Intel 82599 10GbE 控制器） ❏ 8 个 1Gb 以太网端口 ❏ 1 个 Oracle ILOM 以太网端口 ❏ 4 个冗余的热插拔电源 网络： ❏ 3 个 36 口 QDR（40Gb/s）InfiniBand 交换机 ❏ 用于管理的以太网交换机 其他硬件： 2 路冗余的 PDU 插线板
14 个 Exadata 存储节点
❏ 168 个 CPU 核 ❏ 5.3 TB Exadata 智能闪存 每个存储节点： 12 块 600GB 15 000 转速的高性能 SAS 盘或 12 块 3TB 7200 转速的大容量 SAS 盘

（续）

满配 X2-8	
未压缩数据的可用存储容量	
大容量盘	高性能盘
224TB	45TB

3. Exadata X3-2

Exadata X3-2 是 X2-2 系列的下一代产品，在 2012 年 Oracle Open World 大会期间发布。由于在计算层使用了大量内存，在存储层使用了大量闪存，Oracle 把它标示为 "Exadata X3 内存数据库一体机"（不要跟 Oracle Times Ten 内存数据库或 12c 内存数据库混淆）。

X3-2 在 X2-2 配置的基础上又做了改进，不仅有 1/4 配、半配、满配，还增加了 1/8 配（这是用户能买到的最小单位的机型了，是 1/4 配的逻辑子集，从物理配置上看跟 1/4 配完全一样），是一款高度可配置的机器。

满配的 X3-2 是一个 42U 的机柜，它有 8 台数据库计算节点服务器（128 个 CPU 核，2TB DDR3 内存），14 台运行 Exadata 存储单元软件（CELLSRV）的高性能存储节点，3 个 InfiniBand 交换机，双路 PDU 电源插板，一个 10Gb/s 带宽的 Cisco 4948 以太网交换机用于外部连接和内部管理。

相比 X2-2，X3-2 不仅在计算节点上增加了更多的 CPU 核数和内存，最显著的是增加了闪存（从 5.3TB 增加到 22.4TB），将 X2-2 使用的 Sun PCIe F20 替换成 Sun PCIe F40 闪存加速卡。X3-2 取消了 KVM 硬件（键盘、鼠标、显示器），X2-2 系列有这些。

X3-2 系列的存储节点可以配 12 块 600GB 15 000 转速的高性能 SAS 盘，也可以配 12 块 3TB 的 7200 转速的大容量 SAS 盘。

X3-2 的存储容量跟 X2-2 完全相同。在普通冗余的 ASM 模式，满配的 X3-2 可以用高性能盘存放 45TB 未压缩数据，也可以用大容量盘存放 224TB 未压缩数据。

表 1.3 列出了 X3-2 的硬件配置数。

表 1.3　Exadata X3-2 系列硬件配置

1/8 配 X3-2	1/4 配 X3-2	半配 X3-2	满配 X3-2
2 台数据库计算节点	2 台数据库计算节点	4 台数据库计算节点	8 台数据库计算节点
16 个 CPU 核，最多 512GB 内存（每个节点 8 个 CPU 核，最多 256GB 内存）	32 个 CPU 核，最多 512GB 内存（每个节点 16 个 CPU 核，最多 256GB 内存）	64 个 CPU 核，最多 1TB 内存（每个节点 16 个 CPU 核，最多 256GB 内存）	128 个 CPU 核，最多 2TB 内存（每个节点 16 个 CPU 核，最多 256GB 内存）
计算节点			
每个数据库计算节点： □ 2 颗 8 核 Intel Xeon E5-2690 处理器（2.9GHz） □ 256GB 内存			

（续）

1/8 配 X3-2	1/4 配 X3-2	半配 X3-2	满配 X3-2
计算节点			

❏ 磁盘控制器 HBA 卡带 512MB 写缓存（带电池）
❏ 4 块 300GB 10 000 转速的 SAS 盘
❏ 2 口 QDR（40Gb/s）InfiniBand 主机通道适配器
❏ 4 个 1/10Gb 以太网端口（铜跳线）
❏ 2 个 10Gb 以太网端口（光纤）
❏ 1 个 Oracle ILOM 以太网端口
❏ 2 个冗余的热插拔电源
网络：
❏ 3 个 36 口 QDR（40Gb/s）InfiniBand 交换机（半配 / 满配）
❏ 2 个 36 口 QDR（40Gb/s）InfiniBand 交换机（1/8 配 / 半配）
❏ 用于管理的以太网交换机
其他硬件：
2 路冗余的 PDU 机架插座

1/8 配 X3-2	1/4 配 X3-2	半配 X3-2	满配 X3-2
3 台 Exadata 存储节点	3 台 Exadata 存储节点	7 台 Exadata 存储节点	14 台 Exadata 存储节点
36 个 CPU 核（只启用 18 个核）12 块 PCI 闪卡（只启用 6 块），2.4TB Exadata 智能闪存 18 块 600GB 15 000 转速高性能盘，或者 18 块 3TB 7200 转速大容量盘（每个存储节点启用 6 块盘）	36 个 CPU 核 12 块 PCI 闪卡，4.8TB Exadata 智能闪存 36 块 600GB 15 000 转速高性能盘，或者 36 块 3TB 7200 转速大容量盘	84 个 CPU 核 28 块 PCI 闪卡，11.2TB Exadata 智能闪存 84 块 600GB 15 000 转速高性能盘，或者 84 块 3TB 7200 转速大容量盘	168 个 CPU 核 56 块 PCI 闪卡，22.4TB Exadata 智能闪存 168 块 600GB 15 000 转速高性能盘，或者 168 块 3TB 7200 转速大容量盘
未压缩数据的存储容量（普通冗余模式）			
高性能盘　大容量盘	高性能盘　大容量盘	高性能盘　大容量盘	高性能盘　大容量盘
4.5TB　　23TB	9.5TB　　48TB	22.5TB　　112TB	45TB　　224TB

提示 1/8 配（其物理配置和 1/4 配一样，逻辑上关闭了一半的配置）、1/4 配、半配的 X3-2，都可以扩展成满配。18 个满配的 X3-2 可以互联，不需要额外的 InfiniBand 交换机。

4. Exadata X3-8

Exadata X3-8 是 X2-8 系列的下一代版本，为了迎合 SMP 架构的大型负载，跟 X3-2 系列一起在 2012 年 9 月的 Oracle Open World 大会上发布。

满配的 X3-8 是一个 42U 的机柜，包含 2 台高配置的数据库计算节点（160 个 CPU 核，跟 X2-8 一样是 4TB 内存），14 台运行 Exadata 存储单元软件（CELLSRV）的高性能存储节点，3 个 InfiniBand 交换机，双路 PDU 电源插板，一台用于内部管理和外部连接的 10Gb/s 带宽的 Cisco 4948 以太网交换机。

　　X3-8 的存储节点可以配置 12 块 1.2TB 10 000 转速的高性能 SAS 盘，也可以配置 12 块 4TB 7200 转速的大容量盘。

　　使用普通冗余模式的 ASM，一台满配的 X3-8 可以提供 300TB 未压缩数据的大存储容量，或者 90TB 未压缩数据的高性能存储容量。

　　除了提供更大的存储空间外（X3-8 的每个存储节点配置的磁盘都比 X2-8 要大），X3-8 的显著改进是大幅增加了闪存的大小（从 5.3TB 增长到 44.8TB，增长了 8.45 倍）。这是通过将 X2-8 的 Sun PCIe F20 替换成 X3-8 的 Sun PCIe F80 加速卡实现的。跟 X2-8 相比，X3-8 还去掉了 KVM 硬件。

　　表 1.4 展示了 X3-8 的硬件规格。

 提示　无须额外的 InfiniBand 交换机就可以让 18 台满配的 X3-8 Exadata 一体机实现互联互通。这一扩展能力并非 X3-8 这一型号专属，Exadata 的互联生态系统可以将 X2、X3、X4 进行任意联通。

表 1.4　Exadata X3-8 数据库一体机硬件配置

满配 X3-8
2 台高配置 SMP 架构数据库计算节点
160 个 CPU 核，4TB 内存 （每个节点 80 个 CPU 核，2TB 内存）
计算节点
每个数据库计算节点： 　❑ 8 颗 10 核 Intel Xeon E7-8870 处理器（2.40GHz） 　❑ 2TB 内存 　❑ 磁盘控制器 HBA 卡带 512MB 写缓存（带电池） 　❑ 8 块 300GB 10 000 转速的 SAS 盘 　❑ 8 口 QDR（40Gb/s）InfiniBand 主机通道适配器 　❑ 8 个 10Gb 以太网端口（基于 Intel 82599 10GbE 控制器） 　❑ 8 个 1Gb 以太网端口 　❑ 1 个 Oracle ILOM 以太网端口 　❑ 4 个冗余的热插拔电源 网络： 　❑ 2 个 36 口 QDR（40Gb/s）InfiniBand 交换机 　❑ 用于管理的以太网交换机 其他硬件： 2 路冗余的 PDU 插线板
14 个 Exadata 存储节点
❑ 168 个 CPU 核 　❑ 56 块 PCI 闪卡，提供 44.8 TB Exadata 智能闪存 　❑ 168 块 1.2TB 10 000 转速的高性能盘或 168 块 4TB 7200 转速的大容量盘

（续）

未压缩数据的可用存储容量（普通冗余模式）	
大容量盘	高性能盘
300TB	90TB

5. Exadata X4-2

Exadata X4-2 于 2013 年 12 月发布，是 Xn-2 系列产品的下一代版本。

X4-2 的可选配置型号跟 X3-2 完全一样，用户可以购买这样一些配置：1/8 配、1/4 配、半配或满配。

满配的 X4-2 是一个 42U 机柜，包含 8 台数据库计算节点（192 个 CPU 核，4TB DDR3 内存），14 台运行 Exadata 存储单元软件（CELLSRV）的高性能存储节点，2 个 InfiniBand 交换机，双路 PDU 电源插板，一个用于内部管理和外部连接的 10Gb/s 带宽的 Cisco 4948 交换机。

不仅仅是在计算节点上增加了更多 CPU 核和翻倍的内存（X3-2 是 2TB 内存，X4-2 是 4TB 内存），Exadata 多次显著增加了闪存大小，从 22.4TB 增加到 44.8TB。这种显著变化是由于将 Sun PCIe F80 取代了 X3-2 里的 Sun PCIe F40。

X4-2 系列的存储节点可以配 12 块 1.2TB 10 000 转速的高性能 SAS 盘，也可以配 12 块 4TB 的 7200 转速的大容量 SAS 盘。

X4-2 的存储容量比 X3-2 有所增长$^{\ominus}$。在普通冗余的 ASM 模式，满配的 X4-2 可以用高性能盘存放 90TB 未压缩数据，也可以用大容量盘存放 300TB 未压缩数据。

图 1.5～图 1.8 展示了 X4-2 机型的主要硬件。

图 1.5　Exadata X4-2 的数据库计算节点

> 提示　X4-2 系列的 1/8 配、1/4 配或半配，都可以扩展到满配。18 个满配的 X3-2 可以互联，无须额外的 InfiniBand 交换机。

图 1.6　Exadata X4-2 的存储节点（也叫作存储单元）

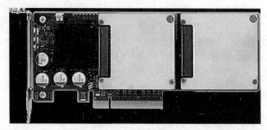

图 1.7　Sun F80 PCIe 闪存加速卡，800GB 闪存。Exadata X4 系列高性能存储节点的闪存都是它提供的

$\ominus$　高性能盘差不多增长 1 倍。——译者注

图 1.8　标准 QSFP 接口的 36 口 4 倍速 InfiniBand 交换机，Sun 数据中心
使用 36 口 IB 交换机组成 Exadata 骨干网络

表 1.5 展示了 X4-2 的硬件规格，以及值得注意的硬件组件。

表 1.5　Exadata X4-2 系列硬件配置

1/8 配 X4-2	1/4 配 X4-2	半配 X4-2	满配 X4-2
2 台数据库计算节点	2 台数据库计算节点	4 台数据库计算节点	8 台数据库计算节点
24 个 CPU 核，最多 1TB 内存（每个节点 12 个 CPU 核，最多 512GB 内存）	48 个 CPU 核，最多 1TB 内存（每个节点 24 个 CPU 核，最多 512GB 内存）	96 个 CPU 核，最多 2TB 内存（每个节点 24 个 CPU 核，最多 512GB 内存）	192 个 CPU 核，最多 4TB 内存（每个节点 24 个 CPU 核，最多 512GB 内存）

计算节点

每个数据库计算节点：
- ❏ 2 颗 12 核 Intel Xeon E5-2697 V2 处理器（2.7GHz）
- ❏ 256GB 内存 (可扩展到 512GB)
- ❏ 磁盘控制器 HBA 卡带 512MB 写缓存（带电池）
- ❏ 4 块 600GB 10 000 转速的 SAS 盘
- ❏ 2 口 QDR（40Gb/s）InfiniBand 主机通道适配器
- ❏ 4 个 1/10Gb 以太网端口（短铜跳线）
- ❏ 2 个 10Gb 以太网端口（光纤）
- ❏ 1 个 Oracle ILOM 以太网端口
- ❏ 2 个冗余的热插拔电源

网络：
- ❏ 2 个 36 口 QDR（40Gb/s）InfiniBand 交换机
- ❏ 用于管理的以太网交换机

其他硬件：
2 路冗余的 PDU 电源插板

3 台 Exadata 存储节点	3 台 Exadata 存储节点	7 台 Exadata 存储节点	14 台 Exadata 存储节点
36 个 CPU 核（只启用 18 个核） 6 块 PCI 闪卡（只启用 6 块，另外 6 块升级为 1/4 配时可使用），4.8TB Exadata 智能闪存（裸盘） 18 块 1.2TB 10 000 转速高性能盘，或者 18 块 4TB 7200 转速大容量盘（每个存储节点启用 18 块盘）	36 个 CPU 核 12 块 PCI 闪卡，9.6TB Exadata 智能闪存（裸盘） 36 块 1.2 TB 10 000 转速高性能盘，或者 36 块 4TB 7200 转速大容量盘	84 个 CPU 核 28 块 PCI 闪卡，22.4TB Exadata 智能闪存（裸盘） 84 块 1.2 TB 10 000 转速高性能盘，或者 84 块 4TB 7200 转速大容量盘	168 个 CPU 核 56 块 PCI 闪卡，44.8TB Exadata 智能闪存（裸盘） 168 块 1.2 TB 10 000 转速高性能盘，或者 168 块 4TB 7200 转速大容量盘

未压缩数据的存储容量（普通冗余模式）

大容量盘	高性能盘	大容量盘	高性能盘	大容量盘	高性能盘	大容量盘	高性能盘
30TB	9TB	63TB	19TB	150TB	45TB	300TB	90TB

6. Exadata X4-8

Exadata X4-8 是 X3-8 系列的下一代版本，主要适用于 SMP 架构的大型负载，于 2014 年 7 月发布。

满配的 X4-8 是一个 42U 的机柜，包含 2 台高配置的数据库计算节点（240 个 CPU 核，12TB 内存），14 台运行 Exadata 存储单元软件（CELLSRV）的高性能存储节点，3 个 InfiniBand 交换机，双路 PDU 电源插板，一台用于内部管理和外部连接的 10Gb/s 带宽的 Cisco 4948 以太网交换机。

X4-8 的存储节点可以配置 12 块 1.2TB 10 000 转速的高性能 SAS 盘，也可以配置 12 块 4TB 7200 转速的大容量盘。

使用普通冗余模式的 ASM，一台满配的 X4-8 可以提供 300TB 未压缩数据的大容量存储容量，或者 90TB 未压缩数据的高性能存储容量。

相对 X3-8 而言，X4-8 的主要改进是显著加大了 CPU 和内存的计算能力（计算节点使用 15 核 CPU、12TB 内存）。跟 X3-8 一样，X4-8 的闪存大小还是 44.8TB，并且也去掉了 KVM 硬件。

表 1.6 展示了 X4-8 的硬件规格，以及值得注意的硬件组件。

表 1.6　Exadata X4-8 数据库一体机硬件配置

满配 X4-8
2 台高配置 SMP 架构数据库计算节点
240 个 CPU 核，4TB 内存 （每个节点 120 个 CPU 核，2TB 内存）
计算节点
每个数据库计算节点： ❑ 8 颗 15 核 Intel Xeon E7-8895 V2 处理器（2.80GHz） ❑ 2TB 内存（可扩展到 6TB） ❑ 磁盘控制器 HBA 卡带 512MB 写缓存（带电池） ❑ 7 块 600GB 10 000 转速的 SAS 盘 ❑ 8 口 QDR（40Gb/s）InfiniBand 主机通道适配器 ❑ 8 个 10Gb 以太网端口（基于 Intel 82599 10GbE 控制器） ❑ 8 个 1Gb 以太网端口 ❑ 1 个 Oracle ILOM 以太网端口 ❑ 4 个冗余的热插拔电源 网络： ❑ 2 个 36 口 QDR（40Gb/s）InfiniBand 交换机 ❑ 用于管理的以太网交换机 其他硬件： 2 路冗余的 PDU 插线板
14 个 Exadata 存储节点
❑ 168 个 CPU 核 ❑ 56 块 PCI 闪卡，提供 44.8 TB Exadata 智能闪存 ❑ 168 块 1.2TB 10 000 转速的高性能盘或 168 块 4TB 7200 转速的大容量盘

（续）

未压缩数据的可用存储容量（普通冗余模式）	
大容量盘	高性能盘
300TB	90TB

> **提示** 18 个满配的 X4-8 无须额外的 InfiniBand 交换机就可以互联。这种互联扩展不仅限定于 X4-8 这个型号，X2、X3、X4 系列的机型都可以混搭互联。

7. Exadata X5-2

Exadata X5-2 于 2015 年 1 月发布，是 X*n*-2 系列产品 X4-2 的下一代版本。

X5-2 系列产品带来了许多新特性和新的选件，包括更快的 CPU、更多的内存、容量许可随需而变、虚拟化支持，与 Oracle VM 做了更多整合。

- ❑ 显著的新特性、选件和增强
  - ◯ 支持 Oracle VM（OVM）
  - ◯ 容量许可软件随需而变
  - ◯ 弹性配置
  - ◯ 全闪存——高性能配置的极速存储节点
- ❑ Exadata 12.1.2.1 版本主要软件增强（X5-2 必须使用的软件版本）
  - ◯ 转为 Exadata 定制的 AWR 增强
  - ◯ 支持 Linux 6
  - ◯ 用 DBCMLI 来监控和管理计算节点
  - ◯ 快速直连（direct-to-wire）OLTP 协议[⊖]
  - ◯ 两种格式的列闪存
  - ◯ 快照（Snapshotting），适用于非常快速的克隆操作

与早期产品（X4-2，X3-2 等系列）的配置相比，X5-2 的主要区别是，第一次提供了弹性配置。传统上，Exadata X*n*-2 系列产品都是 1/8 配、1/4 配、半配或满配。X5-2 依然提供这些标准配置。但是，随着 X5-2 弹性配置这个新特性的推出，Oracle 让用户更灵活地选择他们的自定义组合，从计算节点到存储节点都可以。

满配的 X5-2 可包含最多 19 台数据库计算节点（最多 684 个 CPU 核，14.6TB DDR3 内存），最多 18 台运行 Exadata 存储单元软件的高性能存储节点，2 个 InfiniBand 交换机，双路 PDU 电源插板，一个用于内部管理和外部连接的以太网交换机。

不仅仅是在计算节点上增加了更快的 CPU 核和更多的内存，X5-2 中在闪存加速卡上又有了新的革新，引入了 1.6TB 的非挥发性极速闪存（Non-Volatile Memory Express，

⊖ 允许数据库绕过操作系统网络堆栈，直接调用 InfiniBand 硬件。——译者注

NVMe）。用 F160e PCIe NVMe 闪存卡取代早期 Xn-2 系列里基于磁盘的高性能配置，X5-2 高性能配置是全闪存的。

表 1.7 展示了标准的 X5-2 硬件规格（非弹性配置），以及值得注意的硬件组件。

表 1.7　Exadata X5-2 系列硬件配置（非弹性配置）

1/8 配 X5-2	1/4 配 X5-2	半配 X5-2	满配 X5-2
2 台数据库计算节点	2 台数据库计算节点	4 台数据库计算节点	8 台数据库计算节点
36 个 CPU 核，最多 1.5TB 内存（每个节点 18 个 CPU 核，最多 768GB 内存）	72 个 CPU 核，最多 1.5TB 内存（每个节点 36 个 CPU 核，最多 768GB 内存）	144 个 CPU 核，最多 3TB 内存（每个节点 36 个 CPU 核，最多 768GB 内存）	288 个 CPU 核，最多 6TB 内存（每个节点 36 个 CPU 核，最多 768GB 内存）
计算节点			

每个数据库计算节点：
- ❑ 2 颗 18 核 Intel Xeon E5-2699 V3 处理器（2.3GHz）
- ❑ 256GB 内存（可扩展到 768GB）
- ❑ 磁盘控制器 HBA 卡带 1GB 写缓存（带电池）
- ❑ 4 块 600GB 10 000 转速的 SAS 盘
- ❑ 2 口 QDR（40Gb/s）InfiniBand 主机通道适配器
- ❑ 4 个 1/10Gb 以太网端口（短铜跳线）
- ❑ 2 个 10Gb 以太网端口（光纤）
- ❑ 1 个 Oracle ILOM 以太网端口
- ❑ 2 个冗余的热插拔电源

网络：
- ❑ 2 个 36 口 QDR（40Gb/s）InfiniBand 交换机
- ❑ 用于管理的以太网交换机

其他硬件：

2 路冗余的 PDU 电源插板

1/8 配 X5-2	1/4 配 X5-2	半配 X5-2	满配 X5-2
3 台 Exadata 存储节点	3 台 Exadata 存储节点	7 台 Exadata 存储节点	14 台 Exadata 存储节点
48 个 CPU 核（只启用 24 个核） 大容量：6 块 PCI 闪卡，9.6TB（裸盘）Exadata 智能闪存，18 块 4TB 7200 转速盘 高性能：12 块 1.6TB NVMe 闪存卡	48 个 CPU 核 大容量：12 块 PCI 闪卡，19.2TB（裸盘）Exadata 智能闪存，36 块 4TB 7200 转速盘 高性能：24 块 1.6TB NVMe 闪存卡	112 个 CPU 核 大容量：28 块 PCI 闪卡，44.8TB（裸盘）Exadata 智能闪存，84 块 4TB 7200 转速盘 高性能：56 块 1.6TB NVMe 闪存卡	224 个 CPU 核 大容量：56 块 PCI 闪卡，89.6TB（裸盘）Exadata 智能闪存，168 块 4TB 7200 转速盘 高性能：112 块 1.6TB NVMe 闪存卡
未压缩数据的存储容量（普通冗余模式）			
大容量盘	高性能盘	大容量盘	高性能盘	大容量盘	高性能盘	大容量盘	高性能盘
30TB	8TB	63TB	17TB	150TB	40TB	300TB	80TB

1.4.3　Exadata SuperCluster T4-4

前面为大家介绍了基于 Intel x86 微处理器架构的 Exadata Xn-2/8 系列产品。而 Exadata

SuperCluster T4-4 是一款通用型的集成一体机服务器，在 2011 年 9 月的 Oracle Open World 大会上发布，是这种系列的第一款机型。它基于 T4 SPARC 微处理器架构，是一款性能优越、扩展性好的数据库机器。另外，由 Oracle VM 提供基于 SPARC 架构的虚拟化，操作系统层由 Solaris 集群技术提供高可用性。

与 X*n*-2 系列一体机（X2-2、X3-3、X4-2 等）相似的是，T4-4 提供半配和满配两种配置供用户选择。

满配的 T4-4 是一个 42U 机柜，包含 2 台高配置数据库计算服务器（128 个 CPU 核：每台 8 颗 8 核 SPARC T4 微处理器，4TB 内存），6 台运行 Exadata 存储单元软件的存储节点，3 个 InfiniBand 交换机，双路 PDU 电源插板，一个 10Gb/s 带宽的 Cisco 4948 以太网交换机用于外部连接和内部管理。

T4-4 SuperCluster 还提供自带 HA 功能的 ZFS 存储集群，20 块 3TB 7200 转速 SATA 盘组成的共享存储子系统。

使用普通冗余模式的 ASM，一台满配的 T4-4 可以提供 96TB 未压缩数据的大容量存储空间，或者 48TB 未压缩数据的高性能存储容量。

表 1.8 展示了 T4-4 的硬件规格。

 提示　T4-4、T5-5 及 M6-32 SuperCluster 都是通用型集成一体机系统，既能运行和使用以数据库为核心的 Exadata 特性（比如混合列压缩 EHCC、智能扫描、智能卸载等），也可以支持应用负载（比如集成了 Exalogic 能力）。

表 1.8　SuperCluster T4-4 硬件配置

半配 T4-4	满配 T4-4
2 台数据库服务器	4 台数据库服务器

计算节点

每个数据库计算节点服务器：
- 4 颗 8 核 SPARC T4 处理器（3.0GHz）
- 64 根 16GB 内存条
- 6 块 600GB 10 000 转速的 SAS 盘
- 2 块 300GB SSD
- 4 个双口 QDR（40Gb/s）InfiniBand 主机通道适配器
- 4 个双口 10Gb 以太网端口

网络：
- 3 个 36 口 QDR（40Gb/s）InfiniBand 交换机（半配 / 满配）
- 用于管理的以太网交换机

其他硬件：
2 路冗余的 PDU 插线板

（续）

半配 T4-4	满配 T4-4
3 台 Exadata 存储服务器	6 台 Exadata 存储服务器
36 个 CPU 核 4.6TB Exadata 智能闪存 每个存储服务器：12 块 600GB 15 000 转速高性能 SAS 盘或 12 块 3TB 7200 转速 SAS 大容量盘	72 个 CPU 核 9.3TB Exadata 智能闪存 每个存储服务器：12 块 600GB 15 000 转速高性能 SAS 盘或 12 块 3TB 7200 转速 SAS 大容量盘

未压缩数据可用存储容量（普通冗余模式）			
大容量盘	高性能盘	大容量盘	高性能盘
19TB	9.5TB	96TB	48TB

ZFS 存储集群共享存储子系统

Oracle ZFS 存储 ZS3-ES 双控制器

每个存储控制器：
- ❏ 2 颗 8 核 Intel Xeon 处理器（2.4GHz）
- ❏ 6 块 16GB 内存条
- ❏ 1 个双口 QDR（40Gb/s）InfiniBand 主机通道适配器
- ❏ 2 块 500GB SATA 盘
- ❏ 4 块 512GB 写优化的 SSD
- ❏ 2 块 1.6TB 读优化的 SSD

磁盘架：
- ❏ 20 块 3TB 大容量 7200 转速磁盘
- ❏ 4 块 73GB 写优化 SSD

1.4.4　Exadata SuperCluster T5-8

T5-8 系列于 2013 年 6 月发布，基于 T5 SPARC 微处理器架构，是一款性能极致、高可扩展的数据库一体机。它是 T4-4 SuperCluster 工程系统的下一代产品，Oracle 公司宣称，T5-8 SuperCluster 拥有 17 项世界纪录的基准测试。

与 Xn-2 系列 Exadata 系列（X2-2，X3-2，X4-2 等）类似，T5-8 也有半配和满配可供用户选择。

满配的 T5-8 SuperCluster 是一个 42U 的机柜，包含 2 台高配置数据库计算服务器（4TB 内存，256 个 CPU 核：每台 8 颗 16 核 SPARC T5 微处理器），8 台运行 Exadata 存储单元软件的存储节点服务器，3 个 InfiniBand 交换机，双路 PDU，一个用于内部管理和外部连接的 Cisco 4948 以太网交换机。

与 X3-8 类似，T5-8 的存储节点也可以配置 12 块 1.2TB 10 000 转速的高性能 SAS 盘，或者是 12 块 4TB 7200 转速的大容量 SAS 盘。T5-8 还有一个自带 HA 功能的 ZFS 存储集群，由 20 块 4TB 7200 转速 SATA 盘组成的共享存储子系统。

使用普通冗余模式的 ASM，一台满配的 T5-8 可以提供 160TB 未压缩数据的大容量存储容量，或者 48TB 未压缩数据的高性能存储容量。

表 1.9 展示了 T5-8 的硬件规格，以及值得注意的硬件组件。

表 1.9　SuperCluster T5-8 硬件配置

半配 T5-8	满配 T5-8
2 台数据库服务器	
计算节点（128 个 CPU 核 2TB 内存）	计算节点（256 个 CPU 核 4TB 内存）
每个数据库计算节点服务器：	每个数据库计算节点服务器：
❏ 64 个 CPU 核，1TB 内存 ❏ 4 颗 16 核 SPARC T5 微处理器（3.6GHz） ❏ 64 根 16GB 内存条 ❏ 8 块 900GB 10 000 转速的 SAS 盘 ❏ 4 个双口 QDR（40Gb/s）InfiniBand 主机通道适配器 ❏ 4 个双口 10Gb 以太网端口	❏ 128 个 CPU 核，2TB 内存 ❏ 8 颗 16 核 SPARC T5 微处理器（3.6GHz） ❏ 128 根 16GB 内存条 ❏ 8 块 900GB 10 000 转速的 SAS 盘 ❏ 8 个双口 QDR（40Gb/s）InfiniBand 主机通道适配器 ❏ 8 个双口 10Gb 以太网端口
网络： ❏ 3 个 36 口 QDR（40Gb/s）InfiniBand 交换机（半配 / 满配） ❏ 用于管理的以太网交换机 其他硬件： 2 路冗余的 PDU 插线板	
4 台 Exadata 存储服务器	8 台 Exadata 存储服务器
48 个 CPU 核 12.5TB Exadata 智能闪存 每个存储节点：12 块 1.2TB 10 000 转速高性能 SAS 盘或 12 块 4TB 7200 转速大容量盘	96 个 CPU 核 25TB Exadata 智能闪存 每个存储节点：12 块 1.2TB 10 000 转速高性能 SAS 盘或 12 块 4TB 7200 转速大容量盘

未压缩数据存储容量（普通冗余模式）			
大容量盘	高性能盘	大容量盘	高性能盘
80TB	24TB	160TB	48TB

ZFS 存储集群共享存储子系统
Oracle ZFS 存储 ZS3-ES 双控制器
每个存储控制器： ❏ 2 颗 8 核 Intel Xeon E5-2658 处理器（2.1GHz） ❏ 16 块 16GB 内存条 ❏ 1 个双口 QDR（40Gb/s）InfiniBand 主机通道适配器 ❏ 2 块 900GB SATA 盘 ❏ 2 块 1.6TB 读优化的 SSD 磁盘架： ❏ 20 块 4TB 大容量 7200 转速磁盘 ❏ 4 块 73GB 写优化 SSD

图 1.9 展示了满配的 SuperCluster T5-8 一体机正面。

1.4.5 Exadata SuperCluster M6-32

Exadata SuperCluster M6-32 于 2013 年 9 月在 Oracle Open World 大会上发布，基于 M6 SPARC 微处理器架构，是一款通用类型 的集成系统一体机。它是 SuperCluster 集成系统系列中最大、性能最好的一体机。

SuperCluster M6-32 主要用于数据中心内的大规模整合（比如构建私有云），用来支持以数据库和应用为核心的工作负载。

SuperCluster M6-32 包含 1 台超高配置数据库计算节点服务器（384 个 CPU 核，32TB 内存），9 台运行 Exadata 存储单元软件的 高性能存储服务器，3 个 InfiniBand 交换机，双路 PDU，一个用 于内部管理和外部连接的 10Gb/s 带宽 Cisco 4948 以太网交换机。

图 1.9 Exadata SuperCluster T5-8 数据库一体机

与 SuperCluster T5-8（它的上一代产品）类似，SuperCluster M6-32 的存储服务器可以配置 12 块 1.2TB 10 000 转速的高性 能 SAS 盘，或者是 12 块 4TB 7200 转速的大容量 SAS 盘。M6-32 还有一个自带 HA 功能的 ZFS 存储集群，是由 20 块 4TB 7200 转速 SATA 盘组成的共享存储子系统。

使用普通冗余模式的 ASM，一台满配的 M6-32 可以提供 180TB 未压缩数据的大存储 容量，或者 54TB 未压缩数据的高性能存储容量。

表 1.10 展示了 M6-32 的硬件规格，以及值得注意的硬件组件。

 提示 部署单个 SuperCluster M6-32 一体机就能达到大型机级别的 RAS（可靠性，高可用 性，可服务性），两个 SuperCluster M6-32 一体机部署在一起可以起到冗余的作用。

表 1.10　SuperCluster M6-32 硬件配置

SuperCluster M6-32 集成系统一体机	
1 台超高配置数据库服务器（使用 SPARC M6 SMP 处理器） 最多 384 个 CPU 核，32TB 内存	
最低配置	**最高配置**
❑ 16 颗 12 核 SPARC M6 处理器（3.6GHz） ❑ 512 根 16GB 内存条，总共 8TB 内存 ❑ 16 块 900GB 10 000 转速的 SAS 盘 ❑ 16 个 10Gb 以太网端口 ❑ 8 块 I/O 卡 ❑ 8 个双口 QDR（40Gb/s）InfiniBand 主机通道适配器 ❑ 2 个四口 1Gb 以太网端口	❑ 32 颗 12 核 SPARC M6 处理器（3.6GHz） ❑ 1024 根 32GB 内存条，总共 32TB 内存 ❑ 32 块 900GB 10 000 转速的 SAS 盘 ❑ 32 个 10Gb 以太网端口 ❑ 16 块 I/O 卡 ❑ 16 个双口 QDR（40Gb/s）InfiniBand 主机通道适配器 ❑ 4 个四口 1Gb 以太网端口
网络： ❑ 3 个 36 口 QDR（40Gb/s）InfiniBand 交换机 ❑ 用于管理连接的以太网交换机 其他硬件： 2 个冗余 PDU 电源插板	

（续）

9 台 X4-2 存储服务器

每台存储服务器有：
- 2 个 6 核 Intel Xeon E5-2630 V2 处理器
- 4 块 800GB Exadata 智能闪存
- 12 块 1.2TB 10 000 转速高性能盘或 12 块 4TB 7200 转速大容量盘
- * 最多可以接 17 个 Exadata 存储扩展柜

未压缩数据的可用存储容量（普通冗余模式）

大容量盘	高性能盘
180TB	54TB

高可用性 ZFS 存储集群共享存储子系统

Oracle ZFS 存储 ZS3-ES 双控制器

每个存储控制器：
- 2 颗 8 核 Intel Xeon E5-2658 处理器（2.1GHz）
- 16 块 16GB 内存条
- 1 个双口 QDR（40Gb/s）InfiniBand 主机通道适配器
- 2 块 900GB SATA 盘
- 2 块 1.6TB 读优化的 SSD

磁盘架：
- 20 块 4TB 大容量 7200 转速磁盘
- 4 块 73GB 写优化 SSD

如图 1.10 所示为 SuperCluster M6-32 数据库一体机。

图 1.10   M6-32 SuperCluster 数据库一体机

1.4.6 Exadata 存储扩展柜

为了给现有的 Exadata 一体机增加更多的存储容量，从 2011 年起，Oracle 开始宣布提供 Exadata 存储扩展柜。为提升存储的可扩展性，这些存储扩展柜可以被挂载在 Exadata 一体机上，也可以挂载在 SuperCluster 一体机上。

Exadata 存储扩展柜拥有现有的 Exadata 一体机存储层的相同元件——Exadata 存储单元（storage cells）。与 Exadata 一体机一样，存储扩展柜也分两种配置：高性能配置（容量小、更快速的磁盘）和大容量配置（容量大、性能相对慢的磁盘）。

表 1.11 展示的是 X4-2 Exadata 一体机存储扩展柜的 3 种配置选项。

表 1.11　Exadata X4-2 存储扩展柜可选的硬件配置

4 台 Exadata 存储服务器	9 台 Exadata 存储服务器	18 台 Exadata 存储服务器
48 个 CPU 核	108 个 CPU 核	216 个 CPU 核
16 块 PCI 闪存卡，12.8TB（裸盘）Exadata 智能闪存	36 块 PCI 闪存卡，28.8TB（裸盘）Exadata 智能闪存	72 块 PCI 闪存卡，57.6TB（裸盘）Exadata 智能闪存
48 块 1.2TB 10 000 转速高性能盘或 48 块 4TB 7200 转速大容量盘	108 块 1.2TB 10 000 转速高性能盘或者 108 块 4TB 7200 转速大容量盘	216 块 1.2TB 10 000 转速高性能盘或者 216 块 4TB 7200 转速大容量盘

网络：
❑ 3 个 36 口 QDR（40Gb/s）InfiniBand 交换机（半配或满配）
❑ 2 个 36 口 QDR（40Gb/s）InfiniBand 交换机（1/4 配）
❑ 用于管理连接的以太网交换机
其他硬件：
2 个冗余 PDU 电源插板

未压缩数据的可用存储容量（普通冗余模式）

大容量盘	高性能盘	大容量盘	高性能盘	大容量盘	高性能盘
48TB	25TB	194TB	58TB	387TB	116TB

 提示　Exadata X4-2 存储扩展柜，1/4 配和半配都可以扩充到满配。任意型号的 18 台 Exadata 数据库一体机、SuperCluster 和存储扩展柜都能互联，而无须额外的 InfiniBand 交换机。

1.4.7　Exadata 存储单元（存储节点）

关于存储容量的配置，通过表 1.1～表 1.9，可发现每一款 Exadata 一体机或存储扩展柜都可以配置成大容量盘或者高性能盘。这在用户购买时就决定了。

高性能盘相对容量小一些，但转速更快。大容量盘相对容量大一些，转速慢一些。表 1.1～表 1.7 列出了每一个系列和型号高性能盘和大容量盘的规格。

1.4.8　硬件的发展

图 1.11～图 1.16 展示了从 X2-2～X4-2 各个 Xn-2 系列 CPU、内存、闪存及存储等硬件的改进和版本发展变化。

从图 1.11～图1.16 可以看出，最显著的改进在闪存领域。当然，内存、CPU 和存储方面也有改进。

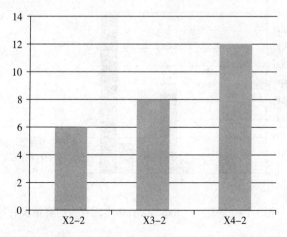

图 1.11　计算能力——Exadata 各版本单颗 CPU 核数的发展

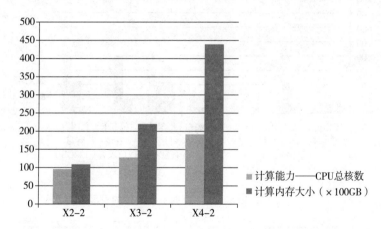

图 1.12　计算能力——Exadata 各版本 CPU 总核数和内存的发展

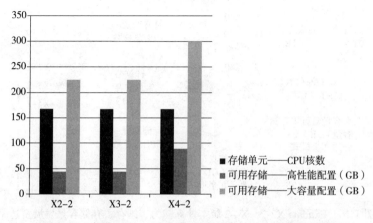

图 1.13　存储——Exadata 各版本的存储节点和容量发展

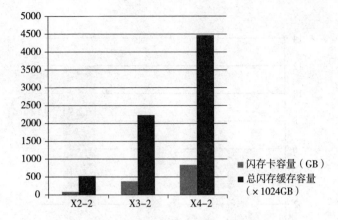

图 1.14　闪存——Exadata 各版本闪存卡的容量发展

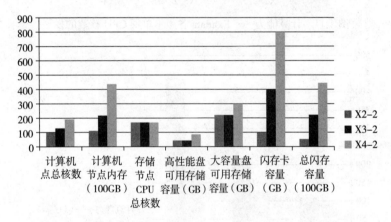

图 1.15　Exadata 各版本主要组件的发展

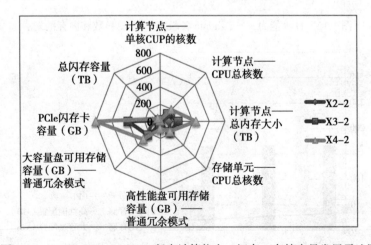

图 1.16　Exadata X2-2～X4-2 版本计算能力、闪存、存储容量发展雷达图

1.5　考察 Exadata 一体机

本节列出了一些基础的 101 命令，以检查和查看 Exadata 数据库一体机的配置和设置（见代码清单 1.1）。

代码清单1.1　查看Exadata配置和设置的基本命令

```
# imageinfo
Kernel version: 2.6.32-400.11.1.el5uek #1 SMP Fri Dec 20 20:31:32 PST 2013 x86_64
Cell version: OSS_11.2.3.2.1_LINUX.X64_130109
Cell rpm version: cell-11.2.3.2.1_LINUX.X64_130109-1
Active image version: 11.2.3.2.1.130109
Active image activated: 2013-01-13 18:12:13 -0400
Active image status: success
Active system partition on device: /dev/md5
Active software partition on device: /dev/md7

In partition rollback: Impossible

Cell boot usb partition: /dev/sdm1
Cell boot usb version: 11.2.3.2.1.130109

Inactive image version: 11.2.3.2.0.120713
Inactive image activated: 2012-11-30 18:07:15 -0500
Inactive image status: success
Inactive system partition on device: /dev/md6
Inactive software partition on device: /dev/md8

Boot area has rollback archive for the version: 11.2.3.2.0.120713
Rollback to the inactive partitions: Possible

#CellCLI> list physicaldisk detail
          name:                  20:0
          deviceId:              19
          diskType:              HardDisk
          enclosureDeviceId:     20
          errMediaCount:         0
          errOtherCount:         0
          foreignState:          false
          luns:                  0_0
          makeModel:             "HITACHI HUS1560SCSUN600G"
          physicalFirmware:      A700
          physicalInsertTime:    2012-07-25T00:27:07+03:00
          physicalInterface:     sas
          physicalSerial:        K423WL
          physicalSize:          558.9109999993816G
          slotNumber:            0
          status:                normal

          name:                  20:1
          deviceId:              18
          diskType:              HardDisk
          enclosureDeviceId:     20
          errMediaCount:         0
          errOtherCount:         0
          foreignState:          false
          luns:                  0_1
          makeModel:             "HITACHI HUS1560SCSUN600G"
          physicalFirmware:      A700
          physicalInsertTime:    2012-07-25T00:27:08+03:00
          physicalInterface:     sas
          physicalSerial:        K5325L
```

```
        physicalSize:           558.9109999993816G
        slotNumber:             1
        status:                 normalCellCLI> list lun detail


#CellCLI> list griddisk detail
        name:                   DATA_EX01_CD_00_ex01cel01
        asmDiskgroupName:       DATA_EX01
        asmDiskName:            DATA_EX01_CD_00_EX01CEL01
        asmFailGroupName:       EX01CEL01
        availableTo:
        cachingPolicy:          default
        cellDisk:               CD_00_ex01cel01
        comment:
        creationTime:           2012-07-26T02:51:35+03:00
        diskType:               HardDisk
        errorCount:             0
        id:                     1d4481d8-f6f6-41a4-9354-7382efc87cab
        offset:                 32M
        size:                   423G
        status:                 active

        name:                   DATA_EX01_CD_01_ex01cel01
        asmDiskgroupName:       DATA_EX01
        asmDiskName:            DATA_EX01_CD_01_EX01CEL01
        asmFailGroupName:       EX01CEL01
        availableTo:
        cachingPolicy:          default
        cellDisk:               CD_01_ex01cel01
        comment:
        creationTime:           2012-07-26T02:51:35+03:00
        diskType:               HardDisk
        errorCount:             0
        id:                     d35a2e5e-cfc7-4d94-aecd-e3bebbf19ff5
        offset:                 32M
        size:                   423G
        status:                 active

# ibstatus

InfiniBand device 'mlx4_0' port 1 status:
        default gid:     fe80:0000:0000:0000:0021:2800:01ef:6abf
        base lid:        0x5
        sm lid:          0x1
        state:           4: ACTIVE
        phys state:      5: LinkUp
        rate:            40 Gb/sec (4X QDR)

InfiniBand device 'mlx4_0' port 2 status:
        default gid:     fe80:0000:0000:0000:0021:2800:01ef:6ac0
        base lid:        0x6
        sm lid:          0x1
        state:           4: ACTIVE
        phys state:      5: LinkUp
        rate:            40 Gb/sec (4X QDR)

# ibstatus |grep state

        state:           4: ACTIVE
        phys state:      5: LinkUp
        state:           4: ACTIVE
        phys state:      5: LinkUp
```

```
# ibhosts
Ca      : 0x0021280001ef6cd2 ports 2 "db02 S 192.168.10.2 HCA-1"
Ca      : 0x0021280001ef684e ports 2 "cel03 C 192.168.10.5 HCA-1"
Ca      : 0x0021280001ef6d36 ports 2 "cel01 C 192.168.10.3 HCA-1"
Ca      : 0x0021280001ef59ea ports 2 "cel02 C 192.168.10.4 HCA-1"
Ca      : 0x0021280001ef6abe ports 2 "db01 S 192.168.10.1 HCA-1"
```

1.6　本章小结

本章全方位介绍了 Exadata，包括其历史起源，各系列、型号和版本发展，各版本之间的主要异同，以及 Oracle 旗舰型数据库一体机的各个组成部分。

毫无疑问，在 Oracle 数据库技术领域，Exadata 是一个游戏规则的技术革命者。Oracle 通过整合最好的新一代软硬件，保持了坚持不懈的创新精神。企业的采购和用户的普及彰显了产品的巨大成功，主要原因包括性能优越、完美整合、数据库云服务器、节省总投资成本（TCO）等，最重要的一点是 Exadata 是一个开箱即用，一天即可完成部署的集成系统。

Exadata 里的 RAC

众所周知，Exadata 一体机集新一代的 Sun 硬件优势及 Oracle 软件技术优势于一体。
Oracle 实时应用集群（RAC）是 Oracle 数据库家族的并行集群，在 Exadata 软件层面起着
不可或缺的作用。在 Exadata 一体机出厂时，RAC 和 GI（Grid Infrastructure，包括 Oracle
Ware Clusterware 和 ASM）就预装和配置好了。

从技术和商务合同的角度来看，并非使用 Exadata 就一定要用 RAC。但是，绝大多数
Exadata 一体机都部署了 RAC。这在很大程度上是因为使用 RAC 带来的好处：高可用性、
负载均衡、水平扩展。基于这些显而易见的原因，强烈建议把 RAC 作为 Exadata 软件的一
个组成部分去部署。反过来说，如果不用 RAC，Exadata 在 Oracle 数据库服务器层将失去
很大一部分高可用性和负载均衡能力。

正是由于 RAC 有这样独特的优势，Exadata 已经成为构建弹性的、自服务的 Oracle 数
据库云的顶梁柱。RAC 在 Exadata 里如此重要，所以懂 RAC 的数据库管理员凭借他们掌握
的 RAC 技能，可以非常迅速地转换之前的工作角色，即从 DBA 转变为 DMA（Exadata 数
据库一体机管理员）。

本章开头部分会对 Oracle RAC 进行简要介绍，接着会说明它在数据库一体机 Exadata
家族的作用和意义。本章还重点介绍了在 Exadata 中如何最优化地配置、使用、利用和诊断
RAC 故障。

2.1 Exadata 上 RAC 的意义

很简单，如果没有 RAC，Exadata 在数据库计算层将不具有高可用性和负载均衡的能
力。换句话说，没有 RAC，Exadata 在 Oracle 数据库计算层容易出现单点故障（SPOF），也

会失去在数据库计算层消除单点故障的能力，此外，Exadata 的横向扩展能力也会受到限制。RAC 是 Exadata 能盘踞在弹性数据库云中的关键要素。

行业内经常提出的一个问题是，RAC 部署在 Exadata 上跟部署在其他硬件上的区别在哪里？从逻辑的角度来看，答案是没有什么区别。Exadata 上和非 Exadata 环境上的 RAC 架构是相同的。然而，Exadata 上的 RAC 在多个方面得到了增强，例如，简单的读，它允许 ASM 从多个 ASM failure group（失败磁盘组）查询读取，这个功能在 11.2.0.3 版本的 Exadata 中发布。这些增强的功能在非 Exadata 环境的 12.1.0.2 版本之后也会提供。另外，从硬件的角度来看，RAC 在 Exadata 中受益于新一代的底层硬件的革新（比如使用了 40Gb/s 带宽的超高速 InfiniBand 网络做集群心跳等）变得更快、性能更好。

整个 Exadata 数据库一体机都受益于网格风格架构的创新智能存储软件及新一代硬件的优点。RAC 以及 12c 里的可插拔（多租户）数据库，都是将数据库完美整合进 Exadata 一体机中的关键技术。

Exadata 里的 RAC 性能得到极大增强，Exadata 的特性及新一代硬件的加持放大了这种性能提升效果。RAC 在 Exadata 上得到性能的提升还受益于存储节点里智能存储软件给予的补充和增强。Exadata 的智能卸载能力，例如，智能扫描、混合列压缩等，对 Exadata 里的 RAC 配置和性能提升都有积极的影响。本书的后续章节会详细解释这些性能增强。

 提示　本章的目的不是让读者深入了解 RAC，而是从 Exadata 的视角洞悉 RAC。Exadata 里的 RAC 配置最佳实践、故障处理和性能调优技巧在本章也会涉及。

2.2　RAC 概述

RAC 是 Oracle V6 版本时发布的，当时的名字叫作 OPS（Oracle Parallel Server，Oracle 并行服务器），这个名字一直延续到后来的 Oracle 9i，才正式更名为 Oracle RAC（实时应用集群）。所以，RAC 是 Oracle 数据库家族的并行集群选件。

RAC 除了为 Oracle 数据库服务器提供零停机进行水平扩展的能力外，还提供将数据库压力在多个数据库节点之间负载均衡的能力。

RAC 的负载均衡功能，是由一种称作全局缓存融合（Global Cache Fusion，GCF）的机制，将各个集群节点的内存区域融合在一起来实现的。这种机制由各种底层的 RAC 守护进程和服务进程来完成，特别是 LMS（Lock Management Server）进程，它是 GCF 的重要组成部分，也是 GCF 的核心所在。

RAC 在整个 Oracle 数据库体系里是人所共知的，它成熟、稳定、性能优异，并且经过了多个产品版本的迭代洗礼。因此，对于用户来说，在各个系列的 Exadata 数据库一体机里，将 RAC 作为数据库集群产品来使用，是自然而然的选择。

图 2.1 展示了半配 X4-2 Exadata 一体机里的 4 节点 RAC 集群。

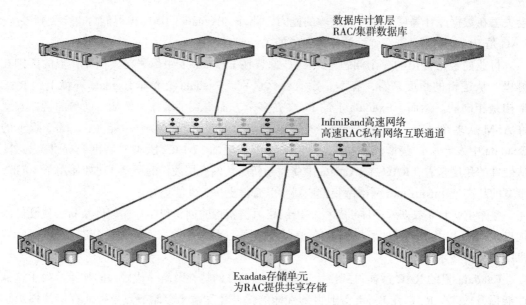

数据库计算层
RAC/集群数据库

InfiniBand高速网络
高速RAC私有网络互联通道

Exadata存储单元
为RAC提供共享存储

图 2.1　半配 X4-2 Exadata 一体机里的 4 节点 RAC 集群

2.2.1　Exadata RAC 快速入门

从逻辑组件上讲，Exadata 和非 Exadata 的 RAC 实现并没有什么不同。然而，正如前面所提到的，在 Exadata 上 RAC 的性能和稳定能力都被放大了，因为在 Exadata 里，RAC 受益于智能存储软件，以及针对 Exadata 的一些 RAC/ ASM 特性增强。接下来就简要地探究一下 Exadata 上的 RAC 核心主题领域（core subject areas）。

对 Oracle RAC 集群节点来说，共享存储是一个基本要求。这是通过实施 ASM，并利用 ASM 与 Exadata 智能存储软件完美结合实现的。结合存储智能化和 Oracle 数据库软件在数据处理上的能力，这种技术互补的最终结果就是 Exadata 上的 RAC 性能大增。

RAC 的网络组件，集群的内部互联（私有网络），支撑了全局缓存融合（GCF），同时这个技术为 RAC 提供了高可用功能和负载均衡能力。在 Exadata 里，集群私有网络是由新一代低延迟、超高速的冗余 InfiniBand 光纤交换机提供的。从硬件配置上来说，使用低延迟的 InfiniBand 交换机作为集群私有网络，同样为 Exadata 上的 RAC 架构性能提升加分不少。

 提示　Exadata 是一个完整的、紧密集成的数据库一体机，由 Oracle 的工厂进行各种严格的调整和测试。RAC 是这种紧密集成系统的一部分。

自定义的 RPM 软件安装包、软件，以及在计算节点上的非原生代理通常来说都是不应该部署——应该由 Oracle 验证并确定有效后才安装它们，因为它们可能会干扰 Exadata 一体机的内部工作，包括 RAC。

2.2.2　RAC 对 DBA 的影响

由一位有 Oracle RAC 维护经验的 DBA 来维护 Exadata 是一件非常自然、顺理成章的事。简单来说，一位经验丰富的 RAC DBA 转来维护 Exadata，学习曲线是相当小的。事实上，RAC 正是开启 Exadata 一体机之计算节点数据库技术的动力所在。

尤为重要的是，尽管一个 RAC DBA 涉足 Exadata 世界时，毋庸置疑是要有一点儿学习曲线的，但是，这个曲线更多的是让 DBA 去理解 Exadata 里让 RAC 更厉害的技术，例如，智能存储软件、InfiniBand 交换机等。

另外，对于 RAC DBA 来说，认识到在 Exadata 上的 RAC 与非 Exadata 上的区别是很重要的，比如集成在 Exadata 上的新一代 InfiniBand 硬件还有提供共享存储的 Oracle 存储单元。

好消息是，正如前面提到的，由于 RAC 是支撑 Exadata 软件架构的主要组件，所以对于 Oracle DBA 来说，熟练掌握的 RAC 技能不仅能派上用场，而且转型成 DMA（Exadata 数据库一体机管理员）之后，这一技能还将继续发挥更大的作用。

提示　如果你即将从 RAC DBA 转为 Exadata DMA，强烈建议你理解和学习 Exadata 上的 RAC 架构时，比照着你所熟悉的非 Exadata 硬件架构。

2.3　在 Exadata 上搭建 RAC 集群

图 2.2～图 2.4 展示了在 Exadata 一体机中怎样分区和搭建 RAC 集群的几个示例。图 2.2 展示的是将所有 8 个数据库计算节点整合成一个 RAC 集群（即 Grid Infrastructure，GI），并投入生产使用。图 2.3 展示的是将 8 个节点分成 2 个 RAC 集群，每个集群 4 节点，一个集群承载 OLTP（联机事务处理）类型的工作负载，一个承载数据仓库型的工作负载（或者说业务类型）。图 2.4 则是把 8 个数据库计算节点划分为 3 个独立的集群，分别作为灾难恢复（DR）/Data Guard 环境、QA 测试环境、DEV 开发环境来使用。

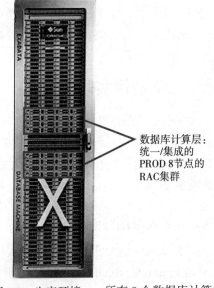

数据库计算层：统一/集成的 PROD 8 节点的 RAC 集群

图 2.2　生产环境——所有 8 个数据库计算节点组成一个 RAC 集群（一个 GI 集群）

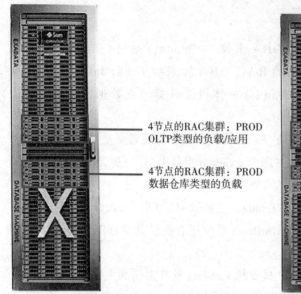
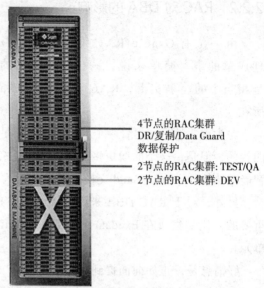

图 2.3　生产环境——2 个 4 节点 RAC 集群分别用于 OLTP 和仓库应用（多个 GI 集群）

图 2.4　4 节点 RAC 集群用于 DR/DG/ 复制，其余 2 个集群分别用于开发和测试（多个 GI 集群）

这些 RAC 搭建配置的示例是根据客户业务需求和一些其他因素来考虑的。需要强调的是，它们只是个例子罢了，实际的配置取决于很多各种因素，比如业务需求、技术需求或者其他一些要求。

RAC 集群可以在 Exadata 初始部署时就配置好，也可以在投入生产后重新配置⊖。对最终用户来说，可以在零停机的情况下以热插拔的模式对集群节点进行删除或增加。

2.4　运维最佳实践

这一部分重点介绍一些突出的最佳实践、技巧和技术，以便更顺畅地维护 Exadata 中的 RAC 环境，确保它运行良好、消灭故障于无形、具备可扩展性和持续稳定性，给予用户使用 Exadata 的最佳体验。这些技巧会在本节简要提及，其中一部分会放在本书的后续章节再详细描述。

2.4.1　最大可用性架构（MAA）

实施 Oracle 最大可用性架构（MAA）的指导方针和最佳实践，可消除单点故障（Single Point of Failures，SPOF），达到实现高可用性的目的。

⊖　需要停掉以前的应用，删除重建。——译者注

在 Exadata 一体机出厂时就已经考虑到并实施了的 Oracle MAA 关键组件如下：

❑ Oracle RAC（可选）。

❑ Oracle ASM。

❑ 每个层面或组件，Exadata 在硬件和软件中都不存在单点故障。比如冗余的电源、RAC 集群的数据库服务器，冗余的网络路径，冗余的存储等。

在 Exadata 中，建议部署以下 Oracle MAA 组件，真正实现 Exadata 的高可用性：

❑ Oracle ADG（Active Data Guard）应该部署，它提供一种复制技术，将 Exadata 里的 Oracle 数据库持续复制到一个以只读模式打开的备用数据库，用于出各种报告或者做批量分析等。

❑ 搭建和配置普通冗余或高度冗余模式的 ASM 磁盘组（普通冗余是 2 倍冗余，高度冗余是 3 倍冗余）。

❑ 所有访问 Exadata 的外部接口都封装以太网通道[⊖]，包括公共链路（public）、备份网络链路等。

❑ 使用 Oracle RMAN 去搭建、配置并测试验证备份策略是否有效。打开块更改跟踪（Block Change Tracking，BCK）选项，启用快速增量备份。

❑ 配置数据块校验参数（DB_BLOCK_CHECKING，DB_BLOCK_CHECKSUM，DB_LOST_WRITE_PROTECT），防止数据块损坏。

❑ 所有 Exadata 上的生产数据库，打开归档和强制日志记录（force logging）模式，恢复操作会更稳定、更有效。

❑ 用 Oracle 闪回技术来保护 Oracle 数据，防止逻辑损坏。这些 Oracle 闪回技术，让 Oracle RAC 数据库非常容易地回退到某个特定的时间点。

❑ 为参数 UNDO_RETENTION 设置最小值 / 最低要求级别，来保护撤销操作及闪回操作。

❑ 为 RAC / Exadata 配置应用连接，做到故障发生时无缝转移到集群的幸存节点，类似于主库发生故障时，可以无缝连接到 Data Guard 备用库一样。

2.4.2　优化设置让 RAC 数据库高效运行

下面提供一些方法、提示和技巧，来更优化地配置 Exadata 和 RAC，让数据库更高效运行。将 Oracle 数据库和模式（schema）中相似的问题分类分组，以相同主题的形式来讨论。

❑ 当前版本

确保 Exadata 一体机软件的当前使用版本，跟 Oracle 最新发布的版本和补丁集保持一

⊖　Ether-channeled，两个设备之间有两条链路，捆绑在一起形成一个逻辑聚合链路，提供冗余容错的能力。构成以太网通道的端口必须配置成相同的特性。——译者注

致。对 Exadata/RAC 安全或稳定性存在威胁的潜在 bug [⊖]，在最新的补丁、补丁集和版本中都会被解决掉。

Oracle 技术支持文档（ID 888828.1）中包含了 Exadata 所有层面：数据库、存储器、网络等的版本和补丁的完整列表。

❑ ORAchk 和 Exachk

应定期运行 Exachk（Oracle 公司推荐的健康检查工具），检查你所有的 Exadata 一体机的健康状况。Exachk 可以从 Oracle 技术支持文档（ID 1070954.1）上去下载。ORAchk（技术支持文档（ID 1268927.2））是 Oracle 公司提供的一个全新健康检查工具，其中包含了 Exachk 要做的检查内容，建议定期运行，主动去发现问题，当然也可以在问题发生后运行，以便做出一个整体的问题诊断方案。关于 ORAchk，在本章后续部分会有更详细的说明。

❑ 有效的资源管理

在数据库计算层和存储层配置和使用 Oracle 的资源管理器，有效地管理各种资源、平衡各种资源、调校各种资源，这对 Exadata 维护来说是很重要的。在这一块，主要涉及两项技术，分别是 Oracle DBRM（Database Resource Manager，Oracle 数据库资源管理器）和 IORM（I/O Resource Manager，资源管理器）。

资源管理技术将数据库用户使用的系统资源分组管理并加以限制，这样能更高效地管理系统资源。使用资源管理技术，可防止 Oracle 应用程序、查询和用户访问因为占用了过多的系统资源，导致整个系统范围的故障。

❑ CPU 和内存管理

有足够数量的 CPU 和内存，并对它们加以资源限制，是在 Exadata 上搭建 RAC 集群数据库的一种合理的、久经时间考验的策略。这种策略可确保应用程序的工作负载处于一个可控的稳定状态，防止在 RAC 环境里出现类似节点驱逐和裂脑（splite-brain）这样的致命问题出现。

实例因笼（instance caging）是一种由 CPU_COUNT 参数实现的机制，限制 Oracle RAC 数据库使用 CPU 的数量。从另一个角度来说，设置不正确的 CPU_COUNT 或者实际可用的个数少于参数设置，会导致数据库出现 RESMGR:CPU 类型的等待事件。要确保给予 Oracle RAC 数据库实例足够的 CPU 数量，尽量避免出现这类等待事件。

在多租户的 RAC 环境中对内存消耗设置了限制时，应当开启和配置 AMM（Automatic Memory Management，自动内存管理功能），确保 RAC 数据库实例能充分利用内存。

在 Linux 环境下，AMM 与 Hugepages 不兼容，在使用 AMM 时一定要考虑到这个问题。也就是说，在 Exadata 环境下，建议使用 ASMM（Automatic Shared Memory Management，自动共享内存管理）来替代 AMM。下面列出两篇这方面的文章供读者进一步了解这个话题的更详细内容，文章来源于 Oracle 技术支持网站（MOS）：

⊖ 所谓潜在 bug，是指别的用户已经遇到了，你运气好暂时还没遇到。——译者注

    ○ ID 749851.1：《HugePages and Oracle Database 11g Automatic Memory Management (AMM) on Linux》

    ○ ID 1134002.1：《ASMM versus AMM and Linux x86-64 HugePages Support》

❑ 杀毒软件

杀毒软件不能运行在 RAC/Exadata 节点上，它对 Oracle RAC 进程的内部运行会造成致命影响，最终导致节点驱逐。

❑ 第三方监控工具和脚本

尽量不要安装第三方监控工具和脚本，这些内容有干扰 Exadata 或 RAC 内部运行机制的潜在机会和可能性。Oracle 禁止把这些工具安装在存储节点上。

❑ 调优 RAC 参数

在 Exadata 上配置 RAC 初始化参数文件 init.ora 里的参数时要特别谨慎。例如，为 IMS_PROCESSES 参数分配过大的值会消耗过多的 CPU，进而导致集群变得不稳定。请参阅 Oracle 技术支持文档《Auto-Adjustment of LMS Process Priority in Oracle RAC with v11.2.0.3 and Later》（ID 1392248.1）。

❑ 分区和并行

接下来要介绍的是在 RAC 和 Exadata 集群环境中，采用分而治之的方法来实现极致性能，在这方面分区和并行缺一不可。

在 Oracle 里开启自动并行功能（多线程）来执行，一个极好而又省事的方法是设置 ADP（Automatic Degree of Parallelism，自动并行度），将 PARALLEL_DEGREE_POLICY 设置为 AUTO 即可。

这是 Oracle 11gR2 中才发布的一个功能强大的特性。然而，要注意的是必须正确地使用这一特性，用最优化的方式配置 parallel_ 相关参数，才能确保它们不会对系统整体性能产生负面影响。例如，将参数 PARALLEL_MAX_SERVERS 设置为很高的值，有可能耗光系统内存，导致节点反应迟钝，最终被逐出群集。它们通常与资源管理器一起使用，这样可以避免会话过度启用并行子进程。

在 RAC 环境或 Exadata 环境里，对大型数据对象做分区从而达到必需的性能是极为重要的。分区和并行经常互为补充，可以减少系统整体的 CPU 和内存消耗，实现最佳性能，并确保系统稳定运行。

2.5　使用 OEM 12c 管理 RAC

OEM 12c 是 Exadata 环境下的端到端管理、监控、维护和支持工具，界面直观，功能易用，也是 Exadata 环境下监控和管理 Oracle RAC 的最佳工具。

从集群缓存一致性、RAC 集群监控、性能优化到执行复杂的管理任务，OEM 具有所需的功能，能够高效地管理 Exadata 环境，包括 RAC。

本书第 9 章会重点说明怎样用 OEM 12c 管理 Exadata。本章会详细介绍包括用 OEM 12c 来进行监控、故障诊断、性能优化，以及管理 RAC 和命令。

图 2.5 展示了 OEM 和 Exadata 各个组件（包括 RAC）之间的整体结构和关系。

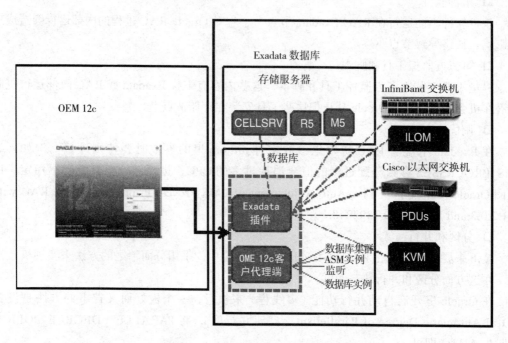

图 2.5 用 OEM 12c 管理 Exadata

2.6 常用工具和命令

本节将介绍一些常用工具和命令，可以用来诊断、查看和管理 RAC 和 Exadata 数据库一体机的 RAC 相关组件。这些工具和命令主要分为三个大类，每一类都有相应的命令行工具或脚本，在非 Exadata 环境上同样适用。

❑ CRSCTL Oracle 集群控制工具——CRSCTL 能让用户对 Oracle RAC 集群及其相关部件执行管理任务，例如，启动、停止、检查、启用、禁用、健康检查等。CRSCTL 命令可以运行在集群中的任何节点。它的使用应仅限于关键的 Oracle RAC 集群业务，大部分的资源管理可以使用 SRVCTL 进行。

❑ SRVCTL 服务器控制工具——SRVCTL 用于管理资源和 Oracle 集群所管理的组件，例如，启动、停止、添加、删除、启用和禁用的服务，数据库和实例，SCAN 监听，NodeApps，ASM 等。

❑ 五花八门（miscellaneous）的其他工具——包括其他用来查询、诊断和管理 RAC、CRS 的命令行工具。

代码清单 2.1 展示了用 crsctl query 命令查询 Exadata 上的 Clusterware 集群软件信息的命令。

代码清单2.1　crsctl query命令

```
$ crsctl query crs activeversion
Oracle Clusterware active version on the cluster is [11.2.0.4.0]

$ crsctl query crs releaseversion
Oracle High Availability Services release version on the local node is [11.2.0.4.0]

$ crsctl query crs softwareversion
Oracle Clusterware version on node [oe01db01] is [11.2.0.4.0]

$ crsctl query crs softwareversion -all
Oracle Clusterware version on node [oe01db01] is [11.2.0.4.0]
Oracle Clusterware version on node [oe01db02] is [11.2.0.4.0]
Oracle Clusterware version on node [oe01db03] is [11.2.0.4.0]
Oracle Clusterware version on node [oe01db04] is [11.2.0.4.0]
Oracle Clusterware version on node [oe01db05] is [11.2.0.4.0]
Oracle Clusterware version on node [oe01db06] is [11.2.0.4.0]
Oracle Clusterware version on node [oe01db07] is [11.2.0.4.0]
Oracle Clusterware version on node [oe01db08] is [11.2.0.4.0]
$ crsctl query css votedisk
##  STATE    File Universal Id                 File Name Disk group
--  -----    ----------------                  --------- ---------
 1. ONLINE   7cb8478916a84f10bf7dbb336ca68601  (o/192.168.10.5/DBFS_DG_CD_02_oe01cel01)
[DBFS_DG]
 2. ONLINE   8eb8c6e255534f84bfb1da0194b845bb  (o/192.168.10.6/DBFS_DG_CD_02_oe01cel02)
[DBFS_DG]
 3. ONLINE   7f378e868c094fb0bfc38af465fc64f4  (o/192.168.10.7/DBFS_DG_CD_02_oe01cel03)
[DBFS_DG]
Located 3 voting disk(s).

$ crsctl query crs administrator
CRS Administrator List: *
```

代码清单 2.2 中展示了 crsctl check 命令，用来检查 Exadata 上的集群组件状态：

代码清单2.2　crsctl check命令

```
$ crsctl check has
CRS-4638: Oracle High Availability Services is online

$ crsctl check crs
CRS-4638: Oracle High Availability Services is online
CRS-4537: Cluster Ready Services is online
CRS-4529: Cluster Synchronization Services is online
CRS-4533: Event Manager is online
```

代码清单 2.3 中展示了 crsctl status 和 crsctl get 命令，用来显示 Exadata 上集群相关组件的状态信息。

代码清单2.3　crsctl status和crsctl get 命令

```
$ crsctl status serverpool -p
NAME=Free
IMPORTANCE=0
MIN_SIZE=0
MAX_SIZE=-1
SERVER_NAMES=
PARENT_POOLS=
EXCLUSIVE_POOLS=
ACL=owner:oracle:rwx,pgrp:oinstall:rwx,other::r-x

NAME=Generic
IMPORTANCE=0
MIN_SIZE=0
MAX_SIZE=-1
SERVER_NAMES=oe01db01 oe01db02
PARENT_POOLS=
EXCLUSIVE_POOLS=
ACL=owner:oracle:r-x,pgrp:oinstall:r-x,other::r-x

NAME=ora.dbm
IMPORTANCE=1
MIN_SIZE=0
MAX_SIZE=-1

SERVER_NAMES=oe01db01 oe01db02
PARENT_POOLS=Generic
EXCLUSIVE_POOLS=
ACL=owner:oracle:rwx,pgrp:oinstall:rwx,other::r--

NAME=ora.sri
IMPORTANCE=1
MIN_SIZE=0
MAX_SIZE=-1
SERVER_NAMES=oe01db01 oe01db02
PARENT_POOLS=Generic
EXCLUSIVE_POOLS=
ACL=owner:oracle:rwx,pgrp:oinstall:rwx,other::r--

$ crsctl status serverpool ora.dbm -p
NAME=ora.dbm
IMPORTANCE=1
MIN_SIZE=0
MAX_SIZE=-1
SERVER_NAMES=oe01db01 oe01db02
PARENT_POOLS=Generic
EXCLUSIVE_POOLS=
ACL=owner:oracle:rwx,pgrp:oinstall:rwx,other::r--

$ crsctl get cluster mode status
Cluster is running in "standard" mode

$ crsctl get node role config
Node 'exa1db01' configured role is 'hub'
```

代码清单 2.4 用 srvctl config 命令展示了 Exadata 上集群相关的配置信息。

代码清单2.4　srvctl config 命令

```
$ srvctl config database -d dbm
Database unique name: dbm
Database name: dbm
Oracle home: /u01/app/oracle/product/11.2.0.4/dbhome_1
Oracle user: oracle
Spfile: +DATA_OE01/dbm/spfiledbm.ora
Domain: at-rockside.lab
Start options: open
Stop options: immediate
Database role: PRIMARY
Management policy: AUTOMATIC
Server pools: dbm
Database instances: dbm1,dbm2
Disk Groups: DATA_OE01,RECO_OE01
Mount point paths:
Services:
Type: RAC
Database is administrator managed

$ srvctl config nodeapps -n oe01db01
-n <node_name> option has been deprecated.
Network exists: 1/174.17.40.0/255.255.255.0/bondeth0, type static
VIP exists: /oe0101-vip/174.17.40.4/174.17.40.0/
255.255.255.0/bondeth0, hosting node oe01db01
GSD exists
ONS exists: Local port 6100, remote port 6200, EM port 2016

$ srvctl config listener -l LISTENER -a
Name: LISTENER
Network: 1, Owner: oracle
Home: <CRS home>
  /u01/app/11.2.0.4/grid on node(s) oe01db02,oe01db01
End points: TCP:1521
```

代码清单 2.5 用 srvctl status 命令展示了 Exadata 上集群管理资源的状态信息。

代码清单2.5　srvctl status命令

```
$ srvctl status server -n oe01db01,oe01db02,oe01db03,oe01db04
Server name: oe01db01
Server state: ONLINE
Server name: oe01db02
Server state: ONLINE
Server name: oe01db03
Server state: ONLINE
Server name: oe01db04
Server state: ONLINE


$ srvctl status database -d dbm
Instance dbm1 is running on node oe01db01
Instance dbm2 is running on node oe01db02

$ srvctl status instance -d dbm -i dbm1
Instance dbm1 is running on node oe01db01


$ srvctl status nodeapps
VIP oe01db01-vip is enabled
```

```
VIP oe01db01-vip is running on node: oe01db01
VIP oe01db02-vip is enabled
VIP oe01db02-vip is running on node: oe01db02
VIP oe01db03-vip is enabled
VIP oe01db03-vip is running on node: oe01db03
VIP oe01db04-vip is enabled
VIP oe01db04-vip is running on node: oe01db04
VIP oe01db05-vip is enabled
Network is enabled
Network is running on node: oe01db01
Network is running on node: oe01db02
Network is running on node: oe01db03
Network is running on node: oe01db04
GSD is disabled
GSD is not running on node: oe01db01
GSD is not running on node: oe01db02
GSD is not running on node: oe01db03
GSD is not running on node: oe01db04
ONS is enabled
ONS daemon is running on node: oe01db01
ONS daemon is running on node: oe01db02
ONS daemon is running on node: oe01db03
ONS daemon is running on node: oe01db04

$ srvctl status nodeapps -n oe01db01
VIP oe0101-vip is enabled
VIP oe0101-vip is running on node: oe01db01
Network is enabled
Network is running on node: oe01db01

GSD is disabled
GSD is not running on node: oe01db01
ONS is enabled
ONS daemon is running on node: oe01db01

$ srvctl status asm
ASM is running on oe01db01, oe01db02, oe01db03, oe01db04

$ srvctl status diskgroup -g DATA1
Disk Group DATA1 is running on oe01db01, oe01db02, oe01db03,oe01db04

$ srvctl status listener
Listener LISTENER is enabled
Listener LISTENER is running on node(s): oe01db01, oe01db02, oe01db03,oe01db04

$ srvctl status listener -n oe01db01
Listener LISTENER is enabled on node(s): oe01db01
Listener LISTENER is running on node(s): oe01db01

$ srvctl status scan
SCAN VIP scan1 is enabled
SCAN VIP scan1 is running on node oe01db02
SCAN VIP scan2 is enabled
SCAN VIP scan2 is running on node oe01db01
SCAN VIP scan3 is enabled
SCAN VIP scan3 is running on node oe01db03

$ srvctl status scan -i 1
SCAN VIP scan1 is enabled
SCAN VIP scan1 is running on node oe01db02

$ srvctl status scan_listener
SCAN Listener LISTENER_SCAN1 is enabled
SCAN listener LISTENER_SCAN1 is running on node oe01db02
SCAN Listener LISTENER_SCAN2 is enabled
```

```
SCAN listener LISTENER_SCAN2 is running on node oe01db01
SCAN Listener LISTENER_SCAN3 is enabled
SCAN listener LISTENER_SCAN3 is running on node oe01db03

$ srvctl status scan_listener -i 1
SCAN Listener LISTENER_SCAN1 is enabled
SCAN listener LISTENER_SCAN1 is running on node oe01db02

$ srvctl status vip -n oe01db01
VIP oe0101-vip is enabled
VIP oe0101-vip is running on node: oe01db01

$ srvctl status vip -i oe0101-vip-vip
PRKO-2167 : VIP oe0101-vip-vip does not exist.
```

代码清单 2.6 中列出的是 Exadata 里与 RAC 组件相关的一些命令。

代码清单2.6　各种RAC组件信息

```
$ ocrconfig -showbackup

oe01db01    2014/09/08 14:41:23
/u01/app/11.2.0.3/grid/cdata/oe01-cluster/backup00.ocr

oe01db01    2014/09/08 10:41:23
/u01/app/11.2.0.3/grid/cdata/oe01-cluster/backup01.ocr

oe01db01    2014/09/08 06:41:23
/u01/app/11.2.0.3/grid/cdata/oe01-cluster/backup02.ocr

oe01db01    2014/09/07 02:41:21
/u01/app/11.2.0.3/grid/cdata/oe01-cluster/day.ocr

oe01db01    2014/08/28 14:41:06
/u01/app/11.2.0.4/grid/cdata/oe01-cluster/week.ocr

oe01db01    2013/02/26 17:20:00
/u01/app/11.2.0.4/grid/cdata/oe01-cluster/backup_20130226_172000.ocr

$ olsnodes -s
oe01db01 Active
oe01db02 Active

$ olsnodes -n
oe01db01 1
oe01db02 2

$ ocrcheck
Status of Oracle Cluster Registry is as follows :
 Version                  :          3
 Total space (kbytes)     :     262120
 Used space (kbytes)      :       3036
 Available space (kbytes) :     259084
 ID                       : 1278623030
 Device/File Name         :    +DBFS_DG
            Device/File integrity check succeeded
Device/File not configured
            Device/File not configured
            Device/File not configured
            Device/File not configured
 Cluster registry integrity check succeeded
ocrcheck    Logical corruption check succeeded
```

```
$ ocrcheck -local
Status of Oracle Local Registry is as follows :
  Version                  :            3
  Total space (kbytes)     :       262120
  Used space (kbytes)      :         2684
  Available space (kbytes) :       259436
  ID                       :    957270436
  Device/File Name         :    /u01/app/11.2.0.4/grid/cdata/oe01db01.olr

  Device/File integrity check succeeded
  Local registry integrity check succeeded
  Logical corruption check succeeded
```

2.7 诊断 RAC 问题

本节主要介绍在 Exadata 里，对 RAC 进行性能诊断和故障诊断的一些好用的小技巧和建议。至于怎样构建和维护一个好用的 Exadata 一体机，请参考本章前面的"运维最佳实践"部分。

2.7.1 从 ORAchk 开始

ORAchk 是为 Exadata 和 RAC 全新打造的一款功能全面的健康检查工具，可以用来检测在 RAC 或 Exadata 中普遍存在的问题。在 ORAchk 发布之前，官方推荐使用 EXachk 作为 Exadata 一体机的健康检查工具，可以从 Oracle 技术支持文档（ID 1070954.1）下载。Exachk 是一个伟大的起步，它给予了全面的检查指南和潜在的隐患、问题和痛点的改进建议。而现在 ORAchk 来了，这是一款结合了 Exachk 和 RACcheck 功能于一身的新工具。ORAchk 可以从 Oracle 技术支持文档《ORAchk—Health Checks for the Oracle Stack》（ID 1268927.3）下载。

2.7.2 使用 TFA 问题搜集工具

随着 Oracle 11.2.0.4 版本的发布，一款为了简化 RAC 诊断信息搜集过程的工具——TFA（Trace File Analyzer，跟踪文件分析工具）诞生了，它包罗万象，采集的内容非常完整。TFA 大大简化了要提供给 Oracle 技术支持（Oracle Support）所需的诊断数据搜集和上传功能。TFA 可从 Oracle 技术支持文档《TFA Collector—Tool for Enhanced Diagnostic Gathering》（ID 1513912.1）下载。

2.7.3 使用自动诊断库

自动诊断库（Automatic Diagnostic Repository，ADR）以文件形式来存储诊断数据，是一个综合的集成诊断库。自动诊断库命令解释器（ADR Command Interpreter，ADRCI）命令行工具可以用来检测 RAC、Exadata 中所有数据库实例的诊断信息，包括事件相关的数据、告警信息、跟踪文件和转储文件等。ADRCI 也可以用来将所有相关的诊断数据打包和

压缩为 .zip 文件，然后传至 Oracle 技术支持做进一步分析。不过需要说明的是，ADR 搜集存储的信息 TFA 中也包含了，也就是说如果用了 TFA，就没必要再用 ADR 了。

2.7.4　检查告警日志和跟踪日志文件

每个 RAC 数据库实例都有它自己的告警日志文件，这个文件的位置由初始化文件 init.ora 中的 DIAGNOSTIC_DEST 参数指定。对于发生的一些特定问题和故障事件，告警日志文件中都会给出更多的跟踪日志文件路径信息。对于识别和诊断 Exadata 或 RAC 的问题，分析告警日志和这些跟踪日志文件是非常关键的。如果已经使用 TFA 来搜集和分析诊断数据，那它已经帮你把 RAC 数据库的告警和跟踪数据都搜集好了。

2.7.5　使用 3A 工具

可使用三个 A 开头的性能优化和问题诊断工具来解决性能相关的问题或其他通用问题：
- ❑ AWR（自动工作负载信息）报告——为整个 Oracle 数据库记录负载信息，用于后续诊断。
- ❑ ADDM（自动数据库诊断）报告——分析 AWR 报告收集的数据，并以方便易读的方式生成诊断结果和建议。
- ❑ ASH（活动会话历史记录）报告——为个别数据库会话进行跟踪和记录。

2.7.6　检查集群私网

集群私有网络是集中式的骨干网络，承担所有节点之间的缓存融合。虽然在 Exadata 中比较罕见（由于使用了超快的 InfiniBand 网络交换机），但集群互联很可能是潜在的问题点。这是一个庞大的话题，本书的后面几章中会有提及。

2.7.7　启用跟踪功能和检查跟踪日志

RAC 管理工具，比如数据库配置助手（DBCA）、数据库升级助手（DBUA）、集群验证工具（CLVU）、服务器控制工具（SRVCTL）等，是基于 Java 开发的，所以可以启用跟踪功能。这些工具的跟踪日志可以在它们各自的目录中找到（例如，$ORACLE_HOME/cfgtoollogs/dbca），如果遇到相关故障，应该去检查这些日志。

2.7.8　集群健康状态监视器

集群健康状态监视器（Cluster Health Monitor，CHM）也是一个 Exadata、RAC 故障问题发生时非常有用的工具。CHM 搜集的信息，放在 Grid Infrastructure 的管理信息库，可以用于 RAC 集群的故障排除。CHM 搜集数据可以通过运行 $GRIDHOME/bin 目录下的 diagcollection.pl 脚本获得。不过，相对 TFA 来说，diagcollection.pl 有些过时了。

2.7.9　使用 OEM 12c

OEM 12c 是一个标准框架，可以作为 RAC、Exadata 故障诊断和性能调优时的一种选择参考。下面列出 OEM 12c 上的一些工具、程序、报告、页面，这在识别、跟踪诊断和处理 RAC 或 Exadata 的一些问题情景时是非常有用的：

- ❑ 性能调优主页面（performance home page）
- ❑ 集群缓存（cluster cache coherency）
- ❑ 实时 ADDM 报告（real-time ADDM report）
- ❑ AWR、ADDM 和 ASH 报告
- ❑ Top 活动会话
- ❑ SQL 监控
- ❑ 比对 ADDM 报告
- ❑ 比对 AWR 报告
- ❑ 被阻塞的会话（blocking sessions）
- ❑ SQL 优化和性能建议（performance advisers）
- ❑ 即时监控（emergency monitoring）

2.7.10　其他工具

除了之前提到的这些工具，还有一些工具和命令脚本，对于诊断和解决 RAC 问题也是比较有用的：

- ❑ RAC 配置检查工具（RACcheck）（见 Oracle 技术支持文档（ID 1268927.1））
- ❑ ProcWatcher——监控和检查 Oracle 数据库及集群进程的脚本（见 Oracle 技术支持文档（ID 459694.1））
- ❑ OSWatcher Black Box（OSWBB）（见 Oracle 技术支持文档（ID 1531223.1））
- ❑ ORATOP——接近实时的数据库、RAC 和单实例监控工具（见 Oracle 技术支持文档（ID 1500864.1））

2.7.11　有用的 Oracle 支持资源

下面列出了一些非常有用的 Oracle 技术支持资源，帮助用户解决 RAC 问题或者 Exadata 问题：

- ❑ 《Rac and Oracle Clusterware Best Practices and Starter Kit（Platform Independent）》（ID 810394.1）
- ❑ 《11gR2 Clusterware and Grid Home——What You Need to Know》（ID 1053147.1）
- ❑ 《Oracle Database（RDBMS）on Unix AIX, HP-UX, Linux, Mac OS X, Solaris, Tru64 Unix Operating Systems Installation and Configuration Requirements Quick

Reference（8.0.5 to 11.2）》（ID 169706.1）
❏《Top 11gR2 Grid Infrastructure Upgrade Issues》（ID 1366558.1）
❏《Exadata Batabase Machine and Exadata Storage Server Supported Versions》（ID 888828.1）

2.8　本章小结

使用 Exadata 的用户，并不要求一定要部署和使用 RAC。然而，如果没有将 RAC 融合到整个 Exadata 环境，Exadata 的潜能和全部能力是无法发挥到极致的。事实上，RAC 是 Exadata 一体机的软件组件，在数据库层提供了负载平衡，并且因为在数据库计算层消除了单点故障，它还给 Exadata 里的数据库提供高可用能力。

本章深入地学习了 Exadata 里的 RAC，从概述开始，接着介绍 RAC 快速入门，以及 RAC 在 Exadata 里的角色及其与其他组件的关系，然后了解了安装配置的最佳实践，以及日常怎样做到高效的运维管理，最后讲述了对于 Exadata 里的 RAC 的故障诊断和性能调优的工具和技巧，从而让读者对 Exadata 里的 RAC 有一个全面理解。

独家秘方——Exadata 存储服务器

本章主要为读者更详细地解读 Exadata 存储服务器（又称 Exadata 存储单元）。存储单元可以说是让 Exadata 如此大规模普及并且使用效果优异的核心要素。本书的第 1 章全方位介绍了 Exadata 的特点和优势，这一章的重心是使读者全面、详尽地了解高度专业化的存储单元。

传统上讲，广大 DBA 几乎普遍认为数据库性能的致命弱点是磁盘 I/O，就像"阿喀琉斯的脚踵"。数据库的处理能力越强，或者能处理的数据库请求越多，性能就越好。当然，新的存储技术，如闪存卡或者 SSD 还不能很好地适用于普遍场景，因为相对于目前依然大量使用的传统磁盘来说，它们仍然是很新的技术，价格相对还是比较高。因此 I/O 性能问题始终是 Exadata 存储或者存储服务器尽力去解决的问题。本章主要将存储单元的抽象概念解释清楚，并告诉读者怎样去配置和设置。

3.1 Exadata 存储服务器概述

一台 Exadata 数据库一体机通常预装了 3 类硬件：数据库计算节点服务器，存储服务器以及极速的 InfiniBand 存储交换机。Exadata 存储服务器可不仅仅是我们所熟知的那一类传统存储服务器。相比传统的第三方存储服务器，它不仅提供更多功能，还有其独有的特性。这使得它在 Exadata 数据库服务器中担当重要的角色：提供存储服务以及 Exadata 独有的功能。

Exadata 存储服务器也不像其他传统的 SAN 存储设备或者方便和满足存储需求的黑盒。它通过 Exadata 智能存储软件来提供存储单元的卸载处理（智能扫描）、存储索引、混合列压缩（HCC 或者 EHCC）、I/O 资源管理（IORM）、智能闪存、快速文件创建等特有功能。

在后续的章节里将详细介绍 Exadata 软件功能。

　　一般来说，每个系列的 Exadata 数据库一体机都有多种型号配置。数据库计算节点的数据量和存储服务器的数量完全跟用户购买时选择的 Exadata 型号配置相关。新的 Exadata 数据库一体机有 1/8 配、1/4 配、半配和满配几种型号配置。根据选择的配置，存储服务器可能是 3 台、7 台或者 14 台。用户可以灵活地选择最符合需求的型号配置，并且可以在将来需求增加时进行扩展。图 3.1 展示了不同型号配置的 Exadata 存储服务器的数量和空间占用情况，其中：

- ❑ 1/4 配包含 2 个数据库计算节点和 3 个存储服务器。
- ❑ 半配包含 4 个数据库计算节点和 7 个存储服务器。
- ❑ 满配包含 8 个数据库计算节点和 14 个存储服务器。

例如，一台 Exadata X4 存储服务器的软件配置和硬件配置如下：

图 3.1　不同型号配置的存储服务器位置图（依次是 1/4 配，半配，满配）

- ❑ 强制的预安装好的 Oracle Enterprise Linux（OEL）操作系统。
- ❑ 3 个默认的操作系统用户：root、celladmin 和 cellmonitor。
- ❑ Exadata 智能存储软件。
- ❑ 2 颗 6 核 Intel Xeon E5-2630 v2 处理器（2.6GHz）。
- ❑ 12 块 1.2TB 10 000 转速高性能盘或者 12 块 4TB 7200 转速大容量盘。
- ❑ 4 块 800GB Sun 480 PCI 闪存加速卡。
- ❑ 2 块双活的双口 4×QDR（40Gb/s）InfiniBand 适配器。
- ❑ 96GB 内存。
- ❑ 3.2TB Exadata 智能闪存。
- ❑ CELLSRV、重启服务（Restart Server，RS）和管理服务（Management Server，MS）等后台服务。

　　每台 Exadata 存储服务器都视作独立个体来管理和配置。节点控制命令行接口工具（CellCLI）用来管理本地服务器，分布式命令行接口工具（dcli）用来管理远端的 Exadata 存储服务器操作。CellCLI 通常用来执行管理和维护本节点服务器上的大部分操作，dcli 工具（非交互式）可以用来集中管理 Exadata 一体机内的所有存储节点服务器。

3.1.1　存储服务器架构

　　除了传统的存储服务器的必备组件：CPU、内存、网卡（NIC）、存储盘等之外，Exadata 存储服务器还预装了 OEL 操作系统和 Exadata 智能存储软件。

图 3.2 描述了 1/4 配 Exadata 存储服务器的特有架构细节，2 个计算节点和 3 个存储节点，以及计算节点与存储节点之间如何建立通信和连接。

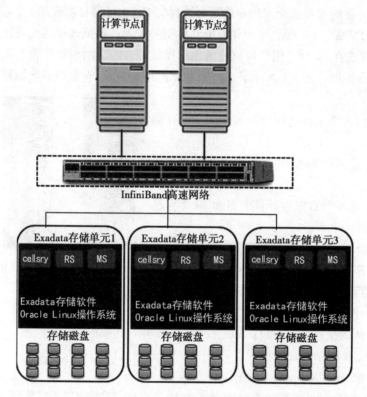

图 3.2 1/4 配 Exadata 一体机计算节点和存储节点架构（1/8 配也一样）

ASM 实例运行在数据库计算节点上，通过使用专门的 iDB 协议⊖经由 InfiniBand 网络与存储服务器进行通信。此外，iDB 协议还为互联网络提供带宽聚集和故障转移功能。

1 台 1/4 配或者 1/8 配的 Exadata 有 2 台 InfiniBand 网络交换机，也被称为叶子（leaf）交换机，用来进行存储节点和计算节点之间的通信，这 2 台交换机互为冗余，接口采用主备模式。如果是半配或满配的 Exadata，则会配备第 3 台，称作骨干（spine）交换机⊜ 。

每台 Exadata 存储服务器配备了统一的 12 块高性能或者大容量物理磁盘、预装 OEL 操作系统、Exadata 存储软件和 3 个关键的后台服务。存储服务器可以通过 3 种途径访问：本地登录、SSH 登录和 KVM 设备登录。

3.1.2 存储节点软件的功能和管理

Exadata 存储节点的后台上运行着 3 个关键的软件，它们提供了存储服务器的核心功

⊖ 即 Intelligent DataBase（智能数据库）协议，整个 Exadata 的精髓 offloading 就靠它来完成。——译者注
⊜ 骨干交换机可用于多个机柜互联。——译者注

能：存储服务、管理服务和重启服务。

1. 存储服务

存储服务（CELLSRV）是一个多线程的进程。可以说它是这 3 个进程中最重的，存储服务占用最多的 CPU 周期，还负责 ASM 实例和存储节点之间的通信，通过 InfiniBand 使用特殊的 iDB 协议（Oracle 数据传输协议）来实现。这是运行在存储节点上的主要软件组件，负责完成 Exadata 的高级职能，例如 SQL 卸载（智能扫描），在底层磁盘上理出优先顺序并调度 I/O，执行 I/O 资源管理（IORM）等。

建议将 celladmin 用户的 soft 和 hard 值都设置得比较高，可以避免一些可能的 ORA-600 错误。作为磁盘管理的一部分，当 CELLSRV 进程发现了某个硬盘运行性能比较糟糕时，会立刻通知 ASM 实例将 Grid Disk 离线。每次数据库启动时，便注册到存储节点上的存储服务中，每个存储服务的数据库连接高达 255。

下面的查询语句可用于定位存储节点上 CELLSRV 服务的 hang 事件：

```
# CellCLI> list alerthistory where alertMessage like ".*CELLSRV hang.*" detail
```

要诊断 CELLSRV 服务的问题，比如当 CELLSRV 挂起（hung），消耗了大量的 CPU 和内存资源，内存泄露等时，可以通过下面的命令生成一个 CELLSRV 进程状态转储文件用于问题排查：

```
# CellCLI> alter cell events = "immediate cellsrv.cellsrv_statedump(0,0)"
# CellCLI> alter cell events = "immediate cellsrv.cellsrv_statedump(2,0)"
```

下面的输出就是上面命令的执行结果，可以根据这些信息进一步分析当前 CELLSRV 状态。

```
Dump sequence #1 has been written to /opt/oracle/cell11.2.3.3.0_LINUX.X64_131014.1/log/
diag/asm/cell/cell2/trace/svtrc_31243_80.trc

Cell usdwilo03 successfully altered
Cell cell2 successfully altered
```

每做完一次状态转储，转储的序列计数都会增加。刚才示例中的跟踪文件名为 svtrc_18140_21.trc。跟踪文件中包含存储节点的详细信息，包括存储软件版本、转储序列计数、内存信息、存储参数、统计信息、磁盘属主信息，InfiniBand 信息等。如果想了解 CELLSRV 进程的内部工作状况，可以生成一个状态转储文件来获得完整的细节信息。

正如之前提到的，每个存储节点由 CellCLI 工具单独管理。CellCLI 工具通过命令行接口来管理存储节点，比如存储节点初始化配置，Cell Disk 和 Grid Disk 的创建，以及性能监控。CellCLI 工具在存储节点上运行，对于终端计算机来说，只要能通过网络访问存储节点便可以使用，也可直接登录这台存储节点。CellCLI 工具通过与 MS（管理服务）进程通信来管理存储节点。

如果想手动停止、启动或者重启存储节点上的 CELLSRV 服务，可以使用下面的命令：

```
# CellCLI> alter cell shutdown services cellsrv [FORCE]
```

如果在关闭 CELLSRV 服务时遇到问题，使用 FORCE 选项能强制关闭该服务。

```
# CellCLI> alter cell startup services cellsrv
```

这条命令可在当前存储节点上启动 CELLSRV 服务。

```
# CellCLI> alter cell restart services cellsrv
```

这条命令可停止 / 启动（重启）当前节点上的 CELLSRV 服务。

```
# CellCLI> list cell attributes cellsrvStatus detail
```

这条命令会显示当前存储节点上 CELLSRV 进程的当前状态。

2. 管理服务

管理服务（MS）进程通过 CellCLI 工具来提供标准的存储节点配置和管理功能。它可完成以下任务：

- ❑ 定期解析 /dev/disk/by-path 中的符号链接对应 FMOD 的 Flash 硬盘（或称"闪存盘"），验证它们依然存在并对底层操作系统可见。
- ❑ 追踪存储节点服务器上硬件层面的变化并且通过 ioctl 系统调用通知 CELLSRV。
- ❑ 收集、计算和管理存储服务器状态指标。
- ❑ 在更换硬盘时重建虚拟驱动器。
- ❑ 一般来说，当一块硬盘性能不佳时，相关的 Grid Disk 和 Cell Disk 会被离线，并且 MS 服务会通知 CELLSRV 服务。

除了上述这些工作外，MS 还会在每小时触发下述自动任务：

- ❑ 删除 ADR 目录、$LOG_HOME 和历史指标中超过 7 天的文件。
- ❑ 一旦在告警日志达到 10MB，执行自动维护，删除超过 7 天的告警日志副本的备份。
- ❑ 在文件使用率达到 80% 时进行通知。

用下面这些命令可以启动、停止、重启 MS 服务并且验证当前状态。

```
# CellCLI> alter cell shutdown services ms
```

这条命令会关闭当前节点的 MS 服务。

```
# CellCLI> alter cell startup services ms
```

这条命令会启动当前节点的 MS 服务。

```
# CellCLI> alter cell restart services ms
```

这条命令会重启当前节点的 MS 服务。

```
# CellCLI> list cell attributes msStatus detail
```

这条命令会输出当前的状态细节。

3. 重启服务

重启服务（RS）监控存储节点服务器上的其他服务，并且在任何服务需要重启时自动重启它们。此外，重启服务还处理软件更新过程中所需的计划性服务重启。cellrssrm 是重启服务的主要进程，包含 3 个子进程：cellrsomt、cellrsbmt 和 cellesmmt。

可以通过下述命令启动、停止、重启服务，以及验证当前状态：

```
# CellCLI> alter cell shutdown services rs
# CellCLI> alter cell startup services rs
# CellCLI> alter cell restart services rs
# CellCLI> list cell attributes rsStatus detail
```

这 3 个组件服务都是在存储节点启动或关闭时自动启动或关闭的。可是，有时需要手动停止这些服务，比如在开启闪存的回写（write-back）功能时，需要停止节点上的这些服务。

alter cell shutdown services all [FORCE] 命令可关闭节点上的所有服务，alter cell startup services all 命令可启动所有服务。停止所有服务或者停止某个节点服务器时，所有 Grid Disk 及其相关的 ASM 磁盘分别会变为不活动及离线状态，存储节点和 ASM 及数据库实例之间的通信会被终止。

以下命令可以用来验证当前存储节点上所有进程的当前状态：

```
# /etc/init.d/celld status
# /etc/init.d/service cell status

   rsStatus:           running
   msStatus:           running
   cellsrvStatus:      running
```

3.1.3　配置用于告警通知的邮件服务器

Exadata 数据库一体机初始化部署后，在每个存储节点上配置 SMTP 服务器，当存储服务器产生通知和告警时，就能接收到消息提醒了。下面的代码展示了在当前存储节点服务器上配置 SMTP 服务的一个示例：

```
# CellCLI > ALTER CELL realmName=ERP_HO,-
   smtpServer= 'your_domain.com',-
   smtpFromAddr='prd.cell01@domain.com', -
   smtpPwd='password123',-
   smtpToAddr='dba_group@domain.com',-
   notificationPolicy='clear, warning, critical',-
notificationMethod='email,snmp'
```

一旦 SMTP 设置好了，可以使用以下命令来验证：

```
# CellCLI> ALTER CELL VALIDATE MAIL
```

3.1.4　列出存储服务器的详细信息

以下命令显示了存储服务器的综合信息，比如存储服务的状态、节点名、ID、互联信息等：

```
# CellCLI> list cell detail

name:                     cel01
bbuTempThreshold:         60
bbuChargeThreshold:       800
bmcType:                  IPMI
cellVersion:              OSS_11.2.3.2.1_LINUX.X64_130109
cpuCount:                 24
diagHistoryDays:          7
fanCount:                 12/12
fanStatus:                normal
flashCacheMode:           WriteBack
id:                       1210FMM04Y
interconnectCount:        3
interconnect1:            bondib0
iormBoost:                9.2
ipaddress1:               192.168.10.19/22
kernelVersion:            2.6.32-400.11.1.el5uek
locatorLEDStatus:         off
makeModel:                Oracle Corporation SUN FIRE X4270 M2 SERVER SAS
metricHistoryDays:        7
notificationMethod:       mail,snmp
notificationPolicy:       critical,warning,clear
offloadEfficiency:        53.7
powerCount:               2/2
powerStatus:              normal
releaseVersion:           11.2.3.2.1
upTime:                   376 days, 19:02
cellsrvStatus:            running
msStatus:                 running
rsStatus:                 running
```

3.1.5　存储的指标和告警历史

存储的指标和告警历史提供了许多对优化 Exadata 存储资源和组件有价值的统计信息。使用 metricdefinition、metriccurrent 和 metrichistory 命令，可以看到 Exadata 组件的历史指标和当前指标信息，例如，节点的硬盘、闪存缓存、Grid Disk、I/O、主机等：

```
CellCLI> list metricdefinition cl_cput detail
        name:             CL_CPUT
        description:      "Percentage of time over the previous
        metricType:       Instantaneous
        objectType:       CELL
        unit:             %

CellCLI> list metriccurrent where objecttype = 'CELL' detail
        name:             CL_BBU_CHARGE
        alertState:       normal
        collectionTime:   2015-01-14T18:34:40+03:00
        metricObjectName: usdwilo18
        metricType:       Instantaneous
        metricValue:      0.0 %
        objectType:       CELL
```

```
            name:                    CL_BBU_TEMP
            alertState:              normal
            collectionTime:          2015-01-14T18:34:40+03:00
            metricObjectName:        usdwilo18
            metricType:              Instantaneous
            metricValue:             0.0 C
            objectType:              CELL

            name:                    CL_CPUT_CS
            alertState:              normal
            collectionTime:          2015-01-14T18:34:40+03:00
            metricObjectName:        usdwilo18
            metricType:              Instantaneous
            metricValue:             1.6 %
            objectType:              CELL

            name:                    CL_CPUT_MS
            alertState:              normal
            collectionTime:          2015-01-14T18:34:40+03:00
            metricObjectName:        usdwilo18
            metricType:              Instantaneous
            metricValue:             0.0 %
            objectType:              CELL

CellCLI> list metriccurrent cl_cput detail
            name:                    CL_CPUT
            alertState:              normal
            collectionTime:          2015-01-14T18:34:40+03:00
            metricObjectName:        usdwilo18
            metricType:              Instantaneous
            metricValue:             2.0 %
            objectType:              CELL
```

3.1.6 查询存储节点上的历史告警信息

最佳实践建议用户周期性地查询历史告警。历史告警信息有以下几类：提醒、告警或者严重告警。通过 activerequest、alertdefinition 和 alerthistory 命令显示当前和历史的详细告警信息。通过下面的命令显示存储节点上或者某个组件上的历史告警信息：

```
CellCLI> list alerthistory detail
            name:                    7_1
            alertDescription:        "HDD disk controller battery in learn cycle"
            alertMessage:            "The HDD disk controller battery is
                                     performing a learn cycle. Battery Serial
                                     Number : 591  Battery Type        : ibbu08
                                     Battery Temperature   : 29 C  Full Charge
                                     Capacity  : 1405 mAh  Relative Charge
                                     : 100 %  Ambient Temperature   : 24 C"
            alertSequenceID:         7
            alertShortName:          Hardware
            alertType:               Stateful
            beginTime:               2014-10-17T13:51:44+03:00
            endTime:                 2014-10-17T13:51:47+03:00
            examinedBy:
            metricObjectName:        Disk_Controller_Battery
            notificationState:       0
            sequenceBeginTime:       2014-10-17T13:51:44+03:00
            severity:                info
            alertAction:             "All hard disk drives may temporarily
                                     enter WriteThrough caching mode as part of
```

```
                           the learn cycle. Disk write throughput might
                           be temporarily lower during this time. The
                           flash drives are not affected. The battery
                           learn cycle is a normal maintenance activity
                           that occurs quarterly and runs for
                           approximately 1 to 12 hours. Note that many
                           learn cycles do not require entering
                           WriteThrough caching mode. When the disk
                           controller cache returns to the normal
                           WriteBack caching mode, an additional
                           informational alert will be sent."

    name:                  7_2
    alertDescription:      "HDD disk controller battery back to normal"
    alertMessage:          "All disk drives are in WriteBack caching
                           mode.  Battery Serial Number : 591  Battery
                           Type          : ibbu08  Battery Temperature
                           : 29 C  Full Charge Capactiy  : 1405 mAh
                           Relative Charge        : 100 %  Ambient
                           Temperature   : 24 C"
    alertSequenceID:       7
    alertShortName:        Hardware
    alertType:             Stateful
    beginTime:             2014-10-17T13:51:47+03:00
    endTime:               2014-10-17T13:51:47+03:00
    examinedBy:
    metricObjectName:      Disk_Controller_Battery
    notificationState:     0
    sequenceBeginTime:     2014-10-17T13:51:44+03:00
    severity:              clear
    alertAction:           Informational.
```

下面这条命令可以查看存储节点上历史告警信息中状态分类为"严重告警"的。

```
# CellCLI> list alerthistory where severity='Critical'
```

下面这条命令可以查看以上示例中提到的某个事件的更详细信息。

```
# CellCLI> list alerthistory 4_1 detail
```

3.1.7 查询 V$ 视图

以下是一些新的 Exadata 相关的 V$ 动态视图，提供了存储节点和等待事件方面的统计信息，可以用来评估存储节点的状态、已用 IP 地址等。

❑ V$CELL——提供 cellip.ora 文件中提到的存储节点相关 IP 地址。

❑ V$CELL_STATE——提供所有可以访问存储节点的数据库客户端的信息。

❑ V$CELL_THREAD_HISTORY——提供存储节点中存储服务收集的采样线程信息。

❑ V$CELL_REQUEST_TOTALS——提供存储节点请求的采样历史信息。

3.2 存储架构和规划

前面介绍了存储服务器架构和存储管理的基本概念，是时候深入地认识和讨论 Exadata

一体机的核心组件——存储层了。

在开始讨论 Exadata 存储架构和存储配置之前，先探索一下非 Exadata 和 Exadata 环境的基本差别吧。

一个传统的 Oracle 数据库部署需要 3 个主要组件：Oracle 数据库服务器、存储服务器和网络层，如图 3.3 所示。

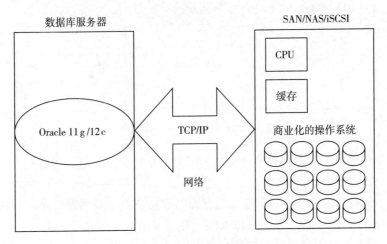

图 3.3　传统的数据库和存储架构

在这种特定的架构中，数据库既是"发动机引擎"，也是"数据传送器"，它不但处理原始数据，还负责把处理的结果信息反馈给用户。这里存储服务器仅仅是一个 I/O 协调员的角色——它只是盲目地将请求的数据块提供给数据库。因此，如果数据库 SQL 优化器决定对一张包含百万个数据块的表进行全表扫描，网络层和存储服务器就必须处理或者传输这一百万个块。这样的请求极有可能压垮存储服务器缓存，进而导致所有的终端用户感觉到数据库的性能变差了。此外，TCP/IP 网络协议包结构并没有为这种简单、海量的数据传输做过专门优化，甚至还没有启用巨型帧（Jumbo frames，即非常大的帧，要交换机支持并且配置）支持。通用的网络数据包还有其他一些限制，包括过多的包头开销浪费和处理成本。虽然非常低效，但这就是最常见的传统数据库架构。

现在来谈谈 Exadata，Exadata 一体机上的 Oracle 数据库部署也包含 3 个关键的硬件组件：数据库节点服务器、存储服务器及网络，如图 3.4 所示。

Exadata 存储架构相对非 Exadata 架构在硬件层面有 4 个基本差异，正是这些差异导致了两种架构其他方面的所有差异，特别是对于存储的可扩展性及性能：

❑ 首先，Exadata 存储节点包含闪存模块，可以把它用作快速硬盘，或者是额外的缓存（关于这点，本章后面的内容中会详述）。

❑ 其次，存储服务器运行在 Oracle OEL 操作系统而不是存储专有操作系统，这可以激活存储软件架构功能，反之则不行（同样，本章后面的内容会详述）。

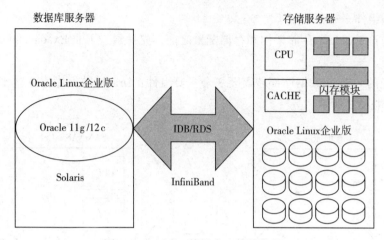

图 3.4　Exadata 数据库一体机架构

- ❑ 再次，在数据库节点和存储节点之间用的不是传统以太网，而是基于 InfiniBand 的高速、私有网络。
- ❑ 最后，所有数据库节点之间以及数据库与存储节点之间的通信通过可靠数据报套接字（Reliable Datagram Sockets，RDS）使用 iDB 协议完成。

让我们花更多的笔墨来说说最后的关键区别，因为是它开启或者说直接关系到存储服务器的一些"独家秘方"。RDS 作为一种低开销、低延迟并且 CPU 效率更高的协议已经使用多年（比 Exadata 出现得要早）。因此，仅仅是在数据库和存储服务器之间通过 InfiniBand 网络使用 RDS 协议就比普通的数据库部署场景更好了，但更好的是，这还不是存储服务器具有超强扩展能力和高性能的关键点。这个关键点是 iDB，以及与之相关的软件架构，它们让一体机的性能大幅提升。

3.3　非 Exadata 中的存储架构

传统的 Oracle 数据库部署环境中使用 Oracle ASM，存储服务器架构或者布局通常如图 3.5 所示。一般情况下，物理硬盘（或者分区）映射成逻辑单元号（Logic Unit Number，LUN），（或者设备），它们被用来创建成 Oracle ASM 硬盘，包含在 ASM 磁盘组内。尽管 ASM 是传统数据库部署中的可选项，但 Oracle 通常建议在新建数据库时使用 ASM，尤其是在 RAC 环境部署时。当然，使用 ASM 有一些突出的优势：

- ❑ 首先，ASM 作为一种存储特性已经高度集成到 Oracle 技术体系里了，因此它工作得更高效。
- ❑ 其次，ASM 消除了过去对 OS 文件系统和逻辑卷管理（LVM）的依赖。
- ❑ 再次，新硬盘加入或者删除时，ASM 提供动态负载均衡和空间平衡的功能，LVM 实现不了。

❑ 最后，ASM 的设计起于底层，很好地贴合了 Oracle 数据库的 I/O 特征和需求。

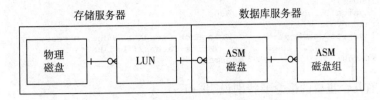

图 3.5 传统数据库和存储的关系

3.4 Exadata 中的存储架构

每个 Exadata 存储服务器都带有 12 块同样大小的 SAS 物理硬盘——要么是高性能盘，要么是大容量盘的配置，还内置了 4 块闪存卡。

前面两块盘使用 RAID（mdadm）做了镜像，用于操作系统、swap 交换空间、Exadata 存储软件二进制文件，还有一些其他的 Exadata 设置。存储节点上执行 df 命令会列出文件系统结构；右下方的输出，解释了挂载点和文件系统映射的类型：

```
$ df
Filesystem              1K-blocks    Used Available Use% Mounted on
/dev/md5                 10321144 5839912   3956948  60% /
tmpfs                    49378532       0  49378532   0% /dev/shm
/dev/md7                  3096272  775708   2163284  27% /opt/oracle
/dev/md4                   116576   28583     81974  26% /boot
/dev/md11                 5160448  205884   4692428   5% /var/log/oracle
```

❑ "/" 是根（root）文件系统。

❑ /opt/oracle 存放已安装的 Exadata 存储软件。

❑ /var/log/oracle 存放存储节点操作系统，并记录崩溃（crash）日志。

❑ /dev/md5 和 /dev/md6 是系统分区、活动（active）和镜像副本。

❑ /dev/md7 和 /dev/md8 是 Exadata 安装软件安装点、活动（active）和镜像副本。

❑ /dev md11 挂载给 /var/log/oracle。

❑ 在任何给定的时间点，一个存储节点上同时只能挂载 4 个多设备（multidevice，MD）挂载点。

每块盘里大约有 29GB 空间被用来做这些。要想知道哪个 LUN 是否为文件系统分区，可以用下面的命令查看。

```
CellCLI> list lun 0_0 detail
         name:                   0_0
         cellDisk:               CD_00_usdwilo18
         deviceName:             /dev/sda
         diskType:               HardDisk
         id:                     0_0
         isSystemLun:            TRUE
```

```
lunAutoCreate:        TRUE
lunSize:              1116.6552734375G
lunUID:               0_0
physicalDrives:       20:0
raidLevel:            0
lunWriteCacheMode:    "WriteBack, ReadAheadNone, Direct, No
                       Write Cache if Bad BBU"
status:               normal
```

在这里，有几个重要的概念要特别说明一下：

❑ 首先，存储节点中同时包含传统物理硬盘和闪存模块。

❑ 其次，有一个新的硬盘抽象概念叫作 Cell Disk，它可以将一个 LUN 细分成更小的分区，叫作 Grid Disk。

❑ 再次，从闪存模块中构建的 Cell Disk 可以细分为闪存缓存（Flash Cache）或 Grid Disk。物理磁盘类的 LUN 只能细分成 Grid Disk。

❑ 最后，只有 Grid Disk 可以映射成 ASM 磁盘。

作为服务器上存储层的根基，物理盘是第一层抽象，每个物理盘被映射和呈现为一个 LUN。与其他存储设备不同，它们在 Exadata 数据库一体机初始部署时自动创建，不需要人为干预。

下一步的设置是，将这些存在的 LUN 配置成 Cell Disk。存储节点上映射好的 LUN，可以创建成 Cell Disk。一旦创建了 Cell Disk，就可以细分成一个或多个 Grid Disk，然后可以由 ASM 实例采纳，作为 ASM 磁盘组的候选盘（candidate）备用。

标准实践中，当一个 Cell Disk 被细分为多个 Grid Disk 时，可以根据业务需要为每个 Grid Disk 指定不同的性能特性。例如，为了获得最好的性能，在从 Cell Disk 细分到某个 Grid Disk 时，可以将物理盘的最外圈部分分给它，而另一个 Grid Disk 则分配到物理盘的相对内圈，性能就比较一般。所有存储节点上性能最好的 Grid Disk 可以合并在一起组成一个 ASM 磁盘组放置热数据，而性能相对较低的磁盘可以组成别的 ASM 磁盘组，存放归档日志。也就是说，性能好的 Grid Disk 可以用来做数据磁盘组，性能较差的 Grid Disk 可以用来存放归档文件。

Oracle Exadata 数据库环境部署时，存储服务器可以只用 Oracle ASM，而且存储服务器磁盘架构和布局有点复杂，在组织方式上有一些差异和独特之处。图 3.6 展示了磁盘存储及其抽象实体之间的关系。

闪存缓存和基于闪存的 Grid Disk（即 Flash Grid Disk）的主要区别相当简单。闪存缓存会自动缓存数据库最近访问的对象。想象一下，把它当成存储层面的一个超大 SGA（System Global Area，系统全局区）。在一些新的 Intel CPU 和其芯片组上有一个非常类似的概念，称为智能响应技术（Smart Respone Technology，SRT），其中一个 SSD 可以作为前端传统硬盘的缓存。闪存提供了一个人为手动的途径去放置（pin）一个数据库对象在其中（与 pin 一些对象到数据库 SGA 中类似）。下面这条命令是把 PARTS 表放置到闪存缓存中的例子：

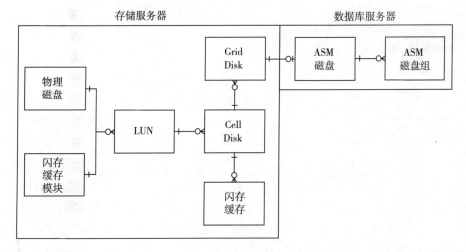

图 3.6　Exadata 存储（物理盘、LUN、Cell Disk、Grid Disk 和 ASM 磁盘）逻辑关系

```
SQL> ALTER TABLE PARTS STORAGE (CELL_FLASH_CACHE KEEP);
```

另一方面，基于闪存的 Grid Disk，只是简单地将闪存模块组织成永久盘供 ASM 使用。在很大程度上，这与 PC 服务器用快速的 SSD 替代传统硬盘类似。有时候某些数据库对象如果是在闪存硬盘上，而不是在传统磁盘（可能把闪存当缓存用）上，那么它们的性能会变得更好。因此，有时会想从闪存模块来创建 ASM 盘和磁盘组来获得最大的性能和速度。这时，就要把闪存模块创建成 Cell Disk 和 Grid Disk。相关的命令会在本章后续内容中提及。

3.5　管理存储的系统用户

就像本章开头提及的，每个 Exadata 存储服务器一般会配置 3 个不同角色的默认用户。这些用户及其权限区别在于：

❑ root——超级用户权限，用于启停存储服务器。

❑ celladmin——用于完成存储节点的管理任务，例如，CREATE、ALTER、MODIFY 一些存储对象（像 Cell Disk、Grid Disk、配置通知等），使用 CellCLI 和 dcli 工具。

❑ cellmonitor——监控用户，用于存储节点监控任务。不像 root 和 celladmin，cellmonitor 不能执行 CREATE、ALTER 或 MODIFY 命令。

下面是一部分命令示例。

3.5.1　列出磁盘信息

要显示所有层面的磁盘，包含物理硬盘、LUN、Cell Disk 和 Grid Disk，使用下面的命令。

这是一些 CellCLI 命令。如果想列出 CellCLI 工具所有的可用命令，用下面的命令：

```
CellCLI> help

 HELP [topic]
   Available Topics:
       ALTER
       ALTER ALERTHISTORY
       ALTER CELL
       ALTER CELLDISK
       ALTER FLASHCACHE
       ALTER GRIDDISK
       ALTER IBPORT
       ALTER IORMPLAN
       ALTER LUN
       ALTER PHYSICALDISK
       ALTER QUARANTINE
       ALTER THRESHOLD
       ASSIGN KEY
       CALIBRATE
       CREATE
       CREATE CELL
```

运行下面的命令，列出在本存储节点上的所有闪存硬盘：

```
CellCLI> list lun where disktype = 'flashdisk'
        1_0        1_0        normal
        1_1        1_1        normal
        1_2        1_2        normal
        1_3        1_3        normal
        2_0        2_0        normal
        2_1        2_1        normal
        2_2        2_2        normal
```

要查看 LUN 的详细信息，比如要确认某个 LUN 是否是操作系统 LUN、LUN 的大小、ID、RAID 级别、设备名称，以及本地节点的其他信息，用以下命令：

```
CellCLI> list lun detail
        name:               0_0
        cellDisk:           CD_00_usdwilo18
        deviceName:         /dev/sda
        diskType:           HardDisk
        id:                 0_0
        isSystemLun:        TRUE
        lunAutoCreate:      TRUE
        lunSize:            1116.6552734375G
        lunUID:             0_0
        physicalDrives:     20:0
        raidLevel:          0
        lunWriteCacheMode:  "WriteBack, ReadAheadNone, Direct, No
                                 Write Cache if Bad BBU"
        status:             normal

        name:               0_1
        cellDisk:           CD_01_usdwilo18
        deviceName:         /dev/sdb
        diskType:           HardDisk
        id:                 0_1
        isSystemLun:        TRUE
        lunAutoCreate:      TRUE
        lunSize:            1116.6552734375G
        lunUID:             0_1
        physicalDrives:     20:1
        raidLevel:          0
        lunWriteCacheMode:  "WriteBack, ReadAheadNone, Direct, No
```

```
                                   Write Cache if Bad BBU"
          status:                  normal
```

要查看物理硬盘的详细信息，比如硬盘名称、状态等更多信息，在本存储节点上执行如下命令：

```
CellCLI> list physicaldisk detail
          name:                    20:0
          deviceId:                8
          diskType:                HardDisk
          enclosureDeviceId:       20
          errMediaCount:           0
          errOtherCount:           0
          luns:                    0_0
          makeModel:               "HGST    H101212SESUN1.2T"
          physicalFirmware:        A690
          physicalInsertTime:      2014-05-21T04:24:40+03:00
          physicalInterface:       sas
          physicalSerial:          DEAT5F
          physicalSize:            1117.8140487670898G
          slotNumber:              0
          status:                  normal

          name:                    20:1
          deviceId:                9
          diskType:                HardDisk
          enclosureDeviceId:       20
          errMediaCount:           0
          errOtherCount:           0
          luns:                    0_1
          makeModel:               "HGST    H101212SESUN1.2T"
          physicalFirmware:        A690
          physicalInsertTime:      2014-05-21T04:24:40+03:00
          physicalInterface:       sas
          physicalSerial:          DE7ZWF
          physicalSize:            1117.8140487670898G
          slotNumber:              1
          status:                  normal
```

要查看 Cell Disk 的详细信息，比如设备名称、创建时间、大小等，运行如下命令：

```
CellCLI> list celldisk detail
          name:                    CD_00_usdwilo18
          comment:
          creationTime:            2014-09-24T16:14:52+03:00
          deviceName:              /dev/sda
          devicePartition:         /dev/sda3
          diskType:                HardDisk
          errorCount:              0

          freeSpace:               0
          id:                      ac757133-886d-465c-b449-8fe35f05519c
          interleaving:            none
          lun:                     0_0
          physicalDisk:            DEAT5F
          raidLevel:               0
          size:                    1082.84375G
          status:                  normal

          name:                    CD_01_usdwilo18
          comment:
```

```
        creationTime:            2014-09-24T16:14:53+03:00
        deviceName:              /dev/sdb
        devicePartition:         /dev/sdb3
        diskType:                HardDisk
        errorCount:              0
        freeSpace:               0
        id:                      af978555-022a-4440-9c6c-2c05f776b6cc
        interleaving:            none
        lun:                     0_1
        physicalDisk:            DE7ZWF
        raidLevel:               0
        size:                    1082.84375G
        status:                  normal
```

要查看 Grid Disk 的详细信息，比如 Cell Disk 到 Grid Disk 的映射关系、大小、状态等，执行如下命令：

```
CellCLI> list griddisk detail
        name:                    DG_DBFS_CD_02_usdwilo18
        asmDiskgroupName:        DG_DBFS
        asmDiskName:             DG_DBFS_CD_02_USDWILO18
        asmFailGroupName:        USDWILO18
        availableTo:
        cachingPolicy:           default
        cellDisk:                CD_02_usdwilo18
        comment:
        creationTime:            2014-09-24T16:19:02+03:00
        diskType:                HardDisk
        errorCount:              0
        id:                      7e2d7848-cf81-4918-bb01-d27ef3da3950
        offset:                  1082.84375G
        size:                    33.796875G
        status:                  active

        name:                    DG_DBFS_CD_03_usdwilo18
        asmDiskgroupName:        DG_DBFS
        asmDiskName:             DG_DBFS_CD_03_USDWILO18
        asmFailGroupName:        USDWILO18
        availableTo:
        cachingPolicy:           default
        cellDisk:                CD_03_usdwilo18
        comment:
        creationTime:            2014-09-24T16:19:02+03:00
        diskType:                HardDisk
        errorCount:              0
        id:                      972be19d-5614-4b98-8806-7bdc2faf7630
        offset:                  1082.84375G
        size:                    33.796875G
        status:                  active
```

3.5.2　创建 Cell Disk

以下命令可创建 12 个 Cell Disk，每个 Cell Disk 是一个 LUN，遵从默认的命名约定，通常作为 Exadata 一体机初始部署的一部分运行的：

```
# CellCLI> CREATE CELLDISK ALL HARDDISK
```

或者使用如下命令，在创建 Cell Disk 时启用交错[○]：

```
# CellCLI> CREATE CELLDISK ALL HARDDISK INTERLEAVING='normal_redundancy'
```

3.5.3   创建 Grid Disk

下面的命令会创建一个 Grid Disk，使用物理盘的最外圈部分的磁道以便获得高性能：

```
# CellCLI> create griddisk ALL HARDDISK prefix=data, size 500G
```

下面的命令会创建一个 Grid Disk，使用内圈的磁道提供给对 I/O 要求相对不那么重要的应用：

```
# CellCLI> CREATE GRIDDISK ALL PREFIX=FRA
```

3.5.4   配置 Flash Grid Disk

下面的操作过程是先删除当前的闪存配置，然后用非默认的大小重建：

```
# CellCLI> DROP FLASHCACHE
# CellCLI> CREATE FLASHCACHE ALL SIZE =200G
# CellCLI> CREATE GRIDDISK ALL FLASHDISK
```

一旦 Exadata 存储配置完成，下一步就是配置数据库节点，使其使用 Grid Disk。cellinit.ora 和 cellip.ora 文件必须在数据库计算节点上配置，以便其能连到存储节点去使用 Grid Disk。下面的例子分别展示了每个文件的内容：

```
#/etc/oracle/cell/network-config/cellinit.ora
Ipaddress=192.168.0.13/24
```

cellinit.ora 文件中存放了数据库服务器节点的 IP 地址。每个数据库服务器都会在 cellinit.ora 中存放自己的 IP 地址：

```
/etc/oracle/cell/network-config/cellip.ora
cell="192.168.0.11"
cell="192.168.0.12"
cell="192.168.0.13"
```

cellip.ora 文件中存放所有存储节点的 IP 地址，并且所有数据库计算节点上的条目都应该相同，以便它们能访问存储服务器。

3.5.5   创建 ASM 磁盘组

为了展示怎样为数据库创建一个 ASM 磁盘组，下面从两个存储节点 cell01 和 cell02 中拿几块 Grid Disk 来创建一个存放数据的高度冗余（high-redundancy）模式的磁盘组：

○ interleaving，交错，普通的 Cell Disk 创建时，外圈部分的 fastest tracks 和 fast tracks 会放在一个 Grid Disk 里，内圈部分的 slower tracks 和 slowest tracks 会放在一个 Grid Disk 里，启用交错后，fastest tracks 和 lower tracks 会放在一个 Grid Disk 里。——译者注

```
SQL> CREATE DISKGROUP DG_DATA HIGH REDUNDANCY DISK 'o/*/
DATA_EX01_CD_00_ex01cel01', 'o/*/ DATA_EX01_CD_01_ex01cel01'
, 'o/*/DATA_EX01_CD_02_ex01cel01', 'o/*/ DATA_EX01_CD_00_ex01cel02'
, 'o/*/DATA_EX01_CD_01_ex01cel02', 'o/*/DATA_EX01_CD_02_ex01cel02'
'compatible.asm'='11.2.0.3',        'compatinle.rdbms'='11.2.0.2',
'cell_smart_scan'='TRUE';
```

3.6   管理存储服务器

有时候我们有必要知道存储节点上存储软件的当前版本和可能要回滚的上一个版本，特别是在存储节点或计算节点打补丁前后。为了满足这个需求，Oracle 在 /usr/local/bin 中提供了两个工具：imageinfo 和 imagehistory。

在存储服务器上以 root 用户执行 imageinfo 命令，可以帮助用户获得存储软件当前版本的详细信息，比如存储节点的 kernel 版本、OS 版本、活动镜像版本、节点的 boot 分区等。下面是示例：

```
# imageinfo

Kernel version: 2.6.32-400.11.1.el5uek #1 SMP Thu Nov 22 03:29:09 PST 2012 x86_64
Cell version: OSS_11.2.3.2.1_LINUX.X64_130109
Cell rpm version: cell-11.2.3.2.1_LINUX.X64_130109-1

Active image version: 11.2.3.2.1.130109
Active image activated: 2013-01-30 19:14:40 +0300
Active image status: success
Active system partition on device: /dev/md5
Active software partition on device: /dev/md7

In partition rollback: Impossible

Cell boot usb partition: /dev/sdm1
Cell boot usb version: 11.2.3.2.1.130109

Inactive image version: 11.2.3.2.0.120713
Inactive image activated: 2012-12-10 11:59:57 +0300
Inactive image status: success
Inactive system partition on device: /dev/md6
Inactive software partition on device: /dev/md8

Boot area has rollback archive for the version: 11.2.3.2.0.120713
Rollback to the inactive partitions: Possible
```

imagehistory 命令则用于查看在本节点上安装过的所有软件版本：

```
#imagehistory

Version                        : 11.2.3.1.1.120607
Image activation date          : 2012-07-25 01:25:34 +0300
Imaging mode                   : fresh
Imaging status                 : success

Version                        : 11.2.3.2.0.120713
Image activation date          : 2012-12-10 11:59:57 +0300
Imaging mode                   : out of partition upgrade
Imaging status                 : success

Version                        : 11.2.3.2.1.130109
Image activation date          : 2013-01-30 19:14:40 +0300
```

```
Imaging mode                : out of partition upgrade
Imaging status              : success

Version                     : 11.2.3.2.1.130109
Image activation date       : 2013-01-30 19:14:40 +0300
Imaging mode                : out of partition upgrade
Imaging status              : success
```

在使用 imageinfo 和 imagehistory 这两个命令时，加上 -h 选项，可以列出所有相关参数。
如果要在存储节点上删除旧的告警历史信息，可以用下面的命令：

```
#CellCLI> drop alerthistory all    -- will drop the complete alerthistory info
#CellCLI> drop alerthistory <9_1> -- will drop a particular incident history
```

3.7　存储服务器故障排查

接下来将讨论和演示一些非常重要的 Exadata 诊断工具，这些工具用来收集存储节点上的诊断信息。绝大多数的诊断工具或命令都存放在 /opt/oracle.SupportTool 文件夹里。

3.7.1　SunDiag

每个计算节点和存储节点的 /opt/oracle.SupportTool 文件夹里都有 sundiag.sh 诊断工具脚本。这个脚本也可以从 support.oracle.com 上下载。该脚本帮助收集节点上与磁盘问题相关的或者其他硬件问题相关的诊断信息。

该脚本必须以 root 用户执行，如下所示：

```
/opt/oracle.SupportTools/sundiag.sh
```

如果想收集所有存储节点服务器上的类似诊断信息，那就必须用 dcli 工具来执行了。

该脚本产生的诊断信息存放在 /tmp/sundiag_Filesystem 目录一个带时间戳的 .tar 文件里，该文件可以上传到 Oracle 技术支持做进一步分析。

3.7.2　ExaWatcher

新的 ExaWatcher 工具在 /opt/oracle.ExaWatcher 目录下，替换掉了 Exadata 存储软件 11.2.3.3 及之前版本的 OSWatcher 工具，用于系统数据收集。这个工具随着系统启动，并自动运行。它收集存储节点上的以下这些组件的信息，并且把日志存放在 /opt/oracle.ExaWatcher/archive 目录下：

- ❑ Diskinfo
- ❑ IBCardino
- ❑ Iostat
- ❑ Netstat
- ❑ Ps

❑ Top

❑ Vmstat

要从 ExaWatcher 产生的日志文件中生成或者是抽取部分内容以作他用，可以使用 GetExaWatcherResults.sh 脚本。可以在不同维度抽取这些信息：

❑ 用 FromTime 和 ToTime 抽取某个时间段的内容。

❑ 用 ToTime 抽取某个时间点之前的内容。

❑ 用 AtTime 抽取某个时间点的内容。

❑ 用 Hours 抽取一个时间范围（range）的内容。

以下是一些例子：

```
# ./GetExaWatcherResults.sh --from <time frame> to <time frame>
# ./GetExaWatcherResults.sh --at <time frame> --range 2
```

第二个例子抽取了从参数定义时间（time frame）开始后 2 个小时的日志。

ExaWatcherCleanup 模块用来自动管理 ExaWatcher 所用的文件系统空间。基于空间使用额度的设定，该模块负责删除旧的日志。

想了解更多使用工具的帮助信息，使用如下命令：

```
# ExaWatcher.sh --help
# ExaWatcherResults.sh --help
```

3.7.3　Exachk

Exachk 是一个 Exadata 诊断工具，可用从不同维度校验和搜集 Exadata 系统上的硬件、软件、固件及配置信息。建议在定期维护操作时使用该脚本。另外，可以在任何迁移、升级或者大的系统变动前使用该脚本。

该脚本不是 Exadata 一体机自带的，用户需要从 Oracle 技术支持文档（ID：1070954.1）去下载（exachk_225_bundle.zip），先购买 Oracle 标准服务才有登录该网站的权限。文章和 .zip 压缩包文件里包含使用这个工具的相关信息。

3.7.4　CheckHWnFWProfile

CheckHWnFWProfile 工具可校验硬件组件和固件组件的详细情况，如果有某些建议的条目缺失就会报告出来。它也可以用来验证服务器的当前配置是否有效，使用时不需要加任何参数，如下所示：

```
# /opt/oracle.cellos/CheckHWnFWProfile
```

如果当前的硬件版本和固件版本是其接受的正确版本，命令的返回结果会输出 SUCCESS。要了解使用该工具的更多方法和信息，在命令后加上 -d 参数即可。

3.8　存储节点的启停

因为维护或者其他原因需要重启或者是关闭 Exadata 存储节点时，要确认你使用了恰当的流程保证存储节点被正常关闭。本部分强调遵循正确的关闭和启动存储节点的流程的意义，并且详细演示了这些步骤。

DMA 的重要职责之一，就是在需要快速重启或者维护时正确地关闭服务器。关闭存储节点不应该影响相关的 ASM 实例和它上面正在运行的数据库。也就是说，关闭存储和存储上运行的服务，是否影响 ASM 的可用性很大程度上取决于当前 ASM 的冗余模式。在任何情况下，下面的流程都是正确关闭节点的最佳实践。

1）确认将节点上的 Grid Disk 离线不会影响 ASM 实例。用下面的命令去验证：

```
# CellCLI> list griddisk attributes name,asmdeactivationoutcome
```

2）如果 asmdeactivationoutcome 的结果显示，所有列出的 Grid Disk 结果都是 yes，这就表明可以安全地将所有 Grid Disk 离线，ASM 不会有任何的影响。接下来执行下面的命令：

```
# CellCLI> alter griddisk all inactive
```

3）一旦关闭节点上的所有 Grid Disk，应执行第一条命令来确认 asmdeactivationoutcome 输出，并且使用下面的命令确认所有的 Grid Disk 现在离线了：

```
# CellCLI> list griddisk
```

4）现在可以安全地关闭、重启和下线这个节点了。切换到 root 用户，使用如下命令关闭节点：

```
$ shutdown -h now  -- OS command to shut down the cell server
```

> 💡提示　如果想把这个存储节点关闭很长时间，需要调整 ASM 的磁盘参数 DISK_REPAIR_ATTRIBUTE 的默认值，防止 ASM 检测到它们离线超期后将其删除。该参数的默认设置为 3.6 小时，因此如果要把存储服务器关闭 5 小时，就要使用如下命令在 ASM 实例下设置该参数：
>
> ```
> SQL> ALTER DISKGROUP DG_DATA SET ATTRIBUTE 'DISK_REPAIR_TIME'='5H';
> ```
>
> 这个存储上所有涉及的磁盘组都需要调整。

一旦存储节点重启或者是上线，应按照下面的指导步骤来让相关服务和 Grid Disk 恢复工作。

第 1 步：

```
# CellCLI > alter griddisk all active
```

第 2 步：

```
# CellCLI> list griddisk attributes name,asmmodestatus
```

第 3 步：

```
# CellCLI> list cell detail
```

如果用过 Oracle 数据库和集群技术，你可能知道它们都会写一份告警日志文件，里面会按时间顺序记录所有重要的事件信息。同样地，每个存储服务器也有一份告警日志文件来记录节点上的所有重要事件信息，比如服务的启停、硬盘告警信息、Cell Disk 和 Grid Disk 创建信息等。建议经常检查一下该日志信息。也可以通过操作系统日志查到存储服务器的重启信息。

以下是一些经常会用到的日志文件 / 跟踪文件和其路径位置：

❑ /log/diag/asm/cell/{cell name}/trace

❑ MS 日志——/opt/oracle/cell/log/diag/asm/cell/{cell name}/trace/ms-odl.log

❑ OSWatcher 日志——/opt/oracle.oswatcher/osw/archive

❑ 操作系统日志消息——/var/log/messages

❑ 节点补丁相关日志——/var/log/cellos

3.9   处理磁盘问题

DMA 的另一个重要职责是决定何时和如何标记一个有问题（故障、预检失败、性能低下）的磁盘并且在 Exadata 存储服务器上将它替换掉。尽管大多数的诊断过程都是 Oracle 自动完成的，包括识别表现不佳的、报错的或者毁坏的磁盘，并且发出告警信息。对你来说同样重要的是，理解在需要进行故障处理和替换硬盘时的那些要点和流程。

当硬盘遇到性能问题或者硬件故障时，存储服务器的 MS 后台进程会在告警日志中生成相关记录信息，并且提示 CELLSRV 后台进程。同时，如果配置了 OEM 监控工具，相关信息也会被推送到 OEM，通过它可以收到邮件或短信息提醒。

最开始，MS 服务会对性能下降的磁盘发起一次性能测试，用来识别这是一个暂时性的小问题还是一个永久性故障。如果这块硬盘成功通过测试，则状态会变为正常，否则，这块磁盘会被正式标记为有性能问题，如果配置了 ASR，会同时发出自动服务请求（ASR），要求替换硬盘。

一旦硬盘故障发生或者是预测到硬盘可能有故障，ASM 会按正常流程删除或者强制自动删除故障盘相关的 Grid Disk。在硬盘问题定位并且修复好后，作为 Exadata 自动硬盘管理功能的一部分，ASM 会自动将相关的 Grid Disk 上线，这是由 _AUTO_MANAGE_EXADATA_DISKS 参数控制的。

在存储服务器上发现磁盘问题时，通常会产生下面的动作。

1）检测到性能下降时，Cell Disk 和物理硬盘的状态会改变。

2）特定 Cell Disk 上的所有 Grid Disk 都会离线。

3）MS 服务通知 CELLSRV 服务，告诉它发现问题，接着 CELLSRV 通知 ASM 实例将 Grid Disk 离线。

4）存储节点上的 MS 服务，然后执行一系列的约束检查来判断硬盘是否需要删除。

5）如果硬盘通过了性能检测，MS 服务通知 CELLSRV 服务去把所有 Cell Disk 和 Grid Disk 上线（online）。

6）如果硬盘性能检测失败，Cell Disk 和物理硬盘的状态会被改变，并且硬盘会从现有的可用配置中删除。

7）MS 服务通知 CELLSRV 服务关于硬盘的问题。接着，CELLSRV 服务通知 ASM 实例去删除节点上的所有 Grid Disk。

8）如果配置了 ASR，会向 Oracle 技术支持提交硬盘替换的服务请求（SR）。

9）可以用热备盘来替换故障盘或者是向 Oracle 申请替换硬盘。

磁盘问题可以被归类为两类：硬盘故障和故障预兆。故障预兆是硬盘被标记为预警状态或者性能状态糟糕。硬盘故障是磁盘已经进入十分糟糕的状态。

当有信息显示硬盘的状态十分糟糕时，你的首要任务是通过存储节点的告警历史信息或者检查存储节点日志信息，定位故障硬盘的具体名称、系统中的位置、物理位置和 slot 号。同时也要参考一下 ASM 的告警日志，确定 ASM 已经把故障硬盘离线（已删除了硬盘），替换硬盘之前 ASM 已经完成了数据的重新分布（rebalance）。

在存储节点上使用如下命令查看告警信息中和硬盘相关的记录：

```
CellCLI> list alerthistory

        7_1     2014-10-17T13:51:44+03:00        info      "The HDD disk controller battery
is performing a learn cycle. Battery Serial Number : 591  Battery Type          : ibbu08
Battery Temperature    : 29 C  Full Charge Capacity : 1405 mAh  Relative Charge    :
100 %  Ambient Temperature    : 24 C"

        7_2     2014-10-17T13:51:47+03:00        clear     "All disk drives are in WriteBack
caching mode.  Battery Serial Number : 591  Battery Type          : ibbu08  Battery
Temperature    : 29 C  Full Charge Capactiy : 1405 mAh  Relative Charge      : 100 %
Ambient Temperature    : 24 C"

# CellCLI> list physicaldisk WHERE diskType=HardDisk AND status=critical detail
# CellCLI> list physicaldisk WHERE diskType=HardDisk AND status like ".*failure.*" detail
# CellCLI> alter physicaldisk disk_name:disk_id drop for replacement
```

确认 Cell Disk 的相关 Grid Disk 已经删除，ASM 实例已经完成数据的重新分布操作（rebalance）：

```
SQL> SELECT name,state from v$asm_diskgroup;
SQL> SELECT * FROM v$asm_operation;
```

替换存储节点上的物理盘 3 分钟后，所有的 Grid Disk 和 Cell Disk 会被自动重建，随后添加到各自的磁盘组，然后进行数据的重新分布。

3.10 部署存储安全策略

Exadata 提供很多维度的安全设置来满足业务需求。一台 Exadata 存储服务器默认使用开放存储安全策略，对从 ASM 或者数据库客户端上访问 Grid Disk 没有限制。除了开放安全策略，Oracle Exadata 支持两个级别的安全策略：ASM 范围的安全策略和数据库范围的安全策略。两者分别控制 ASM 集群或者数据库客户端对存储的访问。

安全策略可以控制 ASM 或者数据库客户端访问的特定 Grid Disk 或者是存储节点上的 Grid Disk 硬盘池。使用 ASM 范围安全策略时，所有指定的 ASM 集群的数据库客户端可以有 Grid Disk 访问权限。还可以进一步配置数据库范围的安全策略来限制数据库级别的存储访问。

如果打算部署数据库范围的存储安全策略，首先需要配置 ASM 范围的安全策略。下面的章节将一步步地告诉大家怎样在存储节点上部署 ASM 范围和数据库范围的安全访问策略。

3.10.1 配置 ASM 范围的安全策略

要在 Exadata 上配置 ASM 范围的安全策略，请依照下面的步骤：

1）关闭数据库计算节点上的 ASM 实例和所有数据库实例。

2）在一个存储节点的 CellCLI 提示符下通过 CREATE KEY 命令生成安全密钥，它将会对所有存储服务器进行安全保护：

```
CellCLI> CREATE KEY
```

3）在计算节点的 /etc/oracle/network-config 目录下为 ASM 实例创建一个 cellkey.ora 文件，根据 ASM 实例名指定安全密钥，并且修改属主和权限：

```
# cellkey.ora
   key=<key generated in the above command>
   asm=<asm db_unique_name>
   realm=<xyz> -- optional
# chown oracle:dba /etc/oracle/network-config/cellkey.ora
# chmod 640 /etc/oracle/network-config/cellkey.ora
```

4）如果想修改存储节点的域名，使用如下命令：

```
CellCLI> alter cell realmName=prod_realm
```

5）给所有想加强安全的存储服务器中的 ASM 实例分配安全密钥：

```
CellCLI> ASSIGN KEY FOR '+ASM'='<security key>'
```

6）准备给相关 ASM 实例添加或修改 Grid Disk 的 availableTo 属性，如下：

```
CellCLI> list griddisk
```

7）在获得 Grid Disk 名称后，修改每个 Grid Disk 的属性：

```
CellCLI> alter griddisk <grid disk list> availableTo ='+ASM'
CellCLI> alter griddisk ALL availableTo='+ASM'
```

8）重启 ASM 实例和数据库实例。

这种安全策略允许某个 ASM 实例的所有数据客户端访问 Grid Disk。

3.10.2　配置数据库范围的安全

为了加强 Exadata 上的数据库范围的安全，按照以下过程操作：

1）停止计算节点上的 ASM 和所有数据库实例。

2）在存储节点上使用 CellCLI 的 CREATE KEY 命令，为连接在 ASM 实例的所有数据库连接单独生成新的安全秘钥：

```
CellCLI> CREATE KEY
```

3）为计算节点上的每个数据库在 $ORACLE_HOME/admin/<db_name>/pfile 目录下创建一个 cellkey.ora 密钥文件，参照数据库名称指定密钥，并且修改属主和权限：

```
# cellkey.ora
    key=<key generated in the above command>
    asm=<asm db_unique_name>
    realm=<xyz> -- optional
# chmod 640 $ORACLE_HOME/admin/<db_name>/pfile/cellkey.ora
```

4）要想修改存储节点上的域名，使用如下命令：

```
CellCLI> alter cell realmName=xyz
```

5）为所有存储服务器上的数据库分配安全密钥：

```
CellCLI> ASSIGN KEY FOR <DB_NAME1>='<security key1>',
<DB_NAME2>='<security key2>'
```

6）修改 Grid Disk 的 availableTo 属性：

```
CellCLI> list griddisk
```

7）在获取 Grid Disk 的名称后，修改每个 Grid Disk 的属性：

```
CellCLI> alter griddisk <griddisk list> availableTo ='+ASM,
<DB_NAME>,<DB_NAME2>'
CellCLI> alter griddisk ALL availableTo='+ASM,<DB_NAME>,<DB_NAME2>'
```

8）重启 ASM 和数据库实例。

如果想进一步的限制 ASM 实例上的个别数据库，让它们有权访问不同的 Grid Disk 池，就需要参考使用本节提到的数据库范围的安全策略。

可以通过下面的命令列出已经存在的安全密钥：

```
# CellCLI> list key
```

3.10.3 取消存储安全策略

任何时候，都可以取消之前已经配置好的存储安全策略。可以把数据库范围的安全策略降级为 ASM 范围的安全策略，也可以把 ASM 范围的安全策略降级为默认的开放存储策略。需要记住的是，任何策略调整都需要申请 ASM 和数据库停机时间。

下面的步骤用来取消存储安全策略：

1）停止 ASM 和数据库。

2）获取 Grid Disk 已经分配的安全属性列表。

3）取消数据库的安全策略，并用以下命令删除访问控制列表（ACL）：

```
CellCLI> alter griddisk griddiskName availableTo='+ASM'
CellCLI> assign key for <DB_NAME>=''
```

4）删除各自数据库 Home 目录下的 cellkey.ora 文件。

5）验证 Grid Disk，确保数据库访问控制已经删除了。

```
CellCLI> list griddisk attributes name,availableTo
```

6）之前的步骤取消了数据库范围的安全策略。如果想继续删除 ASM 范围的安全策略，首先使用如下命令：

```
CellCLI> alter griddisk all availableTo=''
CellCLI> alter griddisk griddiskName availableTo=''
CellCLI> assign key for +ASM=''
```

7）从 /etc/oracle/cell/network-config 目录删除 cellkey.ora 文件。

3.11 本章小结

对于一名 DBA/DMA 来说，为了高效管理各种环境，最重要的是理解底层架构和相关系统的总体功能。本章详细解释了 Exadata 存储节点的各种精髓和要点。相信读者已经学会了如何正确地关闭存储服务器的后台服务，如何配置存储安全策略，还有如何创建和管理存储。

第 4 章 *Chapter 4*

闪存缓存、智能扫描和智能卸载

Oracle Exadata 数据库一体机的关键设计目标之一始终是为 Oracle 数据库建立一个有极致性能、高可靠和高可用的平台，能够运行 OLTP、批处理、DSS 和数据仓库等各种类型的业务。

将存储节点⊖上的闪存缓存与存储节点的软件特性（智能闪存）完美结合，是 Oracle Exadata 数据库一体机能够实现这一设计原则和目标的关键。本章中将学习怎样使用和配置 Exadata 存储节点上的闪存缓存，开启 Exadata 高可靠地为所有类型的数据库业务提供极致性能之旅。

4.1 Exadata 智能闪存缓存的概念

Exadata 智能闪存是 Exadata 存储服务器的一个特性，是 Exadata 集软、硬件于一体协同工作的架构以便达到极致性能的众多特性之一。从最基础层面看，Exadata 智能闪存缓存特性是一种智能机制，它用极快的闪存操作替代缓慢的机械磁盘 I/O 操作。

4.1.1 为什么闪存缓存很必要

任何高性能数据库的致命弱点一直都是 I/O，简单地说，因为物理 I/O 通常是数据库中最慢的操作。不难理解，为 Oracle 数据库构建基础设施（infrastructure）时，根据业务类型负载的不同会采用 IOPS（I/O Per Second）或 MBPS（Megabits Per Second）作为度量 I/O 性能的一个关键指标。存储架构师可以从一个更全面的角度处理这些需求，从而设计和部署

⊖ 在 Exadata 里，存储节点与存储服务器是一个意思。——译者注

存储架构。不幸的是，因为 Oracle DBA 关注的是一个个单独的数据库，在整个架构环节中处于事件的末端。因此，DBA 们的观点常常被局限在 I/O 性能和响应时间的差别上。

传统的存储阵列解决这方面的问题，是通过在存储单元前端放置大量缓存。这种缓存的使用通常有两个目的：一个是为写进来的 I/O 提供快速、高效的暂存入口（消除写物理 I/O 时间消耗）；另一个是将经常使用的块缓存起来，加快随机读这种 I/O 操作。随着时间的推移以及技术的改进和变革，这种方法遇到了一些问题。

尽管存储阵列缓存这种方法在随机 IOPS 读方面用得很好，但是遇到大数据块或者 I/O 吞吐很大的操作，比如全表扫描，就不合适了。当前解决这个问题的方法是，增加主轴（spindles）的数量[⊖]，这样就能够提高数据的通道能力，进而迎合这种业务需求。

缓存提高了随机 I/O 的操作性能，但是分不清缓存的是什么数据块，以及是什么类型的请求。这种智能跟特定的应用类型相关，因此，存储阵列需要识别和区分这些 I/O 操作是数据库的 I/O 操作，还是文件系统的 I/O 操作。

因为存储阵列缓存的 I/O 操作比物理磁盘快了几个数量级，所以也能够获得更高的性能。随着固态硬盘（SSD）和闪盘（Flash Drive）的出现，传统的存储阵列缓存不再具有性价比，失去了固有优势，因此不再把闪盘和 SSD 放在阵列前端当作存储缓存使用。与此同时，I/O 的瓶颈也从物理磁盘转移到实际控制器管理 I/O 请求的能力上了。

正如前面介绍 Exadata 数据库一体机时所讲的那样，Oracle 解决这一难题的方法是使用 PCIe 闪存卡，不再受制于磁盘控制器的性能或容量问题。Exadata 存储服务器软件允许像扫描磁盘一样并发访问和扫描闪存，将吞吐量和带宽发挥到极致。

4.1.2 Exadata 闪存缓存的演变

Exadata V1 是在 2008 年发布的，是 Oracle 公司进入到基于"一体机"的解决方案的主要代表，当时瞄准的是数据仓库市场。Exadata V1 没有闪存。

因为没有闪存，Exadata V1 唯一能用的就是数据仓库市场。2009 年发布 Exadata V2 时，Oracle 为其加入了闪存功能，Exadata 也就成为一个兼顾 OLTP 和批量处理的解决方案。

2010 年，Oracle 发布了 Exadata X2。跟 Exadata V2 相比，闪存的数量没有变化，但存储软件层的性能得到了提升。

2012 年，Oracle Exadata X3 发布。每个存储节点上的闪存数量增加到 1.6TB（4 块 400GB 的 PCIe 闪存卡），满配的 X3 提供了总共 22.4TB 的闪存容量。闪存卡的速度变得更快，存储服务器软件支持的功能也更强，比如闪存压缩、闪存日志跟踪和闪存回写（write back）功能。

2013 年底，Oracle Exadata X4 发布，闪存的数量再一次翻倍。单个存储节点上的闪存总容量达到 3.2TB（4 块 800GB PCIe 闪存卡），满配的 X4 机型闪存总容量达 44.8TB，并且

⊖　即硬盘的数量。——译者注

这个版本的存储服务器软件增强了闪存功能算法，比如能够理解和识别是全表扫描，还是单个分区扫描，能够只在闪存中缓存大对象的部分数据，然后同时在闪存和磁盘上进行 I/O 访问，提高吞吐量。

表 4.1 展示的是 Exadata X4 系列的闪存性能指标，来源于 Exadata 数据表单（data sheet，可以从 Oracle 官方网站下载）。这些指标数据是基于假定 8KB 大小的标准块为 I/O 单元进行测试得出的。

表 4.1　Exadata X4-2 闪存性能指标

性能指标	满配 X4-2	半配 X4-2	1/4 配 X4-2	1/8 配 X4-2
最大 IOPS 读	2 660 000	1 333 000	570 000	285 000
最大 IOPS 写	1 960 000	980 000	420 000	210 000
最大带宽	100Gb/s	50Gb/s	21.5Gb/s	10.7Gb/s
最大容量（裸盘）	44.8TB	22.4TB	9.6TB	2.4TB

 提示　Exadata 智能闪存缓存（Smart Flash Cache）跟 Oracle 11gR2 的闪存缓存（Flash Cache）功能选项完全不一样，是两个独立的概念。数据库闪存功能选项，是将高速闪存卡中的闪存扩展到 SGA 中的高速缓冲区里去。

4.2　Exadata 存储服务器和闪存缓存

Exadata 存储层和其他可用解决方案之间的关键区别是闪存卡集成到整个解决方案的程度。在 Exadata 中，闪存方案在硬件层完全集成到整个解决方案中，在软件层也是如此。Exadata 存储软件层不仅仅是一个单纯的存储软件层，而是与为之服务的应用软件——Oracle 数据库集成在一起，从而达到了很高的集成程度。这种集成解决方案超越了单纯的加速性能要求，包括智能的 Oracle 软件感知的性能加速、维护和管理能力等。

在 Exadata 存储服务器架构中，有为闪存硬件量身定制的特性：智能闪存和智能闪存日志。

这些特性实现的内容正是存储节点闪存卡"智能"的原因所在。Exadata 存储服务器软件为运行高性能、执行关键任务的数据库提供所需的弹性扩展和高可用冗余。

4.2.1　Exadata 智能闪存缓存的特性

与其他缓存机制一样，Exadata 里的智能闪存缓存功能是为了缓存经常使用的数据块。为了获得更好的性能和优化，关键是要以智能的方式来对缓存做决策。换言之，要知道缓存什么，不缓存什么，什么时候缓存。

嵌入 Exadata 存储服务器软件中，是基于存储服务器软件对 I/O 有最基本的理解和认识，特别是涉及 Oracle 数据库。存储服务器软件基于对 Oracle 数据库的理解和认识，通过使用高速闪存操作消除或减少了对低速机械操作的依赖。

数据库计算节点向存储单元发送 I/O 请求时，补充的预测信息也被打包到这些请求中了。这些预测信息包括 I/O 的性质或类型、这类数据短期内再次被请求的可能性等。存储服务器软件使用这些预测信息来决定是否要缓存这些数据块。

比如对表的随机读取和写入最有可能被缓存，因为它们很可能会被后续的请求访问。而相反地，索引的快速全扫描（index fast full scan）或全表扫描（full table scan）就最不该被缓存，因为这种顺序读取数据的请求通常不会重复出现。

更深层次的智能来自对数据库中 I/O 请求性质的理解。具备了这种智能，存储服务器软件就可以更高效地使用闪存。数据块和索引块的读取和写入将显著受益于这种缓存机制，因为它会将物理 I/O 转换为逻辑 I/O（就是逻辑读）——非常快速的基于内存的 I/O。另一方面，控制文件的读写、归档日志的读写、对 RMAN 进行数据库备份、镜像写入和备份恢复就不会因为使用缓存而获得更大好处。

从 Exadata V2 这个版本开始，这些特性中的绝大部分都是向后兼容的。

4.2.2　使用闪存缓存

到目前为止，已经介绍了 Exadata 怎样决定将什么内容缓存到闪存中，以及怎样通过缓存服务读请求来提升性能。在本节中，将介绍最开始的缓存是如何使用的。

考虑一个场景，存储节点正在服务一个读请求，而这个被请求的块并不在闪存当中。在这种情况下，Exadata 存储服务器从磁盘读取数据，然后按照规则缓存数据。但是，一个写类型的 I/O 请求怎么办呢？

默认情况下，闪存操作处于一个被称为"闪存缓存透写"（Flash Cache write through）的操作模式。在这种模式中，数据库发送写类型的 I/O 请求时，这个 I/O 请求直接发送到物理磁盘。在 I/O 请求完成后，Exadata 存储服务器向数据库发送确认信息，数据库再根据规则决定是否要缓存这些数据。

Exadata 数据库一体机到 X3 版本时，Oracle 引入了"闪存缓存回写"（Flash Cache write back）的操作模式。在这种模式中，Exadata 处理 I/O 的方法与 SAN 非常像，不同的是多了Oracle 感知的智能（Oracle-aware intelligence）。整个过程分为下面几个步骤：

1）写类型的 I/O 请求是"暂时存放"（staged）在闪存中的。

2）一旦"暂时存放"到了闪存上，Exadata 存储服务器就向数据库发回一个确认信息。

3）Exadata 存储服务器软件再异步将"暂时存放"的内容写到磁盘。

4）同时，Exadata 存储服务器根据规则来决定块是否应该被缓存。

提示　闪存缓存回写特性不是默认的模式，使用前需要手动开启。

下面的命令用于开启闪存缓存回写特性：

```
CellCLI> drop flashcache
CellCLI> alter cell shutdown services cellsrv
CellCLI> alter cell flashCacheMode = WriteBack
CellCLI> alter cell startup services cellsrv
CellCLI> create flashcache all
```

要关闭闪存缓存回写特性，则需要使用下面的命令：

```
CellCLI> alter flashcache all flash
CellCLI> drop flashcache
CellCLI> alter cell shutdown services cellsrv
CellCLI> alter cell flashCacheMode = WriteBack
CellCLI> alter cell startup services cellsrv
CellCLI> create flashcache all
```

这个特性从 Exadata 一体机的 V2/X2 系列起可以向后兼容了。但是要使用该特性，至少需要使数据库和 GI 软件版本达到 11.2.0.3 BP9，并且 Exadata 存储服务器软件版本达到 11.2.3.2。

请记住，Exadata 到了 X3、X4 系列时，每个存储节点上的闪存容量已增加到 1.6TB，与之前每个节点闪存容量 400GB 相比，速度快了 4 倍。开启闪存缓存回写特性后，可以看到 SSD 缓存数据和存储层磁盘池自动分层，以及具备 Oracle 数据库 I/O 类型和处理感知的综合效果。

引入了闪存缓存回写和闪存日志特性，就没有必要因为性能方面的考虑在闪存盘上创建 ASM 磁盘组了。现在不借助定制化的存储配置，也能获得相同的性能收益。

❑ 因为控制文件读写通过闪存，数据库检查点（checkpoint）性能得到提升。

❑ 对于合并和排序这类操作，由于需要多步的 PGA 操作可能会导致临时表空间 I/O 性能问题的情况，在这里也得到了改进。

❑ 闪存日志记录对日志相关的读 / 写 I/O 有帮助。

4.2.3　Exadata 智能闪存缓存日志

大型交易系统通常都会遇到严重的在线重做日志 I/O 相关的数据库等待事件，比如 log file sync 等待事件、log file parallel write 等待事件等。

解决这类问题的一个方法可能是减少提交速度和频率，这并不一定行得通。其他的方法，包括将在线重做日志放到更快的磁盘上，或者在一些极端的情况下提高日志写进程（LGWR）的优先级，甚至把进程优先级提到实时运行级别⊖。

注意　不赞成改变 LGWR 进程的优先级。做出这种改变，要极为谨慎，做好充分的测试。

⊖　real-time priority，在 Linux 里实时运行级别是 RR 级，在 Solaris 里是 RT 级。——译者注

在引入智能闪存日志特性之前，Exadata 处理这类问题也没有特别的方法。智能闪存日志特性结合闪存一起用于重做日志 I/O。理论上说，有一小部分闪存是为在线重做日志相关的 I/O 保留的。Exadata 存储服务器接收到重做日志的写请求时，它像写硬盘一样，把日志并行写到预留给闪存日志的闪存空间里。一旦写请求完成，就会发送一个 I/O 完成的确认消息给数据库。大多数情况下，闪存响应首先完成，这样就会有一个非常快速的重写（redo write）响应，进而 log file sync 之类的等待事件的总等待时间就大幅降低了。

决定将闪存中的某一个区域给闪存日志使用，是通过内部算法实现的。闪存日志默认大小为 512MB，在大多数场景下，这个大小是足够使用的。闪存日志空间的大小可以在创建时更改。闪存日志空间并不是重做日志数据的永久存储位置，而是一个暂时存放重做日志 I/O 的持久性缓存（persistent cache），一旦这些重做 I/O 写到实际的磁盘上，就可以从缓存中删除了。

此外，为了简化统一部署，Exadata 增强了 IORM（I/O 资源管理器）功能，可以对数据库一体机上运行的不同类型的数据库启用或关闭智能闪存日志特性，将闪存留给对性能要求最高的数据库。

> **提示** 创建闪存日志（Flash log）必须在创建闪存之前。默认的情况下，会将闪存卡中的剩余空间用作闪存。因此如果要改变闪存日志大小，就要先删除之前的闪存日志和闪存配置，重新创建所需大小的闪存日志。最后再将剩余的空间用于创建闪存。

数据库或应用程序都不需要做任何修改，就可以使用智能闪存日志功能。智能闪存日志功能对 Exadata 存储服务器外的其他组件完全透明。

从最终使用者的角度来看，这个系统行为是完全透明的，使用者完全不必知道，系统正在将闪存作为重做日志的临时存放地。唯一的感知差异是，重做日志写的延迟从很高变得持续很低了。

使用 Exadata 智能闪存日志特性后，重做日志原本的大小、镜像、组数量等配置和最佳实践没有任何变化。

4.3 数据库和闪存缓存

到目前为止，我们从硬件及系统软件的角度认识了闪存及其使用方法。本节将介绍 Exadata 数据库方面的一些特性，并给出一些示例，将闪存的功效提升一个档次。具体地说，在这一节里，将涉及智能扫描（smart scan）、智能卸载（cell offloading）、存储索引（storage index）和将数据缓存到闪存缓存中。

为了演示这些功能，先基于 DBA_OBJECTS 字典表创建一个示例表，增加了一个前导列，其值来自序列（sequence）（参见代码清单 4.1）。为了简化这些例子，没有在表上创建索引。

代码清单4.1 创建表并插入数据

```
-- create the sequence number generator.
create sequence mysequence start with 1 increment by 1 cache 100;

create table my_dbaobjects as
select mysequence.nextval Unique_objid, a.object_id, a.data_object_id,
      a.owner, a.object_name, a.subobject_name, object_type
from dba_objects a;

SQL> desc my_dbaobjects
 Name                                      Null?    Type
 ----------------------------------------- -------- ----------------------------
 UNIQUE_OBJID                                       NUMBER(38)
 OBJECT_ID                                          NUMBER
 DATA_OBJECT_ID                                     NUMBER
 OWNER                                              VARCHAR2(30)
 OBJECT_NAME                                        VARCHAR2(128)
 SUBOBJECT_NAME                                     VARCHAR2(30)
 OBJECT_TYPE                                        VARCHAR2(19)

-- Data Population, execute this multiple times:
Insert into my_dbaobjects
select mysequence.nextval Unique_objid, a.object_id, a.data_object_id,
      a.owner, a.object_name, a.subobject_name, object_type
from dba_objects a
/

-- Row count
SQL> select count(*) from my_dbaobjects;

  COUNT(*)
----------
  37595520

-- Final size
SQL> select sum(bytes)/1024/1024/1024 space_gb from dba_segments where
     segment_name = 'MY_DBAOBJECTS';

  SPACE_GB
----------
2.31005859

-- Object has no indexes whatsoever defined.
```

在看代码清单中的每个具体用例时，关注特定的系统统计指标信息有助于理解存储节点和数据库层之间的交互，以及这些特性和示例带来的影响。这些统计指标信息我们列在下面，但请牢记，还有其他一些统计指标信息有助于理解存储节点 I/O 的工作原理：

❏ 存储闪存缓存读次数——基本记录直接由闪存满足的 I/O 请求数。

❏ 智能卸载特性节省的物理 I/O(bytes)——通过谓词过滤、存储索引或任何其他特性，统一被认为是被"智能"优化掉的 I/O 字节总量。

❏ 存储索引特性节省的物理 I/O——被存储索引特性优化掉的 I/O 字节总量。

❏ 节点间交互的 I/O（bytes）——从存储节点传到数据库计算节点的 I/O 字节总量。

❏ 通过智能扫描返回的节点间物理 I/O（bytes）——通过智能扫描特性返回给数据库

计算节点的 I/O 字节总量。

4.3.1 智能扫描和智能卸载

正如之前所描述的，智能扫描或者智能卸载只是表面现象，实际的过滤数据工作是基于 WHERE 子句的谓词，过滤动作发生在 Exadata 存储节点而不是在计算节点（传统的数据库架构是在这里过滤）。可是，智能卸载只在有 WHERE 子句结构，并且谓词过滤满足存储卸载条件的情况下才可行。可以查询视图 V$SQLFN_METADATA（看 OFFLOADABLE 列），有一些 Exadata 支持智能卸载的函数。

表 4.2 列出了影响智能扫描和智能卸载的相关数据库参数，包括普通参数和隐含参数。

表 4.2　影响智能扫描和智能卸载的数据库初始化参数 *

参　　数	默 认 值	描　　述
常规的数据库初始化参数		
cell_offload_processing	TRUE	启用 SQL 处理卸载到存储节点
cell_offload_decryption	TRUE	启用将 SQL 处理卸载到存储的数据加密
cell_offload_parameters		为智能卸载特性预留的参数
隐含的数据库初始化参数		
_allow_cell_smart_scan_attr	TRUE	允许 smart_scan_capable 特性
_cell_fast_file_create	TRUE	允许优化创建文件路径
_cell_fast_file_restore	TRUE	允许为 RMAN 恢复进行优化
_cell_file_format_chunk_size	0	开启存储节点文件格式以 MB 为单位
_cell_index_scan_enabled	TRUE	开启存储节点处理索引快速全扫描
_cell_offload_capabilities_enabled	1	指定加载表数量
_cell_offload_hybridcolumnar	TRUE	为开启混合压缩列的表开启查询卸载特性
_cell_offload_predicate_reordering_enabled	FALSE	对无序的 SQL 处理开启卸载特性
_cell_offload_timezone	TRUE	对时间区域相关的 SQL 处理开启卸载特性
_cell_offload_virtual_columns	TRUE	对虚拟列谓词开启卸载特性
_cell_range_scan_enabled	TRUE	允许存储节点处理索引范围扫描
_cell_storidx_mode	EVA	开启存储索引
_disable_cell_optimized_backups	FALSE	禁用存储节点备份优化
_kcfis_cell_passthru_enabled	FALSE	在存储节点上禁用智能 I/O 过滤

（续）

参 数	默 认 值	描 述
隐含的数据库初始化参数		
_kcfis_cell_passthru_fromcpu_enabled	TRUE	存储节点 CPU 过高时，开启自动传输模式
_kcfis_disable_platform_decryption	FALSE	在存储节点上禁用平台相关的解密功能
_kcfis_io_prefetch_size	8	开启智能 I/O 预获取大小
_kcfis_kept_in_cellfc_enabled	TRUE	开启 CELLSRV 闪存保持对象的用途
_kcfis_large_payload_enabled	FALSE	将大型负载传递给 CELLSRV
_kcfis_nonkept_in_cellfc_enabled	FALSE	关闭 CELLSRV 闪存保持对象的用途
_serial_direct_read	auto	启用直接顺序读

* 带下划线 " _ " 的参数列在这里主要是用于教育和提醒。不建议改变任何 " _ " 隐含参数的默认值。Oracle 研发团队审核每一个版本的这些参数。修改这些隐含参数中的任何一个都必须在 Oracle 的支持或要求下完成。

假如所有参数都设置适当，仍然有一些语句的谓词评估后，执行计划里没有使用智能卸载特性，下面是一些可能的原因：

❑ I/O 访问路径不是基于直接路径读取（direct path read）。
❑ 访问的是集簇表（clustered table）或索引组织表（index-organized table）。
❑ 查询语句中使用 ROWID 作为排序列。
❑ 对压缩索引或反向键索引进行快速全面扫描。
❑ 查询一张超过 255 个列的表，表没有使用混合列压缩。
❑ 谓词评估在虚拟列上。
❑ 使用用户自定义的强制 hint，会禁止 Oracle 使用智能卸载。

接下来看几个关于智能扫描操作的示例，学习如何识别智能扫描特性是否已经发生。这里将使用代码清单 4.2 中提供的脚本。

代码清单4.2 智能扫描示例脚本

```
set timing on
spool smart-scan-example.log
set echo on

/* Flush the shared pool and buffer cache prior to each run */
alter system flush shared_pool;
alter system flush buffer_cache;

/* Forcibly disable cell offloading / smart scan */
alter session set cell_offload_processing=false;

select /* NO_OFFLOAD */ sum(object_id)/1000000 from my_dbaobjects where
```

```
object_id = 1000;

/* Run the same example but with cell-offloading enabled. */
alter session set cell_offload_processing=true;

/* Flush the buffer cache to level the playing field again */
alter system flush buffer_cache;

select /* WITH OFFLOAD */ sum(object_id)/1000000 from my_dbaobjects where
object_id = 1000;
```

看看下面的示例输出，从执行时语句消耗时间的角度，可以看到好处是十分明显的：从 2.43s 降低到 0.24s，消耗时间减少了 90.12%：

```
Elapsed Time (No OFFLOAD)
SQL> select /* NO_OFFLOAD */sum(object_id)/1000000 from my_dbaobjects
where object_id = 1000;
SUM(OBJECT_ID)/1000000
---------------------
                  .512
Elapsed: 00:00:02.43

Elapsed Time (WITH OFFLOAD)
SQL> select /* WITH OFFLOAD */ sum(object_id)/1000000 from my_dbaobjects
where object_id = 1000;

SUM(OBJECT_ID)/1000000
---------------------
                  .512
Elapsed: 00:00:00.24
```

接下来看看 SQL 语句的执行计划，可以看到为什么会有这样的差异。这两个执行计划看起来是相同的（只看执行路径、读取的字节数等），但是在谓词评估这里有一个差异。在智能卸载发生时，谓词信息子句里多了 storage("OBJECT_ID"=1000) 这么一行。这意味着实际的谓词过滤发生在存储层，然后传递到数据库，之后进行了一次过滤操作。

```
Execution Plan (No OFFLOAD)
-----------------------------------------------------------------------
Id|Operation                |Name         |Rows|Bytes|Cost(%CPU)|Time
-----------------------------------------------------------------------
 0|SELECT STATEMENT         |             |   1|    5|81884(1)  |0:16:23
 1| SORT AGGREGATE          |             |   1|    5|          |
*2|  TABLE ACCESS STORAGE FULL|MY_DBAOBJECTS| 504| 2520|81884(1)  |0:16:23

-----------------------------------------------------------------------
Predicate Information (identified by operation id):
-----------------------------------------------------------------------
   2 - filter("OBJECT_ID"=1000)

Execution Plan (WITH OFFLOAD)
-----------------------------------------------------------------------
Id|Operation                |Name         |Rows|Bytes|Cost(%CPU)|Time
-----------------------------------------------------------------------
 0|SELECT STATEMENT         |             |   1|    5|81884 (1) |0:16:23
 1| SORT AGGREGATE          |             |   1|    5|          |
*2|  TABLE ACCESS STORAGE FULL|MY_DBAOBJECTS| 504| 2520|81884 (1) |0:16:23
-----------------------------------------------------------------------
Predicate Information (identified by operation id):
-----------------------------------------------------------------------
```

```
2 - storage("OBJECT_ID"=1000)
      filter("OBJECT_ID"=1000)
```

接下来，如图 4.1 所示，从系统统计指标的角度来看一下这两种场景下的运行结果。

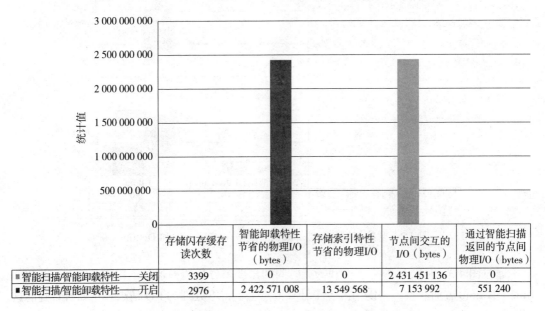

	存储闪存缓存读次数	智能卸载特性节省的物理I/O（bytes）	存储索引特性节省的物理I/O	节点间交互的I/O（bytes）	通过智能扫描返回的节点间物理I/O（bytes）
■ 智能扫描/智能卸载特性——关闭	3399	0	0	2 431 451 136	0
■ 智能扫描/智能卸载特性——开启	2976	2 422 571 008	13 549 568	7 153 992	551 240

图 4.1　智能扫描和智能卸载的影响——关键指标

通过对运行结果的进一步分析发现：

❑ "存储闪存缓存读次数"这个统计指标显示，在这两种场景下都有数据，闪存确实发挥作用了，满足了相关的 I/O 请求。不同的是闪存使用的程度。

❑ "智能卸载特性节省的物理 I/O（bytes）"这个统计指标显示，智能扫描启用的情况下，大约有 2.26GB 的数据被卸载到存储节点里了。

❑ "节点间交互的 I/O（bytes）"这个指标显示，启用智能扫描后，物理 I/O 交互的数据只有不到 6.82MB 了，而不是 2.26GB。

❑ "通过智能扫描返回的节点间物理 I/O（bytes）"这个指标更进一步显示，计算节点和存储节点之间交互的数据量，在启用智能扫描后，不是 6.82MB，而是 0.52MB。

换句话说，启用智能扫描和智能卸载特性后，消除了计算节点和存储节点之间 99.97% 的 I/O 数据。

如果参考图 4.2 的数据库 CPU time（CPU 时间）和 DB time（数据库时间），就更能明白使用智能扫描的积极影响。这种积极的影响源于存储节点将数据过滤卸载给它自己来处理完成这样一个事实。

❑ 会话的 CPU time 减少了 82.73%。

❑ DB time 减少了 84.78%。

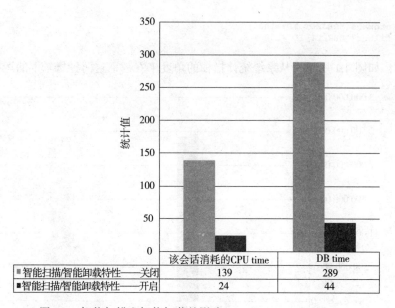

	该会话消耗的CPU time	DB time
■ 智能扫描/智能卸载特性——关闭	139	289
■ 智能扫描/智能卸载特性——开启	24	44

图 4.2　智能扫描和智能卸载的影响——CPU time 和 DB time

通过图 4.3，从会话等待事件和等待时间的角度来分析两种场景。Elapsed time 和 CPU time/DB time 方面获益，是因为减少了计算节点上不得不处理的 I/O 请求。正如所看到的这样，从数据库的角度来看，用户 I/O 相关的等待时间锐减了 86.30%。

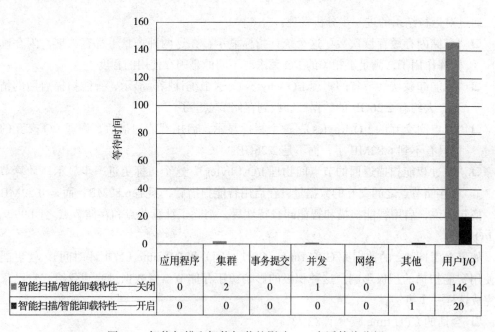

	应用程序	集群	事务提交	并发	网络	其他	用户I/O
■ 智能扫描/智能卸载特性——关闭	0	2	0	1	0	0	146
■ 智能扫描/智能卸载特性——开启	0	0	0	0	0	1	20

图 4.3　智能扫描和智能卸载的影响——会话等待分析

从图 4.4 中可以看到数据库 I/O 系统方面的指标统计数据，对此可以更进一步地研究。如图 4.4 所示，虽然数据库获取块（DB block gets）这一栏没有显著改善，但是能看到智能扫描几乎完全消除了排序操作。特别说明一下，在这个示例里，智能扫描将内存中的排序从 222 次消除了 221 次，只发生了 1 次。

这个例子清楚地展示了 Exadata 为何具备超越 SSD 和全闪存存储的原始性能的能力，因为它具备 Oracle 数据库执行算法和 I/O 类型感知这种"智能"。

还可以进一步扩大这类性能收益，可以通过 Oracle 的一些其他特性，比如分区、高级压缩（advanced compression）和混合列压缩，将这类性能发挥到极致。

这就使 Oracle 数据库能够实现一些以前无法实现的功能。此外，与其他能提供相同级别性能的解决方案相比，Exadata 承诺以相对更低的 TCO 总拥有成本提供更优的性能。

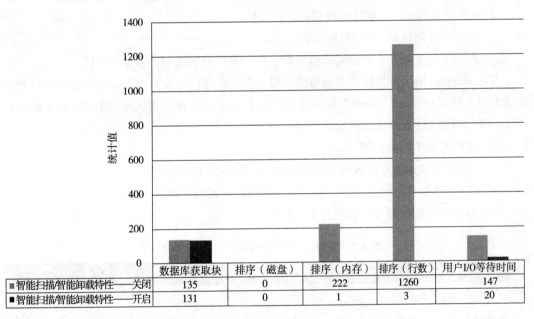

	数据库获取块	排序（磁盘）	排序（内存）	排序（行数）	用户I/O等待时间
■ 智能扫描/智能卸载特性——关闭	135	0	222	1260	147
■ 智能扫描/智能卸载特性——开启	131	0	1	3	20

图 4.4　智能扫描和智能卸载的影响——混合 I/O 统计

4.3.2　存储索引

存储索引（storage index）完全是 Exadata 独有的一个新功能。不像智能扫描 / 智能卸载，存储索引是一种基于 Oracle 数据库内核的先验知识的智能存储实现。

从某种程度上来说，"存储索引"这个名字实在是用词不当。从定义上看，索引设计的目的是确定整个数据集内的特定数据键的位置。存储索引的主要目的实际上是消除存储（块）上的一些区域，定位可能存在所有数据的区域。

Oracle 在线创建这些基于元数据的数据映射，并且它们对数据库和应用程序完全透明。这些映射存储在闪存里。这跟存储通常所说的普通索引不一样，普通索引存储在表空间里。存储索引不是永久对象，也不是数据字典的一部分。

从根本上说，创建这类元数据的过程是很简洁的。这个解决方案的厉害之处在于它使用起来简单易行，与 Oracle 数据库无缝集成。下面罗列了这个解决方案的设计和实施的要点：

- ❑ 存储索引在数据事务发生时被在线构造和维护：
  - ○ 存储索引被构造成整个存储块，并以存储块的形式被读取。
  - ○ 存储索引本质上是短暂存在的，存储在闪存中。
  - ○ 一个存储索引最多维护 8 列统计数据。
  - ○ 被存储索引选择的列，是基于使用率、分布情况和数据特征综合考虑的。
- ❑ 存储索引在一个存储区域级别上进行维护：
  - ○ 每个存储区域大约 1MB 大小。
  - ○ 一个列上有 3 个数据元素被维护：最小值、最大值和是否存在空值。

当 Exadata 存储服务器收到查询请求，对一个对象进行全表扫描查询时，通过谓词列看存储索引上是否存在。Exadata 存储服务器扫描存储索引并识别谓词列的最大 / 最小值所在区域。然后物理 I/O 只需要访问这些特定区域就可以了。

可以在此基础上展开说明一下：

- ❑ 被识别为候选的存储区域的结果集越小，节省的 I/O 就越多。
- ❑ 列的数据越有序、越集中，被识别为候选的区域结果集就会越小。

影响存储索引的数据库参数列在表 4.3 中。

表 4.3　影响存储索引的数据库初始化参数 *

参　　数	默　认　值	描　　述
隐含的数据库初始化参数 **		
_kcfis_disable_platform_decryption	FALSE	在存储节点上禁用平台相关的加密功能
_kcfis_storageidx_diag_mode	0	在存储节点上开启对存储索引特性的诊断模式
_kcfis_storageidx_disabled	FALSE	在存储节点上禁用存储索引优化

*带下划线 "_" 的参数列在这里主要是用于教育和提醒。不建议改变任何 "_" 隐含参数的默认值。Oracle 研发团队审核每一个版本的这些参数。修改这些隐含参数中的任何一个都必须在 Oracle 的支持或要求下完成。

**并没有可供 DBA 或者 DMA 直接使用的初始化参数。这个功能在系统级别启用。

代码清单 4.3 以操作性更好的方式演示了存储索引的工作原理。

代码清单4.3　存储索引示例脚本

```
set timing on
spool stor-idx-example.log
set echo on

/* Flush the shared pool and buffer cache prior to each run */
alter system flush shared_pool;
alter system flush buffer_cache;

/* Disable storage indexes */
alter session set "_kcfis_storageidx_disabled"=TRUE;

set autot on
select /* NO_STORAGE_INDEX */sum(object_id)/1000000 from my_dbaobjects
where unique_objid between 10000000 and 10001000;
set autot off;
set echo off;

/* Enable storage indexes */
alter session set "_kcfis_storageidx_disabled"=FALSE;
alter system flush buffer_cache;
select /* WITH_STORAGE_INDEX */ sum(object_id)/1000000 from my_dbaobjects
where unique_objid between 10000000 and 10001000;
```

同样，执行这个脚本并检查它们的输出。这一次，这个查询脚本的谓词在 unique_objid 列上，其数据取值来源于一个序列（sequence）。

首先，来看看存储索引对单纯查询语句的执行和运行时间的效果：

Elapsed Time (No STORAGE INDEX)
```
SQL> select /* NO_STORAGE_INDEX */sum(object_id)/1000000 from
my_dbaobjects where unique_objid between 10000000 and 10001000;

SUM(OBJECT_ID)/1000000
----------------------
            36.126654
Elapsed: 00:00:00.23
```

Elapsed Time (WITH STORAGE INDEX)
```
SQL> select /* WITH_STORAGE_INDEX */ sum(object_id)/1000000 from
my_dbaobjects where unique_objid between 10000000 and 10001000;

SUM(OBJECT_ID)/1000000
----------------------
            36.126654
Elapsed: 00:00:00.28
```

存储索引使用后，相同的查询花了 0.23s 就完成了，相比没有使用时的 0.28s，总消耗时间只减少了 17%。要牢牢记住，在这两种场景下智能扫描特性一直是启用的，因此这两种场景都会受益于这个特性。

启用或禁用存储索引并不一定会改变 SQL 语句的执行计划，正如前面所说的，存储索引是否使用是存储服务器在语句执行时决定的⊖。SQL 语句执行时的一些统计数据发生了变化。特别是因为使用了存储索引，消除了排序，并将递归调用从 52 次减少到 1 次：

⊖　先有执行计划，SQL 语句才会执行。——译者注

```
Auto Trace Statistics (No STORAGE INDEX)
Statistics
----------------------------------------------------------
       52  recursive calls
        1  db block gets
   296599  consistent gets
   296502  physical reads
    22356  redo size
      543  bytes sent via SQL*Net to client
      524  bytes received via SQL*Net from client
        2  SQL*Net roundtrips to/from client
       11  sorts (memory)
        0  sorts (disk)
        1  rows processed

Auto Trace Statistics (WITH STORAGE INDEX)
Statistics
----------------------------------------------------------
        1  recursive calls
        1  db block gets
   296493  consistent gets
   296489  physical reads
    21680  redo size
      543  bytes sent via SQL*Net to client
      524  bytes received via SQL*Net from client
        2  SQL*Net roundtrips to/from client
        0  sorts (memory)
        0  sorts (disk)
        1  rows processed
```

接下来，看一看图 4.5 中展示的会话统计信息，思考一下怎样从中解读出更多内容。这个数据显示：

❑ 启用或禁用存储索引不影响智能卸载功能。

　❍ 从"通过智能扫描返回的节点间物理 I/O（bytes）"这个指标统计数据可以看出，查询卸载完全采取相同的方式。

　❍ "存储闪存缓存读次数"这个指标统计数据再次告诉我们，闪存被使用，只是用得更少了一点，因为启用存储索引后它需要的数据块更少了。

❑ 具体说来，存储索引特性减少了 224MB 的 I/O 资源，这个效果要比智能扫描特性更好一些。

❑ 使用存储索引还额外减少了存储节点和计算节点之间 36.31% 的 I/O 资源（由两次执行的"节点间交互的 I/O（bytes）"指标对比所得）。

再看图 4.6 展示的 CPU time 和 DB time，可以看到存储索引特性对计算节点产生的影响。同样要记得，在这两种测试场景中，智能扫描特性都是启用状态。

在智能扫描启用的情况下使用存储索引，比单纯使用智能扫描 / 智能卸载能够从整体上降低更多的 CPU time 和 DB time：

❑ 会话的 CPU time 减少了 56.82%。

❑ DB time 减少了 53.57%。

图 4.7 从会话等待事件和等待时间的角度来看这两种场景的会话。再次提醒你，要记得智能扫描一直是启用状态。在这里看到的是使用了存储索引后的增量效益（incremental benefit），又减少了 42.42% 的 I/O 相关等待时间。

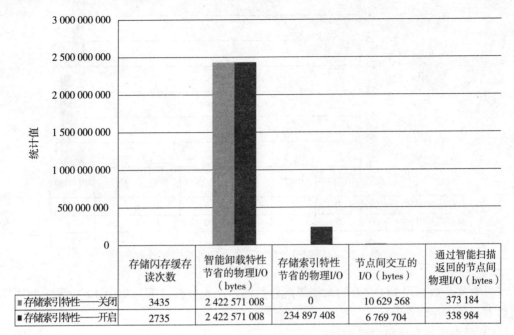

	存储闪存缓存读次数	智能卸载特性节省的物理I/O（bytes）	存储索引特性节省的物理I/O	节点间交互的I/O（bytes）	通过智能扫描返回的节点间物理I/O（bytes）
存储索引特性——关闭	3435	2 422 571 008	0	10 629 568	373 184
存储索引特性——开启	2735	2 422 571 008	234 897 408	6 769 704	338 984

图 4.5　存储索引的影响——关键系统统计信息

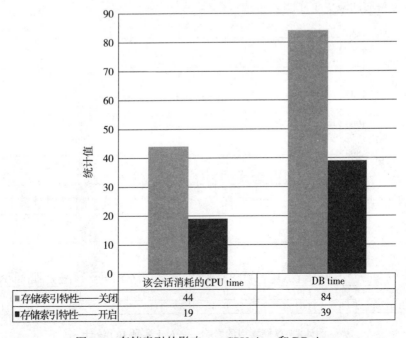

	该会话消耗的CPU time	DB time
存储索引特性——关闭	44	84
存储索引特性——开启	19	39

图 4.6　存储索引的影响——CPU time 和 DB time

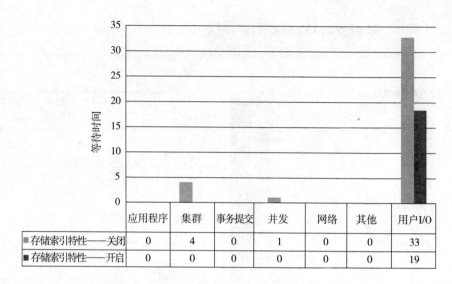

	应用程序	集群	事务提交	并发	网络	其他	用户I/O
存储索引特性——关闭	0	4	0	1	0	0	33
存储索引特性——开启	0	0	0	0	0	0	19

图 4.7 存储索引的影响——会话等待时间分析

再看几个数据库 I/O 方面的系统级统计数据，深入分析一下。如图 4.8 中展示的这样，可以看到使用存储索引后：

- ❑ 数据库获取块减少了 55%。
- ❑ 排序操作几乎完全消除。
- ❑ I/O 等待时间减少了 42%。

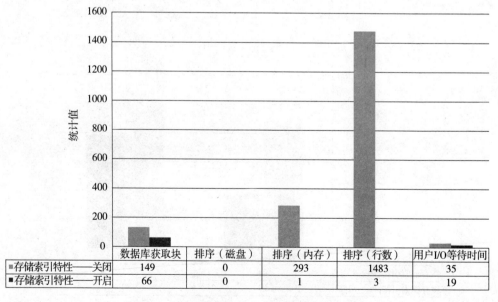

	数据库获取块	排序（磁盘）	排序（内存）	排序（行数）	用户I/O等待时间
存储索引特性——关闭	149	0	293	1483	35
存储索引特性——开启	66	0	1	3	19

图 4.8 存储索引的影响——对于各种 I/O 统计

显然，如果存储索引这个特性使用得当，可以获得超出仅使用常规的存储卸载特性更多的性能收益。

在这种情况下，存储索引之所以有用，有一个非常根本的原因：在数据加载过程中，考虑了数据按照某个键值排序的影响。反过来说，这又意味着表中特定键值的所在行在物理存储上也存放在一个较小区域。也就是说，对于给定的键值，可以在少数几个本地存储索引区域中找到。因此，相对于查询无序的键值来说，存储索引在处理有序键值数据时，因为消除了 I/O 的浪费，效率变得更高。

对比验证存储索引用的查询和验证智能卸载用的查询，要记住下面这些基本点（对比数据见图 4.9）：

- 装载数据时，用序列号生成器来计算 UNIQUE_OBJID。
- 由于数据装载时用了主键，数据在各种情况下都是按 UNIQUE_OBJID 来排序的。
- 在上述两轮测试中，系统层的智能卸载特性和存储索引特性都是开启的。
- OBJECT_ID 列使用重复值，因此在整个表中是均匀分布的。
- 在这个示例中，查询采用 UNIQUE_OBJID 列作为过滤条件。
- 在上一节讨论智能卸载时，用 OBJECT_ID 列作为查询条件。

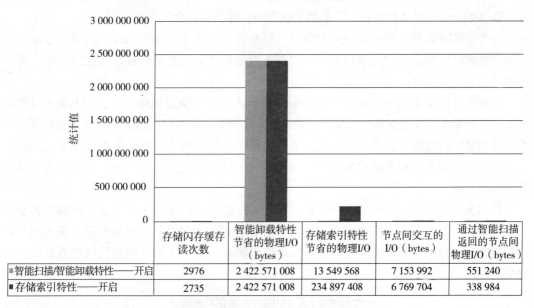

	存储闪存缓存读次数	智能卸载特性节省的物理I/O（bytes）	存储索引特性节省的物理I/O	节点间交互的I/O（bytes）	通过智能扫描返回的节点间物理I/O（bytes）
■智能扫描/智能卸载特性——开启	2976	2 422 571 008	13 549 568	7 153 992	551 240
■存储索引特性——开启	2735	2 422 571 008	234 897 408	6 769 704	338 984

图 4.9 数据分布对存储索引的影响

从图 4.9 中可以很清楚地看到：

- 谓词卸载的字节数是完全一样的。
- 观察"存储索引特性节省的物理 I/O"栏发现，通过查询 UNIQUE_OBJID 列，节省了约 94% 的 I/O 消耗（12.9MB 与 224MB 的区别）。

❑ 因此，我们看到通过 UNIQUE_OBJID 来查询会更高效，在存储节点和计算节点间
传输的字节数，有 5% 的提升。

要知道，这些数字会根据查询的不同、数据分布的不同、数据加载方式的不同发生变
化。然而，核心的概念仍然适用。正确地使用存储索引，它将是非常有效的，特别是在数
据仓库和决策支持系统中。

4.3.3　在闪存中缓存数据

闪存的另一个潜在用途是作为数据库 SGA 之外附加的一个数据缓存区。在 Exadata
里，一个新加的可用功能是强制把数据对象缓存到闪存里。换句话说，数据对象被缓存在
Exadata 存储节点的 PCIe 闪存卡上。这可以在对象级别（表、索引、分区、LOB 段等）进
行单独定义。在闪存里进行对象级别的定义或设置缓存规则的语法如下：

```
ALTER TABLE owner.object_name STORAGE (CELL_FLASH_CACHE cache-type)
```

cache-type 属性定义了在闪存缓存中使用的缓存对象数据的性质和算法：

❑ DEFAULT——默认的存储闪存缓存算法会启用，由 Exadata 存储服务器控制。

❑ NONE——该对象永不会被缓存在闪存中。

❑ KEEP——定义的对象一旦加载了就会一直保留在闪存缓存中。

当为要缓存的对象指定 KEEP 选项时，每个存储节点会按要求缓存它的部分数据。随
着时间的推移，数据将被完全缓存。一旦某个对象使用 KEEP 属性被缓存在闪存中，便不
会刷出缓存。

依照设计，顺序扫描（sequential scan）的默认行为会绕过闪存缓存，这不关 KEEP 的
事。如果将某个对象缓存属性设置为 KEEP，通过智能扫描访问，那么对象被保存在缓存中
并且被扫描。闪存缓存的另一个优点，是当被保存在缓存中的一个对象被扫描时，Exadata
软件会同时从闪存和磁盘读取数据，获得更高的整体扫描速度，这可能比从单个源头读取
数据效率更高。

代码清单 4.4 以一种更实用的方式，展示了存储节点闪存的工作方式。该脚本将会运
行 3 次，第 1 次运行时没有为闪存缓存进行任何特别的配置。第 1 次运行后，将为闪存在
对象级使用 KEEP。第 2 次运行，只是开始使用闪存缓存，在第 3 次运行将会看到实际的
好处。

代码清单4.4　存储闪存缓存示例脚本

```
set timing on
spool cfckeep-example.log
set echo on

/* Flush the buffer cache prior to each run */
alter system flush buffer_cache;
select /* NO_KEEP */sum(object_id)/1000000 from my_dbaobjects;

/* Flush the buffer cache, enable flash cache keep and rerun the query
```

```
a second time*/
alter system flush buffer_cache;
alter table my_dbaobjects storage (cell_flash_cache keep);
select /* RUN1_KEEP */ sum(object_id)/1000000 from my_dbaobjects;

/* Flush the buffer cache, enable flash cache keep and rerun the query
a third time*/
alter system flush buffer_cache;
select /* RUN2_KEEP */ sum(object_id)/1000000 from my_dbaobjects;
```

首先，来看一看存储闪存缓存保持纯粹查询执行，并看一下运行时间效果。请记住，这里已经启用了智能扫描以及存储索引。

```
Elapsed Time (Cell Flash Cache -default value)
SQL> select /* NO_KEEP */sum(object_id)/1000000 from my_dbaobjects;
SUM(OBJECT_ID)/1000000
----------------------
          1364497.24

Elapsed: 00:00:02.43
Elapsed Time (Cell Flash Cache - Keep - Run 1)
SQL> select /* RUN1_KEEP */ sum(object_id)/1000000 from my_dbaobjects;

SUM(OBJECT_ID)/1000000
----------------------
          1364497.24

Elapsed: 00:00:02.60
Elapsed Time (Cell Flash Cache - Keep - Run 2)
SQL> select /* RUN2_KEEP */ sum(object_id)/1000000 from my_dbaobjects;

SUM(OBJECT_ID)/1000000
----------------------
          1364497.24
Elapsed: 00:00:01.96
```

❏ 第 1 次运行时，CELL_FLASH_CACHE 设置为 DEFUALT，所有参数都是默认配置。
❏ 第 2 次运行时，将 CELL_FLASH_CACHE 设置为 KEEP，运行时间稍微长一点，准确地说是多了 7% 的时间。多出来的开销用于存储闪存缓存做必要的前期热身和数据填充。
❏ 第 3 次运行时，该表已被缓存在存储闪存缓存中了，相比第 1 次运行，执行时间差不多减少了 20%。

当去比较执行计划时，在执行计划本身并没有真正发现任何差异。如果看一看系统的统计数据，如图 4.10 所示，一旦数据被完全缓存到闪存当中，"存储闪存缓存"的命中数就增长了 3 倍。

然而，在智能扫描章节运行的相同查询结果表明，智能卸载和存储索引对查询结果有积极影响。但是，当启用了闪存缓存的 KEEP 属性后，我们发现存储索引特性不再被使用。这会让我们相信，使用存储闪存缓存的 KEEP 属性，对存储服务器决策是否要维护和使用存储索引有潜在影响。

下面再从数据库资源的视角来看一看，对比 CPU time 和 DB time，如图 4.11 所示。
❏ 该会话（session）的 CPU time 减少了 11%。
❏ 从 DB time 的视角来看，可以看到更为显著的提升，提升了将近 35%。

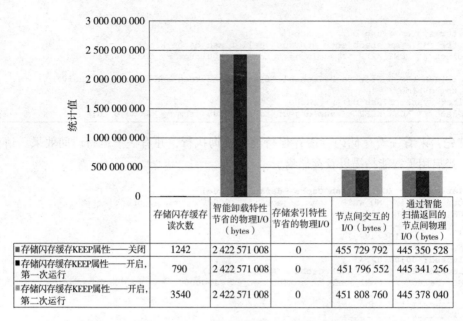

图 4.10 存储闪存缓存 KEEP 属性的影响——关键系统统计信息

	存储闪存缓存读次数	智能卸载特性节省的物理I/O（bytes）	存储索引特性节省的物理I/O	节点间交互的I/O（bytes）	通过智能扫描返回的节点间物理I/O（bytes）
■存储闪存缓存KEEP属性——关闭	1242	2 422 571 008	0	455 729 792	445 350 528
■存储闪存缓存KEEP属性——开启，第一次运行	790	2 422 571 008	0	451 796 552	445 341 256
■存储闪存缓存KEEP属性——开启，第二次运行	3540	2 422 571 008	0	451 808 760	445 378 040

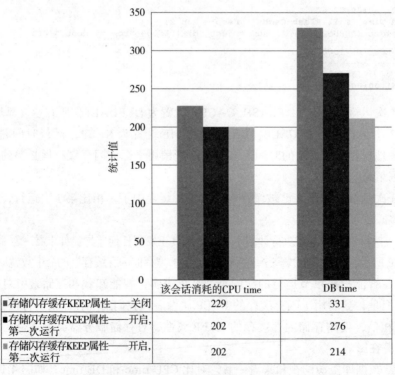

	该会话消耗的CPU time	DB time
■存储闪存缓存KEEP属性——关闭	229	331
■存储闪存缓存KEEP属性——开启，第一次运行	202	276
■存储闪存缓存KEEP属性——开启，第二次运行	202	214

图 4.11 存储闪存缓存 KEEP 属性的影响——CPU time 和 DB time

接下来看一看会话的等待事件（见图 4.12）。跟预期的一样：

- ❑ 第一次使用默认参数运行，第二次开启了存储闪存缓存 KEEP 属性运行，用户 I/O 的等待时间并没有显著改变。
- ❑ 对比只是开启闪存特性和开启闪存 KEEP 属性的数据发现，一旦开启 KEEP 属性，且数据都被真正缓存后，用户 I/O 等待时间下降了 84%。

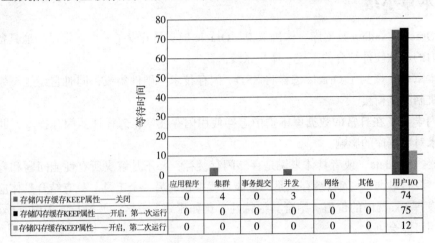

	应用程序	集群	事务提交	并发	网络	其他	用户I/O
■ 存储闪存缓存KEEP属性——关闭	0	4	0	3	0	0	74
■ 存储闪存缓存KEEP属性——开启，第一次运行	0	0	0	0	0	0	75
■ 存储闪存缓存KEEP属性——开启，第二次运行	0	0	0	0	0	0	12

图 4.12　存储闪存缓存 KEEP 属性的影响——会话等待时间分析

如图 4.13 所示，再看一看更多的数据库级别 I/O 系统统计数据，可以更深一步分析。正如我们所看到的，使用存储索引后：

- ❑ 数据库获取块减少了 70%。
- ❑ 排序几乎完全消除。
- ❑ 用户 I/O 等待时间减少了 85%。

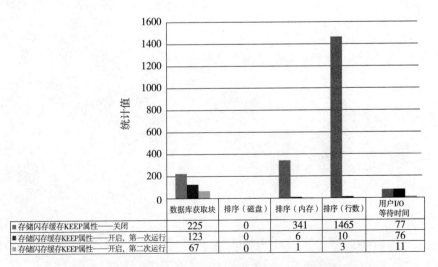

	数据库获取块	排序（磁盘）	排序（内存）	排序（行数）	用户I/O等待时间
■ 存储闪存缓存KEEP属性——关闭	225	0	341	1465	77
■ 存储闪存缓存KEEP属性——开启，第一次运行	123	0	6	10	76
■ 存储闪存缓存KEEP属性——开启，第二次运行	67	0	1	3	11

图 4.13　存储闪存缓存 KEEP 属性的影响——各种 I/O 统计数据

这清楚地表明，一旦启用闪存特性并将数据装载进去，如果使用得当，闪存缓存能够提供显著的效益和更高的效率。

4.4　本章小结

就 Oracle Exadata 数据库一体机来说，Oracle 确实是开发了一个非常成功地具备 Oracle 内核能力的、软硬件结合的工程一体机系统。

在本章中，谈到了 Oracle 怎样将 SSD / 闪存技术与硬件集成，同时它还能与数据库内部运作机制无缝衔接。

我们学习了在日常的数据库维护中怎样使用闪存技术，怎样评测闪存技术，并理解了闪存技术对数据库的影响。

总之，Exadata，或者具体来说是存储闪存缓存，并不是解决所有性能问题和容量规划问题的"灵丹妙药"。闪存缓存只是为性能调优提供的另一个工具。只有结合具体应用，才能真正发挥 Exadata 的价值。结合其他特性，比如压缩、分区、并行技术等时，Exadata 发挥的作用可能会更大。

Exadata 压缩：揭秘混合列压缩

1969 年，在美国圣何塞的 IBM 研究院工作的埃德加·F. 科德（Edgar Codd）发表了他的第一篇论文，这篇论文开启了关系数据库领域相关的技术研究。根据这篇文章的研究，科德创建了第一个关系数据库管理系统（RDBMS）——SYSTEM-R。直到目前，大多数的存储系统都还是基于树状结构的文件。科德也被毫无疑义地认为是当代的关系数据库之父。

> 📌提示 参见 Edgar Codd 1970 年的原创论文《A Relational Model of Data for Large Shared Data Banks》。可以访问 https://www.seas.upenn.edu/~zives/03f/cis550/codd.pdf 查看。

Oracle 数据库从开始到现在一直被认为是关系数据库的核心产品，所以科德构建的定义和布局仍然适用于今天的 Oracle 数据库。

科德在关系数据库的关键概念中提到，"如果 R 的数据取自一组数 S_1 的第一个值，S_2 的第二个值……R 代表 n 组数据之间的关系。每一行数据代表一个 R 的 n 元组，数据库中的全部数据可以被看作是随时间变化的关系的集合。这些关系按照特定的维度进行分类。随着时间的推移，每一个 n 元关系可能会被插入其他的 n 元组，或者删除现有的 n 元组，以及修改和变更现有的 n 元组的任何部分数据。"

换句话说，每个表就代表了关系 R，每一行数据代表了一个 n 元组。Oracle 对这个定义进行了扩展，包括数据库在物理上是如何存储的，即在 Exadata X-2 中引入混合列压缩的概念（Hybrid Columnar Compression，HCC 或 EHCC）。本章的重点即是帮助读者理解 Oracle 混合列压缩的实现。

5.1　列式存储模型

在传统的关系型数据库中，使用的是行存储模型（N-ary Storage Model，NSM）。NSM连续保存全部的数据库记录，并且使用偏移量（offsets）来识别每条记录（或每行数据）的开始位置。如图 5.1 所示为传统的 N-ary 模型示例。

另一个可替代的方法是使用分解存储模型（Decomposition Storage Model，DSM，列存储模型），这种存储方式首先由 George Copeland 和 Setrag Khoshafian 在 1985 年提出。在这种存储方式中，DSM 将所有记录中相同字段的数据聚合存储，将单个属性关系相关联来组成一行记录，如图 5.2 所示。

 提示　可以访问以下地址查看 Copeland 和 Khoshafian 的论文《A Decomposition Storage Model》：http://users.csc.calpoly.edu/~dekhtyar/560-Fall2012/papers/DSM-columns.pdf。

现在从数据访问的角度来比较一下上面两个存储模型。可以发现，在列存储模型中，每个条目本身都是二元的，每个替代都有一个值。因此索引选项和列组合的操作通常限制于 ID 或列本身。与行存储模型相比，使用索引的方式取决于数据访问的路径，比如多个列上可能会有多个不同的索引，这些索引使用不同的列或者索引列的顺序不同。

再从存储空间的角度来看一下这两个模型，可发现有一些存储空间被浪费了，因为每个属性都有部分值是重复的。然而，并没有什么必要让每个属性都给定一个代理键或 ID 的值。代理键列的数据类型和最终数据的大小将决定实际的存储空间的使用。

ID	Column 1	Column 2	Column 3	Column 4
1	R1V1	R1V2	R1V3	R1V4
2	R2V1	R2V2	R2V3	R2V4
3	R3V1	R3V2	R3V3	R3V4
4	R4V1	R4V2	R4V3	R4V4

图 5.1　传统的 N-ary 存储模型

ID	Column 1
1	R1V1
2	R2V1
3	R3V1
4	R4V1

ID	Column 2
1	R1V2
2	R2V2
3	R3V2
4	R4V2

ID	Column 3
1	R1V3
2	R2V3
3	R3V3
4	R4V3

ID	Column 4
1	R1V4
2	R2V4
3	R3V4
4	R4V4

图 5.2　关系型数据分解为键值对（key-value pair）

现在从索引存储空间的角度再来进行比较，可看到列存储模型通常节省了很多索引存储的空间，因为给键值对上添加索引的方法并不多。如果使用其他索引技术，比如聚簇索引或者反转索引，那么将能节约更多的存储空间。在 Copeland 和 Khoshafian 最初的估计中，在大多数情况下，列存储模型中数据表使用的存储空间将增加 1～4 倍，而索引空间将减少到原来的 1/2。

在列存储模型中，还需要考虑 DML 语句的性能和数据查询性能。在该模型中，修改某项数据的属性需要完成三次写入操作：第一次是写入数据本身；第二次是写入代理值的索引，第三次是写入属性的索引。而在行存储模型中同样的操作则是两次，第一次写入是修改实际的数据块，第二次写入则是修改属性对应的索引。

当要修改某个属性上的多个 ID 时，列存储模型的更新效率会更高，因为在一个数据块中可以保存更多的键值对，而如果是保存数据行，存放的记录数会更少。因此，每个单独 ID 的更新都是在内存中的一次回写（write back）操作，并避免了更多的写入操作。从另一个角度看，在行存储模型中，数据修改需要访问和写入更多的数据块。

对于查询语句的性能来说，最关键的一点是过滤属性的数量和显示属性的数量。

在所有过滤条件中的通用 ID 定义了实际的 Row ID。Row ID 用来访问剩余的键值对并得到最终显示结果的属性值。

在列存储模型中，对每个键值对的属性使用适当的过滤条件，符合过滤条件的通用 ID 是所有单个 ID 的交集点。然后使用这些 ID 来访问剩下的键值对的显示属性，最后得到最终数据。

在行存储模型中，索引定义了数据访问的路径，但是一旦行被确定后，其余过滤属性的过滤和数据的读取都是通过内联的方式完成的。

比较 I/O 的数量完全取决于过滤属性的数量、要显示的属性的数量以及数据量的多少。此外，在列存储模型中，调用并行是跨属性存储实现的，而在行存储模型中，并行是跨不同的数据集来实现的。

设计过程中，使用列存储模型还是行存储模型，另一个重要的因素是内存的高速缓存的结构。需要考虑内存缓存的结构是以属性方式存储数据，还是使用行的方式存储。

考虑了上述行存储和列存储的不同的优缺点，混合存储的方式可能会更靠近最终的解决方案。在下面的章节中，将讨论一下生产系统中常见的使用方式。

5.1.1　PAX 模型

PAX（Partition Attributes Across）模型，最早是由卡内基梅隆大学的 Anastassia Ailamaki，以及来自威斯康星大学麦迪逊分校的 David DeWitt、Mark Hill 和 Marios Skounakis，于 2001 年提出的。

PAX 模型和传统的列存储模型之间的主要区别是键值对的物理存储属性不同。在 PAX 模型中，一组给定的行的所有数据都是在给定的本地数据块中保存和维护。换句话说，在数据块中并不是一行一行地存放数据，这些记录在数据块中相同的数据，是一列一列地保存的。PAX 模型是一种混合的模型，以列的方式存放数据，但同时又使用数据块作为存储单元。这种存储方式消除了在记录进行连接时产生的额外的 I/O 开销，同时又提供了列存储带来的好处。

 Anastassia Ailamaki、David J. DeWitt、Mark Hill 和 Marios Skounakis 的论文《Weaving Relations for Cache Performance》，可以通过 http://www.vldb.org/conf/2001/P169.pdf 查看。

5.1.2 碎片镜像

在 2002 年，Ravishankar Ramamurthy、David J. DeWitt 和 Qi Su 三人发布了 VLDB 论文《A Case for Fractured Mirrors》，在该论文中提出了碎片镜像（Fractured Mirrors）技术。这种方法的假设基于大多数企业为了提高系统的高可用性，都使用数据复制技术，以实现灾难恢复。那么对于每一份复制的数据而言，为什么不能使用不同的存储模型呢？由于在每份复制的数据镜像上需要运行的查询不同，以及它们不同的性质和用途，可以有针对性地使用合适的数据存储模型。

很明显，在这种方案中，需要有一个中间层用来翻译或同步，进而能够智能地分配客户端请求，保持两份数据的同步，并在两种不同的存储模式之间进行转换。

 Ravishankar Ramamurthy、David J. DeWitt 和 Qi Su 的论文《A Case for Fractured Mirrors》可以通过 http:///www.vldb.org/conf/2002/S12P03.pdf 查看。

5.1.3 精细混合

在精细混合（fine-grained hybrid）模式中，每个表以混合的行和列的格式存储。被访问的一组数据列是以列存储模型存储的。而其他的列数据以行存储模型存储。此外，在物理存储层面，这种方式可以以不同的粒度实现：磁盘块、表的内部、跨表，等等。

在这种存储模式中，对于数据，要选择行存储还是列存储，将最终决定 Exadata 实施是否成功。使用行存储还是列存储，要基于数据访问的情况，数据之间的关系，以及数据查询的负载等数据库实施的相关情况而定。

5.2 列存储在 Oracle 数据库中的实现——混合列压缩

Oracle 混合列压缩技术是基于 PAX 模型设计和实现的，并另外添加了压缩的技术。Oracle 在 HCC 中使用压缩，可以增加数据块中存放的数据量或记录数。

5.2.1　Oracle 数据库压缩技术

在进一步讨论之前，我们最好只是在数据库的上下文中来讨论 Oracle 的压缩实现。从根本上说，也有两种方式来实现压缩。第一种方法是基于被存储的值。这种方法也被称为凭证化（tokenization）。凭证化实际的作用是把重复列中的每个值替换为一个凭证。令牌与值之间的对应关系矩阵存储在其他地方，并在运行期间完成转换。第二种方法是基于使用例如 BZIP 或者 LZIP 的标准压缩算法、实际压缩数据，以位串（bit string）的形式存储。

5.2.2　HCC 原理

正如前面所说，Oracle 混合列压缩技术是由 PAX 模型扩展而来，数据同时以行和列两种模式存储，这也是这一术语中"混合"一词的由来。此外，Oracle 还增加了位压缩（bitwise compression），这样在数据块中能够存储更多的数据。

关于 Oracle 实际上是如何实现混合列压缩的，一个非常好的信息来源是他们的专利申请论文，专利号为 US8583692 B2（专利申请于 2013 年 11 月 12 日）。另外，Oracle 还发布了很多的文章、文档和书籍，都描述了混合列压缩更深的内部结构。实施混合列压缩的要点如下：

- ❑ 混合列压缩的分区是在数据段级别实现的，因此可以应用在表级，分区级甚至是子分区级。
- ❑ 混合列压缩工作于压缩单元（CU）。一个压缩单元跨越多个物理数据块，主要是为了在一次访问完整的压缩单元时，能够使用更大的 I/O。
- ❑ 从组织的角度来看，一个压缩单元在逻辑上有两个部分：
  - ❍ 未压缩的部分，存储了有关压缩单元的元数据，例如，一列数据结束和另一列开始的位置、列压缩的类型等。
  - ❍ 压缩的部分，在这里保存了实际的数据。
- ❑ Oracle 混合列压缩可以以下面两种方式来实现：
  - ❍ 数据仓库压缩或者查询压缩（compress for query），这种方式的优化目标是节约存储空间，多适用于数据仓库类型的应用。
  - ❍ 在线档案或者档案压缩（compress for archive），这种方式的优化目标是最大化压缩级别，可以用来管理和存放信息生命周期管理数据、历史数据或者不会再发生变化的数据。
- ❑ 指定了压缩类型后，可以进一步指定压缩级别（LOW 或者 HIGH），来定义相应的压缩算法。

下面将用一个简单的例子来演示一下混合列压缩的几个关键点，首先使用代码清单 5.1来生成测试数据和测试用例：

代码清单5.1　构建测试表并装载测试数据

```
CREATE SEQUENCE MYSEQUENCE START WITH 1 INCREMENT BY 1 CACHE 100;

CREATE TABLE MY_DBAOBJECTS AS
SELECT MYSEQUENCE.NEXTVAL UNIQUE_OBJID, A.OBJECT_ID, A.DATA_OBJECT_ID,
      A.OWNER, A.OBJECT_NAME, A.SUBOBJECT_NAME, OBJECT_TYPE
FROM DBA_OBJECTS A;

DESC MY_DBAOBJECTS ;

-- DATA POPULATION, EXECUTE THIS MULTIPLE TIMES:
DECLARE
  I PLS_INTEGER := 0;
BEGIN
  FOR I IN 1 .. 50
LOOP
INSERT INTO MY_DBAOBJECTS
SELECT MYSEQUENCE.NEXTVAL UNIQUE_OBJID, A.OBJECT_ID, A.DATA_OBJECT_ID,
      A.OWNER, A.OBJECT_NAME, A.SUBOBJECT_NAME, OBJECT_TYPE
FROM DBA_OBJECTS A;
COMMIT;
END LOOP;
END;
/
```

使用下面的 SQL 语句来创建相同的测试表，并使用 OLTP 压缩选项：

```
CREATE TABLE MY_DBAOBJECTS_OLTP_COMP (
    UNIQUE_OBJID CONSTRAINT MY_DBAOBJECTS_OLTP_COMP_PK PRIMARY KEY,
    OBJECT_ID, DATA_OBJECT_ID,OWNER, OBJECT_NAME, SUBOBJECT_NAME, OBJECT_TYPE)
COMPRESS FOR OLTP AS
SELECT * FROM MY_DBAOBJECTS;
```

使用下面的 SQL 代码来创建测试表，并使用 QUERY LOW 压缩选项：

```
CREATE TABLE MY_DBAOBJECTS_QUERY_LOW (
    UNIQUE_OBJID CONSTRAINT MY_DBAOBJECTS_QUERY_LOW_PK PRIMARY KEY,
    OBJECT_ID, DATA_OBJECT_ID,OWNER, OBJECT_NAME, SUBOBJECT_NAME, OBJECT_TYPE)
COMPRESS FOR QUERY LOW AS
SELECT * FROM MY_DBAOBJECTS ;
```

使用下面的 SQL 代码来创建测试表，并使用 QUERY HIGH 压缩选项：

```
CREATE TABLE MY_DBAOBJECTS_QUERY_HIGH (
    UNIQUE_OBJID CONSTRAINT MY_DBAOBJECTS_QUERY_HIGH_PK PRIMARY KEY,
    OBJECT_ID, DATA_OBJECT_ID,OWNER, OBJECT_NAME, SUBOBJECT_NAME, OBJECT_TYPE)
COMPRESS FOR QUERY HIGH AS
SELECT * FROM MY_DBAOBJECTS ;
```

使用下面的 SQL 代码来创建测试表，并使用 ARCHIVE LOW 压缩选项：

```
CREATE TABLE MY_DBAOBJECTS_ARCHIVE_LOW (
    UNIQUE_OBJID CONSTRAINT MY_DBAOBJECTS_ARCHIVE_LOW_PK PRIMARY KEY,
    OBJECT_ID, DATA_OBJECT_ID,OWNER, OBJECT_NAME, SUBOBJECT_NAME, OBJECT_TYPE)
COMPRESS FOR ARCHIVE LOW AS
SELECT * FROM MY_DBAOBJECTS ;
```

使用下面的 SQL 代码来创建测试表，并使用 ARCHIVE HIGH 压缩选项：

```
CREATE TABLE MY_DBAOBJECTS_ARCHIVE_HIGH (
    UNIQUE_OBJID CONSTRAINT MY_DBAOBJECTS_ARCHIVE_HIGH_PK PRIMARY KEY,
    OBJECT_ID, DATA_OBJECT_ID,OWNER, OBJECT_NAME, SUBOBJECT_NAME, OBJECT_TYPE)
COMPRESS FOR ARCHIVE HIGH AS
SELECT * FROM MY_DBAOBJECTS ;
```

5.2.3　压缩比率

从 5.2.2 节创建表的 SQL 语句中看到，这些语句唯一的变化是在创建表时使用的压缩子句。每个表总共包含 3 691 125 行记录。每个创建的表上都有一个主键，很明显，当表使用不同的压缩类型时，其主键的大小并不随之变化。

请记住表最终的压缩比率很大程度上依赖于表中存放的数据，以及数据是如何压缩的。在此处的例子中，使用 DBA_OBJECTS 作为基础数据，并且该数据都是由文本或者数字组成。基于这个原因，能够得到非常高的压缩比率。实际结果如图 5.3 和表 5.1 所示。

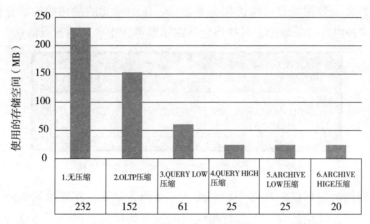

图 5.3　不同压缩类型的压缩比图表

表 5.1　不同压缩类型的压缩比

压 缩 类 型	空间大小（MB）	空间节省（%）	压 缩 比 例
无压缩	232	0.00%	1
OLTP 压缩	152	34.50%	1.5
QUERY LOW 压缩	61	73.70%	3.8
QUERY HIGH 压缩	25	89.20%	9.3
ARCHIVE LOW 压缩	25	89.20%	9.3
ARCHIVE HIGH 压缩	20	91.40%	11.6

这里有几点需要注意的地方：

使用 QUERY HIGH 和 ARCHIVE LOW 得到的压缩比率很相似，在此处的例子中，两者的数据甚至是完全一样的。其原因是两者使用的压缩算法：

- ❑ QUERY LOW 压缩使用的是 LZO 算法。
- ❑ QUERY HIGH 和 ARCHIVE LOW 压缩使用的都是 ZLIB 算法。
- ❑ ARCHIVE HIGH 压缩使用的是 BZIP2 算法。
- ❑ LZO 算法提供了最少的压缩，但对 CPU 资源的使用则是最有效率的。
- ❑ BZIP2 算法提供了最高级别的压缩，但同时也使用更多的 CPU。
- ❑ ZLIB 算法介于 BZIP2 和 LZO 两种压缩算法的中间：
  - ○ 对于 CPU 资源的使用来说，ZLIB 使用的 CPU 资源比 LZO 更多，但比 BZP2 少。
  - ○ 对于压缩比例而言，ZLIB 的压缩比例比 LZO 更高，但比 BZIP2 少。

5.2.4 压缩类型和压缩单元

图 5.4 所示是一个压缩单元（CU）的逻辑结构图。在该图中并没有特别地显示出数据块头等信息，但是每个数据块自己维护相关的信息。压缩单元的最初始的部分保存在单元头的位置，负责维护内容的元数据，另外还包括在压缩单元中每列的起点信息。

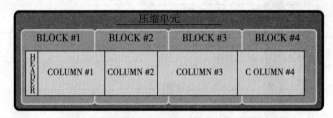

图 5.4　混合列压缩中压缩单元的逻辑结构

一个特定列的数据可以跨越多个数据块，正是因为如此，压缩单元头的架构和普通表的行链接有些相似，使用的是一个指针指向每列的开始位置。因此对于混合列压缩的数据表而言，ROWID 必须记录的是压缩单元的地址，而不是指向数据块本身。

对于普通的数据表来说，ROWID 包括以下几个部分：

- ❑ 数据文件编号或者相对的数据文件编号。
- ❑ 数据块编号。
- ❑ 行号。

在使用混合列压缩的数据表中，文件号和数据块号实际上是指向压缩单元的地址的。可以使用 DBMS_ROWID.RELATIVE_FNO_NUMBER 和 DBMS_ROWID.ROWID_BLOCK_NUMBER 这两个函数来查询每个压缩单元中包括多少个数据块，下面是一个查询的例子。

使用 PL/SQL 包 DBMS_SPACE.UNUSED_SPACE 查询表使用了多少个数据块，而不是分配了多少个：

```
SELECT COUNT(*) FROM (
SELECT DISTINCT DBMS_ROWID.ROWID_RELATIVE_FNO(ROWID),
DBMS_ROWID.ROWID_BLOCK_NUMBER(ROWID) FROM TABLE_NAME);
```

表 5.2 中给出了使用不同压缩选项时，使用了压缩单元，以及每个压缩单元有多少行记录和多少个数据块。

图 5.5 显示了使用不同压缩选项时，每个压缩单元包括多少行记录。

图 5.6 显示了使用不同压缩选项时，每个压缩单元包括多少个数据块。

表 5.2　选用不同压缩类型时每个压缩单元使用情况

HCC 类型	CU 数量	使用数据块数	每 CU 行数	每 CU 数据块数
ARCHIVE HIGH	126	2413	29 294.6	19.15
ARCHIVE LOW	656	3074	5626.7	4.69
QUERY HIGH	824	3094	4479.5	3.75
QUERY LOW	1926	7506	1916.5	3.90

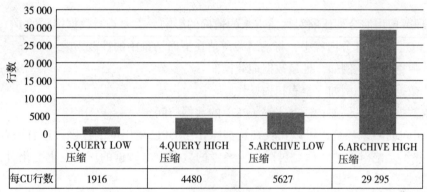

图 5.5　不同压缩类型时每个压缩单元中的行数

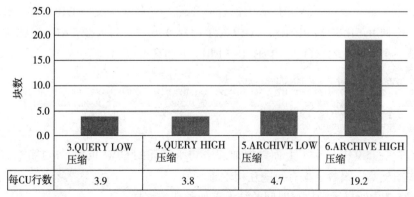

图 5.6　不同压缩类型时每个压缩单元中的数据块个数

通过这 3 个图表，能够清楚地看到，在压缩选项从 QUERY LOW 到 ARCHIVE HIGH，每个压缩单元保存的记录数逐渐增加，而每个压缩单元使用的空间同样逐渐增加。然而通过两者之间的比较能够发现，每个压缩单元的密度（记录个数）增加的速度要远大于压缩单元空间（数据块个数）的使用增长。正是因为这个原因，从 QUERY LOW 到 ARCHIVE HIGH，压缩的效率也是逐渐增加的。

> 提示 很多测试专家都发现，对于查询压缩，每个压缩单元最大的数据块个数是 4。对于档案压缩，每个压缩单元最大的数据块个数是 32。单个逻辑单元的数据块个数的极限大约在 32 000 个左右。

5.3 混合列压缩和性能

为了理解使用混合列压缩对性能带来的精确的影响，需要查看数据读写的 I/O，以及数据大小的 I/O。在这部分内容中，将测试并评估在下面场景中的性能影响：

❑ 大数据块写，例如，批量数据加载操作。
❑ 大数据块读，例如，全表扫描操作。
❑ 单数据块读，例如，通过主键（PK）的数据访问。

使用相同的测试环境，可以比较在这些操作中 CPU 使用率的区别。还有一点很重要：这些数据并不是绝对数值，而是可以作为参考的数据。当数据的压缩发生变化时，这些最终的性能数据会随之变化。

5.3.1 批量数据加载操作

需要注意，对于数据插入和加载的混合列压缩，只存在于支持 DIRECT PATH WRITE 的操作中，比如 INSERT APPENDS、DIRECT LOAD 或者 CREATE TABLE AS SELECT。

下面是一个使用 CREATE TABLE AS SELECT 加载数据的例子：

```
CREATE TABLE MY_DBAOBJECTS_QUERY_LOW (
    UNIQUE_OBJID CONSTRAINT MY_DBAOBJECTS_QUERY_LOW_PK PRIMARY KEY,
    OBJECT_ID, DATA_OBJECT_ID,OWNER, OBJECT_NAME, SUBOBJECT_NAME, OBJECT_TYPE)
COMPRESS FOR QUERY LOW AS
SELECT * FROM MY_DBAOBJECTS ;
```

在图 5.7～图5.9 中显示了上面数据加载语句所消耗的 CPU 负载，I/O 负载，以及执行时间。这些图标第一眼看上去有一些互相矛盾。

对于图 5.7 中所显示的执行时间的结果正如预期的那样：

❑ 混合列压缩 ARCHIVE HIGH 占用的时间最多，QUERY LOW 占用的时间最少。
❑ COMPRESS FOR OLTP 占用的时间第二多，但比 ARCHIVE HIGH 要少很多。

- 其余选项的测试结果相当接近，与预料中的顺序相同。
- QUERY HIGH 和 ARCHIVE LOW 消耗的时间非常相似，因为使用了相似的压缩算法。

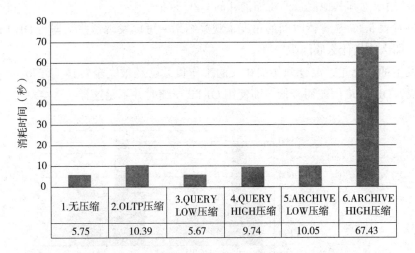

图 5.7　批量数据加载操作的性能——不同压缩类型所消耗的时间

正如图 5.8 中显示，从 I/O 的角度来看，不同测试得到的性能结果也与预期相同：

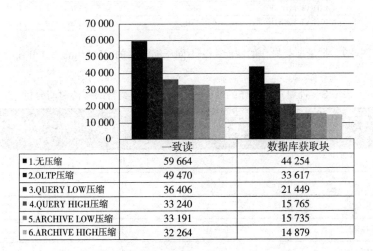

图 5.8　批量加载操作的性能——不同压缩类型的 I/O 负载

- 不使用压缩消耗的 I/O 最多，ARCHIVE HIGH 消耗的最少。
- OLTP 压缩中使用的 I/O，比不使用压缩时的更少。
- OLTP 压缩中使用的 I/O，比任何混合列压缩都多。

❑ QUERY HIGH 和 ARCHIVE LOW 所消耗的 I/O 数量再次相近。

但是在图 5.9 中能够看到，从 CPU 负载的角度看，结果与预期并不相同：

❑ OLTP 压缩消耗的 CPU 最多。

❑ 不使用压缩和其他混合列压缩消耗的 CPU 近似。

如果再看表 5.3，从等待时间的角度来观察结果，可以发现这些数据与 DB time 负载图相互吻合。那么这是什么原因呢？

这里发生的情况是，混合列压缩相关的工作负载已经被完全转移（offloading）到存储节点中完成，DB time 因此而降低。而使用 OLTP 压缩时并不是这样。

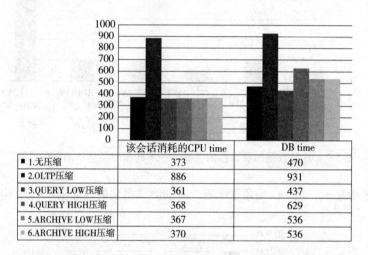

	该会话消耗的CPU time	DB time
▪ 1.无压缩	373	470
▪ 2.OLTP压缩	886	931
▪ 3.QUERY LOW压缩	361	437
▪ 4.QUERY HIGH压缩	368	629
▪ 5.ARCHIVE LOW压缩	367	536
▪ 6.ARCHIVE HIGH压缩	370	536

图 5.9 批量加载操作的性能——不同压缩类型的 CPU time 和 DB time

表 5.3 批量加载操作的性能——不同压缩类型的等待时间分析

	应用等待时间	集群等待时间	其他等待时间	用户 I/O 等待时间	总等待时间
1.无压缩	0	10	1	102	113
2.OLTP 压缩	0	7	0	36	43
3.QUERY LOW 压缩	0	3	1	19	23
4.QUERY HIGH 压缩	0	2	0	14	17
5.ARCHIVE LOW 压缩	0	1	1	5	7
6.ARCHIVE HIGH 压缩	0	2	0	3	5

图 5.10 给出了数据库收集的混合列压缩相关的统计信息，显示出每次操作所调用的压缩单元的个数。注意这些数值的大小与之前在表 5.2 中得到的压缩单元的个数非常近似。

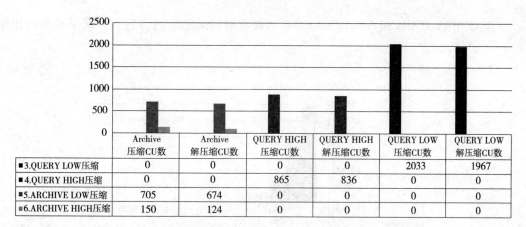

	Archive 压缩CU数	Archive 解压缩CU数	QUERY HIGH 压缩CU数	QUERY HIGH 解压缩CU数	QUERY LOW 压缩CU数	QUERY LOW 解压缩CU数
■3.QUERY LOW压缩	0	0	0	0	2033	1967
■4.QUERY HIGH压缩	0	0	865	836	0	0
■5.ARCHIVE LOW压缩	705	674	0	0	0	0
■6.ARCHIVE HIGH压缩	150	124	0	0	0	0

图 5.10　批量加载操作的性能——不同压缩类型的关键性能指标

5.3.2　批量读 I/O 操作

在这个特定的测试场景中，使用 SQL 强制执行全表扫描操作。下面的例子中使用了这个特定的 SQL 语句。制定 COUNT(OBJECT_TYPE) 的原因是为了完全避免在数据访问中优化器选择 index fast full scan。

```
SELECT COUNT(OBJECT_TYPE)
FROM MY_DBAOBJECTS_QUERY_HIGH ;
```

图 5.11～图 5.13 展示了测试所用的 SQL 语句中的全表扫描操作、所消耗的 CPU 资源、I/O 负载以及执行时间。这些结果与在之前章节中看到的结果是类似的。

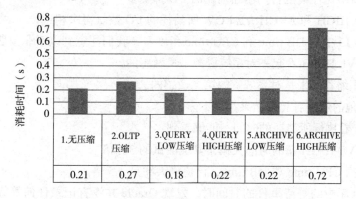

	1.无压缩	2.OLTP 压缩	3.QUERY LOW压缩	4.QUERY HIGH压缩	5.ARCHIVE LOW压缩	6.ARCHIVE HIGH压缩
	0.21	0.27	0.18	0.22	0.22	0.72

图 5.11　批量 I/O 操作的性能——不同压缩类型的消耗时间

首先来看图 5.11 中的执行时间，该结果与预料的也很接近：

❑ ARCHIVE HIGH 消耗的时间最长，QUERY LOW 消耗的时间最短。

❑ OLTP 压缩消耗的时间第二多，但比 ARCHIVE HIGH 快很多。

❑ 其余测试的结果相当接近，并与预料中的顺序相同。

❑ QUERY HIGH 和 ARCHIVE LOW 消耗的时间近似，因为它们使用了相似的压缩
算法。

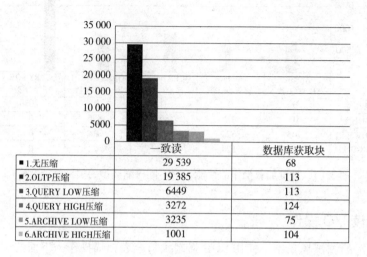

	一致读	数据库获取块
▪ 1.无压缩	29 539	68
▪ 2.OLTP压缩	19 385	113
▪ 3.QUERY LOW压缩	6449	113
▪ 4.QUERY HIGH压缩	3272	124
▪ 5.ARCHIVE LOW压缩	3235	75
▪ 6.ARCHIVE HIGH压缩	1001	104

图 5.12　批量 I/O 操作的性能——不同压缩类型的 I/O 负载

再看图 5.12 的结果，从 I/O 的角度来看，可以看到：

❑ 不使用压缩的操作消耗的 I/O 最多。注意，全表扫描操作的速度仍然很快，因为利
用了存储节点的负载转移和缓存的功能。

❑ ARCHIVE HIGH 消耗的 I/O 最少。

❑ OLTP 压缩比任何混合列压缩消耗的 I/O 都要多。

❑ QUERY HIGH 和 ARCHIVE LOW 所消耗的 I/O 数量再次相近。

但是从图 5.13 中的 DB time 和 CPU time 角度看，我们注意到以下非预期的结果：

❑ ARCHIVE HIGH 看起来对系统资源是最敏感的。

❑ OLTP 压缩看起来是对系统资源第二敏感的。

❑ 所有其他的压缩看起来结果都差不多。

如果进一步看执行所消耗的时间，能够看到：

❑ ARCHIVE HIGH 花的时间大概是其他测试的 3.5 倍。

❑ 如果包括 CPU time 和 DB time，该比例大约是 1.5 倍。

当查看数据库中的等待事件的时间时，发现 Oracle 并没有记录任何等待的时间，这是
因为等待的时间非常短，可能少于百分之一秒。

在读操作的过程中，ARCHIVE HIGH 确实需要更多的 DB CPU，并且大多数的解压缩
工作都是在存储节点中完成的。

图 5.14 再次给出了一些混合列压缩相关的统计，尤其显示了在读操作的过程中，实际
有多少压缩单元被解压。正如预期的那样，ARCHIVE HIGH 使用了最少压缩单元个数，然

后是 ARCHIVE LOW, QUERY HIGH, 最后是 QUERY LOW。

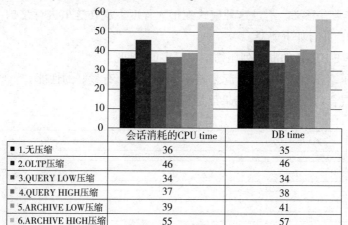

	会话消耗的CPU time	DB time
■ 1.无压缩	36	35
■ 2.OLTP压缩	46	46
■ 3.QUERY LOW压缩	34	34
■ 4.QUERY HIGH压缩	37	38
■ 5.ARCHIVE LOW压缩	39	41
■ 6.ARCHIVE HIGH压缩	55	57

图 5.13　批量 I/O 操作的性能——不同压缩类型的 CPU time 和 DB time

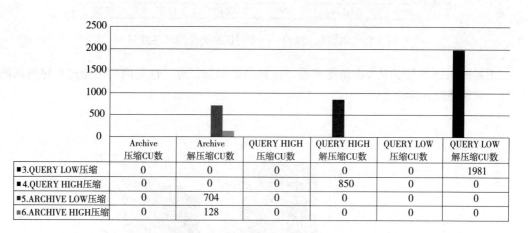

	Archive 压缩CU数	Archive 解压缩CU数	QUERY HIGH 压缩CU数	QUERY HIGH 解压缩CU数	QUERY LOW 压缩CU数	QUERY LOW 解压缩CU数
■ 3.QUERY LOW压缩	0	0	0	0	0	1981
■ 4.QUERY HIGH压缩	0	0	0	850	0	0
■ 5.ARCHIVE LOW压缩	0	704	0	0	0	0
■ 6.ARCHIVE HIGH压缩	0	128	0	0	0	0

图 5.14　批量 I/O 操作的性能——不同压缩类型的关键统计信息

5.3.3　小 I/O 操作

为了提供测试小 I/O 和更标准的操作,将通过主键查询仅仅一行数据。在查询的 SQL 语句中加入 hint,将强制优化器使用索引访问。测试用的 SQL 语句如下:

```
SELECT /*+ INDEX (A MY_DBAOBJECTS_ARCHIVE_HIGH_PK ) */ *
FROM MY_DBAOBJECTS_ARCHIVE_HIGH  A WHERE UNIQUE_OBJID=72334;
```

图 5.15～图5.17 显示了上面的 SQL 语句的主键索引访问操作,所消耗的 CPU 资源,I/O 负载以及执行时间。这些结果与在之前章节中看到的结果是类似的,但并不完全相同。

首先来看主键上单行访问所需要的时间，因为时间太短（少于 0.003s），该结果在图中的显示并不是非常有意义。不过这种模式在很大程度上也在这里进行维护，但随着变化这是可以预料到的，并有如下解释：

❑ ARCHIVE HIGH 的混合列压缩消耗最多的时间。

❑ 不适用压缩和 OLTP 压缩看起来差不多，总体上有最好的性能。

❑ 其他的混合列压缩类型的结果都是相同的。

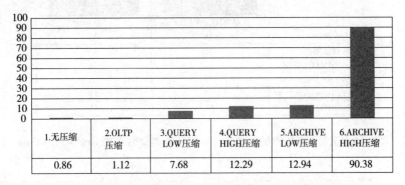

	1.无压缩	2.OLTP压缩	3.QUERY LOW压缩	4.QUERY HIGH压缩	5.ARCHIVE LOW压缩	6.ARCHIVE HIGH压缩
	0.86	1.12	7.68	12.29	12.94	90.38

图 5.15 单数据块 I/O——不同压缩类型的消耗时间

正如图 5.16 所示，从 I/O 角度来看，这些结果都很接近。这是因为是通过主键访问的数据。其他并没有特殊之处。

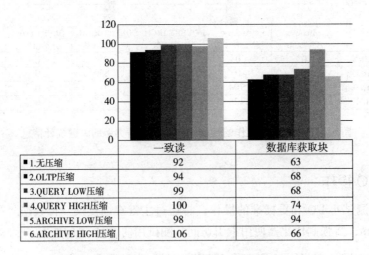

	一致读	数据库获取块
■ 1.无压缩	92	63
■ 2.OLTP压缩	94	68
■ 3.QUERY LOW压缩	99	68
■ 4.QUERY HIGH压缩	100	74
■ 5.ARCHIVE LOW压缩	98	94
■ 6.ARCHIVE HIGH压缩	106	66

图 5.16 单数据块 I/O——不同压缩类型的 I/O 负载

如图 5.17 所示，从 CPU 的角度来看，这些结果一样也很接近。

图 5.18 中又一次显示了只是混合列压缩相关的统计，从中能够看到，必须解压缩的数据块正好是一个，这个数据块包括了需要访问的记录，这一点也是预期之中的。

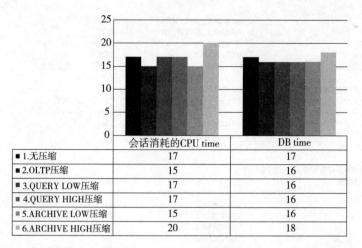

图 5.17　单数据块 I/O——不同压缩类型的 CPU time 和 DB time

	会话消耗的CPU time	DB time
■ 1.无压缩	17	17
■ 2.OLTP压缩	15	16
■ 3.QUERY LOW压缩	17	16
■ 4.QUERY HIGH压缩	17	16
■ 5.ARCHIVE LOW压缩	15	16
■ 6.ARCHIVE HIGH压缩	20	18

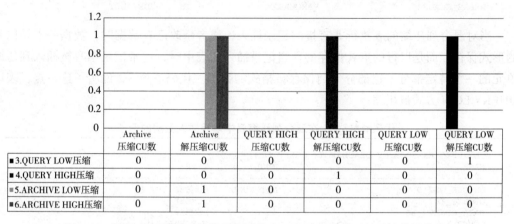

	Archive 压缩CU数	Archive 解压缩CU数	QUERY HIGH 压缩CU数	QUERY HIGH 解压缩CU数	QUERY LOW 压缩CU数	QUERY LOW 解压缩CU数
■ 3.QUERY LOW压缩	0	0	0	0	0	1
■ 4.QUERY HIGH压缩	0	0	0	1	0	0
■ 5.ARCHIVE LOW压缩	0	1	0	0	0	0
■ 6.ARCHIVE HIGH压缩	0	1	0	0	0	0

图 5.18　通过主键访问时的混合列压缩——显示压缩单元的系统统计信息

5.4　混合列压缩和 DML 语句操作

当使用混合列压缩时，有一个非常有用的 PLSQL 包，叫作 DBMS_COMPRESSION；这个包提供了压缩相关的不同的函数和内部结构相关信息。下面是使用 describe DBMS_COMPRESSION 命令后得到的输出：

```
PROCEDURE GET_COMPRESSION_RATIO RETURNS NUMBER
   Argument Name                  Type                        In/Out Default?
   ------------------------------ --------------------------- ------ --------
   SCRATCHTBSNAME                 VARCHAR2                     IN
   OWNNAME                        VARCHAR2                     IN
   TABNAME                        VARCHAR2                     IN
   PARTNAME                       VARCHAR2                     IN
   COMPTYPE                       NUMBER                       IN
   BLKCNT_CMP                     BINARY_INTEGER               OUT
   BLKCNT_UNCMP                   BINARY_INTEGER               OUT
```

```
ROW_CMP                        BINARY_INTEGER          OUT
ROW_UNCMP                      BINARY_INTEGER          OUT
CMP_RATIO                      NUMBER                  OUT
COMPTYPE_STR                   VARCHAR2                OUT
SUBSET_NUMROWS                 NUMBER                  IN      DEFAULT

FUNCTION GET_COMPRESSION_TYPE RETURNS NUMBER
Argument Name                  Type                    In/Out Default?
------------------------------ ----------------------- ------ --------
OWNNAME                        VARCHAR2                IN
TABNAME                        VARCHAR2                IN
ROW_ID                         ROWID                   IN

PROCEDURE INCREMENTAL_COMPRESS
Argument Name                  Type                    In/Out Default?
------------------------------ ----------------------- ------ --------
OWNNAME                        VARCHAR2(30)            IN
TABNAME                        VARCHAR2(128)           IN
PARTNAME                       VARCHAR2(30)            IN
COLNAME                        VARCHAR2                IN
DUMP_ON                        NUMBER                  IN      DEFAULT
AUTOCOMPRESS_ON                NUMBER                  IN      DEFAULT
WHERE_CLAUSE                   VARCHAR2                IN      DEFAULT
```

当对混合列压缩的表执行非直接的记录插入，或者修改已有数据时，数据并不是以列的形式保存，而是以行的形式保存的。当记录插入到表中时，这条记录本身被插入到压缩单元的一个特定部分，这部分专门保存行格式的数据。代码清单 5.2 说明了这一点，表以 QUERY LOW 方式被压缩：

代码清单5.2　在混合列压缩表中常规插入数据的例子

```
SQL> DESC EXABOOK.MY_DBAOBJECTS_QUERY_LOW
NAME                                        NULL?     TYPE
------------------------------------------- --------- ----------------------
UNIQUE_OBJID                                NOT NULL  NUMBER(38)
OBJECT_ID                                             NUMBER
DATA_OBJECT_ID                                        NUMBER
OWNER                                                 VARCHAR2(30)
OBJECT_NAME                                           VARCHAR2(128)
SUBOBJECT_NAME                                        VARCHAR2(30)
OBJECT_TYPE                                           VARCHAR2(19)

SQL> INSERT INTO MY_DBAOBJECTS_QUERY_LOW (UNIQUE_OBJID, OBJECT_ID,
       DATA_OBJECT_ID, OWNER, OBJECT_NAME, SUBOBJECT_NAME, OBJECT_TYPE)
VALUES ( 10000000, 555555 , 666666,
         'EXBOOK','SINGLEROWINSERT',NULL,'SINGLE ROW');

1 ROW CREATED.

SQL> COMMIT»»»»

COMMIT COMPLETE.

SQL> SELECT ROWID FROM MY_DBAOBJECTS_QUERY_LOW WHERE UNIQUE_OBJID=10000000;

ROWID
------------------
AAASHJAAHAAC0PRAAA

SQL > SQL> DEFINE ROWID_QRY='AAASHJAAHAAC0PRAAA';
```

```
SQL> SELECT DECODE(DBMS_COMPRESSION.GET_COMPRESSION_TYPE('EXABOOK',
'MY_DBAOBJECTS_QUERY_LOW','&ROWID_QRY'),
1, 'COMP_NOCOMPRESS',
2, 'COMP_FOR_OLTP',
4, 'COMP_FOR_QUERY_HIGH',
8, 'COMP_FOR_QUERY_LOW',
16, 'COMP_FOR_ARCHIVE_HIGH',
32, 'COMP_FOR_ARCHIVE_LOW') COMPRESSION_TYPE
FROM DUAL;

COMPRESSION_TYPE
---------------------
COMP_NOCOMPRESS
```

当更新一行已经被压缩的记录时，这行记录将从列压缩格式转换为行格式。换句话说，该行中的数据将被迁移到压缩单元中的不同位置。因此，ROWID 也会随之发生变化。代码清单 5.3 说明了这一点。在这个测试中，被修改的记录是 UNIQ_OBJID = 10003，这是我们随机选择的一行数据。

代码清单5.3　在混合列压缩表中更新数据的例子

```
SQL> SELECT ROWID, A.* FROM MY_DBAOBJECTS_QUERY_LOW A
WHERE UNIQUE_OBJID= 10003;

ROWID              UNIQUE_OBJID  OBJECT_ID DATA_OBJECT_ID OWNER OBJECT_NAME
    SUBOBJECT_NAME OBJECT_TYPE
------------------ ----------- ---------- -------------- ----- -----------
----- -------------- -----------
AAASHJAAHAACZSUAKQ    10003       10175                   SYS
KU$_PHTABLE_VIEW                 VIEW


SQL> SELECT ROWID, DBMS_ROWID.ROWID_RELATIVE_FNO(ROWID) ROWID_FILE_NO,
 DBMS_ROWID.ROWID_BLOCK_NUMBER(ROWID)ROWID_BLOCK_NUMBER
 FROM MY_DBAOBJECTS_QUERY_LOW WHERE UNIQUE_OBJID=10003;
ROWID              ROWID_FILE_NO ROWID_BLOCK_NUMBER
------------------ ------------- ------------------
AAASHJAAHAACZSUAKQ            7             734356

SQL> DEFINE ROWID_QRY='AAASHJAAHAACZSUAKQ';

SQL>  SELECT DECODE(DBMS_COMPRESSION.GET_COMPRESSION_TYPE('EXABOOK',
'MY_DBAOBJECTS_QUERY_LOW','&ROWID_QRY'),
  2  1, 'COMP_NOCOMPRESS',
  3  2, 'COMP_FOR_OLTP',
  4  4, 'COMP_FOR_QUERY_HIGH',
  5  8, 'COMP_FOR_QUERY_LOW',
  6  16, 'COMP_FOR_ARCHIVE_HIGH',
  7  32, 'COMP_FOR_ARCHIVE_LOW') COMPRESSION_TYPE
  8* FROM DUAL;
OLD   1: SELECT DECODE(DBMS_COMPRESSION.GET_COMPRESSION_TYPE('EXABOOK',
'MY_DBAOBJECTS_QUERY_LOW','&ROWID_QRY'),
NEW   1: SELECT DECODE(DBMS_COMPRESSION.GET_COMPRESSION_TYPE('EXABOOK',
'MY_DBAOBJECTS_QUERY_LOW','AAASHJAAHAAC0PRAAB'),

COMPRESSION_TYPE
---------------------
COMP_FOR_QUERY_LOW
```

```
SQL> UPDATE MY_DBAOBJECTS_QUERY_LOW SET SUBOBJECT_NAME = 'UPDATED COLUMN'
 WHERE UNIQUE_OBJID=10003;

1 ROW UPDATED.

SQL> COMMIT;

COMMIT COMPLETE.

SQL> SELECT ROWID, DBMS_ROWID.ROWID_RELATIVE_FNO(ROWID) ROWID_FILE_NO,
 DBMS_ROWID.ROWID_BLOCK_NUMBER(ROWID) ROWID_BLOCK_NUMBER
FROM MY_DBAOBJECTS_QUERY_LOW WHERE UNIQUE_OBJID=10003;

ROWID              ROWID_FILE_NO ROWID_BLOCK_NUMBER
------------------ ------------- ------------------
AAASHJAAHAAC0PRAAB             7             738283

 SQL> DEFINE ROWID_QRY='AAASHJAAHAAC0PRAAB';

SQL> SELECT DECODE(DBMS_COMPRESSION.GET_COMPRESSION_TYPE('EXABOOK',
'MY_DBAOBJECTS_QUERY_LOW','&ROWID_QRY'),
 2   1, 'COMP_NOCOMPRESS',
 3   2, 'COMP_FOR_OLTP',
 4   4, 'COMP_FOR_QUERY_HIGH',
 5   8, 'COMP_FOR_QUERY_LOW',
 6  16, 'COMP_FOR_ARCHIVE_HIGH',
 7  32, 'COMP_FOR_ARCHIVE_LOW') COMPRESSION_TYPE
 8* FROM DUAL;

OLD   1: SELECT DECODE(DBMS_COMPRESSION.GET_COMPRESSION_TYPE('EXABOOK',
'MY_DBAOBJECTS_QUERY_LOW','&ROWID_QRY'),
NEW   1: SELECT DECODE(DBMS_COMPRESSION.GET_COMPRESSION_TYPE('EXABOOK',
'MY_DBAOBJECTS_QUERY_LOW','AAASHJAAHAAC0PRAAB'),

COMPRESSION_TYPE
---------------------
COMP_NOCOMPRESS

SQL> SELECT * FROM MY_DBAOBJECTS_QUERY_LOW
WHERE ROWID= AAASHJAAHAACZSUAKQ;

NO ROWS SELECTED
```

正如预期的那样，一旦数据发生了更新，记录所保存的数据块号也就发生了变化，所以该行的 ROWID 也会随之变化。但遗憾的是，有很多应用程序会跟踪和保存数据的实际 ROWID，而不是跟踪它们的主键。所以如果这些应用程序要使用混合列压缩，那么也需要对这些程序进行相应的修改。

在代码清单 5.4 中，使用的是同一个表，但设置了一个隐含参数为 false，从结果中能看到如果使用原来的 ROWID，那么将访问不到对应的数据。在代码清单 5.5 中，该参数设置为 true，那么就能够通过原来的 ROWID 访问到数据，同时使用新的 ROWID 也能够访问。这个隐含参数是 _KDZ_HCC_TRACK_UPD_RIDS，其默认值是 false，这个参数用于在混合列压缩的表中启用跟踪 ROWID 的功能，即使记录已经由于更新发生了迁移。

> 提示　这个例子仅仅用于实验用途，不建议修改任何 Oracle 隐含参数。实际上，与其修改这个隐含参数，更好的方法是修改应用程序的代码来避免使用隐含参数。

代码清单5.4　在混合列压缩表中禁用ROWID跟踪

```
SQL> ALTER SYSTEM SET "_KDZ_HCC_TRACK_UPD_RIDS"=FALSE;

SYSTEM ALTERED.

SQL> SELECT * FROM MY_DBAOBJECTS_QUERY_HIGH WHERE ROWID='AAASHLAAHAAC1HLAAA';


UNIQUE_OBJID  OBJECT_ID DATA_OBJECT_ID OWNER  OBJECT_NAME
SUBOBJECT_NAME OBJECT_TYPE
------------ ---------- -------------- ------ --------------------
-------------- ---------------
      79944       7521           9658 SYSTEM LOGMNR_I2TABSUBPART$
P_LESSTHAN100  INDEX PARTITION


SQL> UPDATE MY_DBAOBJECTS_QUERY_HIGH SET OBJECT_TYPE='MODIFIED' WHERE
UNIQUE_OBJID=79944;

1 ROW UPDATED.

SQL> SELECT ROWID FROM MY_DBAOBJECTS_QUERY_HIGH WHERE UNIQUE_OBJID=79944;

ROWID
------------------
AAASHLAAGAAC8R+AAB

SQL> SELECT * FROM MY_DBAOBJECTS_QUERY_HIGH WHERE ROWID='AAASHLAAHAAC1HLAAA';

NO ROWS SELECTED

SQL> ROLLBACK;
```

代码清单5.5　在混合列压缩表中启用ROWID跟踪

```
SQL> ALTER SYSTEM SET "_kdz_hcc_track_upd_rids"=TRUE;

SYSTEM ALTERED.

SQL> SELECT * FROM MY_DBAOBJECTS_QUERY_HIGH WHERE ROWID='AAASHLAAHAAC1HLAAA';



UNIQUE_OBJID  OBJECT_ID DATA_OBJECT_ID OWNER   OBJECT_NAME
SUBOBJECT_NAME OBJECT_TYPE
------------ ---------- -------------- ------ --------------------
-------------- ---------------
      79944       7521           9658 SYSTEM LOGMNR_I2TABSUBPART$
P_LESSTHAN100  INDEX PARTITION

SQL> UPDATE MY_DBAOBJECTS_QUERY_HIGH SET OBJECT_TYPE='MODIFIED'
 WHERE UNIQUE_OBJID=79944;

1 ROW UPDATED.

SQL> SELECT ROWID FROM MY_DBAOBJECTS_QUERY_HIGH WHERE UNIQUE_OBJID=79944;

ROWID
------------------
AAASHLAAGAAC8R+AAB

SQL> SELECT * FROM MY_DBAOBJECTS_QUERY_HIGH WHERE ROWID='AAASHLAAHAAC1HLAAA';
```

```
UNIQUE_OBJID  OBJECT_ID DATA_OBJECT_ID OWNER  OBJECT_NAME
SUBOBJECT_NAME OBJECT_TYPE
------------ ---------- -------------- ------ --------------------
-------------- ----------------
      79944       7521           9658 SYSTEM LOGMNR_I2TABSUBPART$
P_LESSTHAN100  INDEX PARTITION

SQL>ROLLBACK;
```

5.5　混合列压缩和锁资源管理

　　Oracle 数据库锁资源管理中，锁级别是最低级别基于行级的锁。然而，在混合列压缩中，这种方式发生了改变。当用户创建完了混合列压缩的表以后，不论是哪种压缩类型，锁级别都会是在压缩单元级别进行维护而不再是行级锁。

　　这意味着如果一个数据库会话修改了一行混合列压缩的数据，会话的锁是基于压缩单元级别的。换句话说，如果这时有其他会话要修改同一压缩单元的其他行的数据，第二个会话会一直等待第一个会话释放锁资源，同时伴随着等待事件 enq：TX-row lock contention。这一点非常重要：尽管等待事件显示的是行级锁，但这个锁实际影响到的是整个压缩单元的数据。

　　使用下面的场景可以模拟在混合列压缩的表中，Oracle 锁的是一个压缩单元，而不仅仅是一行数据：

　　1）找到存放在同一个压缩单元中的两行数据，如下面的例子所示。

　　2）在第一个会话中，执行 update 语句修改第一行数据，但不提交。

　　3）在第二个会话中，执行另一个 update 语句修改第二行数据。

　　4）查询锁争用相关的数据字典，得到阻塞和被阻塞的关系和会话信息。

　　图 5.19～图 5.22 显示了一个这样的例子。

❑ 会话 #1：SID 886, SERIAL# 6977，是第一个会话，执行 update 语句锁住压缩单元中的一行数据。

❑ 会话 #2：SID 1372, SERIAL# 257，是第二个会话，尝试用 update 语句压缩单元中的另一行数据。

　　可以再次运行 PL/SQL 包 DBMS_ROWID 用来识别混合列压缩表中的两行数据，存放在同一个压缩单元中：

```
14:33:24 SQL> SELECT ROWID FROM MY_DBAOBJECTS_QUERY_HIGH
WHERE DBMS_ROWID.ROWID_RELATIVE_FNO(ROWID)=7 AND
DBMS_ROWID.ROWID_BLOCK_NUMBER(ROWID)= 743499 AND ROWNUM < 3;

ROWID
------------------
AAASHLAAHAAC1HLAGI
AAASHLAAHAAC1HLAGJ
```

　　图 5.19 显示了第一个会话 SID 886 可以成功更新第一行记录，没有任何错误，不过同

时还没有提交来结束这个事务。

```
14:30:03 SQL> select sid, serial# from v$session where sid=sys_context('USERENV','SID');

        SID    SERIAL#
_____  _____
        886       6977

14:30:12 SQL> update MY_DBAOBJECTS_QUERY_HIGH set object_type='MODIFIED-ROW' where rowid='AAAShLAAHAAC1hLAgI';

1 row updated.

14:30:23 SQL> 14:30:23 SQL>
14:31:05 SQL>
14:31:05 SQL>
14:31:05 SQL>
14:31:05 SQL>
```

图 5.19　会话 #1：更新并锁住压缩单元中的一行数据

```
14:30:07 SQL> select sid, serial# from v$session where sid=sys_context('USERENV','SID');

        SID    SERIAL#
_____  _____
       1376        257

14:30:14 SQL> update MY_DBAOBJECTS_QUERY_HIGH set object_type='MODIFIED-ROW' where rowid='AAAShLAAHAAC1hLAgJ';
```

图 5.20　会话 #2：尝试更新同一压缩单元的另一行记录

图 5.20 显示了第二个会话中，即 SID 1376 尝试更新同一压缩单元的另一行记录，结果是该命令会一直挂起等待。

这时创建第三个数据库会话，查询相关的等待事件，以及锁争用的制造者和等待者。图 5.21 显示了第二个会话，即 SID 1376，正在等待的事件为 enq：TX-row lock contention。

当进一步查看锁争用的制造者和等待者时，发现 SID 886 阻塞了 SID 1376，如图 5.22 所示。一旦第一个会话 SID 886 发出 commit 命令释放相关的锁资源，第二个会话将能够完成 update 语句并返回到 SQL 提示符。

能够清楚地看到，尽管等待事件显示的是行级锁，但实际上 Oracle 在内部将这个锁扩大到整个压缩单元的范围。

```
         Oracle                                                                    Sec
sh
Sid,Serial User            OS User  Svr-Pgm  Wait Event                State-Seq  Wt Module
ue          P1             P2  P3
_____ _____     _____ _____ _____    _____ __ _____

1376,  257 EXABOOK          oracle  3365-TNS enq: TX - row lock contention  Wtng- 66  5 SQL*Plus
04        1415053318     262153  ####
1277,  461 EXABOOK          oracle  3206-TNS N msg to clnt             Shrt-1096 0 SQL*Plus
38        1650815232        1   0
```

图 5.21　会话 #2 发生等待事件

```
14:33:11 SQL> select sid, serial# from v$session where sid=sys_context('USERENV','SID');

       SID    SERIAL#

      1277       461

14:33:18 SQL> @rac-baw


                                                                                       Last
                      Logn Ora  SQL/Prev                    OS                          Call
BW I#, Sid, Ser,S     Time User Hash         Module         User   Svr-Pgm   Machine   HR Resource       Elap Ctim Locked Object
BLOCK     REQUEST

> 1,  886, 6977-I     1418 EXABOO 0           SQL*Plus       oracle 3956-TNS  oe01db01  6  TX:393217-2145  181s 181s -1)0-0-0
      1    0
< 1, 1376,  257-A     1418 EXABOO 3030898684 SQL*Plus       oracle 3365-TNS  oe01db01  6                   173s 173s 75851)7-743499-2057
      0  · 6
```

图 5.22 会话 #1 阻塞了会话 #2

5.6 混合列压缩的实际应用

混合列压缩是一个非常有用的数据库特性，只是在特定的 Oracle 平台上才适用。除了 Exadata 之外，混合列压缩还支持 Oracle ZFS 存储设备和 Oracle Pillar 存储。

混合列压缩确实能够显著节省存储空间，并在 I/O 方面提供潜在的好处，这取决于查询的类型以及查询的数据量。这意味着，使用者还需要了解使用混合列压缩带来的具体的影响和后果，特别是：

❑ 使用 direct path writes 插入的数据将触发混合列压缩算法，否则数据以柱状形式存储。

❑ 当修改数据时，记录会从列压缩的格式迁移到行格式。

❑ 行更新会导致压缩单元级别的锁争用；取决于混合列压缩的类型，锁的记录数可高达 32 000 行。

混合列压缩的两种最常见的使用场景是，在数据仓库环境和信息生命周期管理的数据。

混合列压缩提供了巨大的好处，尤其是在管理 ILM 数据时，能够节省大量的存储空间。有时候需要找到一个通用的指导方针和要求，为了合乎有关规定，需要保存 7～11 年的数据，但实际却很少使用这些数据，而这种情况并不少见。除了数据所需要的存储，还会带来索引维护和其他管理的开销。

一种常见的做法是使用 Exadata 和混合列压缩时，同时对表按照时间或者年代进行范围分区，并且按照数据的历史程度使用不同的压缩算法：

❑ 最近或者活跃的数据使用 OLTP 压缩格式或者不压缩。

❑ 经常查询，但并不总是活跃的数据，存储使用混合列压缩，压缩选项选择为 COMPRESS FOR QUERY（LOW/HIGH）或者 COMPRESS FOR ARCHIVE LOW。

❑ 历史数据使用 HCC COMPRESS FOR ARCHIVE HIGH 的压缩格式。

当同时使用 Oracle 12c 分区的另外一个新特性时，数据库管理员可以选择部分分区创建索引，或者不创建索引，这样又能进一步节约存储空间。

在数据仓库环境中，从定义上来说，系统的特点是写入一次，而其余操作都是读取。另外，数据仓库经常会比较频繁地使用 Oracle 表分区技术，用来更好地管理数据，以及提高查询的效率，并通常执行批量大 I/O 操作。进一步说，数据仓库存储更长一段时间的数据，用来分析趋势和准备将来的计划，而不是用于日常的数据管理和维护。所有的这些方面都决定了，数据仓库环境非常适合使用混合列压缩技术。

5.7　本章小结

Oracle 引入了混合列压缩的新特性，这项技术最初在 Exadata 上使用，随后扩展并支持 ZFS 和 Pillar 存储设备。引入混合列压缩最初是为了在数据仓库平台上使用，在该领域能够提供显著的好处。这一章解释了混合列压缩的相关基础知识和不同类型，然后详细介绍了在不同场景中使用混合列压缩带来的影响。

换句话说，本章并不是完全彻底地描述了混合列压缩对性能方面的影响，要想理解在特定场景下混合列压缩的影响，非常有必要单独运行一些测试。本章介绍的内容是关于混合列压缩的基础框架，以及从哪几方面去了解。另外也一定要知道，混合列压缩还补充了一些 Exadata 其他的性能特性，比如智能扫描、智能卸载和存储索引。

Chapter 6 第 6 章

Oracle 12c 数据库和 Exadata

在任何一个 Oracle 新版本中，首要目标都是提高系统的管理度、性能以及效率。如今系统中的数据增长非常快速，维护这些数据并降低存储成本，也成为 Oracle 数据库新版本的一个重要目标。在本章中，我们将说明一些主要的新特性，用来解决这些客户的需求。本章介绍的很多新特性也是与 Exadata 相关的，但也会介绍一些非 Exadata 特定的新特性。相信这些通用的、非 Exadata 特定的特性能够为 Exadata 用户带来很大的好处。

6.1 Oracle 12c 分区的特性

在 Oracle 12c 中，有一系列分区相关的新特性，这些特性的目标是减少分区的管理成本、提供更高的可用性并且简化分区的维护。这些特性包括部分分区索引，分区移动和分区索引的维护。

6.1.1 部分分区索引

很多 Exadata 数据库管理员都希望能最大限度地利用 Exadata 存储，提高整体的空间效率。在 Oracle 12c 中，数据库管理员可以在表的部分分区上创建本地索引或者全局索引。这样的部分索引提供了更灵活的创建方式，因为只是为必要的分区创建索引段。更重要的是为新创建的分区创建延迟索引，因为通常是大量的数据会插入到较新的分区上。

如果使用部分索引，在这些分区上没有相应的索引段，会大大提高插入数据的效率。这些不可用的索引不占用任何空间，从而降低了整体的存储空间。

启用部分索引的方式是通过分区表的 INDEXING OFF 属性选项以及创建索引时 Partial

的属性来实现的。下面是一个例子，我们通过 V$BH 视图创建测试表，然后只在原分区上创建索引，而为新分区 buffer3 和 buffer4 设置 INDEXING OFF 属性。注意，表的默认值是 INDEXING ON。

```
SQL> CREATE TABLE NISHAS_BUFFERS
INDEXING ON
PARTITION BY RANGE (class#)
(PARTITION buffer1 VALUES LESS THAN (10) INDEXING ON,
 PARTITION buffer2 VALUES LESS THAN (20) INDEXING ON,
 PARTITION buffer3 VALUES LESS THAN (30) INDEXING OFF,
 PARTITION buffer4 VALUES LESS THAN (40) INDEXING OFF)
as select file#,block#,status,class# from v$bh;
```

在 user_tab_partitions 视图中显示了各个分区索引是启用或是禁用状态。

```
SQL> select table_name, partition_name, indexing from
     user_tab_partitions
TABLE_NAME           PARTITION_NAME       INDEX
-------------------  -------------------  -----
NISHAS_BUFFERS       BUFFER4              OFF
NISHAS_BUFFERS       BUFFER3              OFF
NISHAS_BUFFERS       BUFFER2              ON
NISHAS_BUFFERS       BUFFER1              ON
```

现在在这个分区表上创建一个本地索引：

```
SQL> create index nishas_buffer_idx on nishas_buffers(file#) local indexing partial
SQL> select index_name, partition_name, status from user_ind_partitions
INDEX_NAME                        PARTITION_NAME       STATUS
--------------------------------  -------------------  --------
NISHAS_BUFFER_IDX                 BUFFER4              UNUSABLE
NISHAS_BUFFER_IDX                 BUFFER3              UNUSABLE
NISHAS_BUFFER_IDX                 BUFFER2              USABLE
NISHAS_BUFFER_IDX                 BUFFER1              USABLE
```

可以注意到凡是设置 INDEXING OFF 的索引分区，状态都是 UNUSABLE。如果修改表分区的属性为 INDEXING OFF 后，本地索引对应索引分区的状态将自动变为 UNUSABLE。相反，如果把表分区的属性从 INDEXING OFF 修改为 INDEXING ON，将会重建索引，并把索引分区状态标记为 USABLE。在该操作中索引可以自动重建：

```
SQL> select index_name, partition_name, num_rows, status
from user_ind_partitions;
INDEX_NAME                        PARTITION_NAME       NUM_ROWS STATUS
--------------------------------  -------------------  -------- ------
NISHAS_BUFFER_IDX                 BUFFER2                   449 USABLE
NISHAS_BUFFER_IDX                 BUFFER1                 16455 USABLE
NISHAS_BUFFER_IDX                 BUFFER4                     0 UNUSABLE
NISHAS_BUFFER_IDX                 BUFFER3                     0 UNUSABLE
```

接下来运行一些查询来查看是不是使用了索引（把 INDEXING 设置为 OFF 以后）。下面的例子通过查询执行计划，显示使用了索引分区 1 和 2：

```
SQL>select count(*) from nishas_buffers where class# < 30
COUNT(*)
----------
16904
Execution Plan
----------------------------------------------------------
Plan hash value: 2875086163
```

Id	Operation	Name	Rows	Bytes	Cost (%CPU)	Time	Pstart	Pstop
0	SELECT STATEMENT		1	3	11 (0)	00:00:01		
1	SORT AGGREGATE		1	3				
2	PARTITION RANGE ITERATOR		10009	30027	11 (0)	00:00:01	1	2
3	INDEX FAST FULL SCAN	NISHAS_BUFFER_IDX	10009	30027	11 (0)	00:00:01	1	2

现在让我们试试执行查询没有索引的分区：

```
SQL> select count(*) from nishas_buffers where class# > 30

  COUNT(*)
----------
       597


Execution Plan
----------------------------------------------------------
Plan hash value: 2217647015
```

Id	Operation	Name	Rows	Bytes	Cost (%CPU)	Time	Pstart	Pstop
0	SELECT STATEMENT		1	3	7 (0)	00:00:01		
1	SORT AGGREGATE		1	3				
2	PARTITION RANGE SINGLE		605	1815	7 (0)	00:00:01	4	4
* 3	TABLE ACCESS FULL	NISHAS_BUFFERS	605	1815	7 (0)	00:00:01	4	4

如果运行的查询语句要访问所有表分区里的数据，优化器会做出一个有趣的选择——会在存在索引的分区中访问索引，而在没有索引的分区进行全表扫描：

```
SQL> select count(*) from nishas_buffers where class# between 10 and 40
COUNT(*)
----------
      1982


Execution Plan
----------------------------------------------------------
Plan hash value: 2976918285
```

Id	Operation	Name	Rows	Bytes	Cost (%CPU)	Time	Pstart	Pstop
0	SELECT STATEMENT		1	3	14 (0)	00:00:01		
1	SORT AGGREGATE		1	3				
2	VIEW	VW_TE_2	24		14 (0)	00:00:01		
3	UNION-ALL							
4	PARTITION RANGE SINGLE		1	14	1 (0)	00:00:01	2	2
* 5	INDEX RANGE SCAN	NISHAS_BUFFER_IDX	1	14	1 (0)	00:00:01	2	2
6	PARTITION RANGE ITERATOR		23	345	13 (0)	00:00:01	3	4
7	TABLE ACCESS FULL	NISHAS_BUFFERS	23	345	13 (0)	00:00:01	3	4

```
Predicate Information (identified by operation id):
---------------------------------------------------

   5 - access("NISHAS_BUFFERS"."CLASS#">=10 AND "NISHAS_BUFFERS"."CLASS#"<20)


SQL> select table_name, partition_name, indexing from user_tab_partitions;

TABLE_NAME                      PARTITION_NAME              INDEX
------------------------------- --------------------------- -----
NISHAS_BUFFERS                  BUFFER1                     ON
NISHAS_BUFFERS                  BUFFER2                     ON
NISHAS_BUFFERS                  BUFFER4                     OFF
```

6.1.2　分区索引的维护

在 Oracle 12c 版本之前，使用 drop 或者 truncate 表分区会显式地触发全局索引维护的操作，也就是说，会导致全局索引变为不可用的状态。在 Oracle 12c 版本中，这些特定的 DML 操作不再会导致全局索引不可用。索引的维护可以延迟到非高峰的时间进行，这样就不会影响索引的可用性，因此表分区或者子分区的 drop 或者 truncate 的维护操作会减少对资源的独占和影响。另外，在 Oracle 12c 中，在单个命令中可以对多个分区进行维护操作，这样占用的系统资源就会更少，同时提高维护操作的工作效率。

在下面的例子中说明了这种全局索引异步维护带来的好处。全局索引的维护可以与 drop 或者 truncate 分区操作分别进行，不会导致全局索引状态不可用，并且用户可以自定义延迟到其他时段。在该例中能看到，在 Oracle 12c 中，对一个分区进行 drop 操作明显比之前的版本快很多。因为 drop 操作只是元数据的操作，所以速度会很快。

显示表当前的索引：

```
SQL> SELECT index_name, status, orphaned_entries
from user_indexes WHERE index_name like 'NISHAS%'
INDEX_NAME                             STATUS    ORP
------------------------------------   --------  ---
NISHAS_BUFFER_IDX                      N/A       NO
NISHASBUFFERS_GLOBAL_PART_IDX          N/A       NO
```

显示表分区及其 INDEXING 属性：

```
SQL> select table_name, partition_name, indexing from user_tab_partitions
TABLE_NAME                    PARTITION_NAME                    INDEX
---------------------------   ------------------------------    -----
NISHAS_BUFFERS                BUFFER4                           OFF
NISHAS_BUFFERS                BUFFER3                           OFF
NISHAS_BUFFERS                BUFFER2                           ON
NISHAS_BUFFERS                BUFFER1                           ON
```

下面查询 NISHAS_BUFFERS 表及其执行计划：

```
SQL> select count(*) from nishas_buffers where class# = 10;

COUNT(*)
----------
3184

Execution Plan
-----------------------------------------------------------
Plan hash value: 1324872353

----------------------------------------------------------------------
| Id | Operation | Name | Rows | Bytes | Cost (%CPU)| Time   | Pstart| Pstop |
----------------------------------------------------------------------

| 0 | SELECT STATEMENT |  |  | 1 | 3 | 9 (0)| 00:00
:01 |  |  |

| 1 | SORT AGGREGATE |  |  | 1 | 3 |  |
 |  |  |

| 2 | PARTITION RANGE SINGLE|  |  | 3184 | 9552 | 9 (0)| 00:00
:01 | 2 | 2 |
```

```
|* 3 |INDEX FAST FULL SCAN | NISHASBUFFERS_GLOBAL_PART_IDX |  3184 |
9552 |   9  (0)| 00:00
:01 |   2 |   2 |
```

```
SQL> alter table nishas_buffers drop partition for (20) update indexes;
```

Elapsed: 00:00:00.04　　**→ very fast !**

```
SQL> select table_name, partition_name, indexing from user_tab_partitions;
```

TABLE_NAME	PARTITION_NAME	INDEX
NISHAS_BUFFERS	BUFFER1	ON
NISHAS_BUFFERS	BUFFER2	ON
NISHAS_BUFFERS	BUFFER4	OFF

```
SQL> select index_name,partition_name,status,
orphaned_entries
from user_ind_partitions;
```

INDEX_NAME	PARTITION_NAME	STATUS	ORP
NISHAS_BUFFER_IDX	BUFFER2	USABLE	NO
NISHAS_BUFFER_IDX	BUFFER1	USABLE	NO
NISHASBUFFERS_GLOBAL_PART_IDX	P5	USABLE	YES
NISHASBUFFERS_GLOBAL_PART_IDX	P4	USABLE	YES
NISHASBUFFERS_GLOBAL_PART_IDX	P3	USABLE	YES
NISHASBUFFERS_GLOBAL_PART_IDX	P2	USABLE	YES
NISHASBUFFERS_GLOBAL_PART_IDX	P1	USABLE	YES

在 NISHASBUFFERS_GLOBAL_PART_IDX (P1) 中的孤立数据是预料中的，因为 drop 分区是元数据操作。下面对索引执行离线清理操作，此操作可以通过下面几种方式完成：

```
dbms_part.cleanup_gidx
    exec dbms_part.cleanup_gidx('nitin', 'nishas_buffers');
alter index NISHAS_BUFFER_IDX coalesce cleanup
alter index rebuild
```

请记住，如果孤立的数据量非常大（这种情况在 Exadata 生产环境中很常见），那么推荐的清理方法是 dbms_part.cleanup_gidx。

6.1.3　移动分区

在 Oracle 12c 版本之前，如果需要迁移表分区或者数据文件到其他存储器上，需要把相应的分区或者数据文件的状态修改为只读，但这样需要中断部分服务。在 Oracle 12c 中提供了一个新的命令选项：ALTER TABLE MOVE PARTITION，该命令允许移动分区的同时，不阻塞在线的 DML 操作，操作的语句可以继续操作分区中的数据。另外，在移动分区时，全局索引仍然是有效的，所以不需要手动重建索引。基本上，这项优化使移动分区时不再需要分区或数据文件处于只读状态。

下面使用之前创建的分区表 nishas_buffers 及其相关的索引分区，演示 ALTER TABLE MOVE PARTITION 的特性，在执行移动分区操作的同时，将执行 update 命令。测试后分区和索引应该保持完好和可用的状态。先来看一下表中一共有多少行记录：

```
SQL> select count(*) from nishas_buffers;
COUNT(*)
----------
294992
```

另外，为了便于演示，再创建一个本地索引：

```
create index nishas_buffer_idx on nishas_buffers(file#) local ;

SQL> select count(*) from nishas_buffers where class# < 20;
COUNT(*)
----------
270464
SQL> select partition_name,  tablespace_name from user_tab_partitions
PARTITION_NAME          TABLESPACE_NAME
-------------------- -----------------------------------------
BUFFER4                 USERS
BUFFER3                 USERS
BUFFER2                 USERS
BUFFER1                 USERS

SQL> SELECT index_name, status, tablespace_name from user_ind_partitions;
INDEX_NAME                               STATUS   TABLESPACE_NAME
---------------------------------------- -------- -----------------
NISHAS_BUFFER_IDX                        USABLE   USERS
NISHAS_BUFFER_IDX                        USABLE   USERS
NISHAS_BUFFER_IDX                        USABLE   USERS
NISHAS_BUFFER_IDX                        USABLE   USERS
NISHASBUFFERS_GLOBAL_PART_IDX            USABLE   USERS
NISHASBUFFERS_GLOBAL_PART_IDX            USABLE   USERS
NISHASBUFFERS_GLOBAL_PART_IDX            USABLE   USERS
NISHASBUFFERS_GLOBAL_PART_IDX            USABLE   USERS
NISHASBUFFERS_GLOBAL_PART_IDX            USABLE   USERS
```

现在来移动一个表分区。为了正确演示，需要创建一个脚本，用来在移动分区的同时异步更新分区的数据。这个脚本会显示开始时间，然后执行更新分区表，最后显示结束时间：

```
sqlplus /nolog << EOF
  connect nitin/nitin
  spool moveit_update.log
  select 'Update starts at '|| to_char(sysdate,'hh24:mi:ss') from dual;
  update nishas_buffers set block#=2,status='kirananya' where file#=1;
  commit;
  select 'Update ends at ' ||to_char(sysdate,'hh24:mi:ss') from dual;
  spool off
  exit;
EOF
```

下面的脚本将在后台运行更新语句的同时执行移动表分区的命令：

```
sqlplus /nolog << EOF
  connect nitin/nitin
  spool moveit.log
  SELECT 'Online move starts at ' ||to_char(sysdate,'hh24:mi:ss')
from dual;
  ALTER TABLE nishas_buffers move partition for (30) tablespace
SATA_EXPANSIONCELL_STORAGE1
online update indexes SELECT 'Online move ends at '
||to_char(sysdate,'hh24:mi:ss') from dual;
  spool off
  exit;
EOF
```

在移动分区操作完成之后，查看各分区的状态：

```
select partition_name,  tablespace_name from user_tab_partitions
PARTITION_NAME           TABLESPACE_NAME
------------------------ ----------------------------------------
BUFFER3                  USERS
BUFFER2                  USERS
BUFFER1                  USERS
BUFFER4                  USERS
BUFFER3                  USERS
BUFFER1                  USERS
BUFFER4                  SATA_EXPANSIONCELL_STORAGE1
BUFFER2                  SATA_EXPANSIONCELL_STORAGE1
```

查看索引分区的状态：

```
SQL> SELECT index_name, status, tablespace_name from user_ind_partitions
INDEX_NAME                          STATUS    TABLESPACE_NAME
----------------------------------- --------  --------------------
NISHAS_BUFFER_IDX                   USABLE    USERS
NISHAS_BUFFER_IDX                   USABLE    USERS
NISHAS_BUFFER_IDX                   USABLE    USERS
NISHAS_BUFFER_IDX                   USABLE    USERS
NISHASBUFFERS_GLOBAL_PART_IDX       USABLE    USERS
NISHASBUFFERS_GLOBAL_PART_IDX       USABLE    USERS
NISHASBUFFERS_GLOBAL_PART_IDX       USABLE    USERS
NISHASBUFFERS_GLOBAL_PART_IDX       USABLE    USERS
NISHASBUFFERS_GLOBAL_PART_IDX       USABLE    USERS
```

6.2　Oracle 12c 中优化器的新特性

在新的 Oracle 数据库版本中，总是有一些与优化器相关的改进和优化，在 Oracle 12c 中也不例外。在本节中将介绍自适应查询优化（adaptive query optimization）的特性。该特性分为两个重要的部分，一是自适应计划（adaptive plan），侧重于提高和优化一个 SQL 最初的执行；第二个是自适应统计信息（adaptive statistic），提供了额外的统计和环境信息，用来提高之后的执行效率。在自适应计划的特性中有两个关键的优化点：连接方法和并行数据分布（在并行查询操作中使用）。

6.2.1　自适应计划

Oracle 数据库优化器会检查多种数据访问方式，比如全表扫描或者索引扫描，也会检查不同的表连接方式，比如嵌套循环（NL）和哈希连接，这些检查都用来最终决定 SQL 语句的最优执行计划。为优化器选择执行计划要考虑几个因素，包括访问数据量的多少，系统资源的使用（I/O、CPU、内存），以及返回的记录的行数。

然而，优化器在创建实际的执行计划时，有时会做出奇怪的决定。大多数情况下，原因都是错误地计算和估计了相关的统计信息。在 Oracle 12c 中推出自适应计划的新特性，可以让优化器在运行时自我修正这些计算错误，找到更完整的统计信息，动态完善和调整执行计划。

你可能知道 Oracle 优化器，更明确地说是计划生成器，对分析后的 SQL 语句进行分解，产生一些子执行计划，最终生成总的执行计划。优化器会首先估算最里面的子查询，生成子执行计划，然后结合外面的查询部分，产生最终的执行计划。在这个过程中，优化器可以生成合适的子计划，然后在运行时动态调整。

当使用自动的优化器时，优化器的统计信息收集器将收集执行情况，并缓存部分返回的记录。使用这些信息，优化器可以动态地选择一项更合适的子计划，一旦生成更好的子计划，收集器将停止缓存记录和收集统计信息，随之出现的是标准的数据处理过程。优化器将使用相同的计划，继续执行随后的子游标，直到该计划失效或者被刷新出共享池。

关于动态调整运行时的 SQL 计划，有一个例子是表的连接方式从嵌套循环改变成哈希连接。如果最初决定和估算的基数（cardinality）并不正确，这种动态调整则可以出现。在处理完一些数据之后，优化器会切换使用更好的计划。优化器可以从嵌套循环连接改变为哈希连接，反过来也可以。可是如果最初的执行计划选择的是合并连接（merge join），将不会再出现自适应计划。

并行查询的执行可以用来处理并行排序、聚合、表连接等操作。为了有效地执行并行操作，优化器使用不同的数据分布的方法，比如广播分布和哈希分布。然而，正如前面所说，错误的统计或环境信息可能会产生错误的数据。在 Oracle 12c 中，统计信息收集前端生产者操作的信息，允许自适应查询优化并行操作，最终决定如何分布并行数据。如果实际执行的记录数小于两倍的并行度（Degree of Parallelism，DOP），数据分布的方式将从默认的哈希方式转换为广播的方式。

如果要使自适应计划可行，需要设置初始化参数 OPTIMIZER_FEATURES_ENABLE 为 12.1.0.1 或更高，OPTIMIZER_ADAPTIVE_REPORTING_ONLY 需要设置为 FALSE（默认值）。如果 OPTIMIZER_ADAPTIVE_REPORTING_ONLY 设置为 TRUE，自适应优化器将运行在 reporting-only 模式下。在这种模式下，自适应查询优化相关的信息仍然会被收集，但执行计划不会做出任何改变。这种场景中，自适应查询优化会使用一种被动的方法：监控 SQL 语句最初产生的执行计划，然后发现实际执行统计信息和原始计划估算信息之间的不同。执行的统计信息被记录并适用于随后语句的执行。这些信息用于决定随后的执行是否选择新的执行计划。

6.2.2　自动重优化

Oracle 12c 数据库有另一个新特性，从本质上讲与自适应查询优化很相似，叫作自动重优化（Re-optimization）。两个特性之间的关键区别是自适应计划帮助选择初始时最好的子计划，而自动重优化是在初始计划之后，改变随后的执行计划。举例来说，对于次优的连接顺序，自适应查询优化不支持在执行过程中的自适应。

如果使用自动重优化，在 SQL 语句第一次执行之后，优化器收集相关信息并使用，来决定自动重优化是不是有效的。如果收集到的执行信息显示与优化器估计的信息差别很大，那么优化器将在下一次执行时寻找一个替代的执行计划。优化器可以重新优化一个查询很多次，每次都会收集并学习，进一步提高和优化执行计划。自动重优化有几种不同的形式。

　　Oracle 11gR2 数据库中引入了基数反馈（cardinality feedback）特性，在 Oracle 12c 中这个特性被重新命名为统计反馈（statistics feedback）。然而，在重复的查询统计中，如果错误地估计了基数，基数反馈也可以自动优化它们的执行计划。在 SQL 第一次执行的结尾，优化器会比较原始估计的基数和实际每次操作返回的记录数。如果估计值与实际的基数有很大的差别，优化器会保存正确的估计值为将来使用。可以从计划表（plan table）中查看这些差别和修复过程。除了帮助提高之后的估计值之外，优化器还会创建 SQL 计划指令（SQL plan directive），这样其他 SQL 语句也可以从这些信息中获益。

6.2.3　动态自适应统计

　　作为执行 SQL 查询的一部分，优化器编译 SQL 语句并生成执行计划。执行计划取决于很多环境信息，比如统计信息是否完整。如果已有的统计信息并不准确，那么优化器可能会用到动态统计信息。

　　动态统计信息是通过动态采样收集的，在 Oracle 12c 数据库之前，只有在至少一个查询的表中没有统计信息时才会调用动态采样。然而，收集这些表的基本的统计信息由动态采样完成，并发生在优化语句之前。在 Oracle 12c 中，优化器会自动决定：动态采样对访问相同对象的其他 SQL 语句是否有用；动态采样是否是正确的选择。如果是，优化器会决定动态采样的级别。

　　动态统计信息会持久并可能被其他查询使用。动态采样得到的统计信息的范围包括 JOIN 和 GROUP BY 子句。动态统计信息自动永久保存到统计资料库中，其他查询可以使用。这个特性与增量统计信息的特性相互关联，后者在 Oracle 12c 中得到了加强。在 Oracle 12c 版本之前，如果有任何 DML 对表分区操作，那么优化器通常会认为该分区的统计信息比较陈旧。随后，要使用工具（比如 DBMS_STATS）来重新收集统计信息，得到准确的全局统计信息，这种重新收集的操作会带来明显的性能和管理方面的成本。

1. 增量统计信息

　　在 Oracle 12c 版本之前，如果表分区上发生了 DML 操作，增量统计信息将会认为分区的统计信息过期。在 Oracle 12c 数据库中，可以设置增量过期的阈值，来允许增量统计信息使用分区统计，即使表分区上发生了 DML 操作。此外，在 Oracle 12c 中，分区表的增量统计信息可以自动计算全局统计信息，即使分区或者子分区的统计信息过期或者被锁定。

　　那么如何设置分区表的增量统计信息呢？方法是将 INCREMENTAL 设置为 TRUE，并确认 GRANULARITY 和 ESTIMATE_PERCENT 设置为默认值。

　　首先启用增量统计信息：

```
EXEC DBMS_STATS.set_table_prefs('nitin', 'nishas_buffers', 'INCREMENTAL', 'TRUE');
```

然后重新设置另外两个属性的默认值：

```
EXEC DBMS_STATS.set_table_prefs('nitin', 'nishas_buffers', 'GRANULARITY', 'AUTO');

EXEC DBMS_STATS.set_table_prefs
('nitin', 'nishas_buffers', 'ESTIMATE_PERCENT', DBMS_STATS.AUTO_SAMPLE_SIZE);
```

现在就可以自动收集增量分区表的统计信息了，使用下面的语句：

```
EXEC DBMS_STATS.gather_table_stats('nitin', 'nishas_buffers');
```

或者可以覆盖一些默认参数，指定统计粒度和采样数的比例：

```
EXEC DBMS_STATS.gather_table_stats('nitin', 'nishas_buffers', granularity
 => 'AUTO', estimate_percent => DBMS_STATS.AUTO_SAMPLE_SIZE);
```

可以使用 DBMS_STATS.GET_PREFS 来得到某个表的 INCREMENTAL 的当前设置：

```
SELECT DBMS_STATS.GET_PREFS('INCREMENTAL', 'nitin', 'nishas_buffers') FROM dual;
DBMS_STATS.GET_PREFS('INCREMENTAL','NITIN','NISHAS_BUFFERS')
--------------------------------------------------------------------------TRUE
```

默认情况下，当分区表中的记录发生改变时，将产生增量统计信息。分区的统计息将被认为过期，在产生全局统计信息之前，必须要重新收集。现在在 Oracle 12c 中，可以修改 INCREMENTAL_STALENESS 的设置。当 INCREMENTAL_STALENESS 设置为 USE_STALE_PERCENT 时，只要变化的记录数的百分比小于 STALE_PERCENTAGE（默认是10%），就可以使用分区级别的统计。或者可以设置 USE_LOCKED_STATS，该参数表示如果一个表分区的统计信息被锁定了，无论有多少记录发生了改变，自从收集上次统计信息以来，分区的统计都可以用来生成全局级别的统计。可以同时指定 USE_STALE_PERCENT 和 USE_LOCKED_STATS：

```
EXEC DBMS_STATS.SET_TABLE_PREFS (null, 'nitin', 'incremental_staleness',
'use_stale_percent, use_locked_stats');
```

注意，增量统计不适用于子分区。统计数据通常会在子分区和分区上收集。只有分区统计数据将用来使用全局或表级的统计信息。

2. 负载统计

随着数据库统计信息功能的增强，Oracle 12c 数据库在启动时，也会自动收集系统的统计数据。通常 CPU 和 I/O 的特性会随着时间推移而趋于静态，除非系统的硬件发生了变化，例如，添加或升级了 CPU。在这些情况下，建议只有当有物理硬件变化发生时，才在环境中收集系统统计信息。有两种类型的统计：负载统计和非负载统计。通常，在第一次实例启动时，数据库初始化非负载统计为默认值。对于基于负载的统计数据，建议以一定时间间隔，在系统运行时收集正常负载的统计数据。

负载统计和非负载统计的主要区别是统计数据采集的方法。非负载统计随机读取数据库的数据文件，然后收集提交；而负载统计是当数据库有活动发生时，持续地收集统计。需要注意的是，负载统计更加准确，因此如果收集负载统计，将会覆盖非负载统计。

如何收集基于负载的统计？最常用的方法是使用 DBMS_STATS.GATHER_SYSTEM_STATS 包捕获统计数据，通常在数据库出现最常见负载时执行。负载统计包括以下内容：

- 单块读（sreadtim）和多块读（mreadtim）的次数。
- 多数据块的个数（mbrc）。
- CPU 的速度（cpuspeed）。
- 系统最大的吞吐量（maxthr）。
- 并行执行的平均吞吐量（slavethr）。

数据库内部的日常工作中，通过比较物理序列和随机读的数量，计算 sreadtim、mreadtim 和 mbrc 的值。计算发生在开始和结束工作负载之间，由用户自定义计算的时间间隔。通过数据缓冲区中完成同步读请求的计数器，数据库收集并部署这些数据。

由于计数器位于数据缓冲区，它们不仅包括 I/O 延迟，还有闩锁（latch）争用和任务切换相关的等待事件。因此负载统计取决于在负载窗口期间系统的活跃程度。如果系统的瓶颈是 I/O 相关的，数据库使用统计信息后，统计会建议使用一个 I/O 消耗更少的执行计划。当收集负载统计信息时，优化器使用收集来的 mbrc 值估算全表扫描的成本。

和其他数据库系统一样，Exadata 系统也需要收集准确的系统统计信息，这样可以确保优化器知道智能扫描的吞吐量和带宽，从而使 Exadata 系统中的优化器制定出准确和最佳的执行计划。下面的命令将收集 Exadata 相关的系统统计：

```
EXEC DBMS_STATS.GATHER_SYSTEM_STATS ('EXADATA');
```

在典型的 OLTP 系统中收集负载统计时，如果没有发生全表扫描，数据库可能并不收集 mbrc 和 mreadtim 的数据。然而在决策支持系统中，数据库会经常发生全表扫描。这些扫描可能会并行运行，并绕过数据缓冲区。在这种情况下，数据库仍然会收集 sreadtim 数据，因为查找索引会使用数据缓冲区中的数据。

如果数据库不能收集或者验证收集到的 mbrc 和 mreadtim 数据，但已经收集了 sreadtim 和 cpu speed 的数据，数据库在成本计算中将只使用 sreadtim 和 cpuspeed 的数据。在这种情况下，优化器使用初始化参数 DB_FILE_MULTIBLOCK_READ_COUNT 来计算全表扫描的成本。然而如果 DB_FILE_MULTIBLOCK_READ_COUNT 的值是 0 或者没有设置，优化器使用 8 作为该参数的值来计算成本。为了保证有负载统计收集工作正确进行，要确保 JOB_QUEUE_PROCESSES 设置为非零，并且允许 DBMS_JOB 和 Oracle Scheduler jobs 数据库包的执行。

使用 DBMS_STATS.GATHER_SYSTEM_STATS 过程来收集负载统计信息。GATHER_SYSTEM_STATS 程序用来刷新该阶段数据字典或者中间表的统计。要设置收集的持续时间，首先要设置并创建一个负载抓取统计表，命令如下：

```
EXEC DBMS_STATS.CREATE_STAT_TABLE('NITIN', 'workload_stats', 'USERS');
```

指定 START 参数来表示开始负载窗口，指定 INTERVAL 参数来表示间隔，在此处使用默认值 60 分钟：

```
EXEC DBMS_STATS.GATHER_SYSTEM_STATS('START', NULL, 'workload_stats');
```

要停止负载窗口，使用下面的命令：

```
EXEC DBMS_STATS.GATHER_SYSTEM_STATS('STOP', NULL, 'workload_stats');
```

现在优化器就可以使用负载统计来生成在一般的日常负载下的执行计划了：

```
SELECT PNAME, PVAL1 FROM   SYS.AUX_STATS$
WHERE   SNAME = 'SYSSTATS_MAIN';
```

当报告的负载返回时，数据库管理员就可以从之前定义的统计表中把正确的统计导入到数据字典中，命令如下：

```
  EXEC DBMS_STATS.IMPORT_SYSTEM_STATS(stattab => 'workload_stats'
,   statid  => 'OLTP'
);
END;
/
```

3. 非负载统计

非负载统计捕获 I/O 子系统的特征信息。默认情况下，数据库使用非负载统计和 CPU 成本模型。在数据库实例第一次启动时，非负载统计将初始化为默认值。

DBMS_STATS.GATHER_SYSTEM_STATS 程序可以用来手动收集非负载统计。非负载统计包括 I/O 传输速度（iotfrspeed）、I/O 的寻道时间（ioseektim）和 CPU 的速度（cpuspeednw）。

请注意在收集非负载统计的过程中，收集会给 I/O 系统带来额外开销。在某些情况下没有设置非负载统计，或者没有正确地运行。如果对这些系统统计有具体的数据，可以手动设置，如下所示：

```
EXEC DBMS_STATS.GATHER_SYSTEM_STATS(gathering_mode => 'NOWORKLOAD');

COL PNAME FORMAT a15
SQL> SELECT PNAME, PVAL1 FROM SYS.AUX_STATS$ WHERE SNAME = 'SYSSTATS_MAIN';
PNAME                   PVAL1
--------------- ----------
CPUSPEED
CPUSPEEDNW              1378
IOSEEKTIM                10
IOTFRSPEED             4096
MAXTHR
MBRC                     84
MREADTIM
SLAVETHR
SREADTIM
```

6.3   信息生命周期管理

从 Oracle 11g 开始，Oracle 真正实现了信息生命周期管理（ILM）系统。当时划分的关键特征有下面几点。

任何 ILM 战略的基本概念是从始到终的数据管理，其中数据分类是关键。使用数据分类管理数据，能够标记和识别数据集生命周期的当前阶段及其最终的演变。例如，一家电信公司可能会在 4 个月后归档客户的通话的详细记录。这些决定通常是按照企业的需求或行业的标准做出；然而，一些商家也利用 ILM 策略来降低存储成本。存档数据的检索，有没有服务级别协议（SLA），也必须加以考虑。不同的供应商使用不同的技术来存档和管理数据，包括基于静态的分层存储到动态的数据分类（规则和策略驱动）。此外，数据管理的粒度可以与存储层的卷粒度相同，也可以与特定内容的记录的粒度类似。

Oracle 12c 数据库使用一些基础特性实现了 ILM 的策略，比如 Oracle 高级压缩和分层存储。具体而言，3 个与 ILM 相关的新特性已经被引入到 ILM 产品套件中：高级压缩选项（ACO），自动数据优化（ADO）和热点图（heat map）。热点图提供了数据访问的方式、时间、地址，以及访问是如何随着时间的推移而改变的。这些信息在行和段级别被跟踪。数据修改的时间追踪到行级别，并聚集到数据块级。修改时间、全表扫描时间和索引查找时间被跟踪在数据段一级。

ADO 自动移动和压缩数据，使用用户定义的策略，由热点图指标所驱动。

热点图和 ADO 功能可以紧密配合，适合一起使用，原因在于 ADO / 热点图不是使用静态策略和特定层的地图数据分类。ADO / 热点图不仅定义了层级保存策略，还将其与压缩因子关联。这样就提供了空间管理方面的效率提高和性能优化。

压缩选项具有不同的类型，这有助于在数据的生命周期内移动和管理数据：

热数据→ 活跃数据→ 不活跃数据 → 历史数据

数据迁移和进化对用户来说是完全透明的。对于 OLTP 表中的冷数据或者历史数据，混合列压缩使用数据仓库或者归档选项对其进行压缩。这将确保不经常使用或从未改变的数据被压缩到最高级别。注意，高级行压缩是唯一支持的行压缩格式。

为了实现 ILM 的分层存储和压缩，数据库管理员可以创建和定义 ADO 策略，用于数据的压缩和移动。Oracle 通常使用"智能压缩"这个术语，指的是利用热点图指标的能力，用来显示和映射压缩策略、压缩级别和用户数据。这些 ADO 的策略和热地图的指标在定义的维护窗口期间，后台自动评估和执行。还可以由数据库管理员手动评估和执行 ADO 策略，生成何时移动和压缩数据的计划。表或者表分区的 ADO 策略可以在数据段或者行级指定设置。

与 ADO 策略相关的两个关键因素是数据的"时间"和"事件"。例如，"事件"描述的是数据访问，比如没有发生数据访问（没有读取）或没有数据修改。"时间"描述的是数据访问发生的时间，例如，3 天内没有数据访问，或者 3 个月没有修改。数据库管理员还可以根据具体的业务需求或行业要求创建自定义条件，扩展 ADO 的策略，定义何时移动或压缩数据。

要启用 ADO 和热点图跟踪，必须在系统级别上激活，使用如下命令：

```
ALTER SYSTEM SET HEAT_MAP = ON;
```

当启用热点图时，Oracle 数据库将跟踪内存中的所有用户数据访问，使用活动跟踪模块。值得注意的是，SYSTEM 和 Sysaux 表空间的对象不会被跟踪。

现在在用户表上模拟一些工作负载：

```
update nitin.nishas_buffers set class# = 5;
```

下一步，查看热点图的 V$ 视图，得到相关数据和指标，下面的指标是关于表空间热点图的：

```
SELECT SUBSTR(TABLESPACE_NAME,1,20) tablespace_name,
SEGMENT_COUNT
FROM DBA_HEATMAP_TOP_TABLESPACES
ORDER BY SEGMENT_COUNT DESC;

TABLESPACE_NAME      SEGMENT_COUNT
-------------------- -------------
USERS                           11
```

使用下面的语句来查看哪些对象被频繁访问：

```
SQL> SELECT SUBSTR(OWNER,1,20),
SUBSTR(OBJECT_NAME,1,20),
OBJECT_TYPE, SUBSTR(TABLESPACE_NAME,1,20),
SEGMENT_COUNT
FROM DBA_HEATMAP_TOP_OBJECTS where owner
not like '%SYS'  ORDER BY SEGMENT_COUNT DESC

SUBSTR(OWNER,1,20)   SUBSTR(OBJECT_NAME,1 OBJECT_TYPE
-------------------- -------------------- ------------------
SUBSTR(TABLESPACE_NA SEGMENT_COUNT
-------------------- -------------
NITIN                NISHAS_BUFFERS       TABLE
USERS                           2
...
```

在下面的例子中，一个段级的 ADO 策略定义了行级压缩（高级行压缩），条件是 34 天后数据没有被修改。创建这个策略后，如果表分区在 34 天没有被修改，系统会自动压缩这个表分区：

```
ALTER TABLE nishas_buffers ILM
ADD POLICY ROW STORE COMPRESS ADVANCED SEGMENT
AFTER 34 DAYS OF NO MODIFICATION
```

在下一个例子中，我们为 6 个月没有修改的数据创建一个段级别压缩的策略：

```
ALTER TABLE nishas_buffers MODIFY PARTITION buffer1 ILM
ADD POLICY COMPRESS FOR ARCHIVE HIGH SEGMENT
AFTER 6 MONTHS OF NO MODIFICATION;
```

假设在扩展存储柜中创建一个表空间，用来保存所有的归档数据。使用下面的语句创建归档数据表空间：

```
create tablespace SATA_EXPANSIONCELL_STORAGE1 datafile size 100G;
```

现在设置一个策略，用来把归档的数据移动到这个在扩展存储中的表空间：

```
SQL> ALTER TABLE nishas_buffers MODIFY PARTITION buffer2 ILM
ADD POLICY TIER TO SATA_EXPANSIONCELL_STORAGE1;
```

使用下面的语句查看系统中已经存在的 ADO 策略：

```
SELECT SUBSTR(policy_name,1,24) POLICY_NAME, policy_type, enabled
FROM USER_ILMPOLICIES;
POLICY_NAME                 POLICY_TYPE     ENABLED
------------------------    -------------   -------
P1                          DATA MOVEMENT   YES
P21                         DATA MOVEMENT   YES
P41                         DATA MOVEMENT   YES
P61                         DATA MOVEMENT   YES
```

6.4　应用程序连续性

在 Oracle 12c 数据库之前，如果发生软件、硬件、网络等各个层面系统的中断，应用程序开发人员需要处理这些意外，以免对业务造成影响。Oracle 已经提供了很多特性，来检测和应对这些连接故障，比如透明应用切换（TAF）、快速应用程序通知（FAN）和快速连接故障转移（FCF）。然而，这些特性并不能从应用程序的角度，将最后一次事务的正确结果传达到应用程序，或者能恢复正在处理的请求。如果处理不当，这可能会导致重复购买、多次提交或者处理相同发票的付款。

在 Oracle 12c 数据库中，推出了应用连续性（AC）的新特性，该特性与应用程序保持独立，用来处理失败的连接。AC 尝试从应用程序的角度来恢复不完整的请求，对最终用户掩盖了底层系统、网络和硬件的故障和存储的中断。在撰写本书时，AC 支持 Oracle JDBC Thin Driver、Oracle 通用连接池（UCP），以及 Oracle WebLogic Server。

AC 协议能够确保最终用户的事务不会被多次执行。当成功时，最终用户唯一一次看到的服务中断，是当没有必要再继续时的中断。重新开始时，对于应用程序和客户来说，执行似乎是请求被延迟了。这样可以提升整体效率，因为它减少了调用应用程序错误的处理。如果没有 AC，应用程序不得不出现错误，并且这将使事务处于一种不稳定的状态，因为用户不知道事务是否应该重新输入执行。

与 AC 紧密相关的另一个新特性是事务卫士（Transaction Guard，TG）。事务卫士为应用程序提供了一个通用的工具，当出现计划停机、计划外的中断或者重复提交时，确保应用程序最多执行一次事务。借助事务卫士，应用程序可以实现逻辑事务 ID（LTXID）来确定在停机或中断后数据库会话最后事务的结果。如果不使用事务卫士，系统中断后应用程序的重试操作可能会重复提交事务，从而导致数据逻辑上的错误和损坏。

系统中断后要恢复应用程序时，有一个基本问题是，发回客户端的提交消息并不是持久的，也就是说，如果客户端和服务器之间有一个中断，那么客户端看到一个错误消息，表明发生通信错误。然而这个错误并不会告诉应用提交是否完成，以及程序调用是否完成，会话状态是否已经改变，或者程序没有完成，甚至在客户端断开连接后程序仍然在执行。

如果最终用户无法确定最后的事务是否提交，可能会在某个点上提交，或者没有完成运行，应用程序可能会尝试重新开始该事务。这可能会导致事务的重复提交，因为软件本身已经重新发送了相关持久化的请求。

这一点正是事务卫士（TG）和应用程序连续性（AC）有所不同的地方。在实际环境中，事务卫士是由 AC 调用并自动启用的，不过也可以单独使用和启用事务卫士。当事务正在被 AC 重新开始时，事务卫士可以阻止该事务的其他调用。如果应用程序已经实现了应用程序级别的重新开始，需要也集成事务卫士提供程序的一致性。

6.5　多租户架构

为了降低总体系统成本，客户已经在逐步整合和减少数据库并简化系统。数据库管理员可以用很多方法来实现这种简化，其中虚拟化就是一种常见的方案。然而，随着 CPU 的速度越来越快，每路 CPU 上集成了越来越密集的 CPU 内核，实例和 Schema 的整合也正变得越来越受欢迎。

6.5.1　概述

Oracle 12c 数据库中引入了一种新的架构，来管理和结合不同的实例和方案（Schema）。这种新架构叫作 Oracle 多租户（Multitenant），通常也被称为可插拔数据库（PDB）。Oracle 12c 数据库的这个新特性，可以帮助客户推动数据库整合和简化配置、升级，以及数据的移植。这种整合的关键好处是许多数据库（如 PDB）共享内存和后台进程。允许 DBA 在一个特定的平台中整合大量的 PDB，为每一个 PDB 配置和使用一小部分的空间，而不是单独数据库使用旧的架构。这与基于 Schema 的整合方式带来的好处是相同的。但基于 Schema 的整合方式有着明显的不足，因为它会给正在进行的操作带来问题。在新的多租户架构中，消除了这些采用不足和操作问题。

6.5.2　PDB：新的整合模式

使用 PDB 数据库整合系统，数据库管理员可以统一管理多个数据库。例如，管理数据库的备份和 Data Guard 的工作，都是在容器数据库（CDB）级别完成的。可以简单地整合现有的数据库，并不需要改变任何应用程序。其他的高可用性特性，比如 RAC 和 Active Data Guard 可以作为 PDB 的有力补充。

基于 PDB 的数据库整合提供了几个关键的好处，比如可以迅速地提供或克隆一个数据库，也可以简化系统打补丁过程。例如，当为 CDB 打补丁以后，可以修补所有的可插拔数据库。当然这可能不是一件好事。如果需要把一个 PDB 打补丁隔离开来，建议单独创建一个打了补丁的 CDB，然后拔出需要打补丁的 PDB，插入这个 CDB 中去。

Oracle 多租户是个很重要的特性，在本章甚至本书中都无法全面介绍该特性，但是本章将介绍该特性如何在 Exadata 环境下使用。

对于部分读者来说，或许已经使用过一些虚拟化平台，比如 VMware 或 OVM。如果做过一些系统整合的工作，那么应该知道这类工作并不复杂，使用的方法就像简单的"拖放"操作一样。整合数据库其实也类似，将许多数据库集成到另一个平台的单独的数据库中，操作也相当简单。以下原因说明 Schema 的整合是有效的：

❑ Schema 整合模型一直提供了最多的机会来减少运营成本，因为只有一个大的数据库需要维护、监控和管理。

❑ 虽然 Schema 整合有最好的投资回报率（ROI，在资本和运营费用方面），但牺牲了数据库紧凑的灵活性。整合和隔离在一定程度上处于相反的方向。系统整合得越多，隔离方面的功能就越少；相反，如果系统的隔离性越强，就会牺牲越多整合带来的好处。

❑ 自定义（本土）的应用程序最适合使用 Schema 模式整合，因为在应用程序和用户的创建方式上，使用者和开发者都有越来越多的控制。

现在我们有更多的理由使用 Schema 整合的方案，因为 Oracle 12c 数据库提供了可插拔数据库（PDB）。PDB 可以消除 Schema 整合带来的典型问题，比如命名空间冲突、安全和恢复粒度的问题。

在进一步使用这个方案之前，有几个术语是非常有必要了解的：

❑ Root 容器数据库，也称为 root CDB（cdb$root），按照传统的理解，这是一个真正的数据库，它的名字就是该数据库实例的名字。CDB 数据库拥有 SGA 和运行进程。在同一个数据库服务器上，允许运行多个 CDB，每个 CDB 都有其自己的 PDB。但最炫酷的是可以有多个 CDB，这样允许数据库管理员同时使用数据库实例整合模式和 Schema 整合模式。如果同时部署 RAC 和利用 RAC 提供的功能、服务质量（QoS）管理和负载分布，系统就可以得到最佳的可扩展性。PDB 的种子数据库（PDB$SEED）是 Oracle 提供的数据库模板，CDB 用它来创建新的 PDB。用户不允许添加或修改 PDB 种子数据库中的对象。

❑ 可插拔数据库，即 PDB，是 CDB 资源服务的子容器。PDB 的真正强大之处是它的可移动性；即可以在 12c CDB 数据库中任意插入和拔出 PDB。也可以基于现有的 PDB 创建新的 PDB，就像完整的数据库快照一样。

1. 创建 PDB

现在来看一看 Oracle 12c 数据库安装程序，并在一台半配的 Exadata 中创建 RAC 数据库。

创建这类数据库和以前的版本一样，需要运行 Oracle 通用安装程序（OUI）。需要注意，有几个关键步骤及其截屏涉及多租户数据库。比如在 Oracle 12c 安装过程的第 11 步中，如

图 6.1 所示，选中 Create as Container database 复选框之后，就允许在 CDB 中建立第一个
PDB 数据库。在这个例子中指定 yoda 作为 CDB 的名字，PDB 的名字则使用 pdbobi。

在图 6.2 所示界面中选择 ASM 作为存储位置。

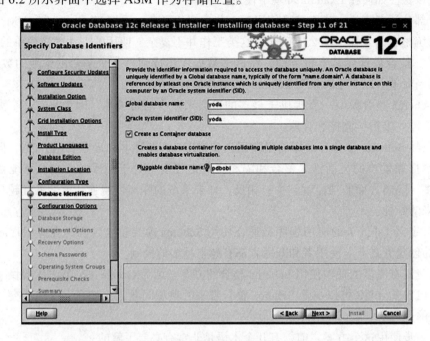

图 6.1　创建数据库界面

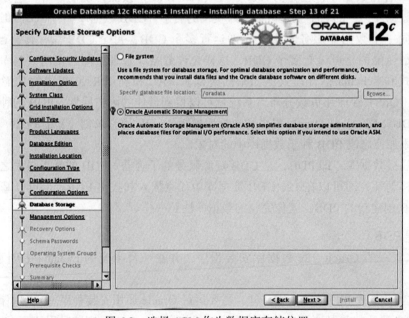

图 6.2　选择 ASM 作为数据库存储位置

在余下的步骤中，操作和以前没什么不同，但是在一个数据库后台告警日志中可以看到关于创建 PDB$SEED 的信息：

```
create pluggable database PDB$SEED as clone using
'/u02/app/oracle/product/12.1.0/dbhome_1/assistants/dbca/templates/pdbseed.xml'
source_file_name_convert =
('/ade/b/3593327372/oracle/oradata/seeddata/pdbseed/temp01.dbf',
'+PDBDATA/YODA/DD7C48AA5A4404A2E04325AAE80A403C/DATAFILE/pdbseed_temp01.dbf',
'/ade/b/3593327372/oracle/oradata/seeddata/pdbseed/system01.dbf',
'+PDBDATA/YODA/DD7C48AA5A4404A2E04325AAE80A403C/DATAFILE/system.271.823892297',
'/ade/b/3593327372/oracle/oradata/seeddata/pdbseed/sysaux01.dbf',
'+PDBDATA/YODA/DD7C48AA5A4404A2E04325AAE80A403C/DATAFILE/sysaux.270.823892297')
file_name_convert=NONE  NOCOPY

Mon Aug 19 18:58:59 2013

...

Post plug operations are now complete.
Pluggable database PDB$SEED with pdb id - 2 is now marked as NEW.


create pluggable database pdbobi as clone  using
'/u02/app/oracle/product/12.1.0/dbhome_1/assistants/dbca/templates/samples
chema.xml'  source_file_name_convert =
('/ade/b/3593327372/oracle/oradata/seeddata/SAMPLE_SCHEMA/temp01.dbf',
'+PDBDATA/YODA/DD7D8C1D4C234B38E04325AAE80AF577/DATAFILE/pdbobi_temp01.dbf',
'/ade/b/3593327372/oracle/oradata/seeddata/SAMPLE_SCHEMA/example01.dbf',
'+PDBDATA/YODA/DD7D8C1D4C234B38E04325AAE80AF577/DATAFILE/example.275.823892813',
'/ade/b/3593327372/oracle/oradata/seeddata/SAMPLE_SCHEMA/system01.dbf',
'+PDBDATA/YODA/DD7D8C1D4C234B38E04325AAE80AF577/DATAFILE/system.276.823892813',
'/ade/b/3593327372/oracle/oradata/seeddata/SAMPLE_SCHEMA/SAMPLE_SCHEMA_users01.dbf',
'+PDBDATA/YODA/DD7D8C1D4C234B38E04325AAE80AF577/DATAFILE/users.277.823892813',
'/ade/b/3593327372/oracle/oradata/seeddata/SAMPLE_SCHEMA/sysaux01.dbf',
'+PDBDATA/YODA/DD7D8C1D4C234B38E04325AAE80AF577/DATAFILE/sysaux.274.823892813')
file_name_convert=NONE  NOCOPY

Mon Aug 19 19:07:42 2013

...

**********************************************************************
Post plug operations are now complete.
Pluggable database PDBOBI with pdb id - 3 is now marked as NEW.
**********************************************************************
Completed: create pluggable database pdbobi as clone  using
'/u02/app/oracle/product/12.1.0/dbhome_1/assistants/dbca/templates/samples
chema.xml'  source_file_name_convert =
('/ade/b/3593327372/oracle/oradata/seeddata/SAMPLE_SCHEMA/temp01.dbf',
'+PDBRECO/YODA/DD7D8C1D4C234B38E04325AAE80AF577/DATAFILE/pdbobi_temp01.dbf',
'/ade/b/3593327372/oracle/oradata/seeddata/SAMPLE_SCHEMA/example01.dbf',
'+PDBRECO/YODA/DD7D8C1D4C234B38E04325AAE80AF577/DATAFILE/example.275.823892813',
'/ade/b/3593327372/oracle/oradata/seeddata/SAMPLE_SCHEMA/system01.dbf',
'+PDBRECO/YODA/DD7D8C1D4C234B38E04325AAE80AF577/DATAFILE/system.276.823892813',
'/ade/b/3593327372/oracle/oradata/seeddata/SAMPLE_SCHEMA/SAMPLE_SCHEMA_users01.dbf',
'+PDBRECO/YODA/DD7D8C1D4C234B38E04325AAE80AF577/DATAFILE/users.277.823892813',
'/ade/b/3593327372/oracle/oradata/seeddata/SAMPLE_SCHEMA/sysaux01.dbf',
'+PDBRECO/YODA/DD7D8C1D4C234B38E04325AAE80AF577/DATAFILE/sysaux.274.823892813')
file_name_convert=NONE  NOCOPY

alter pluggable database pdbobi open restricted
Pluggable database PDBOBI dictionary check beginning
Pluggable Database PDBOBI Dictionary check complete
Database Characterset is US7ASCII

...
```

```
XDB installed.

XDB initialized.
Mon Aug 19 19:08:01 2013
Pluggable database PDBOBI opened read write
Completed: alter pluggable database pdbobi open restricted
```

2.PDB 数据库的创建、克隆和删除

一旦安装了 Oracle 12c 数据库软件，就可以使用 DBCA 执行任何数据库（特别是 PDB）操作（见图 6.3）。在 Oracle 12c 中继续延伸 DBCA 支持 PDB 的管理，这些操作也可以使用 SQL 命令执行。下面举例说明。

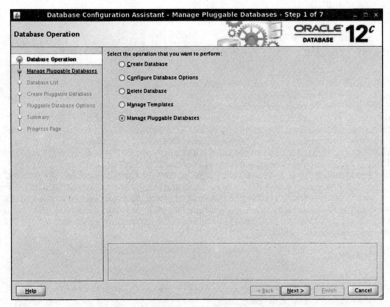

图 6.3 管理已存在的可插拔数据库

在这个例子中，基于一个已有的 PDB（名为 PDBOBI），创建另外一个 PDB（名为 PDBvader）：

```
CDB$ROOT@YODA> create pluggable database PDBvader from PDBOBI;
```

或者可以把这个 PDB 创建到其他 ASM 磁盘组中：

```
CDB$ROOT@YODA> create pluggable database PDBvader from PDBOBI;
FILE_NAME_CONVERT=('+PDBRECO/YODA/DD7D8C1D4C234B38E04325AAE80AF577/DATAFILE',
'+PDBDATA');

Pluggable database created.

CDB$ROOT@YODA> select pdb_name, status from cdb_pdbs;

PDB_NAME    STATUS
----------  -------------
PDBOBI      NORMAL
PDB$SEED    NORMAL
```

```
PDBVADER    NORMAL

And

CDB$ROOT@YODA> select CON_ID,DBID,NAME,TOTAL_SIZE from v$pdbs;

    CON_ID       DBID    NAME                         TOTAL_SIZE
---------- ---------- -------------         -------------
         2 4066465523 PDB$SEED                          283115520
         3  483260478 PDBOBI                            917504000
         4  994649056 PDBVADER                                  0
```

注意 TOTAL_SIZE 栏显示的大小是 0 字节，原因是所有新的 PDB 创建之后的状态都是 MOUNTED。

通过下面的命令可以看到一旦把 PDB 数据库打开之后，字段 TOTAL_SIZE 就能够显示正确的大小了。

首先切换到对应的容器：

```
CDB$ROOT@YODA> alter session set container=pdbvader;

Session altered.
```

打开该容器：

```
CDB$ROOT@YODA> alter pluggable database open;

Pluggable database altered.
```

查看容器中所有的数据文件：

```
CDB$ROOT@YODA> select file_name from cdb_data_files;

FILE_NAME
-------------------------------------------------------------------
+PDBDATA/YODA/E46B24386A131109E043EDFE10AC6E89/DATAFILE/system.280.823980769
+PDBDATA/YODA/E46B24386A131109E043EDFE10AC6E89/DATAFILE/sysaux.279.823980769
+PDBDATA/YODA/E46B24386A131109E043EDFE10AC6E89/DATAFILE/users.281.823980769
+PDBDATA/YODA/E46B24386A131109E043EDFE10AC6E89/DATAFILE/example.282.823980769
```

现在查询的大小是正确的数值了：

```
CDB$ROOT@YODA> select CON_ID,DBID,NAME,TOTAL_SIZE from v$pdbs;

    CON_ID       DBID    NAME                          TOTAL_SIZE
---------- ---------- -------------------------------  ----------
         4  994649056  PDBVADER                          393216000
```

顺便说一句，上面的长标识符 E46B24386A131109E043EDFE10AC6E89 是 Oracle 管理文件系统（OMF）的名字，代表 PDB 的全局唯一标识符（即 GUID）。这并不是容器的唯一标识符（CON_UID），CON_UID 是本地的标识符，而 GUID 是全球唯一的标识符。请记住，可以从 CDB 中拔出 PDB，并插入到另一个 CDB 中去，所以 GUID 提供了唯一性和流线型的数据迁移。

注意，PDBVADER 数据库的访问范围内只能是自己的容器文件，完全看不到 PDBOBI 数据库的文件。如果连接到 root CDB 并查看视图 v$datafile，可以看到，cdb$root 能够查询到 CDB 中所有的数据文件。以下查询说明了这种访问的范围：

```
CDB$ROOT@YODA> select name from v$datafile order by con_id

NAME
-----------------
+PDBDATA/YODA/DATAFILE/undotbs1.260.8238921551
+PDBDATA/YODA/DATAFILE/sysaux.257.8238920631
+PDBDATA/YODA/DATAFILE/system.258.8238921091
+PDBDATA/YODA/DATAFILE/users.259.8238921551
+PDBDATA/YODA/DD7C48AA5A4404A2E04325AAE80A403C/DATAFILE/system.271.8238922972
+PDBDATA/YODA/DD7C48AA5A4404A2E04325AAE80A403C/DATAFILE/sysaux.270.8238922972
+PDBDATA/YODA/DD7D8C1D4C234B38E04325AAE80AF577/DATAFILE/example.275.8238928133
+PDBDATA/YODA/DD7D8C1D4C234B38E04325AAE80AF577/DATAFILE/users.277.8238928133
+PDBDATA/YODA/E456D87DF75E6553E043EDFE10AC71EA/DATAFILE/obiwan.284.8246833393
+PDBDATA/YODA/DD7D8C1D4C234B38E04325AAE80AF577/DATAFILE/system.276.8238928133
+PDBDATA/YODA/DD7D8C1D4C234B38E04325AAE80AF577/DATAFILE/sysaux.274.8238928133
+PDBDATA/YODA/E46B24386A131109E043EDFE10AC6E89/DATAFILE/sysaux.279.8239807694
+PDBDATA/YODA/E46B24386A131109E043EDFE10AC6E89/DATAFILE/users.281.8239807694
+PDBDATA/YODA/E46B24386A131109E043EDFE10AC6E89/DATAFILE/example.282.8239807694
+PDBDATA/YODA/E46B24386A131109E043EDFE10AC6E89/DATAFILE/system.280.8239807694
```

为了完整地测试和比较，此处使用几个不同的方式创建 PDB。PDB 的强大之处不仅仅是它的可移动性（可插拔，稍后展示），而且可以从一个已经配置好的 PDB 中创建或克隆新的 PDB。这也是真正的敏捷性和云计算的"数据库即服务"（DBaaS）。下面使用几种不同的方式创建一个新的 PDB。

首先，从种子数据库中创建一个 PDB：

```
CDB$ROOT@YODA> alter session set container=cdb$root;

Session altered.

CDB$ROOT@YODA> CREATE PLUGGABLE DATABASE pdbhansolo
admin user hansolo identified by hansolo roles=(dba);

Pluggable database created.

CDB$ROOT@YODA> alter pluggable database pdbhansolo open;

Pluggable database altered.
CDB$ROOT@YODA> select file_name from cdb_data_files;

FILE_NAME
-----------------------------------------------------------------------
+PDBDATA/YODA/E51109E2AF22127AE043EDFE10AC1DD9/DATAFILE/system.280.824693889
+PDBDATA/YODA/E51109E2AF22127AE043EDFE10AC1DD9/DATAFILE/sysaux.279.824693893
```

注意，它仅仅包括两个基础的数据文件来启动 PDB。CDB 在创建新的 PDB 时，将从 PDB$SEED 复制系统表空间和附属表空间的文件并初始化。

在下一个例子中，将从已有的 PDB（PDBOBI）克隆一个 PDB：

```
CDB$ROOT@YODA> alter session set container=cdb$root;

Session altered.

CDB$ROOT@YODA> alter pluggable database pdbobi close;
```

```
Pluggable database altered.

CDB$ROOT@YODA> alter pluggable database pdbobi open read only;

Pluggable database altered.

CDB$ROOT@YODA> CREATE PLUGGABLE DATABASE pdbleia from pdbobi;

Pluggable database created.

CDB$ROOT@YODA> alter pluggable database pdbleia open;

Pluggable database altered.

CDB$ROOT@YODA> select file_name from cdb_data_files;

FILE_NAME
------------------------------------------------------------------------------
+PDBDATA/YODA/E51109E2AF23127AE043EDFE10AC1DD9/DATAFILE/system.281.824694649
+PDBDATA/YODA/E51109E2AF23127AE043EDFE10AC1DD9/DATAFILE/sysaux.282.824694651
+PDBDATA/YODA/E51109E2AF23127AE043EDFE10AC1DD9/DATAFILE/users.285.824694661
+PDBDATA/YODA/E51109E2AF23127AE043EDFE10AC1DD9/DATAFILE/example.286.824694661
+PDBDATA/YODA/E51109E2AF23127AE043EDFE10AC1DD9/DATAFILE/obiwan.287.824694669
```

注意，在创建的 PDBOBI 数据库中，表空间 OBI 来自创建时的克隆操作。

如果不再需要这个 PDB，可以把它删除，在删除之前需要先关闭 PDB。

```
CDB$ROOT@YODA> alter session set container=cdb$root;

Session altered.

CDB$ROOT@YODA> drop pluggable database pdbvader including datafiles;
drop pluggable database pdbvader including datafiles
*
ERROR at line 1:
ORA-65025: Pluggable database PDBVADER is not closed on all instances.
CDB$ROOT@YODA> alter pluggable database pdbvader close;

Pluggable database altered.

CDB$ROOT@YODA> drop pluggable database pdbvader including datafiles;

Pluggable database dropped.
```

6.5.3　插拔操作

Oracle 多租户的特殊之处在于，它可以实现其他数据整合方案的优点，同时又避免了它们的缺点。可插拔数据库新特性的关键元素之一是数据库插入和拔出的功能。事实上插拔也是把数据库迁移到 CDB 平台中的一种重要方法，在这种情况下，要求源数据库首先必须是 Oracle 12c 数据库。

有了这个特性，可将 PDB 数据库从一个 CDB 数据库中拔掉，插入另外一个。这样，数据库管理员就可以选择维护某一个 PDB，例如，单独为某个 PDB 打补丁、克隆、整合，恢复，或者移动，这样并不影响同一 CDB 中的其他 PDB。插拔 PDB 需要通过在 SQLPLUS 命令行或者 DBCA 创建一个配置（Manifest）文件实现。

要创建配置文件，必须先关闭源数据库：

```
alter pluggable database endor close immediate;
alter pluggable database endor unplug into '/u01/app/oracle/oradata/endor.xml'
```

在插入 PDB 之前，需要验证源数据库和目标数据库的兼容性：

```
set serveroutput on
DECLARE compatible BOOLEAN := FALSE;
BEGIN compatible := DBMS_PDB.CHECK_PLUG_COMPATIBILITY
(pdb_descr_file => '/u01/app/oracle/oradata/endor.xml');
if compatible then
DBMS_OUTPUT.PUT_LINE('Is pluggable Endor compatible? YES');
else DBMS_OUTPUT.PUT_LINE('Is pluggable Endor compatible? NO');
end if; END;
Is pluggable PDB1 compatible? YES
```

如果验证没有问题，继续操作，把 PDB 插入到 CDB：

```
create pluggable database pdb_plug_nocopy using
'/u01/app/oracle/oradata/pdb1.xml'  NOCOPY tempfile reuse;
```

在执行上面的命令之后，源数据文件现在都成为插入的 PDB 数据库的一部分。因为在目标位置中存在与 XML 指定的临时文件相同的文件，所以需要在语句中指定 TEMPFILE_REUSE 选项。

此外，还可以使用另外一个方法，即使用 DBCA 创建 PDB，如图 6.4 所示。

另外，上面的例子中，我们使用 NOCOPY 选项，根据需要，还可以使用 COPY 和 AS CLONE MOVE 方法。

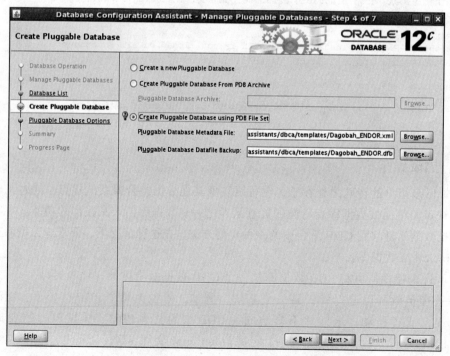

图 6.4 使用已有的 PDB 文件集来创建可插拔的 PDB

6.5.4　RAC 和 PDB

在 Oracle 数据库中同时使用 PDB 和 RAC 有很多好处。RAC 提供的主要功能不仅仅是服务，而且彻底实现了可扩展性和高可用性，所以最好不要仅仅使用 PDB，而不部署 RAC。RAC 数据库服务与 PDB 集成，可以提供无缝的管理和可用性。

在 CDB 数据库的开始阶段只有 PDB$SEED：

```
SQL> select * from v$pdbs;


CON_ID      DBID      CON_UID GUID      NAME
OPEN_MODE  RES OPEN_TIME
CREATE_SCN TOTAL_SIZE
---------------------------------------- ---------- ----------
2 4080865680 4080865680 F13EFFD958E24857E0430B2910ACF6FD PDB$SEED
READ ONLY  NO  17-FEB-14 01.01.13.909 PM
1720768  283115520
```

然后从种子数据库中创建一个 PDB：

```
SQL> CREATE PLUGGABLE DATABASE pdbhansolo admin user hansolo
identified by
hansolo roles=(dba);

Pluggable database created.

Now we have the new PDB listed.

SQL> select * from v$pdbs;

CON_ID     DBID      CON_UID    GUID      NAME
OPEN_MODE  RES OPEN_TIME
CREATE_SCN TOTAL_SIZE
---------- ---------- ---------- --------------------------------

2          4080865680 4080865680 F13EFFD958E24857E0430B2910ACF6FD PDB$SEED
READ ONLY  NO  17-FEB-14 01.01.13.909 PM
1720768  283115520
3 3403102439 3403102439 F2A023F791663F8DE0430B2910AC37F7
PDBHANSOLO    MOUNTED       17-FEB-14 01.27.08.942 PM
1846849       0
```

注意，PDB 数据库 pdbhansolo 处在 MOVNTED 状态。即使重启整个 CDB，新的 PDB 也不会以读写模式打开。下面就来看看，如何才能在 CDB 启动后，使 PDB 也自动打开。

当创建或插入一个新的 PDB 数据库，系统会默认创建一个新的服务。和以前的版本一样，强烈建议使用服务连接到数据库。Oracle 进一步强化了这种配置，并且用户必须创建一个自定义的服务。可以使用 srvctl 把用户创建的服务与 PDB 关联到一起，注意，在使用 add service 的命令中增加了 -pdb 选项：

```
$ srvctl add service -d dagobah -s hoth -pdb pdbhansolo


[oracle@rac02 ~]$ srvctl config service -d dagobah -verbose
Service name: Hoth
Service is enabled
```

```
       Server pool: Dagobah
       Cardinality: 1
       Disconnect: false
       Service role: PRIMARY
       Management policy: AUTOMATIC
       DTP transaction: false
       AQ HA notifications: false
       Global: false
       Commit Outcome: false
       Failover type:
       Failover method:
       TAF failover retries:
       TAF failover delay:
       Connection Load Balancing Goal: LONG
       Runtime Load Balancing Goal: NONE
       TAF policy specification: NONE
       Edition:
       ----> Pluggable database name: pdbhansolo
       Maximum lag time: ANY
       SQL Translation Profile:
       Retention: 86400 seconds
       Replay Initiation Time: 300 seconds
       Session State Consistency:
       Preferred instances: Dagobah_1
       Available instances:
```

在监听中也注册了该数据库服务：

```
   [oracle@rac02 ~]$ lsnrctl stat

LSNRCTL for Linux: Version 12.1.0.1.0 - Production on 17-FEB-2014 13:34:41

Copyright (c) 1991, 2013, Oracle.  All rights reserved.

Connecting to (ADDRESS=(PROTOCOL=tcp)(HOST=)(PORT=1521))
STATUS of the LISTENER
------------------------
Alias                     LISTENER
Version                   TNSLSNR for Linux: Version 12.1.0.1.0 - Production
Start Date                17-FEB-2014 12:59:46
Uptime                    0 days 0 hr. 34 min. 54 sec
Trace Level               off
Security                  ON: Local OS Authentication
SNMP                      OFF
Listener Parameter File   /u01/app/12.1.0/grid/network/admin/listener.ora
Listener Log File         /u01/app/oracle/diag/tnslsnr/rac02/listener/alert/log.xml
Listening Endpoints Summary...
  (DESCRIPTION=(ADDRESS=(PROTOCOL=ipc)(KEY=LISTENER)))
  (DESCRIPTION=(ADDRESS=(PROTOCOL=tcp)(HOST=172.16.41.11)(PORT=1521)))
  (DESCRIPTION=(ADDRESS=(PROTOCOL=tcp)(HOST=172.16.41.21)(PORT=1521)))
  (DESCRIPTION=(ADDRESS=(PROTOCOL=tcps)(HOST=rac02.viscosityna.com)(PORT=5500)))(Security=
(my_wallet_directory=/u02/app/oracle/product/12.1.0/db/admin/Dagobah/xdb_wallet))
(Presentation=HTTP)(Session=RAW))
Services Summary...
Service "+ASM" has 1 instance(s).
  Instance "+ASM3", status READY, has 2 handler(s) for this service...
Service "Dagobah" has 1 instance(s).
  Instance "Dagobah_1", status READY, has 1 handler(s) for this service...
Service "DagobahXDB" has 1 instance(s).
  Instance "Dagobah_1", status READY, has 1 handler(s) for this service...
---->Service "Hoth" has 1 instance(s).
  Instance "Dagobah_1", status READY, has 1 handler(s) for this service...
 Service "pdbhansolo" has 1 instance(s).
  Instance "Dagobah_1", status READY, has 1 handler(s) for this service...
Service "r2d2" has 1 instance(s).
  Instance "Dagobah_1", status READY, has 1 handler(s) for this service...
The command completed successfully
[/sql]
```

下面测试一下，关闭 **PDB** 和 **CDB** 数据库：

```
SQL> alter session set container=cdb$root;

Session altered.

SQL> alter pluggable database pdbhansolo close;

[oracle@rac02 ~]$ srvctl stop database -d dagobah

[oracle@rac02 ~]$ lsnrctl stat

LSNRCTL for Linux: Version 12.1.0.1.0 - Production on 18-FEB-2014 15:36:49

Copyright (c) 1991, 2013, Oracle.  All rights reserved.

Connecting to (ADDRESS=(PROTOCOL=tcp)(HOST=)(PORT=1521))
STATUS of the LISTENER
------------------------
Alias                     LISTENER
Version                   TNSLSNR for Linux: Version 12.1.0.1.0 - Production
Start Date                18-FEB-2014 12:57:30
Uptime                    0 days 2 hr. 39 min. 19 sec
Trace Level               off
Security                  ON: Local OS Authentication
SNMP                      OFF
Listener Parameter File   /u01/app/12.1.0/grid/network/admin/listener.ora
Listener Log File         /u01/app/oracle/diag/tnslsnr/rac02/listener/alert/log.xml
Listening Endpoints Summary...
  (DESCRIPTION=(ADDRESS=(PROTOCOL=ipc)(KEY=LISTENER)))
  (DESCRIPTION=(ADDRESS=(PROTOCOL=tcp)(HOST=172.16.41.11)(PORT=1521)))
  (DESCRIPTION=(ADDRESS=(PROTOCOL=tcp)(HOST=172.16.41.21)(PORT=1521)))
Services Summary...
Service "+APX" has 1 instance(s).
  Instance "+APX3", status READY, has 1 handler(s) for this service...
Service "+ASM" has 1 instance(s).
  Instance "+ASM3", status READY, has 2 handler(s) for this service...
The command completed successfully


[oracle@rac02 ~]$ srvctl start database -d dagobah

[oracle@rac02 ~]$ lsnrctl stat

LSNRCTL for Linux: Version 12.1.0.1.0 - Production on 18-FEB-2014 15:37:39

Copyright (c) 1991, 2013, Oracle.  All rights reserved.

Connecting to (ADDRESS=(PROTOCOL=tcp)(HOST=)(PORT=1521))
STATUS of the LISTENER
------------------------
Alias                     LISTENER
Version                   TNSLSNR for Linux: Version 12.1.0.1.0 - Production
Start Date                18-FEB-2014 12:57:30
Uptime                    0 days 2 hr. 40 min. 9 sec
Trace Level               off
Security                  ON: Local OS Authentication
SNMP                      OFF
Listener Parameter File   /u01/app/12.1.0/grid/network/admin/listener.ora
Listener Log File         /u01/app/oracle/diag/tnslsnr/rac02/listener/alert/log.xml
Listening Endpoints Summary...
  (DESCRIPTION=(ADDRESS=(PROTOCOL=ipc)(KEY=LISTENER)))
```

```
    (DESCRIPTION=(ADDRESS=(PROTOCOL=tcp)(HOST=172.16.41.11)(PORT=1521)))
    (DESCRIPTION=(ADDRESS=(PROTOCOL=tcp)(HOST=172.16.41.21)(PORT=1521)))
    (DESCRIPTION=(ADDRESS=(PROTOCOL=tcps)(HOST=rac02.viscosityna.com)(PORT=5500))(Sec
(my_wallet_directory=/u02/app/oracle/product/12.1.0/db/admin/Dagobah/xdb_wallet))
(Presentation=HTTP)(Session=RAW))
Services Summary...
Service "+APX" has 1 instance(s).
  Instance "+APX3", status READY, has 1 handler(s) for this service...
Service "+ASM" has 1 instance(s).
  Instance "+ASM3", status READY, has 2 handler(s) for this service...
Service "Dagobah" has 1 instance(s).
  Instance "Dagobah_1", status READY, has 1 handler(s) for this service...
Service "DagobahXDB" has 1 instance(s).
  Instance "Dagobah_1", status READY, has 1 handler(s) for this service...
---->Service "Hoth" has 1 instance(s).
  Instance "Dagobah_1", status READY, has 1 handler(s) for this service...
 Service "pdbhansolo" has 1 instance(s).
  Instance "Dagobah_1", status READY, has 1 handler(s) for this service...
Service "r2d2" has 1 instance(s).
  Instance "Dagobah_1", status READY, has 1 handler(s) for this service...
The command completed successfully


SQL> select NAME,OPEN_MODE from v$pdbs;

NAME                             OPEN_MODE
------------------------------   ----------
PDB$SEED                         READ ONLY
--> PDBHANSOLO                   READ WRITE
```

现在可以使用 EZCONNECT 的连接方式连接到 PDB：

```
sqlplus hansolo/hansolo@rac02/hoth
```

现在运行 crsctl stat res 命令，查看数据库服务 Hoth 和 PDB 数据库 pdbhansolo 两者之间的关系：

```
$crsctl stat res ora.dagobah.hoth.svc -p

NAME=ora.dagobah.hoth.svc
TYPE=ora.service.type
ACL=owner:oracle:rwx,pgrp:oinstall:rwx,other::r--
...

DELETE_TIMEOUT=60
DESCRIPTION=Oracle Service resource
GEN_SERVICE_NAME=Hoth
GLOBAL=false
GSM_FLAGS=0
HOSTING_MEMBERS=
INSTANCE_FAILOVER=1
INTERMEDIATE_TIMEOUT=0
LOAD=1
LOGGING_LEVEL=1
MANAGEMENT_POLICY=AUTOMATIC
MAX_LAG_TIME=ANY
MODIFY_TIMEOUT=60
NLS_LANG=
NOT_RESTARTING_TEMPLATE=
OFFLINE_CHECK_INTERVAL=0
PLACEMENT=restricted
PLUGGABLE_DATABASE=pdbhansolo
PROFILE_CHANGE_TEMPLATE=
```

```
RELOCATE_BY_DEPENDENCY=1
[/sql]
```

这里的关键之处在于，RAC 的服务 PDBHANSOLO（非默认）成了 PDB 自动启动的重要部分。如果没有这个非默认的服务，PDB 数据库不能够自动打开。那么如果数据库是 RAC 又会如何？

举个例子来说，如果有一台 6 个节点的 RAC 集群，可以在某些节点上不启动 PDB 的服务。这样可以有效地防止这些节点访问这些 PDB，并可以预先定义好一些负载的分配。

6.6　Exadata 软件更新

在本节中，将接触到 Exadata 存储服务器软件的新特性。一般情况下，很难为 Exadata 这样的动态层讨论新特性。然而，我们将介绍 Exadata 11.2.3.3 和 12.1.1.1 的一些主要的特点。

随着 Exadata 11.2.3.3 的使用，Exadata 智能闪存缓存压缩（Smart Flash Cache Compression）可以压缩用户的数据，因为数据同步加载到闪存缓存，而这对应用程序来说是透明的。使用数据压缩，闪存就可以保存更多的数据，并可能增加闪存缓存的逻辑容量。在 Exadata 11.2.3.3 中，如果表或者表分区上发生了全表扫描，Oracle Exadata 存储服务器软件会在闪存缓存中自动缓存这些对象，策略是依照这些对象读取的频繁程度进行缓存。

在上一节谈到了数据库的多租户和 PDB；在 Exadata 12.1.1.1 中已扩展 IORM，可以支持 Oracle 12c 数据库的多租户架构和 PDB。在最新的 Exadata 版本中，IORM 和 DBRM 现在支持 PDB 并确保满足定义的策略，甚至在多个数据库中，CDB 或 PDB 共享相同的集群域。

但在 Exadata 11.2.3.3 和 12.1.1.1 中最大的新特性，是引入了网络资源管理的模块。网络资源管理自动和透明地优先考虑关键的数据库网络信息。在 Exadata 从上到下的设计中都考虑了这种优先级的划分，包括数据库节点、数据库的 InfiniBand 适配器、Exadata 存储服务器软件、Exadata 存储单元的 InfiniBand 适配器和 InfiniBand 交换机等。使用这项功能的主要目的是减少消息延迟，尤其对于 Oracle 数据库中对网络延迟很敏感的那些组件。对网络延迟敏感的组件主要包括 RAC 缓存融合，关键后台进程节点间的通信、报告、备份信息等。为了最大限度地减少 log file sync 异常带来的影响，写入日志文件的操作会得到最高的优先级，以确保低延迟。

6.7　本章小结

正如 Oracle 数据库之前的其他新版本，关键目标是提高系统的可管理性、其他性能和效率。Oracle 12c 数据库也不例外。本章所讨论的新功能，可以提供客户的标准化、系统整合和自动化数据库服务。Oracle 12c 数据库中引入了一些重要特性，如自动数据优化、热点图监控以及几个高可用性的特性，还增强了一些已有的技术，如表分区允许连续的数据库访问。Oracle 12c 数据库还介绍了应用的高可用性方面的新功能，例如，应用连续性，作为 Oracle RAC 的补充，能更好地屏蔽应用程序的故障。

第 7 章 *Chapter 7*

Exadata 网络管理

Oracle Exadata 数据库一体机由 3 部分配置好的硬件组成：存储服务器（存储节点）、数据库服务器（计算节点）和超快的 InfiniBand（IB）存储网络。在 Exadata 中网络配置中起着非常重要的作用，是 Exadata 工作的前提条件，而且比任何非 Exadata 的系统更复杂、更庞大。本章的目的是为读者做一个总体的介绍，包括 Exadata 数据库服务器的网络层的基本原理和功能。此外，还将介绍 InfiniBand 网络配置的前提和基本要求，阐述 InfiniBand 网络在 Exadata 中的作用。读者还将学习如何使用命令行工具或 OEM/ILOM 图形工具来管理 InfiniBand 交换机，解决相关问题。

7.1 Exadata 网络组件

DMA（Exadata Database Machine administrator ，数据库一体机管理员）一般来说很少做网络的管理和配置。虽然 DMA 网络管理的工作十分有限，但对于 DMA 来说，还是很有必要了解系统相关的网络知识，比如系统的关键部件，InfiniBand 交换机，这样才能够解决从网络层出现的问题。本章将探讨一些重要的技术细节，包括 Exadata 网络组件的详细设计架构、InfiniBand 交换机和 Exadata 环境中的网络设置。读者也将了解到 Exadata 安装中涉及的系统架构和 Infiniband 起到的关键作用。

图 7.1 展示了 Exadata 完整机架中的网络组件及其位置。

一台满配的 Oracle Exadata X4-2 服务器，一般配置以下超高带宽网络设备：

❑ 至少 2 个 QDR（40Gb/s）双活端口（PCIe 3）的 InfiniBand 交换机。

❑ 半配和满配 Exadata 还可以额外配置一个 InfiniBand 交换机，一个骨干交换机，用于扩展存储、外部连接等。

❑ 1Gb 或 10Gb 的以太网，连接数据中心。

❑ 每个服务器至少有两个 InfiniBand 端口。

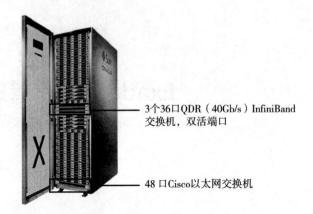

3个36口QDR（40Gb/s）InfiniBand
交换机，双活端口

48 口Cisco以太网交换机

图 7.1　带有 3 个 InfiniBand 交换机的满配 Exadata 机架

7.2　InfiniBand 网络的作用

在任何类型的环境中，如果应用程序要提供具有突破性的性能，都需要有一个坚实的网络作为基础。InfiniBand 是这样的网络，能为高性能计算系统提供高性能、低延迟和高可扩展性的服务，并且所有的 Oracle 一体机都能够利用并在很大程度上依赖于 InfiniBand 技术，因为在一体机中使用 InfiniBand 连接各个节点，作为存储和数据库节点之间的桥梁，并为存储扩展提供了优越的网络性能。

以下内容是 Exadata 中 InfiniBand 的作用和配置：

❑ 新的 InfiniBand 交换机固件（2.1.3）。

❑ 两个端口（双活）。

❑ 高性能的吞吐速度 40Gb/s（双向）。

❑ 半配和满配 Exadata 中配置两个叶交换机和一个骨干交换机。

❑ 连接存储和数据库服务器，提供低延迟和高带宽的网络访问。

❑ 为集群互联、存储网络、机架扩展，以及外部连接（例如 RMAN 备份）提供了统一的网络访问和接口。

❑ 采用零损耗零拷贝的网络数据协议（ZDP）。

❑ 最小的 CPU 开销用于数据转换。

❑ 冗余的网络交换机提供网络的容错能力。

❑ 冗余的电源和服务器散热系统。

❑ 数据吞吐量高达 2.3TB/s（双向）。

7.3　网络架构

在本节中将帮助读者了解 Exadata 网络架构的详细信息，骨干交换机和叶交换机之间如何相互通信，使用哪些端口，使用什么类型的网络，以及存储节点和计算节点之间如何通信。

图 7.2 说明了在一个典型的满配 Exadata 服务器中涉及的网络连接和通信。

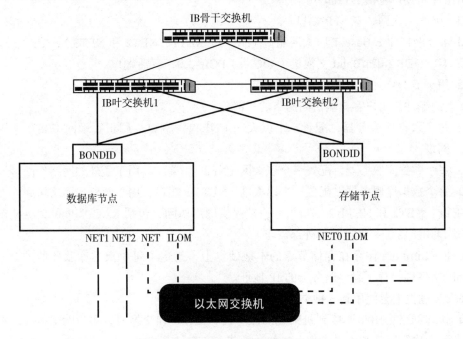

图 7.2　InfiniBand 交换机连接及端口

对照图 7.2，下面来解释 Exadata 网络设计和架构的细节，以及在安装过程中涉及哪些类型的网络。

在半配或满配的 Exadata 服务器中，有 3 个 InfiniBand 交换机：一个骨干交换机和两个叶交换机。在图 7.2 中，每个 IB 叶交换机通过一个单一的网络连接到骨干交换机，叶交换机之间有 7 条网络连接。

满配的 Exadata 服务器有一个标准的以太网，客户端的访问通过这个网络连接。可以把它作为一个单一的网络（NET1/NET2），或者为它们配置网卡绑定，使用默认 NET1 和 NET2 网卡。

用于服务器管理的网络是标准网卡的 NET0 和 ILOM。

7.4　网络安装要求

在一个典型的 RAC 数据库的安装中，主要的网络要求包括公有 IP、私有 IP、虚拟 IP

（VIP）和 3 个 SCAN IP。通常一台 Exadata 数据库服务器也需要 3 种不同的网络：管理网络、客户端接入网络和 IB 网络。

本节将详细探讨 Exadata 基本的网络连接配置。读者将深入了解网络配置的知识和如何管理网络以及解决常见的网络问题。一台 Exadata X4-2 服务器中，每台数据库（计算节点）的网络组件和接口包括下列部分：

- ❑ 10Gb 以太网，双 SFP 端口。
- ❑ 4 个 1/10GbE Base-T 以太网端口（NET0、NET1、NET2 和 NET3）。
- ❑ 4 个 QDR InfiniBand 交换机（40Gb/s）PCIe-3.0，双活端口。
- ❑ 用于 ILOM 远程管理的以太网端口。

下面的组件是用户客户端访问网络的一部分：

- ❑ 每个数据库服务器，配置一个以太网（NET1）端口，用于管理网络和客户端访问网络。
- ❑ 每个数据库服务器，配置一个以太网（NET2）端口，用于额外的网络访问。
- ❑ 每个数据库服务器，配置一个以太网（NET3）端口，用于额外的网络访问。

NET1、NET2 和 NET1-2 端口为客户端提供网络访问，包括 RAC VIP 和 SVAN IP。而 NET3 端口用于备份和处理其他外部需求。

文件 cellinit.ora 保存在存储节点的本地硬盘上，指定了每个数据库服务器的 IP 地址，cellip.ora 文件则保存了存储服务器的 IP 地址。

在安装过程中会使用到 3 种类型的网络和设置：

- ❑ 管理网络，用于连接到机架上的服务器、ILOM 和交换机，可以为 Exadata 所有的硬件执行管理和维护工作，比如计算节点和存储节点。
- ❑ 客户端接入网络，利用客户现有的网络，为公共客户端连接到数据库服务器。连接到该网络的是计算节点的 NET1 或 NET2，或者两者的网络端口绑定，使用的网卡是 eth1 和 eth2。
- ❑ InfiniBand 网络，采用 InfiniBand 交换机机架，其作用包括数据库服务器和存储节点之间的桥梁、RAC 实例的私有互联、存储的扩展，以及用于高速备份的横向扩展机架。每一个存储节点和计算节点都通过 Infiniband 接口连接到 InfiniBand 网络。

一般情况下，Exadata X4-2 机器上的每个存储单元包括以下网络组件和接口：

- ❑ 4 个 QDR InfiniBand 交换机（40Gb/s）PCIe-3.0，双活端口，内置万兆或千兆以太网端口，用于连接管理网络。
- ❑ 千兆以太网端口，用于 ILOM 管理。

每台 Exadata 数据库服务器附带了一系列的默认 IP 地址，从 192.168.1.1 一直到 192.168.1.203，使用的子网掩码是 255.255.255.0。建议运行 checkip.sh 脚本，以确保 Exadata 中出厂设置的 IP 地址与现有的 IP 地址不冲突。

在一台满配 Oracle Exadata X4-2 服务器中，需要使用大量的 IP 地址，如下所示：

❑ 49 个管理网络 IP 地址。

❑ 19 个客户端接入网络 IP 地址。

❑ 每增加一套网络（NET2，NET3），需要 8 个 IP 地址。

❑ 44 个私有 IP 地址的 InfiniBand 网络。

在安装和配置 Exadata 之前，管理网络、客户端接入网络和其他 SCAN IP、VIP 地址，必须要先在系统的域名服务器（DNS）中注册。

7.5 故障排除工具

尽管 OEM Cloud Control 12c 提供了强大的监控所有 Exadata 组件的功能，包括 InfiniBand 网络方面的信息，但还是有必要了解一些常用的工具，这些工具很重要，可以用来快速验证和管理 Exadata 上网络配置的详细信息。本节将重点介绍一些用于 Exadata 管理、诊断和验证 InfiniBand 网络使用率的常用工具。

在常规的 InfiniBand 监控过程中，确保要涵盖以下 3 个部分：IB 交换机、IB 架构和 IB 的端口。

物理线路监控

下面讨论如何检查和监控当前的 InfiniBand 网络设置和配置。

可以使用 ibstatus 命令来查询和检索本地节点上当前 InfiniBand 驱动程序的基本信息：

```
# ibstatus

Infiniband device 'mlx4_0' port 1 status:
        default gid:     fe80:0000:0000:0000:0021:2800:01ef:6abf
        base lid:        0x5
        sm lid:          0x1
        state:           4: ACTIVE
        phys state:      5: LinkUp
        rate:            40 Gb/sec (4X QDR)

Infiniband device 'mlx4_0' port 2 status:
        default gid:     fe80:0000:0000:0000:0021:2800:01ef:6ac0
        base lid:        0x6
        sm lid:          0x1
        state:           4: ACTIVE
        phys state:      5: LinkUp
        rate:            40 Gb/sec (4X QDR)
```

两个端口的状态应该都是 ACTIVE，而 phys state（物理状态，即线路连接）应该是 LinkUp。如果 rate 小于 40Gb/s，则需要检查电缆是否损坏或者是否有其他问题。

以 root 用户权限运行 ibstatus 命令，并使用 grep 过滤，可以验证本地节点上的 IB 状态：

```
# ibstatus |grep state

        state:          4: ACTIVE
        phys state:     5: LinkUp
        state:          4: ACTIVE
        phys state:     5: LinkUp
```

使用命令 ibhosts 来显示连接到交换机的节点信息，包括计算节点和存储节点：

```
[root ~]# ibhosts

Ca      : 0x0021280001ef6cd2 ports 2 "db02 S 192.168.10.2 HCA-1"
Ca      : 0x0021280001ef684e ports 2 "cel03 C 192.168.10.5 HCA-1"
Ca      : 0x0021280001ef6d36 ports 2 "cel01 C 192.168.10.3 HCA-1"
Ca      : 0x0021280001ef59ea ports 2 "cel02 C 192.168.10.4 HCA-1"
Ca      : 0x0021280001ef6abe ports 2 "db01 S 192.168.10.1 HCA-1"
```

使用下面的 ifconfig 命令，显示每个节点上的 IB 和网卡配置详细信息：

```
# ifconfig ib0:ib1

ib0       Link encap:InfiniBand  HWaddr
          80:00:00:48:FE:80:00:00:00:00:00:00:00:00:00:00:00:00:00:00
          UP BROADCAST RUNNING SLAVE MULTICAST  MTU:65520  Metric:1
          RX packets:12159586 errors:0 dropped:0 overruns:0 frame:0
          TX packets:13108639 errors:0 dropped:11 overruns:0 carrier:0
          collisions:0 txqueuelen:256
          RX bytes:8276811902 (7.7 GiB)  TX bytes:6817160403 (6.3 GiB)

ib1       Link encap:InfiniBand  HWaddr
          80:00:00:49:FE:80:00:00:00:00:00:00:00:00:00:00:00:00:00:00
          UP BROADCAST RUNNING SLAVE MULTICAST  MTU:65520  Metric:1
          RX packets:16427 errors:0 dropped:0 overruns:0 frame:0
          TX packets:0 errors:0 dropped:0 overruns:0 carrier:0
          collisions:0 txqueuelen:256
          RX bytes:14692746 (14.0 MiB)  TX bytes:0 (0.0 b)
```

IB 网卡配置的详细信息都存储在 /etc/sysconfig/network-scripts/ifcfg-ib0 和 ifcfg-ib1 文件中。

有时需要监测和验证 InfiniBand 网络拓扑结构以及 Exadata 计算和存储节点上所有 IB 网络线路的当前状态，可以使用下面的 verify-topology 命令来验证 IB 网络及其拓扑。可以在计算节点或存储节点上以 root 用户执行这个命令：

```
# /opt/oracle_SupportTools/ibdiagtools/verify-topology -t fattree
```

可以使用 verify-topology 命令验证拓扑结构的细节。下面的示例演示了如何验证一个半配 Exadata 数据库服务器的拓扑结构：

```
# /opt/oracle_SupportTools/ibdiagtools/verify-topology -t halfrack
```

如果需要手动执行 IB 硬件故障传感器检查，要以 root 用户登录到交换机上，执行以下命令：

```
# showunhealthy
```

```
# env_test
```

要查询 IB 端口的运行状况，可以登录到计算节点上或者交换机上，每 60～120s 执行一次 ibqueryerrors.pl 命令，并持续观察输出的结果。

要验证子网管理器（Subnet Manager，SM）的信息和交换机的信息，可使用以下命令：

```
# sminfo

sminfo: sm lid 2 sm guid 0x10e035c5dca0a0, activity count 26769024
        priority 5 state 3 SMINFO_MASTER

# ibswitches

Switch  : 0x0010e035c5dca0a0 ports 36 "SUN DCS 36P QDR n3-
          ibb01.domain.com" enhanced port 0 lid 2 lmc 0
Switch  : 0x0010e035c604a0a0 ports 36 "SUN DCS 36P QDR n3-
          iba01.domain.com" enhanced port 0 lid 1 lmc 0
```

运行命令 ibnetdiscover 可以发现节点与节点之间的连接性：

```
# ibnetdiscover

# Topology file: generated on Sun May 18 15:06:42 2014
#
# Initiated from node 0010e0000129699c port 0010e0000129699d

vendid=0x2c9
devid=0xbd36
sysimgguid=0x10e035c5dca0a3
switchguid=0x10e035c5dca0a0(10e035c5dca0a0)
Switch 36 "S-0010e035c5dca0a0" # "SUN DCS 36P QDR n3-tst-ibb01 " enhanced port 0 lid 2 lmc 0
[1] "H-0010e00001295420"[2](10e00001295422)# "cel-es02 C 20.168.166.14 HCA-1" lid 10 4xQDR
[2] "H-0010e0000129699c"[2](10e0000129699e)# " cel-es01 C 20.168.166.13 HCA-1" lid 8 4xQDR
[4] "H-0010e000012968b0"[2](10e000012968b2) # " cel-es03 C 20.168.166.15 HCA-1" lid 12 4xQDR
[8] "H-0010e00001294cd0"[2](10e00001294cd2) # " rp-od01 S 20.168.166.11 HCA-1" lid 4 4xQDR
[10]"H-0010e0000128d288"[2](10e0000128d28a) # " rp-od02 S 20.168.166.12 HCA-1" lid 6 4xQDR
[13] "S-0010e035c604a0a0"[14] # " SUN DCS 36P QDR n3-tst-iba01 " lid 1 4xQDR
```

运行命令 ibcheckstate-v 可以快速检查所有节点上所有端口的状态：

```
# Checking Switch: nodeguid 0x0010e035c5dca0a0
Node check lid 2:  OK
Port check lid 2 port 1:   OK
Port check lid 2 port 2:   OK
Port check lid 2 port 4:   OK
Port check lid 2 port 7:   OK
Port check lid 2 port 10:  OK
Port check lid 2 port 13:  OK
Port check lid 2 port 14:  OK
Port check lid 2 port 15:  OK
Port check lid 2 port 16:  OK
Port check lid 2 port 17:  OK
Port check lid 2 port 18:  OK
Port check lid 2 port 31:  OK

# Checking Switch: nodeguid 0x0010e035c604a0a0
Node check lid 1:  OK
Port check lid 1 port 1:   OK
Port check lid 1 port 2:   OK
Port check lid 1 port 4:   OK
Port check lid 1 port 7:   OK
Port check lid 1 port 10:  OK
Port check lid 1 port 13:  OK
Port check lid 1 port 14:  OK
Port check lid 1 port 15:  OK
```

```
Port check lid 1 port 16:  OK
Port check lid 1 port 17:  OK
Port check lid 1 port 18:  OK
Port check lid 1 port 31:  OK

# Checking Ca: nodeguid 0x0010e0000128d288
Node check lid 5:  OK
Port check lid 5 port 1:  OK
Port check lid 5 port 2:  OK


## Summary: 7 nodes checked, 0 bad nodes found
##          34 ports checked, 0 ports with bad state found

# ibdiagnet
```

当执行 ibdiagnet 之后，系统会扫描 IB 架构，提取节点上所有关于连接和设备的相关信息，默认的输出会写入到 /tmp 目录。它也将验证 IB 架构中重复的节点和端口的 GUID。下面是一个例子：

```
# /opt/oracle_SupportTools/ibdiagtools/ibdiagnet

Loading IBDIAGNET from: /usr/lib64/ibdiagnet1.2
-W- Topology file is not specified.
    Reports regarding cluster links will use direct routes.
Loading IBDM from: /usr/lib64/ibdm1.2
-W- A few ports of local device are up.
    Since port-num was not specified (-p option), port 1 of device 1 will be
    used as the local port.
-I- Discovering ... 7 nodes (2 Switches & 5 CA-s) discovered.


-I---------------------------------------------------------
-I- Bad Guids/LIDs Info
-I---------------------------------------------------------
-I- No bad Guids were found
-I---------------------------------------------------------
-I- Links With Logical State = INIT
-I---------------------------------------------------------
-I- No bad Links (with logical state = INIT) were found
-I---------------------------------------------------------
-I- PM Counters Info
-I---------------------------------------------------------
-I- No illegal PM counters values were found
-I---------------------------------------------------------
-I- Fabric Partitions Report (see ibdiagnet.pkey for a full hosts list)
-I---------------------------------------------------------
-I-     PKey:0x7fff Hosts:10 full:10 partial:0
-I---------------------------------------------------------
-I- IPoIB Subnets Check
-I---------------------------------------------------------
-I- Subnet: IPv4 PKey:0x7fff QKey:0x00000b1b MTU:2048Byte rate:1
-W- Suboptimal rate for group. Lowest member rate:40Gbps > group
-I---------------------------------------------------------
-I- Bad Links Info
-I- No bad link were found
-I---------------------------------------------------------
---------------------------------------------------------
-I- Stages Status Report:
    STAGE                        Errors Warnings
    Bad GUIDs/LIDs Check         0      0
    Link State Active Check      0      0
    Performance Counters Report  0      0
```

```
        Partitions Check                0      0
        IPoIB Subnets Check             0      1

Please see /tmp/ibdiagnet.log for complete log
---------------------------------------------------------------

-I- Done. Run time was 1 seconds

# ibdiagnet -c 1000
```

上述命令检查 IB 的网络，检测网络连接的错误。

如果要检查 InfiniBand 网络相关的问题，可以使用 infinicheck 命令，该命令位于 /opt/
oracle.SupportTools/ibdiagtools 目录。下面的例子演示了如何使用该命令的各种参数：

```
# infinicheck
# infinicheck -z
infinicheck -g
infinicheck -d -p
```

7.6　收集日志文件

在系统出现问题时，建议用户检查操作系统日志，查看网络组件以及和 IB 交换机有关
的信息来找到导致问题的原因。下面给出相关日志文件的列表，在诊断问题时，需要注意
和检查：

❑ /var/log/messages

❑ /var/log/opensm.log

❑ /var/log/opensm-subnet.lst

运行下面的命令可以得到更多的诊断信息：

❑ /usr/local/bin/nm2version

❑ /usr/local/bin/env_test

❑ /usr/local/bin/listlinkup

7.7　集成的 Lights Out Manager

本节将详细介绍如何通过 Web 访问 Oracle ILOM 接口，监控和管理 InfiniBand 交换机。

打开浏览器，指定需要监控或者配置的交换机的主机名或者 IP 地址，然后登录到
ILOM。下面是一个例子：

https://10.1.10.131/iPages/i_login.asp

输入交换机的用户名和密码，如图 7.3 所示。

主页面上的信息标签包括系统信息（System Information）、系统监控（System
Monitoring）、配置（Configuration）、用户管理（User Management）、系统维护（Maintenance）
和交换机监控工具（Switch/Fabric Monitoring Tools），如图 7.4 所示。

图 7.3 ILOM 登录界面

图 7.4 ILOM 主页面中的各个选项

这些标签提供了 ILOM 的各种功能：

❏ 系统信息，提供各组件的信息和当前状态，ILOM 版本，故障管理，固件版本等。

❏ 系统监控，可以查看事件日志，显示传感器的列表。

❏ 配置，可以配置 SMPT 服务器，以便于及时获得关于交换机报警信息。此外，可以设置时区、交换机时间、DNS、网络设置以及编辑和设置告警规则等。

❏ 用户管理，提供当前连接交换机的用户的所有细节，提供添加、删除、修改本地 ILOM 用户和 SSH 密钥功能。

❏ 系统维护，提供固件升级、备份和恢复、重启服务处理器（SP）和存储快照的功能。

❏ 交换机监控工具，提供系统信息、传感器信息、IB 性能、IB 端口映射和子网管理器，如图 7.5 所示。IB 的性能选项页显示了链路状态的使用率等细节，如图 7.6 所示。

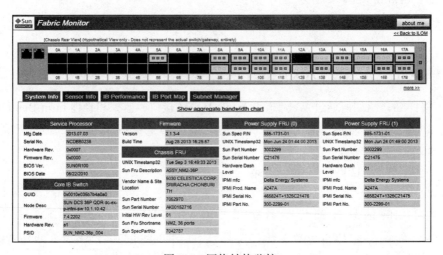

图 7.5 网络结构监控

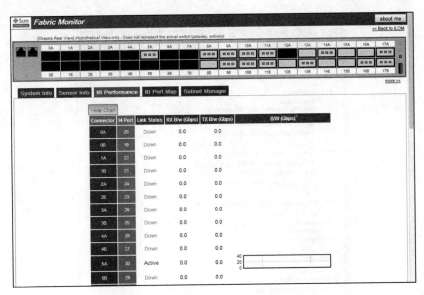

图 7.6　IB 性能

如果要禁用 HTTP/ HTTPS 访问交换机，可以进入 Configuration 页面，然后单击 Web Server，并取消选中 Enabled 复选框。要重新启用 HTTP/HTTPS 访问交换机，需要进入 /SP/services/http 或 /SP/services/https，然后使用命令行界面（CLI）启用。

7.8　OEM Cloud Control 12c

用户可以使用 OEM Cloud Control 12c 来监控系统、定义告警指标并设置通知。每当系统识别到有 IB 交换机的问题，用户将收到通知和告警。当用户使用 OEM Cloud Control 12c 管理 Exadata 数据库服务器时，会自动发现所有 IB 网络组中的 InfiniBand 交换机，并自动发现服务器上的其他部件。

下面来讨论一下 OEM Cloud Control 12c 是如何监控和管理 Exadata 网络接口和交换机的。

首先打开浏览器，启动并登录 OEM Cloud Control 12c。

要显示 OEM Cloud Control 中所有可以被识别和配置的对象，从 Targets 下拉列表中选择 All Targets 选项。网页中将列出所有重要的组件，包括服务器、存储和网络 3 大类，如图 7.7 所示。

如果用户从上面的列表中选择 Oracle InfiniBand 交换机，那么将显示 InfiniBand 交换机相关的所有细节，如图 7.8 所示，包括目标的状态，这里显示了 5 个交换机，因为在 OEM 中配置了 2 个满配或者半配的 Exadata。显示的信息还包括目标的版本、平台和操作系统的细节。

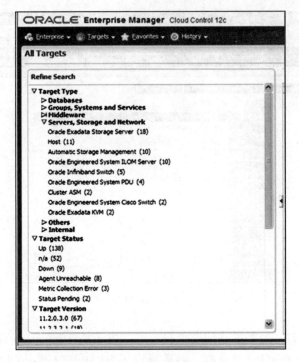

图 7.7 OEM 全部目标界面

当选中计算节点时，系统列出了 3 台 InfiniBand 交换机（一台满配 Exadata 有一个骨干交换机和两个叶交换机），如图 7.9 所示。交换机当前的统计和状态信息显示在右边。在该界面可查看网络吞吐量、状态和端口的使用情况。

在 InfiniBand 交换机的下拉列表中，提供的选项包括监控、控制、配置和其他历史信息，如图 7.10 所示。

例如，如果选择了配置选项，可以选择 Last Collect 选项，允许查看交换机的版本配置的详细信息和总结，以及 HCA 端口配置的详细信息，如图 7.11 所示。

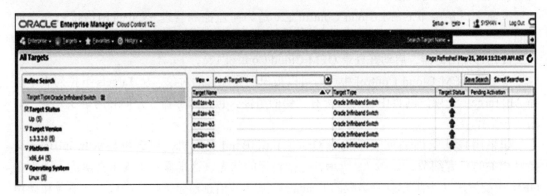

图 7.8 OEM 中的目标列表

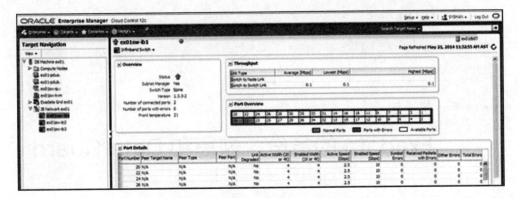

图 7.9　OEM 中 InfiniBand 列表

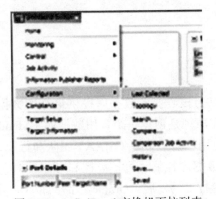

图 7.10　InfiniBand 交换机下拉列表

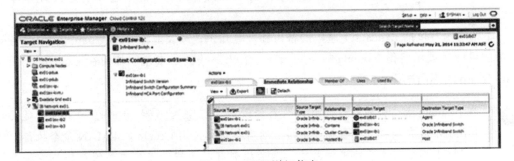

图 7.11　配置详细信息

7.9　本章小结

本章全面描述了 Exadata 的网络组件部分、IB 交换机的配置以及使用不同类型的网络来管理和访问数据库服务器及存储节点。本章的内容还涵盖了使用 ILOM 和 OEM Cloud Control 12c 来监控和管理 IB 交换机。最后一部分内容描述了如何收集和查看系统日志，来诊断网络或 IB 交换机的相关问题。

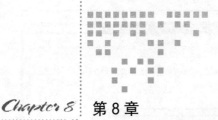

Exadata 的备份、恢复和 Data Guard

Oracle Data Guard 可以为核心业务数据库提供最好的数据保护和数据高可用性的解决方案。Data Guard 的工作原理是创建一个备用数据库（Standby），然后使之与主数据库保持同步。Oracle 的最大可用性体系结构（MAA）团队和行业专家提供了很多最佳实践和技术方案，当涉及 Oracle 数据库性能、可扩展性和可靠性时，都会使用 Data Guard 和数据库的备份恢复技术。随着技术的发展，Oracle 产品的每个版本都会调整最佳实践文档的内容。而参照最佳实践文档，可以帮助很多公司解决潜在的性能问题和企业 IT 基础架构问题。

本章的内容包括 Exadata 上基本的备份和恢复知识，以及配置 Data Guard 的最佳实践。本章的目标是展示备份 Exadata 的一些选项，给出一些例子来说明如何在 Exadata 上使用 Data Guard 的不同选项。

> **提示** 在 Exadata 上，强烈建议使用 ZFS 存储设备（ZFSSA）连接专用的 40Gb/s 低延迟的 InfiniBand 交换机进行数据库备份。所有备份都使用 Oracle 的 RMAN 命令执行，保存到 ZFSSA 上共享的文件系统。这项原则有助于将数据库文件的存储与备份存储分离开来。在 Exadata 发生故障的情况下，可以将数据库还原到另一台 Exadata 服务器上，甚至是非 Oracle 一体机的服务器上。这样存放备份，DMA 才能够更放心地考虑升级或更新 Exadata 计算节点和存储节点。
>
> 相比传统的数据库环境，备份 Exadata 和 ZFS 存储设备上的数据库是一项具有挑战性的工作。本章会给出一个详细的指南，告诉读者如何使用 Oracle 恢复管理器（RMAN）进行数据库备份。

8.1　使用 RMAN 从磁盘备份到磁盘

从 Oracle 10g 开始，Oracle 恢复管理器（RMAN）提供了增量备份的功能，增量备份可以以 0 级备份为基础进行更新。要使用此功能，必须在数据库中执行一个特殊的 backup as copy 命令，可以将数据库复制到文件系统或者 ASM 快速恢复区（FRA）。在数据库的主硬盘出现灾难性故障的情况下，可以将数据库切换到副本并启动。

当对 Exadata 数据库进行备份时，有几种选择。虽然建议使用 ZFS 存储设备来备份 Exadata 数据库，但也可以使用其他厂商的设备，比如 EMC 和 NetApp 来执行我们的备份。如果系统中有万兆以太网，则可以使用 Direct NFS（dNFS）把第三方存储挂载到计算节点，数据库可以很容易地备份到外部存储设备。

如果 Exadata 有扩展存储机架，还可以把数据库备份到扩展存储上的 EXA_DATA2 磁盘组。可以执行数据库的完整镜像备份，然后切换数据文件或者表空间，甚至是整个数据库到镜像副本上，来实现本地高可用性的保护。可以错开增量更新，以维持一天或两天（甚至更长）的恢复窗口。如果要备份到磁带介质上，可以使用 Oracle Secure Backup 将备份保存到磁带存储上。

如果系统没有额外的硬件，则可以利用 Exadata 计算节点上的 Oracle 数据库文件系统（DBFS），执行 RMAN 的磁盘到磁盘（D2D）备份。DBFS 可以免费使用，许多公司选择利用 DBFS，直到他们能够找到或购买其他的备份存储介质。DBFS 或者 Oracle 12c ASM 集群文件系统（ACFS）都可以配置存放 RMAN 磁盘备份和 GoldenGate 的跟踪文件。

可以使用 backup as copy 命令，利用每天晚上的增量备份更新全库备份（也就是持续增量备份（incremental forever）），从而允许增量更新的备份转换为完整备份。从概念上讲，用户将很少需要再次执行数据库的完整的全库备份。使用可更新的增量备份，可以减少数据库恢复时间，部署快照技术，并克隆生产库的快照数据。

8.1.1　Exadata 上 RMAN 备份的设置

在 RMAN 中，可以进行镜像备份，或者备份集备份。越来越多的公司选择使用 RMAN 备份集，仅仅因为这项技术用起来更舒适。相反，在 Exadata 环境中，考虑使用增量更新的镜像备份，想象在这个环境中，不再需要进行全备份了。这取决于我们选择方法，可以使用以下 RMAN 备份有关的隐含参数过程：

❑ _backup_disk_bufcnt，用于处理备份集的缓冲区的数量。

❑ _backup_disk_bufsz，用于处理备份集的缓冲区的大小。

❑ _backup_file_bufcnt，用于处理镜像备份的缓冲区的数量。

❑ _backup_file_bufsz，用于处理镜像备份的缓冲区的大小。

表 8.1 给出了有关缓冲区数量和大小设置的最佳实践和建议，这些设置用来在 IB 环境或者万兆以太网中通过 dNFS 连接到 Exadata，来进行数据库备份或者复制。

表 8.1 RMAN 备份设置

备 份 类 型	_backup_disk_bufcnt	_backup_disk_bufsz	_backup_file_bufcnt	_backup_file_bufsz
备份集备份	64	1 048 576		
备份集还原	64	1 048 576		
镜像备份			64	1 048 576
镜像还原	64	1 048 576	64	1 048 576
还原验证	64	1 048 576	64	1 048 576

以下是其他一些建议：

❑ 每个磁盘使用 2～4 个 RMAN 通道。

❑ 在不同的磁盘控制器之间对 RMAN 通道进行负载平衡。

❑ 在不同的 Exadata 计算节点之间对 RMAN 通道进行负载平衡。

8.1.2 rman2disk Shell 脚本

在本节中，将介绍一个经过修改的 rman2disk.ksh 脚本，该脚本经过自定义的修改，可以用于自动化 Exadata 的备份。不管是要执行备份集备份、备份为镜像副本，或者是增量备份，还是增量可更新备份，这个脚本都可以满足要求。可以访问网站 http://dbaexpert.com/dg/dgmenu/ 下载 rman2disk.ksh 脚本以及其他有关 Data Guard 的脚本。

使用 rman2disk.ksh Shell 脚本有一些先决条件和要求。首先，需要在 Optimal Flexible Architecture（OFA）中添加几个目录。在 $ORACLE_BASE/admin/$ORACLE_SID 目录下，需要添加一个 log 目录和一个软链接（symbolic link）bkups，该软链接指向数据库的备份目标文件夹。最终，$ORACLE_BASE/admin/$ ORACLE_SID 的目录结构应该如下所示：

```
$ ls -ltr
total 40
drwxr-xr-x   2 oracle oinstall  4096 Oct 16 16:24 exp
drwxr-xr-x   2 oracle oinstall  4096 Oct 16 16:24 adump
drwxr-xr-x  52 oracle oinstall  4096 Oct 23 12:12 cdump
lrwxrwxrwx   1 oracle oinstall    18 Nov 14 08:58 bkups -> /zfs/ /DBATOOLS/bkups
drwxr-xr-x  11 oracle oinstall 20480 Nov 21 13:00 bdump
drwxr-xr-x   2 oracle oinstall  4096 Nov 22 09:48 udump
lrwxrwxrwx   2 oracle oinstall  4096 Nov 22 09:57 log-> /zfs/ /DBATOOLS/log
```

在上面的例子中，要特别注意 log 目录和软链接 bkups。log 目录包含了 rman2disk 脚本所生成的所有 RMAN 备份脚本，以及 RMAN 脚本执行所生成的日志文件。如果使用 ZFSSA 进行备份，这两个目录（log 和 bkups）应该位于 ZFSSA 之上。软链接应指向 ZFSSA 上的目标目录。当 RMAN 备份使用多个通道时，需要将 bkup1，bkup2，bkup3，bkup4，bkup5，bkup6，bkup7，bkup8 等放到其他的 ZFS 挂载点上。

简而言之，rman2disk 脚本可以创建一个 RMAN 脚本并执行。RMAN 脚本的格式如下所示：

```
rman2disk.ksh_[date]_[time]_[level].sql
```

下面来看一下 log 目录中所生成文件的命名规则。正如在如下例子中的目录列表所示，生成的文件名都有着特定的规则，这种设计有助于快速识别执行 RMAN 所生成的备份脚本和日志：

```
rman2disk.ksh_20Nov08_2116_0.sql
rman2disk.ksh_20Nov08_2116_Level0.log
rman2disk.ksh_21Nov08_0726_1.sql
rman2disk.ksh_21Nov08_0726_Level1.log
rman2disk.ksh_22Nov08_0139_baseline.sql
rman2disk.ksh_22Nov08_0139_Levelbaseline.log
rman2disk.ksh_22Nov08_0943_1.sql
rman2disk.ksh_22Nov08_0943_Level1.log
rman2disk.ksh_22Nov08_0948_1.sql
rman2disk.ksh_DBTOOLS1.log
rman2disk.ksh_22Nov08_0948_Level1.log
rman2disk.ksh_22Nov08_1050_1.sql
rman2disk.ksh_22Nov08_1050_Level1.log
rman2disk.ksh_DBTOOLS1.history.log
```

首先，后缀名为 .sql 的文件是 RMAN 脚本生成的，可以从上面的例子中看到有 3 种 .sql 文件：

❑ _0.sql 表示 0 级备份集。

❑ _1.sql 表示增量 1 级备份。

❑ _baseline.sql 脚本表示 RMAN 数据库镜像备份。

第二种文件是日志文件。每一天的备份都会生成对应的日志文件。此外，还有一个历史日志文件记录了所有备份执行的高级统计信息。应该定期清除日志文件，例如，90 天后清除，但不能清除历史日志文件。历史日志文件只保存有关数据库备份的高级信息，例如，何时启动，何时结束，以及为备份传递了哪些参数。历史日志文件将有助于查看历史的备份趋势。历史日志文件的文件命名格式如下所示：

```
rman2disk.ksh_[ORACLE_SID].log
```

下面是历史日志文件的部分内容：

```
Performing backup with arguments: -l 1 -d DBTOOLS1 -m  -n 2
Performing backup with arguments: -r
Spfile Backup:
Previous BASELINE Tag: DBTOOLS1_baseline_22Nov08_0139
#----------------------------------------------------------------------
# Backup Started: Sat Nov 22 10:50:19 EST 2008
#----------------------------------------------------------------------
Catalog:
#----------------------------------------------------------------------
# Backup Completed Successfully for DBTOOLS1 on Sat Nov 22 10:51:01 EST 2008
#----------------------------------------------------------------------
DB Backup Size is:  8.80469
Archive Backup Size is:  5.02344
Performing backup with arguments: -l 1 -d DBTOOLS1 -m  -n 2
Performing backup with arguments: -r
Performing backup with arguments: -z
Spfile Backup:
Archive log mode: Y
```

在 rman2disk.ksh 脚本中首先指定了 ORACLE_BASE 的位置。ORACLE_BASE 被设置为 $ ORACLE_HOME 的上两级目录。在此处的例子中，ORACLE_BASE 设置为 /apps/oracle：

```
# --------------------
# Start of .ORACLE_BASE
export BASE_DIR=/apps/oracle
export ORACLE_BASE=/apps/oracle
export RMAN_CATALOG=RMANPROD
BACKUP_DEST=asm
```

文件 .ORACLE_BASE 应该放在 Oracle 用户在 UNIX/Linux 上的 $HOME 目录下。

8.1.3 rman2disk 模板文件

每个模板文件都有不同的用途。例如，模板 rman2disk.sql.cold 用于执行数据库冷备份。模板 rman2disk.sql.compressed 用于执行 RMAN 压缩备份。很明显模板 rman2.sql.noncompression 备份时不进行压缩。根据 rman2disk.ksh 脚本的命令行参数中指定的选项，相应地生成并修改不同的模板文件，然后生成要执行的 RMAN 脚本。

在 rman2disk.sql.cold 模板文件的执行过程中，在运行 backup database 命令之前，先要执行 shutdown immediate 和 startup mount 命令。一旦完成了备份数据库、归档日志、控制文件和参数文件操作，该脚本将执行 alter database open 命令并打开数据库。

该 RMAN 脚本可以调用以下众多的模板文件：

```
-rw-r--r--  1 oracle oinstall 1232 Nov 22 01:37 rman2disk.sql.baseline
-rw-r--r--  1 oracle oinstall 1275 Nov 22 01:37 rman2disk.sql.cold
-rw-r--r--  1 oracle oinstall  963 Nov 22 15:57
rman2disk.sql.cold.noarchivelog
-rw-r--r--  1 oracle oinstall 1529 Nov 22 01:37 rman2disk.sql.compression
-rw-r--r--  1 oracle oinstall 1370 Nov 22 01:37 rman2disk.sql.for_recover
-rw-r--r--  1 oracle oinstall 1506 Nov 22 01:37 rman2disk.sql
```

rman2disk.sql 脚本执行的是 Oracle 数据库的标准 RMAN 备份。

8.1.4 使用 rman2disk

本节提供了 rman2disk.ksh 脚本的一些使用示例。

以下是使用 rman2disk.ksh 来进行 RMAN 备份的常见用法，在此示例中执行的是全库的零级备份：

```
/apps/oracle/general/sh/rman2disk.ksh -d DATABASE -l 0 -c catalog >
/tmp/rman2disk_DATABASE.0.log 2>&1
```

下一个例子是显示如何增量备份的：

```
/apps/oracle/general/sh/rman2disk.ksh -d DATABASE -l 1 -c catalog >
/tmp/rman2disk_DATABASE.1.log 2>&1
```

以下是使用 rman2disk.ksh 脚本进行数据库备份、镜像备份和增量备份时的各种选项。第一个示例提供了使用 RMAN 目录进行零级全备份的选项，第二个示例提供了执行 RMAN

一级增量备份的选项：

```
#  1.  Perform a full level 0 backup
#      /apps/oracle/general/sh/rman2disk.ksh -d DATABASE -l 0 -c catalog >
/tmp/rman2disk_DATABASE.0.log 2>&1
#  2.  Perform a level 1 incremental backup
#      /apps/oracle/general/sh/rman2disk.ksh -d DATABASE -l 1 -c catalog
> /tmp/rman2disk_DATABASE.1.log 2>&1
```

接下来，看一看如何使用 rman2disk.ksh 脚本执行 RMAN 数据库镜像备份，并且后续采用增量备份，恢复到镜像备份上：

```
#  1.  Perform a baseline level 0 backup
#      /apps/oracle/general/sh/rman2disk.ksh -d DATABASE -l baseline >
/tmp/rman2disk_DATABASE.baseline.log 2>&1
#  2.  Perform an incremental backup
#       /apps/oracle/general/sh/rman2disk.ksh -d DATABASE -l 1 -r merge >
/tmp/rman2disk_DATABASE.1.log 2>&1
```

以下是几点你将感兴趣并且很重要的使用说明：首先，-r 选项只能用于镜像备份。其次，-r 选项必须能够在 $SH 目录中找到一个基准标签；否则，脚本将执行完整的零级全库复制。

如果没有指定 -c（即 catalog）选项，RMAN 备份将不会使用到 RMAN 恢复目录，而只能使用控制文件。如果指定了 -c 选项，出于安全考虑，应该在 rman2disk.ksh Shell 脚本的同一目录中创建一个 .rman.pw 密码文件，并且设置该文件的 Linux/UNIX 权限为 600。可以在 .ORACLE_BASE 文件中指定 RMAN 的恢复目录。

下面来看一看 rman2disk.ksh 参数的细节。以下代码示例显示了 rman2disk Shell 脚本的所有命令行参数：

```
while getopts :l:d:c:n:m:r:z: arguments
do
  case $arguments in
    c) CATALOG=${OPTARG}
       export CATALOG=$(echo $CATALOG |tr '[A-Z]' '[a-z]')
       ;;
    d) DB=${OPTARG}
       ;;
    l) BACKUP_LEVEL=${OPTARG}
       ;;
    n) NUMBER_OF_DAYS_TO_RETAIN=${OPTARG}
       ;;
    m) BACKUP_MODE=${OPTARG}
       export BACKUP_MODE=$(echo $BACKUP_MODE |tr '[A-Z]' '[a-z]')
       ;;
    r) RECOVERY_MODE=${OPTARG}
       export RECOVERY_MODE=$(echo $RECOVERY_MODE |tr '[A-Z]' '[a-z]')
       ;;
    z) COMPRESSION_MODE=${OPTARG}
       export COMPRESSION_MODE=$(echo $COMPRESSION_MODE |tr '[A-Z]' '[a-z]')
       ;;
    *) echo "${OPTARG} is not a valid argument\n"
       echo "Usage is:  rman2disk.ksh -d $DB -l [0 or 1 or baseline]
[-m cold] [-n # of days to retain archivelogs] [-r merge]"
       exit -1
       ;;
  esac
done
```

以下是对所有选项的详细说明：

❑ -l 选项指定备份级别，有效选项为 0 和 1。

❑ -d 选项指定数据库名称。数据库必须列在 /etc/oratab 文件中。

❑ -c 选项指定是否要使用 RMAN 目录来存储备份元数据。如果未指定 -c 选项，脚本不会使用 RMAN 目录，并且默认使用 nocatalog 语法。

❑ -n 选项指定要保留的归档日志的天数。如果未指定参数，则天数默认为 2：

```
[ "$NUMBER_OF_DAYS_TO_RETAIN" = "" ] && export
NUMBER_OF_DAYS_TO_RETAIN=2
```

❑ -m 选项指定备份模式。备份模式的可接受值是 cold 和 hot。

❑ -r 选项只能与 image copy backup 命令一起使用。-r 选项必须能够在 $SH 目录中找到一个基准标签。如果在 $SH 目录中找不到基准标签，则执行零级的数据库复制。作为一个额外的功能，基准是在数据库级建立的：

```
export PREVIOUS_BASELINE_TAG=$(cat $SH/rman2disk.tag.baseline.${ORACLE_SID})
```

所有基准标签的历史记录保存在一个名为 echo $TAG |tee -a $SH/rman2disk.tag.history 的文件中。所有基线的历史保持在全库级别。每当使用 -l 基线选项运行 rman2disk.ksh 脚本时，基准标签名称将记录在 TAG 文件和 TAG 历史记录文件中：

```
export TAG=${ORACLE_SID}_${BACKUP_LEVEL}_${ORADATE}
echo $BASELINE_TAG > $SH/rman2disk.tag.baseline.${ORACLE_SID}
echo $TAG |tee -a $SH/rman2disk.tag.history
```

❑ -z 选项指定了压缩模式。在通常情况下，压缩可以节省出令人难以置信的磁盘空间。例如，对于在数据库中保存了大量 BLOB 的客户，压缩选项会产生意想不到的结果，导致备份时间比非压缩备份时高出几个数量级，而压缩节省的空间仅仅为 20%～30%。而对于另一个客户，压缩选项将数据库备份减小原数据库大小的 90% 左右。

压缩可以为一些数据库产生难以置信的结果。在下面的例子中，可以看到一个 1.91TB 的数据库大小压缩到 289.18GB：

SESSION KEY	INPUT_TYPE	Compress Ratio	IN_SIZE	OUT_SIZE	START_TIME	Time Taken
11613	DB INCR	6.80	1.91T	289.18G	19-feb 18:00	04:58:15
11609	ARCHIVELOG	1.00	4.68G	4.68G	19-feb 16:01	00:01:33
11605	ARCHIVELOG	1.00	93.95G	93.95G	19-feb 07:00	00:24:39

8.1.5 创建 RMAN 备份

通常 DBA 们会认为，备份 TB 级的数据库不是一个很好的选择，因为备份时间太长，他们担心在发生灾难时恢复数据库所需的时间会过长。使用全部的 RMAN 镜像备份，或者数据库的完全备份，其实是非常少见的事情，并且即使是在整个 SAN 都发生故障，或者丢失整个磁盘组的情况下，可以使用 switch to copy 命令将数据库切换到每晚更新的映像副本上运行。如果构建的解决方案中将镜像备份到另一个 SAN 中，则可以在 SAN 发生故障时保持系统继续运行。

　　脚本 rman2disk.ksh Shell 用于执行镜像备份，并执行增量更新的功能。RMAN 备份所需的模板文件是 rman2disk.sql。

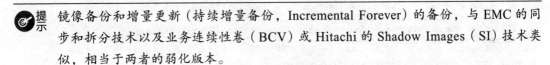 **提示** 镜像备份和增量更新（持续增量备份，Incremental Forever）的备份，与 EMC 的同步和拆分技术以及业务连续性卷（BCV）或 Hitachi 的 Shadow Images（SI）技术类似，相当于两者的弱化版本。

　　在开始备份数据库之前，需要使用 srvctl 命令创建专门用于 RMAN 备份的数据库服务。在下面的示例中，有一个半配的 Exadata，并将为名为 DBATOOLS 的数据库创建 bkup1～bkup8 这 8 个数据库服务（每个节点一个）。

```
$ srvctl create service -d DBATOOLS -s bkup1  -r DBATOOLS1 -a
DBATOOLS2,DBATOOLS3,DBATOOLS4
$ srvctl create service -d DBATOOLS -s bkup2  -r DBATOOLS2 -a
DBATOOLS1,DBATOOLS3,DBATOOLS4
$ srvctl create service -d DBATOOLS -s bkup3  -r DBATOOLS3 -a
DBATOOLS1,DBATOOLS2,DBATOOLS4
$ srvctl create service -d DBATOOLS -s bkup4  -r DBATOOLS4 -a
DBATOOLS1,DBATOOLS2,DBATOOLS3
$ srvctl create service -d DBATOOLS -s bkup5  -r DBATOOLS1 -a
DBATOOLS2,DBATOOLS3,DBATOOLS4
$ srvctl create service -d DBATOOLS -s bkup6  -r DBATOOLS2 -a
DBATOOLS1,DBATOOLS3,DBATOOLS4
$ srvctl create service -d DBATOOLS -s bkup7  -r DBATOOLS3 -a
DBATOOLS1,DBATOOLS2,DBATOOLS4
$ srvctl create service -d DBATOOLS -s bkup8  -r DBATOOLS4 -a
DBATOOLS1,DBATOOLS2,DBATOOLS3

$srvctl start service -d DBATOOLS -s bkup1
$srvctl start service -d DBATOOLS -s bkup2
$srvctl start service -d DBATOOLS -s bkup3
$srvctl start service -d DBATOOLS -s bkup4
$srvctl start service -d DBATOOLS -s bkup5
$srvctl start service -d DBATOOLS -s bkup6
$srvctl start service -d DBATOOLS -s bkup7
$srvctl start service -d DBATOOLS -s bkup8
```

　　对于全配 Exadata，将需要创建名为 bkup1～bkup16 的数据库服务。就像前面的示例一样，基本上为每个节点创建两个服务。

　　以下是 RMAN 零级压缩备份的示例。请注意，这里分配 8 个备份通道，使用 _backup_disk_bufcnt 和 _backup_disk_bufsz 两个隐藏参数。对于执行镜像备份或者是备份集备份的情况，将使用不同的隐藏参数值。对于 RMAN 备份集备份，需要将缓冲区大小设置为 1MB，将缓冲区的数量设置为 64：

```
run
{
allocate channel d1 type disk connect 'sys/oracle123@exa-scan/bkup1'
format '/zfs/DBATOOLS/bkups1/%U';
allocate channel d2 type disk connect 'sys/oracle123@exa-scan/bkup2'
format '/zfs/DBATOOLS/bkups2/%U';
allocate channel d3 type disk connect 'sys/oracle123@exa-scan/bkup3'
format '/zfs/DBATOOLS/bkups3/%U';
```

```
allocate channel d4 type disk connect 'sys/oracle123@exa-scan/bkup4'
format '/zfs/DBATOOLS/bkups4/%U';
allocate channel d5 type disk connect 'sys/oracle123@exa-scan/bkup5'
format '/zfs/DBATOOLS/bkups5/%U';
allocate channel d6 type disk connect 'sys/oracle123@exa-scan/bkup6'
format '/zfs/DBATOOLS/bkups6/%U';
allocate channel d7 type disk connect 'sys/oracle123@exa-scan/bkup7'
format '/zfs/DBATOOLS/bkups7/%U';
allocate channel d8 type disk connect 'sys/oracle123@exa-scan/bkup8'
format '/zfs/DBATOOLS/bkups8/%U';

set limit channel d1 kbytes = 32000000;
set limit channel d2 kbytes = 32000000;
set limit channel d3 kbytes = 32000000;
set limit channel d4 kbytes = 32000000;
set limit channel d5 kbytes = 32000000;
set limit channel d6 kbytes = 32000000;
set limit channel d7 kbytes = 32000000;
set limit channel d8 kbytes = 32000000;


sql 'alter system set "_backup_disk_bufcnt"=64';
sql 'alter system set "_backup_disk_bufsz"=1048576';

backup as backupset incremental level 0 section size 32g
tag=DBATOOLS_bkup_0z_02Feb13_0300 filesperset 1 (database) ;


sql "alter system archive log current";
sql "alter system switch logfile";
sql "alter system switch logfile";

change archivelog all validate;

sql "alter database backup controlfile to trace";

backup as backupset skip inaccessible (archivelog all not backed up 2 times);
backup tag=DBATOOLS_CTL_02Feb13_0300 format '' (current controlfile);
backup backupset from tag DBATOOLS_CTL_02Feb13_0300 format
'/u01/app/oracle/admin/DBATOOLS/bkups/%d.%s.%p.%t.CTL';

delete noprompt archivelog until time 'sysdate - 2' backed up 2 times to
device type disk;

release channel d1;
release channel d2;
release channel d3;
release channel d4;
release channel d5;
release channel d6;
release channel d7;
release channel d8;

}
```

    注意，上面两个 alter system 命令中使用了下划线参数。在 RMAN 备份集备份中需要使用这两个参数。接下来看一下在执行数据库还原时的 RMAN 语法。要还原数据库，需要在运行 restore 命令之前设置相同的下划线参数：

```
run
{
…
allocate channel d7 type disk connect 'sys/oracle123@exa-scan/bkup7'
```

```
format '/zfs/DBATOOLS/bkups7/%U';
allocate channel d8 type disk connect 'sys/oracle123@exa-scan/bkup8'
format '/zfs/DBATOOLS/bkups8/%U';
sql 'alter system set "_backup_disk_bufcnt"=64';
sql 'alter system set "_backup_disk_bufsz"=1048576';

restore database;
…
release channel d7;
release channel d8;
}
```

镜像备份需要两个主要的驱动程序文件: rman2disk.sql.baseline 脚本用来执行零级镜像备份; rman2disk.sql.for_recover 脚本用来执行对数据库镜像副本的增量更新。rman2disk. sql.baseline 脚本只复制数据库的完整镜像到 dNFS。

下面是 rman2disk.sql.baseline 脚本的部分内容:

```
run
{
…
allocate channel d7 type disk connect 'sys/oracle123@exa-scan/bkup7'
format '/zfs/DBATOOLS/bkups7/%U';
allocate channel d8 type disk connect 'sys/oracle123@exa-scan/bkup8'
format '/zfs/DBATOOLS/bkups8/%U';

sql 'alter system set "_backup_disk_bufcnt"=64';
sql 'alter system set "_backup_disk_bufsz"=1048576';

backup as copy incremental level 0 tag='FOREVER' (database);
…
release channel d7;
release channel d8;
}
```

如果没有多个挂载点提供给 RMAN 备份, 则 RMAN 脚本使用 $ORACLE_BASE/admin/ $ORACLE_SID 目录中的软链接, 因为目录路径可能在一个服务器中存在, 而在另一个服务器中不存在。

现在来看看 rman2disk.sql.for_recover 的代码示例:

```
run
{
…
allocate channel d7 type disk connect 'sys/oracle123@exa-scan/bkup7'
format '/zfs/DBATOOLS/bkups7/%U';
allocate channel d8 type disk connect 'sys/oracle123@exa-scan/bkup8'
format '/zfs/DBATOOLS/bkups8/%U';

sql 'alter system set "_backup_file_bufcnt"=64';
sql 'alter system set "_backup_file_bufsz"=1048576';
sql 'alter system set "_backup_disk_bufcnt"=64';
sql 'alter system set "_backup_disk_bufsz"=1048576';

recover copy of database with tag 'FOREVER';

BACKUP INCREMENTAL LEVEL 1 FOR RECOVER OF COPY WITH TAG 'FOREVER'
format '/u01/app/oracle/admin/###_ORACLE_SID_###/bkups/%d.%s.%p.%t.L1.4R.DB'
DATABASE;
…
release channel d7;
release channel d8;
}
```

此脚本执行两个主要的任务。首先，它使用镜像副本进行数据库恢复（使用最后一个增量备份进行更新），然后，使用一级增量备份，其唯一目的是在使用以后的镜像备份中进行数据库恢复。

> **提示** 如果在进行一级增量备份之前特意错开增量更新（使用 TAG 恢复数据库的镜像副本），则可以在发生用户导致的数据错误的情况下，在生产数据库上获得 24 小时甚至更长时间的保护。许多客户没有那么幸运，能够保存 24 小时的闪回日志。如果延迟数据库的增量更新，就将数据文件 / 表空间 / 数据库切换到镜像上（switch to copy），甚至从 ZFS 文件系统中还原相应的数据文件 / 表空间 / 数据库，从而能够实现更高级别的 SLA。

8.1.6　RMAN 备份计划

因为数据库镜像备份可以增量更新，所以在一个合理的 D2D 备份架构中，一个星期中的每一天的备份计划都一样。对这种理念保持怀疑的 DMA 们（Exadata 管理员）可以每月或每季度执行全库零级备份，具体取决于其对 RMAN 磁盘镜像副本和持续增量备份策略的要求和满意度。此外，还应该将备份保留到其他数据中心或者服务器中。可以每天或每周将文件系统备份转移到磁带中去。你的 D2D RMAN 备份计划将如下所示。

- ❑ 周日：一级增量备份合并至零级备份 => 生成零级全库备份
- ❑ 周一：一级增量备份合并至零级备份 => 生成零级全库备份
- ❑ 周二：一级增量备份合并至零级备份 => 生成零级全库备份
- ❑ 周三：一级增量备份合并至零级备份 => 生成零级全库备份
- ❑ 周四：一级增量备份合并至零级备份 => 生成零级全库备份
- ❑ 周五：一级增量备份合并至零级备份 => 生成零级全库备份
- ❑ 周六：一级增量备份合并至零级备份 => 生成零级全库备份

从概念上讲，不需要再次生成一个全库备份，但是应该根据数据库的更改率和占用空间的大小，至少每月或每季度进行一次全库镜像备份。在完成数据库的 RMAN 镜像备份后，可以在 crontab 计划中添加以下内容：

```
#
# -------------------------------------------------------------------------
# -- RMAN Daily Incremental Updates
# -------------------------------------------------------------------------
00 00 * * * /home/oracle/general/sh/rman2disk.ksh -d DBATOOLS -l 1 -r
merge > /tmp/rman2disk.DBATOOLS.1.log 2>&1
```

对于 RMAN 备份集，备份计划看起来明显不同。应该在每个星期六或星期天晚上执行零级全库备份。传统的备份计划应该如下所示：

- ❑ 周日：零级全库备份
- ❑ 周一：一级增量备份

❑ 周二：一级增量备份

❑ 周三：一级增量备份

❑ 周四：一级增量备份

❑ 周五：一级增量备份

❑ 周六：一级增量备份

在清除以前的零级全库备份之前，一定要确保已经有目前全库的零级备份。应该规划出足够的存储空间，以便能够保存两个全库备份以及一两周的存档日志和增量备份。在 cronjob 中的条目应如下所示，数据库名称根据情况有所不同：

```
# -----------------------------------------------------------------------
# -- RMAN Weekly Backups
# -----------------------------------------------------------------------
00 00 * * 6 /home/oracle/general/sh/rman2disk.ksh -d DBATOOLS -l 0 >
/tmp/rman2disk.DBATOOLS_L0.log 2>&1


# -----------------------------------------------------------------------
# -- RMAN Daily Incremental Backups
# -----------------------------------------------------------------------
00 00 * * 0-5 /home/oracle/general/sh/rman2disk.ksh -d DBATOOLS -l 1 >
/tmp/rman2disk.DBATOOLS_L1.log 2>&1
```

对于压缩备份，可以在 rman2disk.ksh 脚本调用时使用 -z y 选项。

压缩备份的示例如下所示：

```
00 00 * * 6 /home/oracle/general/sh/rman2disk.ksh -d DBATOOLS -l 0 -z y >
/tmp/rman2disk.DBATOOLS_L0z.log 2>&1
```

8.1.7　容器和可插拔数据库

在 Oracle 12c 数据库中，备份 CDB（容器数据库）与备份非容器数据库是相同的。当执行 CDB 的全库零级备份时，所有的 PDB 将与 CDB 一起自动备份。当以操作系统身份验证执行 RMAN target sysdba 连接时，实际是通过身份验证，连接到 root container 数据库上（即 CDB）。在本节中不会介绍 CDB/PDB 的相关特性，但在 Exadata 上运行备份时，还是需要考虑一些重要的功能。

可以通过运行以下命令来备份一个或多个 PDB：

```
RMAN TARGET /
BACKUP PLUGGABLE DATABASE my_pdb, your_pdb;
```

如果登录到某个指定的 PDB，也可以备份单个 PDB：

```
RMAN TARGET=sys@my_pdb
BACKUP DATABASE;
```

在 Oracle 12c 数据库中有一项新特性，就是可以创建一个特殊的数据库账户作为通用的用户，该用户仅适用于多租户数据库环境中，用户名以 C## 或 c## 开头，存在于 root CDB 和所有 PDB 中。Oracle 12c 数据库中也引入了一个新的角色，称为 SYSBACKUP。SYSBACKUP 角色具有以下系统权限：

```
1* select * from dba_sys_privs where grantee = 'SYSBACKUP'
SQL> /

GRANTEE         PRIVILEGE               ADM     COM
------------    --------------------    ---     ---
SYSBACKUP       ALTER SYSTEM            NO      YES
SYSBACKUP       AUDIT ANY               NO      YES
SYSBACKUP       SELECT ANY TRANSACTION  NO      YES
SYSBACKUP       SELECT ANY DICTIONARY   NO      YES
SYSBACKUP       RESUMABLE               NO      YES
SYSBACKUP       CREATE ANY DIRECTORY    NO      YES
SYSBACKUP       UNLIMITED TABLESPACE    NO      YES
SYSBACKUP       ALTER TABLESPACE        NO      YES
SYSBACKUP       ALTER SESSION           NO      YES
SYSBACKUP       ALTER DATABASE          NO      YES
SYSBACKUP       CREATE ANY TABLE        NO      YES
SYSBACKUP       DROP TABLESPACE         NO      YES
SYSBACKUP       CREATE ANY CLUSTER      NO      YES

13 rows selected.
```

如下例所示，创建一个名为 C##DBABACKUP 的通用用户，并授予该用户 SYSBACKUP 角色，以便执行 CDB 和 PDB 的备份。首先创建一个名为 C##DBABACK 的用户账户：

```
    1   CREATE USER C##DBABACK
    2   PROFILE DEFAULT
    3   IDENTIFIED BY oracle123
    4   DEFAULT TABLESPACE USERS
    5   TEMPORARY TABLESPACE TEMP
    6   ACCOUNT UNLOCK
    7*  CONTAINER=ALL
SQL> /

User created.
```

接下来，授予该用户连接所有 PDB 的权限以及 SYSBACKUP 角色：

```
SQL> GRANT CONNECT TO C##DBABACK CONTAINER=ALL;

Grant succeeded.

SQL> GRANT SYSBACKUP TO C##DBABACK CONTAINER=ALL;

Grant succeeded.
```

请注意 CONTAINER=ALL 的特殊语法，表示此语句适用于 root CDB 和所有已插入的 PDB。现在可以以新的 C##ORABACK 用户身份登录，并在 CDB 和 PDB 上执行备份：

```
$ rman

Recovery Manager: Release 12.1.0.1.0 - Production on Mon Feb 3 19:18:25 2014

Copyright (c) 1982, 2013, Oracle and/or its affiliates.  All rights reserved.

RMAN> connect target "c##dbaback/oracle123 as sysbackup"

connected to target database: CDB1 (DBID=811637436)
```

可以备份 CDB、一个或多个 PDB 或者 root CDB。由于 Exadata 是市场上出色的一体机平台，因此强烈建议读者了解 CDB 和 PDB 的多租户特性。

8.2　Data Guard

DBA 应当对公司的恢复点目标（RPO）和恢复时间目标（RTO）有深入的了解。Data Guard 配置则与公司的 RPO 和 RTO 要求直接相关。需要实施基本的最佳实践，并配置、监视和维护适合的 RPO 和 RTO 的 Data Guard 环境。

8.2.1　补丁

首先，Exadata 数据库要与最佳实践保持一致，应该打上最新的补丁集（Bundle Patch，BP）。对于最新的补丁集，请查看以下两篇 Oracle 技术支持文档：

❑《Oracle Recommended Patches—Oracle Database》（ID 756671.1）

❑《Exadata Database Machine and Exadata Storage Server Supported Versions》（ID 888828.1）

在 Oracle 数据库企业版 11g 第 2 版（11.2.0.1）中引入了项新的技术，叫作 Oracle Data Guard Standby-First Patch Apply，提供对认证软件补丁的支持。使用 Oracle Data Guard Standby-First Patch Apply 的功能，可以在主数据库和物理备用数据库之间拥有不同的数据库软件版本，以无风险的方式应用和验证 Oracle 补丁程序。有关其他详细信息，请参阅本章后面专门讲述 Data Guard Standby-First Patch Apply 的部分。

8.2.2　会话数据单元

当主数据库和备用数据库之间是通过广域网（WAN）连接时，经常需要调整会话数据单元（SDU）的值，以获得更好的性能和吞吐量。当传输的数据被分割成单独的数据包，或者传输的数据量比较大时，需要调整 SDU 的大小。

有两个设置 SDU 的方法：可以在 SQLNET.ORA 文件中的设置默认 SDU 的大小为 32KB，这将适用于每个数据库；也可以在每个数据库的 listener.ora/tnsnames.ora 文件中设置（在下一节中讨论）。下面是在 SQLNET.ORA 文件中设置 SDU 参数的一个示例：

```
/u01/app/oracle/product/11.2.0.3/dbhome_1/network/admin/sqlnet.ora

# -- This will set SDU to 32k for all the databases
# --
DEFAULT_SDU_SIZE=32767
TCP.NODELAY=YES
```

在这个例子中，我们设置 SDU 的大小为 32KB，并且设置了 TCP.NODELAY 选项，以禁用 Nagle 算法，这个选项将在本章后文中介绍。有一件事需要注意，DBA 和系统管理员可能会反对在全局级设置 SDU。请注意，在 SQLNET.ORA 文件中进行修改将影响使用该 ORACLE_HOME 文件的所有数据库。SDU 的最大值为 64KB，如果将 SDU 的值设置得更高，会消耗 Exadata 计算节点上的更多内存资源。

8.2.3 带宽时延积

除了 SDU 之外，还需要计算带宽时延积（Bandwidth-Delay Product，BDP），以确定网络接收和发送缓冲区的合适大小。BDP 计算方式为：

$$网络带宽 \times 往返延迟 \times 3$$

要计算 BDP，需要知道在主数据库和备用数据库之间网络的类型和性能。常见的高速 WAN 的连接带宽如下。

- ❑ T1：1.544Mb/s
- ❑ T3：43.232Mb/s（相当于 T1 的 28 倍）
- ❑ OC3：155Mb/s（相当于 T1 的 84 倍）
- ❑ OC12：622Mb/s（相当于 OC3 的 4 倍）
- ❑ OC48：2.5Gb/s（相当于 OC12 的 4 倍）

在计算完 BDP 之后，即可修改 TNSNAMES.ORA 和 LISTENER.ORA 文件，加入 SEND_BUF_SIZE 和 RECV_BUF_SIZE 参数。测量网络中从主数据库传输到备用数据库的毫秒数，可以得到往返时间（Round-Trip Time，RTT），具体做法是使用 PING 命令返回响应时间（同样以毫秒为单位），然后修改 dg_bdp.conf 配置文件，并指定数据库部署所使用的网络类型和网络 RTT 的值：

```
WAN=OC3

# --
#   PING RESPONSE measured in milliseconds
RTT_RESPONSE=44
```

修改 dg_bdp.conf 文件后，可以执行相应的 Shell 脚本，通过脚本不仅可以得到 BDP 的大小，还可以自动生成相应的 TNSNAMES.ORA 和 LISTENER.ORA 文件：

```
#!/bin/ksh
# -- Script Name:  dg_bdp.ksh
# --

[ "$CONF" = "" ] && export CONF=$PWD/dg.conf
[ ! -f "$CONF" ] && { echo "Configuration file: $CONF is missing."; echo
"Exiting."; exit 1; }
. $CONF
. $PWD/dg_bdp.conf

#
[ "$WAN" = "T1" ] && export SPEED=1.544
[ "$WAN" = "T3" ] && export SPEED=43.232
[ "$WAN" = "OC3" ] && export SPEED=155
[ "$WAN" = "OC12" ] && export SPEED=622
[ "$WAN" = "OC48" ] && export SPEED=2500

BANDWIDTH=$(echo $SPEED \* 1000000 |bc)
LATENCY=$(echo "scale=5;$RTT_RESPONSE / 1000" |bc)
BDP=$(echo "$BANDWIDTH * $LATENCY * 3 / 8" |bc)
export BDP_NODECIMAL=$(echo "$BDP" |awk -F"." {'print $1'})

echo "BANDWIDTH is:  $BANDWIDTH"
echo "LATENCY is:  $LATENCY"
echo "BDP = $BDP_NODECIMAL"
```

```
cat $PWD/dg_generate_bdp.txt |sed -e "s/###_PRIMARY_DATABASE_###/$PRIMARY_DB/g" \
                             -e "s/###_STANDBY_DATABASE_###/$STANDBY_DB/g" \
                             -e "s/###_PRIMARY_DB_###/$PRIMARY_DB/g" \
                             -e "s/###_STANDBY_DB_###/$STANDBY_DB/g" \
                             -e "s/###_PRIMARY_DB_INSTANCE_###/$PRIMARY_DB_INSTANCE/g" \
                             -e "s/###_STANDBY_DB_INSTANCE_###/$STANDBY_DB_INSTANCE/g" \
                             -e "s=###_PRIMARY_ORACLE_HOME_###=$PRIMARY_ORACLE_HOME=g" \
                             -e "s=###_STANDBY_ORACLE_HOME_###=$STANDBY_ORACLE_HOME=g" \
                             -e "s/###_PRIMARY_VIP_###/$PRIMARY_VIP/g" \
                             -e "s/###_DR_VIP_###/$DR_VIP/g" \
                             -e "s/###_PRIMARY_HOST_###/$PRIMARY_HOST/g" \
                             -e "s/###_STANDBY_HOST_###/$STANDBY_HOST/g" \
                             -e "s/###_PRIMARY_PORT_###/$PRIMARY_PORT/g" \
                             -e "s/###_BDP_###/$BDP_NODECIMAL/g" \
                             -e "s/###_STANDBY_PORT_###/$STANDBY_PORT/g"


# --
#
echo "Option #2:"
echo "You can add the following to:"
echo "${PRIMARY_HOST}: $PRIMARY_ORACLE_HOME/network/admin/sqlnet.ora "
echo "${STANDBY_HOST}: $STANDBY_ORACLE_HOME/network/admin/sqlnet.ora "
echo ""
echo "# -- This will set SDU to 32k for all the databases"
echo "# --"
echo "DEFAULT_SDU_SIZE=32767"
```

可以看到，上面提供的脚本支持 T1，T3，OC3，OC12 和 OC48 配置，并且是硬编码的。如果需要支持任何其他类型的 WAN 带宽，可以自定义 dg_bdp.ksh 脚本。执行 dg_bdp.ksh 脚本将自动生成 TNSNAMES.ORA 和 LISTENER.ORA 文件中的内容，包括合适的 SEND_BUF_SIZE 和 RECV_BUF_SIZE 大小，这些值由 BDP 算法生成：

```
$ ./dg_bdp.ksh
BANDWIDTH is:  155000000
LATENCY is:  .04400
BDP = 2557500
```

从 Oracle 11g 数据库开始，应该将 SEND_BUF_SIZE 和 RECV_BUF_SIZE 设置为 BDP 大小的 3 倍，或者 10MB（取两者的较大者），以适应联机重做日志数据的传输协议。应该将 SEND_BUF_SIZE 和 RECV_BUF_SIZE 参数与操作系统的 TCP 核心参数进行比较。如果 BDP 计算结果大于 TCP 最大套接字大小，则可能需要修改内核参数，增加 net.ipv4.tcp_wmem 和 net.ipv4.tcp_rmem 的大小：

```
net.ipv4.tcp_wmem = 4096    16384    4194304
net.ipv4.tcp_rmem = 4096    87380    4194304
```

此示例中定义的是最小值、默认值和最大值。不需要更改这些参数的最小值和默认值，只需修改最大值，应设置为至少为 BDP 的 2 倍。/proc/sys/net/core/rmem_max 和 /proc/sys/net/core/wmem_max 也应设置为 BDP 的 2 倍。

8.2.4　网络队列大小

在 Linux 的系统环境中，有两个网络队列：网络传送队列和一个网络接收队列，可以通过修改这两个队列以获得更好的网络性能。在 Oracle Linux 5 和 Red Hat 5 中，txqueuelen 的默认值是 1000ms。对于长距离、高带宽的网络通道，txqueuelen 设置为 1000 可能不够，需要修改得更高一些，如下所示：

```
/sbin/ifconfig eth0 txqueuelen 10000
```

对于接收方来说，传入数据包有一个类似的队列。当网卡接收到的数据包可以比内核处理得更快时，就会建立这样一个队列。如果这个队列太小，就可能在接收时丢失数据包，而不是在网络上丢包。可以通过将内核参数 netdev_max_backlog 设置为 20 000 来避免这一问题：

```
echo "sys.net.core.netdev_max_backlog=20000" >>/etc/sysctl.conf
sysctl -p
```

修改参数后，可以使用 sysctl -p 命令使 Linux 系统动态重新加载内核参数。有一点非常重要，一定需要记住，主数据库服务器上网卡的 txqueuelen 参数和备用数据库服务器上的 sys.net.core.netdev_max_backlog 内核参数，这两个参数需要同时修改、调整。

8.2.5　禁用 TCP Nagle 算法

在 SQLNET.ORA 文件中可以定义参数 TCP.NODELAY，用来激活和停用 Nagle 的算法，可以自动连接许多小缓冲器消息，用来提高网络的工作效率。TCP.NODELAY 改变了网络上传递数据包的方式，从而可能影响网络的性能。

对于一些使用 TCP/IP 的应用程序，在某种条件下，Oracle 的网络数据包可能不会立即刷新到网络，特别是在传输大量数据时。为了缓解此问题，可以在缓冲区刷新过程中指定没有任何延迟。这不是 SQL*Net 的功能，而是在 TCP 层设置一个持久缓冲的标志。为了防止 TCP 缓冲区中数据刷新有延迟，可以在主库和备库上修改 SQLNET.ORA 文件，将 TCP.NODELAY 设置为 YES（默认值）来禁用 TCP Nagle 算法：

```
TCP.NODELAY=YES
```

8.2.6　启用网络时间协议

网络时间协议（NTP）是一种网络协议，可以让所有服务器之间的时间同步。正如所有 Exadata 都需要配置并使用 NTP 一样，要将 Exadata 计算节点和存储节点之间的所有时间保持同步，也应该在主数据库服务器和备用数据库服务器上通过启用 NTP 进程来同步彼此服务器的系统时间。启用 NTP 时，可以指定 -x 选项，以允许逐渐更改时间，也称为微调模式（slewing）。NTP 的另外一个选项是 slewonly，对于 RAC 而言，这是一个强制性选项，对于 Data Guard 来说也建议使用该配置。要配置 NTP 使用 -x 选项，需要修改 /etc/sysconfig/ntpd 文件，将所需的标志添加到 OPTIONS 变量中，然后使用 service ntpd restart 命令重新启动 NTP 服务：

```
# Drop root to id 'ntp:ntp' by default.
OPTIONS="-x -u ntp:ntp -p /var/run/ntpd.pid"
```

可以通过检查 ntp 的进程状态来得到当前的 NTP 配置，如下所示，可以看到该服务指定了 -x 选项：

```
$ ps -ef |grep ntp |grep -v grep
ntp       6496     1  0 Mar10 ?        00:00:00 ntpd -x -u ntp:ntp -p
/var/run/ntpd.pid
```

8.2.7　跟踪数据块的修改

如果要执行任何级别的增量备份，则需要启用块更改跟踪（Block Change Tracking，BCT）以跟踪自上次备份以来数据库上发生变化的数据块。启用 BCT 可以明显缩短用于增量备份的备份时间，因为 RMAN 能够利用 BCT 文件来标识需要备份的数据块。在主数据库上，如果数据库存储位于 ASM 上，请执行以下操作启用 BCT：

```
alter database enable block change tracking using file '+DATA_EXAP';
```

现在，可以在物理备用数据库上启用块更改跟踪，以快速识别自上次增量备份以来发生更改的数据块（DBA 可能不知道这一点，但在备用数据库上启用 BCT 需要 Oracle Active Data Guard [ADG] 的许可证。）可以运行以下查询，查看 BCT 文件的文件名、状态和文件大小：

```
SQL> select filename, status, bytes from v$block_change_tracking;

FILENAME                                           STATUS      BYTES
--------------------------------------------       ----------  ----------
+DATA_EXAP/visk/changetracking/ctf.294.744629595   ENABLED     11599872
```

应当定期查看，并确保 RMAN 备份使用了块更改跟踪：

```
  1  SELECT count(*)
  2  FROM v$backup_datafile
  3* where USED_CHANGE_TRACKING = 'NO'
SQL> /

  COUNT(*)
----------
         0
```

8.2.8　快速恢复区

快速恢复区（Fast Recovery Area，FRA）以前称为闪存恢复区，是文件系统或者 ASM 中存放所有数据库备份恢复相关文件的目录。FRA 可以保存恢复数据库所需的控制文件、归档日志、闪回日志、RMAN 备份集 / 镜像备份以及增量备份。应该将参数 DB_RECOVERY_FILE_DEST 始终设置为专用于恢复的磁盘组，例如，+ RECO_EXAD。此外，还应该将参数 DB_RECOVERY_FILE_DEST_SIZE 设置为适当的值，以适应和保存数据库恢复相关的文件。

作为一般规则，可以如下例所示来配置 FRA 并定义本地归档参数：

```
LOG_ARCHIVE_DEST_1='LOCATION=USE_DB_RECOVERY_FILE_DEST'
```

在最佳实践中，应该始终在主数据库和备用数据库上启用闪回数据库，以便在出现故障后轻松重新启动。启用闪回数据库后，无须在数据库发生故障后重建主数据库。可以恢复出现故障的主数据库。此外，如果数据库出现了批量更新的数据错误、数据加载异常、用户错误或者遭受恶意修改，闪回数据库提供了数据库快速回退的机制。

Oracle MAA 建议，如果只是希望在主数据库出现故障后，数据库能够正常启动，那么将 DB_FLASHBACK_RETENTION_TARGET 设置为至少 60 分钟即可；但是，如果需要额外的数据保护，以防止用户误操作造成数据丢失，则需要设置该参数为更长的时间。在 Oracle MAA 最佳做法中，还建议闪回日志的保留期至少为 6 小时。需要根据业务的需求来确定保留期限。设置的闪回保留时间越长，需要的磁盘空间越多。

此外，还应该在备用数据库上启用闪回数据库，以最大限度地降低由逻辑损坏导致的停机时间。

8.2.9　自动切换归档日志

Oracle 数据库本身就提供了强制切换日志的功能，即使数据库比较空闲，或者重做日志生成得很少。许多 DBA 可能不知道数据库有这项功能，所以如果他们发现联机重做日志没有在指定的时间范围内切换，通常就编写一个 Shell 脚本来强制切换日志。其实是可以设置 ARCHIVE_LAG_TARGET 参数来满足这项需求的，而不是写 Shell 脚本来实现。

参数 ARCHIVE_LAG_TARGET 指定了一个时间间隔（以秒为单位）强制进行联机重做日志切换。默认情况下，ARCHIVE_LAG_TARGET 参数的值为 0，表示主数据库不执行基于时间的重做日志切换。建议将此参数设置为 1800 秒（30 分钟），通知主数据库不繁忙或者没有用户操作时，每 30 分钟必须切换联机日志文件：

```
ALTER SYSTEM SET ARCHIVE_LAG_TARGET=1800 sid='*' scope=both;
```

8.2.10　并行执行消息大小

并行执行消息大小（PEMS）指定用于并行执行的消息大小（以前也称为并行查询、并行 DML、并行恢复或复制）。最佳实践建议是将 PEMS 设置为 16K（16 384）或更高的 64K-1（65 535）。PEMS 由所有的并行查询操作使用，并从共享池获得分配的内存。由于操作系统中进程间通信（IPC）的限制，该参数的实际值可能会自动降低。

请注意，将该参数值设置得更大的原因与更大的共享池有关。设置更大的值的代价是消耗额外的内存，好处是可以显著提高并行恢复的性能。从 Oracle 11gR2 开始，此参数被设置为 16K，立刻生效：

```
SQL> select name, value, isdefault from v$parameter
where name like 'parallel_execut%';

NAME                                     VALUE      ISDEFAULT
---------------------------------------- ---------- ---------
parallel_execution_message_size          16384      TRUE
```

8.2.11　数据缓冲区大小

在备用数据库上，可以将 DB_KEEP_CACHE_SIZE 和 DB_RECYCLE_CACHE_SIZE 设置为 0，并将额外的内存分配给 DB_CACHE_SIZE，比主数据库的值更大。此外，可以减小备用数据库上的 SHARED_POOL_SIZE，因为管理恢复进程（MRP）并不需要太多共享池内存。

此外，应该使用两个参数文件，在数据库角色在主库和备库之间发生转变时，同步切换与优化相关的初始化参数。可以为生产用途设置一组调整参数，另一组参数用于数据库的介质恢复。

8.2.12　备库重做日志

对于所有的 Data Guard 数据库，建议使用备库重做日志（Standby Redo Logs，SRL）。尽管 Data Guard 的最大性能模式可以不需要配置 SRL，但是它们将提高重做日志的传输速度，数据的可恢复性和日志的应用速度。主数据库上具有联机重做日志组（ORL），必须创建至少与其相同数量的 SRL 组。而最佳实践建议，每个实例 SRL 组应该比 ORL 组再多一组。例如，如果主数据库每个实例有 5 组重做日志，并且是一个三节点的 RAC，则应该为每个实例创建 6 组备库重做日志。总共需要创建的备库重做日志数量则是 18 组（也是 18 个）。

有一点很重要，那就是 SRL 应该具有相同的大小，而且不应该每组做多个镜像。由于主数据库完全有可能做数据库切换而成为备用数据库，因此也应在主数据库上创建 SRL。在主数据库上创建 SRL 时，适用相同的规则，确定要创建的 SRL 数量。SRL 应该存放在最快的磁盘组上。

还有重要的一点，即可以在主数据库上创建 SRL，并使用 DUPLICATE TARGET DATABASE FOR STANDBY FROM ACTIVE DATABASE 命令创建物理备用数据库，RMAN 将在物理备用数据库上自动复制 SRL。要自动创建 SRL，可以下载并执行以下脚本：http://www.dataguardbook.com/Downloads/dgmenu/dg_generate_standby_redo.ksh。此脚本生成两个 SQL 脚本，一个用于主数据库（cr_standby_redo_p.sql），一个用于备用数据库（cr_standby_redo_s.sql）。可以通过不同的文件后缀（_p.sql 和 _s.sql）来识别不同的脚本。

在下例中，运行 ./dg_generate_standby_redo.ksh 脚本，为配置两节点 RAC 生成了以下内容：

```
Max Redo Group:        4
Redo Size:             2000
Redo Count:            3
Thread Count:          2
# --
# -- On the Primary Database:  VISK
# --
alter database add standby logfile thread 1 group 5
('+DATA_EXAD/VISK/onlinelog/stdby_redo_05a.rdo') size        2000m;
alter database add standby logfile thread 1 group 6
```

```
('+DATA_EXAD/VISK/onlinelog/stdby_redo_06a.rdo') size          2000m;
alter database add standby logfile thread 1 group 7
('+DATA_EXAD/VISK/onlinelog/stdby_redo_07a.rdo') size          2000m;
alter database add standby logfile thread 2 group 8
('+DATA_EXAD/VISK/onlinelog/stdby_redo_08a.rdo') size          2000m;
alter database add standby logfile thread 2 group 9
('+DATA_EXAD/VISK/onlinelog/stdby_redo_09a.rdo') size          2000m;
alter database add standby logfile thread 2 group 10
('+DATA_EXAD/VISK/onlinelog/stdby_redo_10a.rdo') size          2000m;
# --
# -- On the Standby Database:  VISKDR
# --
alter database add standby logfile thread 1 group 11
('+DATA_EXAD/VISKDR/onlinelog/stdby_redo_11a.rdo') size        2000m;
alter database add standby logfile thread 1 group 12
('+DATA_EXAD/VISKDR/onlinelog/stdby_redo_12a.rdo') size        2000m;
alter database add standby logfile thread 1 group 13
('+DATA_EXAD/VISKDR/onlinelog/stdby_redo_13a.rdo') size        2000m;
alter database add standby logfile thread 2 group 14
('+DATA_EXAD/VISKDR/onlinelog/stdby_redo_14a.rdo') size        2000m;
alter database add standby logfile thread 2 group 15
('+DATA_EXAD/VISKDR/onlinelog/stdby_redo_15a.rdo') size        2000m;
alter database add standby logfile thread 2 group 16
('+DATA_EXAD/VISKDR/onlinelog/stdby_redo_16a.rdo') size        2000m;
# --
# --
# --
# --
Execute SQL Script:  cr_standby_redo_p.sql on VISK
Execute SQL Script:  cr_standby_redo_s.sql on VISKDR
```

此 Shell 脚本确定了一共有 4 组重做日志，并且从号码 5 开始创建备库重做日志组。此外，脚本定义重做日志的大小为 2000MB，并且创建 4 组相同大小的备库重做日志。此外，脚本根据示例的个数，为每个实例在其 ASM 磁盘组中创建对应的日志组。

生成的 SRL 脚本完全定义了数据库名，目录名和文件名。可以更改 ALTER DATABASE ADD STANDBY LOGFILE 命令，进而实现仅包括磁盘组的名称。对于 SRL 的数量，提供的 Shell 脚本遵循最佳实践提供的方程式：

$$SRL\ 的数量 = （ORL\ 的数量 +1） \times 实例的数量$$

简单地理解上面的方程式，SRL 的数量需要比每个 RAC 实例的 ORL 数量再多一个。即使最大性能模式中可以不需要 SRL，建议仍然创建 SRL。

8.2.13 数据库强制日志

可以为数据库启用强制日志（force logging）选项，以确保数据库中所有的更改都能被记录下来，并被写入重做日志中，在备库进行恢复。在最佳实践中，应该在主数据库上运行以下命令，以在数据库级别启用强制日志模式：

```
SQL> alter database force logging;
```

在决定是否启用强制日志模式之前，应该注意，临时表空间和临时段的编号不会被记录。此外，如果数据库处于打开状态，在主数据库上启用强制日志记录，那么在所有当前的 nologging 活动都完成之前，强制日志将不会被启用。

对于在 Exadata 上运行的业务比较繁忙的 ETL 的业务（如数据抽取、转换、加载），可以选择在表空间级别（而不是在数据库级别）启用强制日志模式。在命名 nologging 的表空间时，需要使用有意义的名字（如 NOLOG_DATA 和 NOLOG_INDEX）。最多应该有一个或者两个 nologging 表空间。如果在表空间级别启用 nologging，可以使用物化视图或临时表用于报表系统，这样可以获得额外的性能提升。如果这些表空间启用了 nologging，那么还应该监控其余表空间并接受告警和通知，这些表空间需要启用强制日志。可以创建一个异常表或 .conf 配置文件，其中列出了可以启用 nologging 的表空间。如果数据库中有其他表空间设置了 nologging，系统会对负责的收件人发出警报提醒。

如果数据库级别没有启用强制日志模式，则需要主动检查强制日志和不可恢复的操作。可以下载 dg_check_force_logging.sql 和 dg_check_unrecoverable.sql 脚本，以查看过去在数据文件级别是否发生了 nologging 的操作，并检查表空间以查看它们是否处在 nologging 模式。

8.2.14 闪回日志

从 Oracle 11gR2 开始，Oracle 为数据库提供了实质上的性能优化，可以减少闪回日志对主数据库的影响，以及数据加载操作和初始闪回分配的影响。应该在备用数据库上启用闪回数据库，以最大限度地减少由逻辑损坏导致的停机时间。

从 Oracle 11gR2 开始，还可以在数据库启动时打开闪回数据库功能。对于那些不想打开闪回数据库的 DBA 来说，这项功能可以为关键的数据库操作或者保证数据库始终可控提供一些灵活性。现在，可以在关键操作之前启用闪回（alter database flashback on），操作完成之后将其关闭（alter database flashback off），且不会出现数据库中断。以前 DBA 必须处理 FRA 的有限空间问题，并且由于有限的空间以及不需要控制的批处理作业，时不时需要禁用闪回日志，现在可以在问题解决以后重新启用闪回。

在最佳实践中，应该为每个数据库都启用闪回日志，特别是在定期维护之前（例如，数据库切换）。如果在主库和备库上都启用闪回，则如果在切换过程中出现问题，就不需要重建物理备用数据库。闪回技术将简单地回退并解决在切换期间遇到的问题。通过在主数据库和备用数据库上使用闪回功能，我们将能够在晚上睡得更踏实，因为我们有了闪回提供的多一层的保护。有关闪回的最佳实践的其他信息，请参阅 Oracle 技术支持文档《Flashback Database Best Practices》（ID 565535.1）。

8.2.15 实时应用日志

应该始终使用实时应用（Real-Time Apply，RTA）功能，以便备库在接收到重做日志数据后立即调整。如果 SRL 保持可用，当备用数据库服务器上的远程文件服务器（Remote File Server，RFS）进程接收到重做日志时，RFS 进程将重做数据写入 SRL 文件。应用重做日志的操作会直接在 SRL 文件中应用重做数据。可以在物理备用数据库上运行 dg_start.sql 脚本来启用 RTA 功能：

```
alter database recover managed standby database using current logfile disconnect;
```

如果使用 Data Guard 代理（DG Broker）创建配置，那么默认值配置就启用了 RTA。

8.2.16 net_timeout 和 reopen 选项

要始终确保已经设置了 net_timeout 和 reopen 的选项。Oracle 11g 中 net_timeout 的默认值为 30 秒，Oracle 10g 第 2 版中的默认值为 180 秒。如果网络很可靠，可以将其设置为 10～15 秒。Oracle 不建议该参数小于 10 秒，否则可能会遇到重新连接失败的情况以及性能问题。

选项 reopen 控制了 Data Guard 主数据库在尝试重新连接之前的等待时间，默认值为 300 秒（5 分钟）。应该将该值设置为 30 秒甚至 15 秒，以便 Data Guard 尽快重新连接。如果设置为 5 分钟，DBA 会发现数据库恢复在线后，Data Guard 经常不能立刻正常工作。

重做传输压缩是另一个需要考虑的重要的功能，但要使用该功能，需要单独购买 Oracle 高级压缩特性许可（Oracle Advanced Compression license）。如果在广域网中传输重做日志，压缩可以明显提高数据的吞吐量。如果广域网中有网络传输或者网络延迟问题，应该考虑购买高级压缩选项。从 Oracle 11gR2 数据库开始，在所有的 DG 保护模式中，都可以启用重做压缩传输。相关的详细信息，请参见 Oracle 技术支持文档《 Redo Transport Compression in a Data Guard Environment 》（ID 729551.1 ）。

 提示 可以通过设置 LOG_ARCHIVE_DEST_x 参数的 COMPRESSION=ENABLE 属性，或者使用 Broker 编辑数据库属性来启用压缩特性，如下所示：

```
DGMGRL> EDIT DATABASE 'visk' SET PROPERTY 'RedoCompression' = ENABLE;
```

注意，不要在 Oracle 11g 数据库中使用 MAX_CONNECTIONS 参数。虽然此参数在 Oracle 10gR2 中引入，但在 Oracle 11g 中不再使用此参数。如果在 Oracle 11g 中使用此参数，将会影响重做日志传输的性能。

DBA 经常在物理备用数据库上使用 DELAY 属性延迟应用重做的进度，目的是减少可能的人为错误或者硬件问题带来的影响。不建议这么做，而是应该在主数据库和备用数据库上启用闪回数据库解决此类问题。

8.2.17 归档生成速度

你需要知道要数据库生成归档日志的数量。许多 DBA 只是计算平均每天的归档日志生成量。此外，需要计算在特定业务高峰期归档的生成情况，以确定批处理作业对数据库和归档的影响。了解高峰期存档日志生成情况，将有助于确定是否可以满足公司的 RPO 和 RTO 目标。

当半夜里数据库发生大的批处理操作之后，往往在几个小时之后，公司的业务在早晨正常进行。在设计广域网所需网络类型之前，就需要了解生成归档日志所需的网络传输量。另外，根据吞吐量要求，可能需要使用单独的网络来传输重做日志，这不同于其他公有网络（RAC VIP 和客户端连接）。例如，可以设计公有网络流量通过 eth1 网卡传输，通过 eth3 网卡传输重做日志的数据。有关如何通过不同网络来分流 Data Guard 网络流量的详细信息，请查看 Oracle 技术支持文档《 Data Guard Transport Considerations on Oracle Database Machine (Exadata) 》（ID 960510.1 ）。

要确定全天的归档日志生成速度，可以运行以下脚本：

```
cat dg_archive_rates.sql
set lines 255
set pages 14

SELECT
   TO_CHAR(TRUNC(FIRST_TIME),'Mon DD')                        "Date",
   TO_CHAR(SUM(DECODE(TO_CHAR(FIRST_TIME,'HH24'),'00',1,0)),'9999')    "00",
   TO_CHAR(SUM(DECODE(TO_CHAR(FIRST_TIME,'HH24'),'01',1,0)),'9999')    "01",
   TO_CHAR(SUM(DECODE(TO_CHAR(FIRST_TIME,'HH24'),'02',1,0)),'9999')    "02",
   TO_CHAR(SUM(DECODE(TO_CHAR(FIRST_TIME,'HH24'),'03',1,0)),'9999')    "03",
   TO_CHAR(SUM(DECODE(TO_CHAR(FIRST_TIME,'HH24'),'04',1,0)),'9999')    "04",
   TO_CHAR(SUM(DECODE(TO_CHAR(FIRST_TIME,'HH24'),'05',1,0)),'9999')    "05",
   TO_CHAR(SUM(DECODE(TO_CHAR(FIRST_TIME,'HH24'),'06',1,0)),'9999')    "06",
   TO_CHAR(SUM(DECODE(TO_CHAR(FIRST_TIME,'HH24'),'07',1,0)),'9999')    "07",
   TO_CHAR(SUM(DECODE(TO_CHAR(FIRST_TIME,'HH24'),'08',1,0)),'9999')    "08",
   TO_CHAR(SUM(DECODE(TO_CHAR(FIRST_TIME,'HH24'),'09',1,0)),'9999')    "09",
   TO_CHAR(SUM(DECODE(TO_CHAR(FIRST_TIME,'HH24'),'10',1,0)),'9999')    "10",
   TO_CHAR(SUM(DECODE(TO_CHAR(FIRST_TIME,'HH24'),'11',1,0)),'9999')    "11",
   TO_CHAR(SUM(DECODE(TO_CHAR(FIRST_TIME,'HH24'),'12',1,0)),'9999')    "12",
   TO_CHAR(SUM(DECODE(TO_CHAR(FIRST_TIME,'HH24'),'13',1,0)),'9999')    "13",
   TO_CHAR(SUM(DECODE(TO_CHAR(FIRST_TIME,'HH24'),'14',1,0)),'9999')    "14",
   TO_CHAR(SUM(DECODE(TO_CHAR(FIRST_TIME,'HH24'),'15',1,0)),'9999')    "15",
   TO_CHAR(SUM(DECODE(TO_CHAR(FIRST_TIME,'HH24'),'16',1,0)),'9999')    "16",
   TO_CHAR(SUM(DECODE(TO_CHAR(FIRST_TIME,'HH24'),'17',1,0)),'9999')    "17",
   TO_CHAR(SUM(DECODE(TO_CHAR(FIRST_TIME,'HH24'),'18',1,0)),'9999')    "18",
   TO_CHAR(SUM(DECODE(TO_CHAR(FIRST_TIME,'HH24'),'19',1,0)),'9999')    "19",
   TO_CHAR(SUM(DECODE(TO_CHAR(FIRST_TIME,'HH24'),'20',1,0)),'9999')    "20",
   TO_CHAR(SUM(DECODE(TO_CHAR(FIRST_TIME,'HH24'),'21',1,0)),'9999')    "21",
   TO_CHAR(SUM(DECODE(TO_CHAR(FIRST_TIME,'HH24'),'22',1,0)),'9999')    "22",
   TO_CHAR(SUM(DECODE(TO_CHAR(FIRST_TIME,'HH24'),'23',1,0)),'9999')    "23"
FROM V$LOG_HISTORY
   GROUP BY TRUNC(FIRST_TIME)
   ORDER BY TRUNC(FIRST_TIME) DESC
/

set lines 66
```

此查询的输出如下例所示：

```
Date    00    01    02    03    04    05    06   07  08  09    10    11    12

13    14    15    16    17    18    19    20    21    22    23
------- ---- ---- ---- ---- ---- ---- ---- --- --- ---- ---- ---- ---- ---
 ---- ---- ---- ---- ---- ---- ---- ---- ---- ----
Feb 28      1    0    0    1    2    1    4   9   5    6    7    9    8
8    0    0    0    0    0    0    0    0    0    0
Feb 27      2    1    1    2    2    1    1   5   1    1    2    0    1
0    0    0    5    0    0    0    3   5    0    0
Feb 26     12    5   12    2    5    5    1   8   4    4    6    4    2
2    1    1    5    3    2    1    3   3    1    6
Feb 25      8    3    4    4    5    3    7   8   5    7    8    9    3
8   11    9   12   12    8    6    6   10   10   12
```

```
Feb 24      12     10     13      7      3      3      7      9      8      8      8      3      5
6      3      8      4      9     14     12      9      8     10     12
Feb 23      16     25     23     20     15     11      5     11      6      8
2      7      7      9      3      8      9     11     13     13      7      8      8     14
Feb 22       4      3      3      1      3      3      4      9      4      4      7      9      7
3      8      9      8      5     10      9      4     16     16
Feb 21       5      5      2      2      1      2      3      8      4      3      5      4      7
5      4      7     10      7      5      6      5     10      6      5
Feb 20       6     20     14      0      0      1      5      8      4      1      0      0      2
6      0      0      5      0      1      2      6      0      0
Feb 19       8      2      3      1      3      6      3      3      8      3      5      6      4      4
1      2      1      5      0      0      0      2      5      7     12
Feb 18       6      4      3      2      4      3      6      8      7      6      9     11      8
10      7     10     12      9      8      6      2      8     11      7
Feb 17       6      4      3      2      4      4      5      8      9      7     10      9      9
8      8      8     15      7     11      8      5      9      8      9
Feb 16       5      4      6      2      6      3      6      3      8     11     12
10     11     11     12      9      9      7      6      9      8      9
Feb 15       5      3      2      4      5      4      5      9      7      5      9     11      7
9      7      9     12      9      8     10      7      4     10     11
Feb 14       0      0      0      0      0      0      0      0      0      0      0      0      0      0
0      5     10     12      9      8      8      6      9      9      6

15 rows selected.
```

在一些 Exadata 上运行了海量数据库，并且有并发很高的事务，把重做日志的大小设置为 1GB，2GB 甚至 4GB，这种情况也不再少见。理想情况下，在数据库活动高峰期，每次日志切换的间隔不应该少于 20 分钟。应该相应考虑修改重做日志的大小，以确保合适时间内可以切换归档日志。

8.2.18　备库的文件管理

数据库中有一个初始化参数 STANDBY_FILE_MANAGEMENT，用于备库上的文件管理，该参数定义了当主数据库上添加或者删除了文件时，是否复制到物理备用数据库。

在最佳实践中，物理备用数据库中的 STANDBY_FILE_MANAGEMENT 参数应该始终设置为 TRUE。但是将该参数设置为 TRUE 时，将不能执行以下命令：

- ❏ ALTER DATABASE RENAME
- ❏ ALTER DATABASE ADD or DROP LOGFILE
- ❏ ALTER DATABASE ADD or DROP STANDBY LOGFILE MEMBER
- ❏ ALTER DATABASE CREATE DATAFILE AS

如果需要运行这些命令，则需要重置参数 STANDBY_FILE_MANAGEMENT，运行上面的命令，并在命令完成后重新启用该参数。

8.2.19　Data Guard Standby-First Patching

从 Oracle 11gR2（11.2.0.1）开始，允许在给主数据库打补丁之前，先将补丁程序安装在备用数据库环境。有些时候，甚至允许在备用数据库上应用某些补丁程序，而不需要在主数据库安装。而我们的目标则是首先在备用数据库环境上应用补丁，并最终在主数据库安装补丁。这种操作叫作 Data Guard Standby-First Patch Apply，该操作在下列条件下得到了验证，不会影响 Data Guard 配置的完整性：

❑ Patch Set Update（PSU）（例如，数据库版本 11.2.0.3 PSU2 升级到 11.2.0.3 PSU5）。

❑ Security Patch Update（SPU），之前称作 CPU（Critical Patch Update）。

❑ Oracle GI（Grid Infrastructure）补丁或升级。

❑ Patch Set Exception（PSE）。

❑ Oracle Exadata Database Machine 补丁包或者 Exadata 数据库季度补丁（Quarter Database Patch for Exadata，QDPE）（例如，数据库版本 11.2.0.3.5 升级到 11.2.0.3.9）

❑ Oracle Exadata 存储节点软件升级（例如，Exadata 存储节点 11.2.2.4.2 升级到 11.2.3.1.1）。

❑ 操作系统升级不依赖于数据库软件版本。

❑ Oracle Exadata 数据库一体机的硬件或者网络升级。

有一些注意事项，备用数据库与主数据库两次安装补丁，两者之间的最长时间不应超过一个月。MAA 建议在备用数据库上的验证不要超过 48 小时。Data Guard Standby-First Patch Apply 支持一年以内的补丁，或者是 6 个版本以内的补丁。Data Guard Standby-First Patch Apply 不能支持主库和备库之间的主要版本或者补丁。相关的详细信息，请查看相关 Oracle 技术支持文档《Oracle Patch Assurance—Data Guard Standby-First Patch Apply》（ID 1265700.1）。

8.2.20　Active Data Guard（ADG）

ADG 提供了一个几乎实时的只读数据库，可以用于应用程序连接并查询报表。ADG 作为只读数据库，可以继续应用重做日志数据和存档日志，是单独收费的数据库选项，还可以提供以下功能：

❑ 在备用数据库上启用块更改跟踪（BCT），以便进行快速备份。通过在物理备用数据库上启用 BCT，可以将备份数据库的工作真正放到物理备用数据库上，以减轻主库的访问压力。

❑ 自动修复数据块。数据库中出现坏块后，只要主库或者备库中有另外一份完好的数据块副本，无须人工干预，坏块便可以自动被修复，不会影响到应用程序的使用。

ADG 的这些功能提供了很好的投资回报率。在 Oracle 12cR1 中，ADG 的新功能使 ADG 对报表数据库极具吸引力。从 Oracle 12.1 开始，Oracle 允许在 ADG 的备用数据库上使用序列，并允许在全局临时表上运行增删改查的 SQL 语句。Oracle 12c 数据库的另一个好处是 ADG 是实时级联（real-time cascade）的，物理备用数据库的备用重做日志一旦写入数据，重做日志数据便能够实时级联传输。在 Oracle 12c 之前，只有在备库日志文件完成归档之后，重做日志数据才能继续级联传输。

 提示　从 Oracle 12c 数据库开始，在 RAC 环境中，只需要关闭一个实例（不再需要关闭数据库的所有实例）就能够切换到物理备用数据库。

8.3　Far Sync

Oracle 12c 数据库提供了新的 Data Guard 功能，称为 Far Sync，可减轻从主数据库传输重做日志数据的压力，包括压缩带来的开销（需要 Oracle 高级压缩选项的许可证）。使用 Far Sync，可以单独配置一个 Oracle Data Guard 实例用于远程同步，该实例实际上是一个远程的 Oracle Data Guard，可以接收来自主数据库的重做数据，并将重做数据发送到 Oracle Data Guard 系统中的其他实例上。

Far Sync 实例拥有参数文件、控制文件、备用重做日志和密码文件。Far Sync 实例接收重做数据，写到 SRL，然后生成本地归档日志。这是与物理备用数据库相似的地方。不同之处在于，Far Sync 实例无法使用下面配置或执行以下操作：

❑ 拥有数据库数据文件。
❑ 打开数据库提供访问。
❑ 应用重做日志数据。
❑ 成为主数据库。
❑ 成为备用数据库。

除了不必执行备用数据文件的恢复，创建 Far Sync 实例类似于创建一个物理备用数据库。可以运行以下命令创建一个特殊的 Far Sync 实例及控制文件：

```
SQL> ALTER DATABASE CREATE FAR SYNC INSTANCE CONTROLFILE AS
'/tmp/DBA/FarSynccontrol01.ctl';
```

从设计 Data Guard 的角度来看，可以在本地数据中心以同步模式（即最大保护或最大可用模式）创建本地 Far Sync 实例，然后将 Far Sync 实例配置为最大性能，以异步模式将所有重做数据转发到其余的 Data Guard 实例中。如果需要使用 Oracle 12c 的这项新的 Data Guard 功能，需要单独购买 Oracle Active Data Guard 的许可。

8.3.1　归档日志保留策略

应该修改 RMAN 归档日志的保留策略，以便确保在备用数据库上接收并应用归档日志之前，不会在主数据库上删除有用的归档日志。使用 RMAN 连接到主数据库实例，运行以下命令之一：

```
configure archivelog deletion policy to shipped to all standby;
configure archivelog deletion policy to applied on all standby;
```

在备用数据库上，使用 RMAN 运行以下命令：

```
configure archivelog deletion policy to applied on standby;
```

我们希望确保不会清除任何归档日志，直到它们被应用。为了不影响性能，归档历史的总数应小于 10 000。相应地，你应该设置 control_file_record_keep_time 参数。

8.3.2　数据损坏

在表 8.2 中，按照最佳实践的建议列出了主数据库和物理备用数据库上的初始化参数设置，以进行数据损坏的检测、预防和自动修复。

表 8.2　数据损坏相关的初始化参数

主数据库	物理备用数据库
DB_BLOCK_CHECKSUM=MEDIUM 或者 DB_BLOCK_CHECKSUM=FULL	DB_BLOCK_CHECKSUM=FULL
DB_BLOCK_CHECKING=FULL	DB_BLOCK_CHECKING=OFF
DB_LOST_WRITE_PROTECT=TYPICAL	DB_LOST_WRITE_PROTECT=TYPICAL

对于这些参数，还需要知道：

❑ 最佳做法是在主数据库和备用数据库上同时设置 DB_BLOCK_CHECKSUM=FULL。Oracle MAA 团队的测试表明，将此参数设置为 FULL 给系统性能带来的影响小于 5%，而将参数设置为 TYPICAL，给系统带来的性能开销在 1%～5%。

❑ 修改每个数据块都会产生性能开销，因此，需要设置 DB_BLOCK_CHECKING 后进行性能测试评估。随着插入或更新的频率增加，设置该参数带来的数据块检查的成本会更高。所以虽然 Oracle 建议在主数据库上将 DB_BLOCK_CHECKING 设置为 FULL，但是需要评估带来的性能开销是否可以接受并根据业务需求进行调整。

❑ 使用参数 DB_LOST_WRITE_PROTECT，主数据库性能受到的影响可以忽略不计（参见下一节）。

❑ 从 Oracle 11.2 开始，可以使用 Active Data Guard 启用自动块修复。

在最佳实践中，可以将 DB_BLOCK_CHECKSUM 参数设置为 FULL，从而检测磁盘损坏和内存损坏，检测未写入磁盘的数据块，从而保证物理备用数据库的完整性。此参数对应用重做日志数据的性能影响最小。

应该将参数 LOST_WRITE_PROTECT 设置为 TYPICAL，以防止由于主数据库上的异常或写入丢失被复制并应用到备用数据库而造成损坏。通过设置 LOST_WRITE_PROTECT，数据库服务器可以记录数据缓冲区的块读取，保存到重做日志中，一旦丢失任何数据，都可以检测到。设置此参数对备用数据库的影响可以忽略不计。相关的详细信息，请登录 MOS，查看 Oracle 支持文档《Best Practices for Corruption Detection, Prevention, and Automatic Repair in a Data Guard Configuration》(ID 1302539.1)。

8.3.3　Data Guard 实例化

在实例化物理备用数据库时，有几个选项。Oracle 11g 数据库中，比较常见的方法是使用 Duplicate Target Database For Standby Database 命令。该语句已经被广泛使用，用于实例化较小的物理备用数据库。RMAN 通过 InfiniBand 连接，从 Exadata 到 Exadata，可以提供快速的物理备用数据库实例，因为在实例化物理备用数据库之前，不再需要先前的 RMAN 备份或者备份暂存区。InfiniBand 可以为复制海量数据库提供足够的网络吞吐量。如果在另一个 Exadata 上，通过 InfiniBand，或者通过万兆以太网创建物理备用数据库，那么运行 Duplicate Target Database For Standby From Active Database 语句是最好的解决方案。使用 RMAN 活动数据库复制，内部的 MAA 性能测试报告的结果如下：

- ❏ 2.9TB/h，使用单个 IB 连接和单个 RMAN 连接。
- ❏ 0.4TB/h，使用单个千兆以太网连接。

建立物理备用数据库的传统方法通常包括以下步骤：

1）执行主数据库的 RMAN 备份。

2）创建备用控制文件。

3）将数据库备份、备用控制文件或参数文件的备份复制到备用数据库服务器。

4）恢复参数文件和备用控制文件。

5）从 RMAN 备份还原数据库。

6）使用 Data Guard 相关的初始化参数，配置主数据库和备用数据库。

7）启动 MRP。

使用上述传统方法构建物理备用数据库，相关的完整详细信息可以从 DBAExpert.com 网站上下载 Create Standby Database 的 PDF 文件：http://dbaexpert.com/dg/DGToolkit-CreateStandbyDatabase.pdf。本文档提供了详细的脚本（包括自动化脚本），将 RMAN 备份集从 RAC 环境中的一个 ASM 磁盘组，传输到另一个 RAC 环境中的另一个 ASM 磁盘组。由于所有的 Exadata 都使用 ASM 的配置，因此本文档也适用于各位读者。

从 Oracle 11g 数据库开始，Oracle 提供了通过网络从运行的数据库中创建一个物理备用数据库的功能，而无须进行备份和恢复。通过使用这种技术，可以减少创建物理备用数据库所需的工作量，尤其是在源数据库和目标数据库恰好位于同一数据中心时。在开始此过程之前，首先要确保在主数据库上创建 SRL。

可以使用一个名为 dg_duplicate_database.ksh 的 Shell 脚本来自动生成 Duplicate Target Database For Standby From Active Database 命令。

该 Shell 脚本的核心是 sed 命令，用于解析名为 dg_duplicate_database_template.txt 的数据库复制模板文件，并使用 dg.conf 文件替换对应的变量值。执行 http://dbaexpert.com/dg/dgmenu/dg_duplicate_database.ksh 脚本，会根据 dg.conf 配置文件产生以下的输出结果。此外，脚本还会生成搭建 Data Guard 环境每一步的具体命令：

```
# ------------------------------------------------------------------
# -- Set ORACLE Environment
# ------------------------------------------------------------------
export ORACLE_SID=VISKDR1
export PATH=/usr/local/bin:$PATH
. oraenv
```

配置备库的监听有两种方式，一是在 ORACLE_HOME 下（通常使用 NETCA，Oracle

Net Configuration Assistant）配置，二是修改 Grid Infrastructure 的 listener.ora 文件，添加相应条目。下面来配置 listener.ora，添加物理备库的信息，并重新加载监听：

```
SID_LIST_LISTENER =
  (SID_LIST =
    (SID_DESC =
      (SID_NAME = PLSExtProc)
      (ORACLE_HOME = /u01/app/oracle/product/11.2.0.3/dbhome_1)
      (PROGRAM = extproc)
    )
    (SID_DESC =
      (GLOBAL_DBNAME = VISKDR)
      (SID_NAME = VISKDR)
      (ORACLE_HOME = /u01/app/oracle/product/11.2.0.3/dbhome_1)
    )
  )

$  lsnrctl reload LISTENER

# ------------------------------------------------------------------------
# -- Add the following to your tnsnames.ora file on both the primary and
standby database on your SCAN
# ------------------------------------------------------------------------
VISK =
  (DESCRIPTION =
    (ADDRESS_LIST =
      (ADDRESS = (PROTOCOL = TCP)(HOST = exap-scan)(PORT = 1521))
    )
    (CONNECT_DATA =
      (SERVER = DEDICATED)
      (SERVICE_NAME=VISK)
    )
  )

VISKDR =
  (DESCRIPTION =
    (ADDRESS_LIST =
      (ADDRESS = (PROTOCOL = TCP)(HOST = exapdr-scan)(PORT = 1521))
    )
    (CONNECT_DATA =
      (SERVER = DEDICATED)
      (SERVICE_NAME=VISKDR) (UR=A)
    )
  )

# ------------------------------------------------------------------------
# -- Create password file on the standby database server:
# ------------------------------------------------------------------------
orapwd file=/u01/app/oracle/product/11.2.0.3/dbhome_1/dbs/orapwVISKDR1
entries=25 password=oracle123

# ------------------------------------------------------------------------
# -- Create the following initialization file for the VISKDR1 instance:
# -- /u01/app/oracle/product/11.2.0.3/dbhome_1/dbs/initVISKDR1.ora
# ------------------------------------------------------------------------
cat <<EOF > /u01/app/oracle/product/11.2.0.3/dbhome_1/dbs/initVISKDR1.ora
db_name=VISK
db_unique_name=VISKDR
cluster_database=false
EOF

# ------------------------------------------------------------------------
# -- Execute the following RMAN script on the standby database server
# --
```

```
# -- First startup nomount the database with either SQL*PLUS or RMAN>
# -----------------------------------------------------------------------
echo "startup nomount;

# -----------------------------------------------------------------------
# --
# -----------------------------------------------------------------------
rman <<EOF
connect target sys/oracle123@VISK;
connect auxiliary sys/oracle123@VISKDR;
run {
allocate channel prmy1 type disk;
allocate channel prmy2 type disk;
allocate channel prmy3 type disk;
allocate channel prmy4 type disk;
allocate auxiliary channel stby type disk;
duplicate target database for standby from active database
spfile
parameter_value_convert 'VISK','VISKDR'
set 'db_unique_name'='VISKDR'
set 'db_file_name_convert'='+DATA_EXAP/VISK','+DATA_EXAP/VISKDR'
set log_file_name_convert=
'+DBFS_DG/VISK','+DBFS_DG/VISKDR','+DATA_EXAP/VISK','+DATA_EXAP/VISKDR'
set control_files='+DBFS_DG/VISKDR/control.ctl'
set log_archive_max_processes='5'
set fal_client='VISKDR'
set fal_server='VISK'
set standby_file_management='AUTO'
set log_archive_config='dg_config=(VISK,VISKDR)'
set log_archive_dest_1='service=VISK LGWR ASYNC
valid_for=(ONLINE_LOGFILES,PRIMARY_ROLE) db_unique_name=VISK'
set cluster_database='FALSE'
set parallel_execution_message_size='32768'
set db_lost_write_protect='TYPICAL'
set db_block_checking='TRUE'
set db_block_checksum='FULL'
nofilenamecheck
;

sql channel prmy1 "alter system set log_archive_config=''dg_config=(VISK,VISKDR)''";
sql channel prmy1 "alter system set log_archive_dest_2= ''service=VISKDR
LGWR ASYNC valid_for=(online_logfiles,primary_role)
db_unique_name=VISKDR''";
sql channel prmy1 "alter system set log_archive_max_processes=5";
sql channel prmy1 "alter system set fal_client=VISK ";
sql channel prmy1 "alter system set fal_server=VISKDR";
sql channel prmy1 "alter system set standby_file_management=auto";
sql channel prmy1 "alter system set log_archive_dest_state_2=enable";
sql channel prmy1 "alter system set parallel_execution_message_size=8192
scope=spfile sid=''*''";
sql channel prmy1 "alter system archive log current";

sql channel stby "alter database recover managed standby database
using current logfile disconnect";
}
EOF
```

在开始复制数据库之前，首先要设置 ORACLE_SID，然后运行 /usr/local/bin 目录中的 oraenv 文件来建立需要的 Oracle 环境变量。接下来，编写初始化参数文件 init${STANDBY_DB}.ora（只需要设置最少的参数即可），启动实例到 nomount 状态。在这个特殊的例子中，主数据库的 spfile 将会复制到备用数据库 ORACLE_HOME 目录中。此外，在复制数据库过程中，主数据库上已存在的备用重做日志也会被复制。不幸的是，复制数据库命令的输出结果太长，不能在本章中完全显示。可以访问以下网址来查看完整的输出。

- ❑ 下载复制数据库脚本：http://DBAExpert.com/dg/dup.rman
- ❑ 查看复制数据库的日志：http://DBAExpert.com/dg/dup.txt

 从 Oracle 11.2 起，fal_client 已被弃用，因此不需要设置它。

8.3.4　配置 Data Guard Broker

最佳实践建议使用 Data Guard Broker（DG Broker）来维护 Data Guard 环境。DG Broker 是 Data Guard 的管理框架和接口，是 OEM Cloud Control 12c 的基础之一。DG Broker 提供了配置 Data Guard 的统一集成视图，允许 DBA 通过其连接任何数据库，更改配置，并将更改传播到主数据库和备用数据库。如果计划利用 OEM 12c 监控和维护 Data Guard，建议进一步学习 DG Broker 相关的知识。

Oracle 12c 数据库中，提供了很多对 DG Broker 功能的加强和改进。我们认为其中最重要的新特性之一，就是可恢复的 DG 切换。在以前的 Oracle 版本中，当切换失败时，需要删除并重建 Broker 的配置，然后解决 SQL 命令行的错误。有了可恢复的 DG 切换的功能，现在可以解决 SQL 问题并执行以下操作之一：

- ❑ 重新运行切换命令，因为 DG Broker 将在上次失败的地方恢复。
- ❑ 切换回主数据库，直到解决问题。
- ❑ 在多个物理备用数据库中，切换到另一个物理备用数据库。

在 Oracle 12c 数据库中，还增强了 VALIDATE DATABASE 命令，可以执行大量的验证和检查，以确保 DG 环境准备好，可以进行切换操作。当传输或应用出现滞后，超过定义的 RPO 时，也可以配置 DG Broker 生成告警消息。

首先运行 alter system 语句，创建所需的 DG Broker 配置文件，为 DG_BROKER 设置初始化参数。DG Broker 在每个数据库中维护配置文件，以跟踪 Data Guard 级别的设置，以及配置中每个数据库的预期状态。为了保持冗余，DG Broker 维护了两个配置的副本，这两个副本文件的位置由 DG_BROKER_CONFIG_FILE1 和 DG_BROKER_CONFIG_FILE2 参数指定：

```
# --
# -- Execute the following on the Primary Database:  VISK
alter system set dg_broker_config_file1='+DATA_EXAP/VISK/broker1.dat'
scope=both sid='*';
alter system set dg_broker_config_file2='+DBFS_DG/VISK/broker2.dat'
scope=both sid='*';
alter system set dg_broker_start=true scope=both sid='*';

# --
# -- Execute the following on the Standby Database:  VISKDR
alter system set dg_broker_config_file1='+DATA_EXAP/VISKDR/broker1.dat' scope=both sid='*';
alter system set dg_broker_config_file2='+DBFS_DG/VISKDR/broker2.dat' scope=both sid='*';
alter system set dg_broker_start=true scope=both sid='*';
```

需要为 DG Broker 在 LISTENER.ORA 文件中生成相应的内容。这一步很重要，唯一原因是数据库监听器对于 Broker 具有一个特殊的属性，即 GLOBAL_DBNAME 参数：

```
2
# -- Primary Database Server
# --
LISTENER_VISK =
.
..

SID_LIST_LISTENER_VISK =
  (SID_LIST =
    (SID_DESC =
    (SDU=32767)
      (GLOBAL_DBNAME = VISK_DGMGRL)
      (ORACLE_HOME = /u01/app/oracle/product/11.2.0.3/dbhome_1)
      (SID_NAME = VISK1)
    )
  )

# -- Standby Database Server
# --
LISTENER_VISKDR =
.
..

SID_LIST_LISTENER_VISKDR =
  (SID_LIST =
    (SID_DESC =
    (SDU=32767)
      (GLOBAL_DBNAME = VISKDR_DGMGRL)
      (ORACLE_HOME = /u01/app/oracle/product/11.2.0.3/dbhome_1)
      (SID_NAME = VISKDR1)
    )
  )
```

现在，继续使用命令行接口（dgmgrl）来创建 Broker 配置：将 VISK 设置为主数据库，将 VISKDR 设置为物理备用数据库：

```
create configuration VISK_DGCONFIG as primary database is "VISK" connect
identifier is VISK;
add database "VISKDR" as connect identifier is VISKDR maintained as physical;
enable configuration;
```

快速启动故障切换（Fast-Start Failover，FSFO）允许在主数据库发生故障时，DG Broker 自动运行故障切换，切换到备用数据库。不需要人工干预，因为 FSFO 负责向物理备用数据库进行故障切换。FSFO 是可选的步骤，如果打算使用 FSFO，可使用下面的命令来启用 FSFO 配置：

```
edit database 'VISK' set property 'LogXptMode'='SYNC';
edit database 'VISKDR' set property 'LogXptMode'='SYNC';
edit database 'VISK' set property FastStartFailoverTarget='VISKDR';
edit database 'VISKDR' set property FastStartFailoverTarget='VISK';
edit configuration set protection mode as maxavailability;
enable fast_start failover;
show fast_start failover;
```

从上述示例可以看出，设置包括 FSFO 在内的 DG Broker 配置相对简单。理解 DG Broker 的命令行和架构都十分重要。

观察器（observer）是 Data Guard 环境中第三方的仲裁，确保只有满足某些条件时才会发生故障转移。它实际上是一个内置于 DGMGRL CLI（Data Guard Broker 命令行界面）中，占用空间很小的 OCI 客户端。理想情况下，观察器应该放在远离主数据库和备用数据库的另一个数据中心。观察器可以安装在任何系统上，不必与操作系统或位数（32/64）相匹配。唯一的要求是观察器的 Oracle 客户端版本，要与数据库版本相同或者高于数据库的版本。每个 Data Guard FSFO 配置只能有一个观察器。在 Data Guard Broker 子菜单中有 DG 工具包（Toolkit），提供了用于启动观察器的 Shell 脚本。你将看到一个选项，用来启动另一台服务器上的观察器进程。除了生成 TNSNAMES 和 LISTENER.ORA 的内容外，Shell 脚本还将生成脚本，用于在另一个服务器上启动观察器进程。观察器运行的服务器最好放在与主数据库和备用数据库不同的数据中心：

```
#!/usr/bin/ksh
dgmgrl <<___EOF >/tmp/observer_'hostname'.log
connect sys/oracle123@VISK_PRI
start observer
___EOF
```

快速启动故障转移所使用的场景，是当观察器和备用数据库与生产数据库连接中断后，超过了指定的时间，该时间的值在 FastStartFailoverThreshold 中指定。在该场景中，观察器和备用数据库仍然保持通信。

8.3.5　监控、维护 Data Guard 的最佳工具——OEM Cloud Control 12c

在生产库中，用于监控、维护甚至实例化 Data Guard 环境的最佳工具是 OEM Cloud Control 12c（OEM CC 12c，也作 OEM 12c）。OEM CC 12c 提供了向导，用于配置物理备用数据库。如果数据库中尚未建立 DG Broker，则 OEM CC 12c 将配置 DG Broker 作为实例化物理备用数据库的一部分。

OEM CC 12c 还提供配置观察器功能，并设置监控与报警通知的指标。

使用 OEM CC 12c 创建物理备用数据库的向导中，操作非常简单。首先进入主数据库的主页，从顶部菜单选项中选择 Availability，然后选择 Add Standby Database 选项。接下来，回答所有的问题，便可成功创建物理备用数据库。有关 Exadata 的 OEM CC 12c 的更多详细信息，请参阅第 9 章。

8.4　切换 DG 注意事项

到目前为止，执行 DG 切换的最简单方法是使用 DG Broker。切换可以使用 OEM、Data Guard Broker 命令行或者 SQL * Plus 执行语句。

在主数据库上使用单个命令，就可以正常地切换到备用数据库。对于切换物理备用数据库，不需要关闭和重启 RAC 的辅助实例，不需要重新启动旧的主数据库，也不需要手动启动应用日志进程。进入 DG 工具包中的 Launch the Data Guard Broker 子菜单，便可以使用这个简单的界面：

```
Execute the following on the VISK:  switchover to VISK_DR1
from DGMGRL>
```

即使不是通过 SQL * Plus 运行的命令，仍然需要执行配置完整性的所有先决条件的检查。在执行切换命令之前，要检查 Broker 的完整性，并执行一系列的准备步骤。大多数的检查，都可以使用 Data Guard Broker 子菜单中的 DG 工具包来完成。

在正式切换到备用数据库之前，应该了解一些最佳实践和注意事项：

❑ 减少 ARCH 进程的数量，减少到远程和本地归档所需的最小值。

❑ 终止主数据库上的所有会话。

❑ 在备用数据库成为主数据库之前，需要清除目标物理备用数据库的联机重做日志。虽然这将作为 SWITCHOVER TO PRIMARY 命令的一部分自动执行，但建议在切换之前清除日志：

```
SELECT DISTINCT L.GROUP#
FROM V$LOG L, V$LOGFILE LF
WHERE L.GROUP# = LF.GROUP#
AND L.STATUS NOT IN ('UNUSED', 'CLEARING','CLEARING_CURRENT');
```

❑ 如果该查询返回有结果，则在目标物理备用数据库上，针对上面 SQL 返回的每个 GROUP# 运行以下语句：

```
ALTER DATABASE CLEAR LOGFILE GROUP <ORL GROUP # returned
from the query above>;
```

❑ 对于 Oracle 11.1 以及更早版本的数据库，请检查备用数据库是否以只读模式打开：

```
SELECT VALUE
FROM V$DATAGUARD_STATS
WHERE NAME='standby has been open';
```

❑ 禁用主数据库上的计划任务，防止有其他作业提交和运行：

```
ALTER SYSTEM SET job_queue_processes=0 SCOPE=BOTH SID='*';
EXECUTE DBMS_SCHEDULER.DISABLE( <job_name> );
```

其他与 DG 切换步骤相关的详细信息，请登录 MOS 查看 Oracle 技术支持文档（ID 751600.1）。

8.4.1 跟踪 DG 切换

可以通过启用主库和备库上的 Data Guard 跟踪，来跟踪 DG 切换的过程，以准确查看 DG 切换的详细信息和进度。这样有助于解决 Data Guard 相关的问题。LOG_ARCHIVE_TRACE 是一个可选的初始化参数，但有助于得到 DG 切换的相关详细信息。

下面的语句在主库和目标物理备用数据库上，将 Data Guard 跟踪级别设置为 8192：

```
ALTER SYSTEM SET log_archive_trace=8192;
```

将 LOG_ARCHIVE_TRACE 的值设置为 8192，提供的是最高级别的跟踪，包括跟踪物理备用数据库应用重做日志的信息。一般情况下，较高的值意味着更高级别的跟踪，并包含较低值跟踪的内容。

如果将 LOG_ARCHIVE_TRACE 设置为 1，将跟踪重做日志文件的归档活动。而把 LOG_ARCHIVE_TRACE 设置为 2，除了级别为 1 的跟踪内容，还将跟踪每个归档目的地日志文件的归档状态。其他常用跟踪级别可能还有 128，跟踪 FAL（提取归档日志）的服务器进程；跟踪级别 1024，跟踪 RFS 进程运行；以及跟踪级别 4096，跟踪实时应用日志的运行状态。

在主数据库和备用数据库上，可以找到后台报警日志使用 tail -f 命令实时查看日志的输出。

8.4.2　保证还原点

正如在升级数据库或应用程序之前使用保证的还原点（Guaranteed Restore Point，GRP）一样，应该在切换之前创建 GRP。可以执行以下命令创建一个 GRP：

```
CREATE RESTORE POINT <guaranteed_restore_point_name> GUARANTEE FLASHBACK DATABASE;
```

要将数据库还原到某个还原点的状态，可以使用以下命令，将数据库恢复到该 GRP：

```
STARTUP MOUNT FORCE;
FLASHBACK DATABASE TO RESTORE POINT <guaranteed_restore_point_name>;
```

8.5　本章小结

在本章中，学习了使用 RMAN 进行磁盘到磁盘（D2D）的备份，这是 Exadata 上对数据库保护的最佳选择，还介绍了 RMAN 备份集备份和镜像备份。

关于为 Exadata 实例化物理备用数据库，无论目的是建立灾难恢复站点，还是创建用于报表的数据库服务器，都有合适的选项来创建物理备用数据库。

可以使用传统的数据库备份来实例化 Data Guard 环境，并使用 RMAN 来还原和恢复数据库，也可以使用 Duplicate Target Database For Standby From Active Database 命令来更快捷地完成。使用 OEM CC 12c，可以很容易地监控和维护物理备用数据库。可以使用 DG Broker 向导来实例化 Data Guard 环境，并监视和维护整个环境，包括主数据库和物理备用数据库。

本章中还学到了将 RMAN 备份执行到磁盘，并使用 rman2disk Shell 脚本及其模板文件，回顾了 RMAN 在 Exadata 上进行备份的最佳实践做法，介绍了 Data Guard 的最佳实践，并在本章结束部分介绍了切换 DG 的注意事项。

使用 OEM 12c 管理 Exadata

Oracle 云控制平台，即企业管理器 12c（OEM CC 12c，一般也可称之为 OEM 12c），可以实现集中、全面的端对端监控和管理，并且支持所有关键 Oracle 系统的功能。除 Oracle 系统外，用户也可以使用 OEM 12c 来管理一些由其他公司开发的系统。因为 OEM 12c 与 Exadata 的所有软硬件组件（包括存储、网络和数据库组件）都实现了紧密集成，所以使用 OEM 12c 可以最有效地监控和管理 Exadata。借助 OEM 12c，可以管理 Exadata 生命周期从部署、管理到支持的各个阶段。OEM 12c 支持各版本 Exadata 数据库一体机（从 V2 到最新的 X4 系列）的所有配置，包括 1/8 机架、1/4 机架、半机架和整机架等。

本章将简要介绍一些关于使用 OEM 12c 有效管理 Exadata 及其关键组件的重要概念。在本章中，将举例说明与 Exadata 数据库一体机设置和发现相关的各个步骤以及在 OEM 12c 中监控和管理 Exadata 及其关键组件的基础知识。

在开始阅读本章内容前，请确保已经拥有了预先配置且功能完善的 OEM 12c 云控制环境。如果尚未完成设置，请先进行 OEM 12c 的典型安装和配置，准备好 OEM 的运行环境，以便测试本章中将要讨论的所有场景。

无论正在监控的是 Exadata 环境还是非 Exadata 环境，OEM 的基本架构都是一样的。Exadata 的监控和管理主要依赖 OEM 12c 的插件架构。具体而言，用户需要使用 Exadata 插件对 Exadata 的组件进行监控和管理。

如果希望简单快速地部署 OEM，则可以使用 Exadata 的 Oracle 企业管理器自动化设置工具包（如需了解更多细节，请参考 Oracle 技术支持文档（ID 1440951.1））。OMS 工具包拥有使用 OEM 12c 监控和管理 Exadata 时需要的所有重要组件。

在撰写本书时，OEM 12c 的最新版本为 12cR4 或 v12.1.0.4，所以相应的 Exadata 插件版本应为 12.1.0.6 或更高版本。

9.1　Exadata 目标发现

在典型的 OEM 和 Exadata 环境中，请按以下顺序完成 Exadata 的目标发现过程：

1）在所有计算节点上部署 OEM 12c 代理。

2）通过 OEM 12c 发现 Exadata 数据库一体机。

3）自定义通知和监控任务，并实现自动操作。

请确保在每个计算节点上都部署了 OEM 12c 代理。完成代理部署后可以对目标进行远程监控。无须在单元[⊖]、交换机、InfiniBand、PDU、KVM 和 ILOM 上安装其他软件进行监控。

在执行发现脚本前，Exadata 数据库一体机的发现阶段需要满足一些先决条件。设置各节点和 IB 的 SSH 用户等效性。你需要将主代理和备份代理分配到每个组件。可以重新发现新添加的硬件组件。你可以使用指导式发现流程或通过指定目标监视属性来发现数据库服务器。作为存储单元发现过程的一部分，系统会从输出中读取存储服务器的 IP 和主机名称，最终通过自定义和自动化指标集合和通知来完成发现过程。

Exadata 监控系统架构

要实现在 OEM 12c 中对 Exadata 数据库一体机及其关键组件进行监控，用户需要安装配置完整的 OEM 12c，并且必须将 OEM 12c 代理和 Exadata 插件部署到每台数据库服务器上。Oracle 管理代理负责管理 Oracle 软件目标，如 Clusterware、ASM 实例、DB 实例、监听程序等。Exadata 插件为监控关键组件（存储、InfiniBand、Cisco 交换机等）提供支持。

OEM 12c 能够监控 Exadata 的以下组件：

❑ 数据库服务器

❑ 存储服务器

❑ InfiniBand 交换机

❑ Cisco 交换机

❑ 键盘、监视器和鼠标（KVM）

❑ 电源分配单元（PDU）

❑ 集成无人值守管理器（ILOM）

❑ Exadata 补丁修复

图 9.1 显示了 OEM、Exadata 及其组件之间的总体架构和关系。

9.2　Oracle Exadata 插件

Oracle 管理代理负责监控和管理 RDBMS 和 ASM 实例、群集资源、监听程序和数据库服务器上的其他资源，而 Exadata 插件则在监控和管理 Exadata 关键组件（存储、InfiniBand、

⊖　cell，指存储节点或计算节点。——译者注

交换机、PDU、KVM 等）中发挥着极其重要的作用。

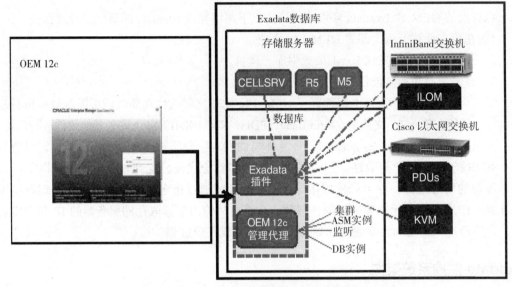

图 9.1　OEM 和 Exadata 机器组件监控系统架构

　　Exadata 插件为 OEM 12c 环境中的 Exadata 数据库一体机提供了统一视图。每个插件都通过不同的方法与相关联的监控目标连接以收集监控数据。例如，CellCLI 通过 SSH 连接以收集所需的信息。

　　以下是在 OEM 12c 中监控 Exadata 时所需要的标准 Exadata 插件。发现过程完成时，这些插件已经默认配置好。

- ❑ Avocent MergePoint Unity 交换机：该插件可以监控 KVM 目标，还能提供 KVM 的当前状态以及 KVM 目标上的出厂默认设置、风扇故障、聚合目标设备状态、电源故障、电源已恢复、已重新启动和温度超出范围等相关事件的发生情况。
- ❑ Cisco 交换机：借助该插件，OEM 代理可以运行远程 SNMP get 调用以收集指标数据，包括端口状态和交换机的主要信息（如 CPU、内存、电源和温度）。此外，还将收集性能指标，如入口和出口吞吐率。
- ❑ ILOM 目标：借助该插件，OEM 代理可以对每个计算节点的 ILOM 目标执行远程 ipmitool 调用。调用 ipmitool 需要使用 oemuser 权限执行。OEM 代理收集传感器数据和配置数据（固件版本和序列号）。
- ❑ Oracle ILOM：该插件可以监控数据库服务器中 Oracle ILOM 卡的硬件事件并记录传感器数据。
- ❑ InfiniBand 交换机：InfiniBand 交换机 OEM 代理运行远程 SSH 调用以收集交换机指标，InfiniBand 交换机发送所有警报的 SNMP trap（推送）。收集时需要 nm2user 的 SSH 等效性配置。收集内容为各类传感器数据，包括风扇、电压、温度和端口指标。该插件可进行以下操作：

```
ssh nm2user@<ibswitch> ibnetdiscover
```

读取 InfiniBand 交换机所连接组件的名称，匹配计算节点主机名称和用于安装代理的主机名称。

❑ PDU 和 KVM：使用 Exadata PDU 插件监控主备 PDU [⊖]。代理对每个 PDU 运行 SNMP get 调用。指标收集的内容包括电源、温度和风扇状态。该插件也为 KVM 收集类似的指标。

9.2.1　先决条件检查

要让安装过程不出错，建议进行充分的先决条件验证以满足安装的所有关键要求。在本节中，将学习如何部署 Exadata 插件，并了解部署前需要满足的先决条件。

在开始部署插件前，请确保已获得专用的 ILOM 用户 ID。此外，还需要验证软件、组件版本、固件配置、名称解析等。

与服务器进程通信时必须使用专用的 ILOM 用户 ID，所以建议在部署插件前创建一个 ILOM 用户 ID 并分配 aucro 角色。以下是创建 ILOM 用户 ID 的相关说明：

1）作为 root 用户登录到服务器处理器，然后转到 /SP/users 目录。

2）在命令行中执行 create oemuser 命令创建用户。根据提示输入合适的密码。

3）当光标回到命令提示符上时，转到新用户的目录，然后根据以下示例设置角色：

```
# cd oemuser
# set role= 'aucro'
# set 'role' to 'aucro'
```

4）通过以下示例验证用户名，然后在所有计算节点上重复之前的操作。

```
# ipmitool -I lan -H <ilom_hostname> -U oemuser -P oempass -L
    USER sel list last 5
```

9.2.2　手动部署

在特定的情况下，可能需要选择在每个数据库节点上进行手动 Exadata 插件部署。例如，在没有代理被部署为自动化工具包的一部分时，或在新安装的设备上没有通过 OMS 推送最新的版本时，需要手动部署代理。在将现有配置升级到最新版本时，也需要进行手动部署。emctl listplugins agent 命令可以获得当前版本的插件，并指明需要将其部署在哪个节点上。

9.3　发现 Exadata 数据库一体机

本节将开始 Exadata 数据库一体机的发现之旅，并借助一些重要的屏幕截图来说明相关步骤。

⊖　一个 Exadata 机柜包含 2 个 PDU，先通电的一个为主 PDU。——译者注

9.3.1 先决条件检查

为避免在发现 Exadata 数据库一体机之前发生各类配置不匹配的情况，可以在所有数据库服务器节点上执行 exadataDiscoveryPreCheck.pl 预检验脚本来验证先决条件。可从编号为 1473912.1 的 Oracle 技术支持文档中下载该脚本，然后导出节点上的 $ORACLE_HOME 环境，在数据库服务器上启动脚本：

```
$ $ORACLE_HOME/perl/bin/perl exadataDiscoveryPreCheck.pl

*************************************************************
* Enterprise Manager Exadata Pre-Discovery checks         *
*************************************************************
Running script from /home/oracle/dba
Script used is ./exadataDiscoveryPreCheck.pl

Obtaining setup information...
----------------------------
 Log file location
 -----------------
Default log location is /tmp/exadataDiscoveryPreCheck_2014-05-23_16-48-11.log

Do you want to use this log file location? [Y/N]
```

该脚本将以交互模式运行，在交互模式下，需要输入合适的值以进行下一步操作。随后，脚本开始运行所有内部校验并显示消息。

9.3.2 开始 Exadata 的发现过程

满足先决条件后，可以开始发现过程。在开始发现过程前，需要在数据库节点上部署 OEM 代理。

以下是部署代理和发现 Exadata 数据库一体机的步骤：

1）在 OEM 12c 中，单击 Setup，选择 Add Target → Add Targets Manually 命令，然后选中 Add Host Targets 单选按钮，如图 9.2 所示。在本例中，所进行的是半机架的 Exadata 发现过程，所以 4 个具有相同平台的计算节点（Linux x86-64）都要添加，然后单击 Next 按钮。

2）在 OEM 12c 中单击 Setup，然后手动添加目标，如图 9.3 所示。

3）单击 Next 按钮以部署代理，如图 9.4 所示。

⊙ 提示　部署代理时，你可能会忽略图 9.5 中显示的消息。requiretty 标志设置在远程主机的 sudoers 文件中，所以用户用 SSH 运行 sudo。也可以先忽略这一警告，继续后面的操作。在这种情况下，root.sh 以及指定作为已启用 root 用户运行的任何预安装或后安装的脚本都将无法自动运行，需要手动运行该脚本，然后单击右上方的 Deploy Agent 按钮。

执行上述操作后，将得到一个类似于图 9.6 所示的界面，显示了正在进行中的代理部署。部署完成后，时钟图标会变成选中标记，如图 9.7 所示。

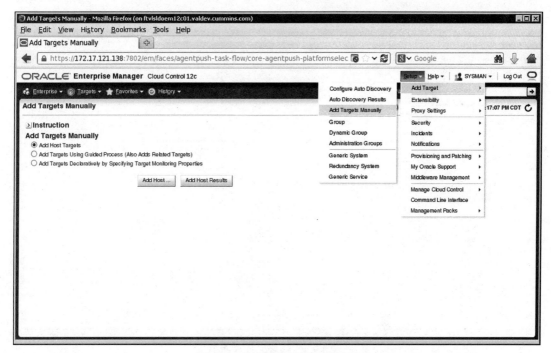

图 9.2　手动添加目标处理界面

图 9.3　目标列表界面

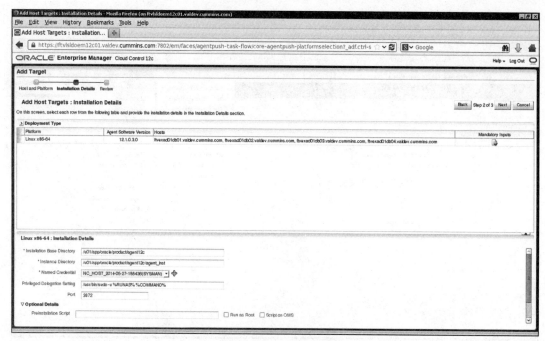

图 9.4　部署代理界面

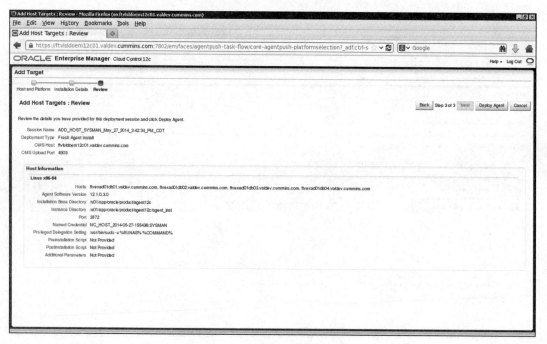

图 9.5　审阅添加目标界面

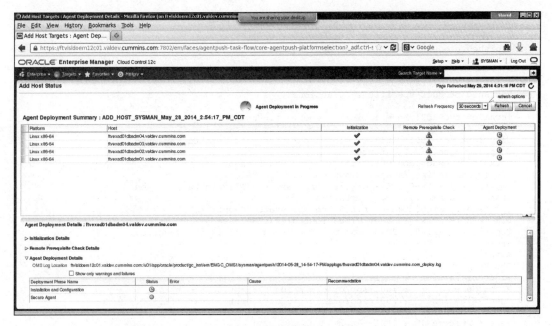

图 9.6　部署汇总界面

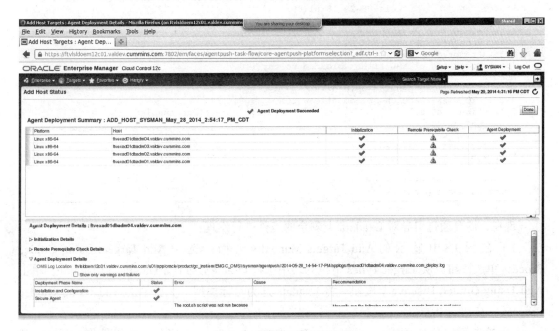

图 9.7　部署完成后的界面

4）以 root 用户身份从代理目标节点（数据库计算节点）中的 agent Home 下运行 root.sh，如代码清单 9.1 所示，然后以 Oracle 账户的身份重新启动代理。

代码清单9.1　root.sh输出

```
# ./root.sh
Finished product-specific root actions.
/etc exist

Creating /etc/oragchomelist file...
Finished product-specific root actions.

[oracle@ftvexad01dbadm01 bin]$ ./emctl stop agent
Oracle Enterprise Manager Cloud Control 12c Release 3
Copyright (c) 1996, 2013 Oracle Corporation.  All rights reserved.
Stopping agent ..... stopped.
[oracle@ftvexad01dbadm01 bin]$ ./emctl start agent
Oracle Enterprise Manager Cloud Control 12c Release 3
Copyright (c) 1996, 2013 Oracle Corporation.  All rights reserved.
Starting agent .......... started.
[oracle@ftvexad01dbadm01 bin]$ ./emctl status agent
Oracle Enterprise Manager Cloud Control 12c Release 3
Copyright (c) 1996, 2013 Oracle Corporation.  All rights reserved.
---------------------------------------------------------------
Agent Version       : 12.1.0.3.0
OMS Version         : 12.1.0.3.0
Protocol Version    : 12.1.0.1.0
Agent Home          : /u01/app/oracle/product/agent12c/agent_inst
Agent Binaries      : /u01/app/oracle/product/agent12c/core/12.1.0.3.0
Agent Process ID    : 2350
Parent Process ID   : 1891
Agent URL           : https://ftvexad01dbadm01.valdev.cummins.com:3872/emd/main/
Repository URL      : https://ftvlsldoem12c01.valdev.cummins.com:4903/empbs/upload
Started at          : 2014-05-29 18:01:00
Started by user     : oracle
Last Reload         : (none)
Last successful upload                       : 2014-05-29 18:01:05
Last attempted upload                        : 2014-05-29 18:01:05
Total Megabytes of XML files uploaded so far : 0
Number of XML files pending upload           : 1
Size of XML files pending upload(MB)         : 0
Available disk space on upload filesystem    : 86.65%
Collection Status                            : Collections enabled
Heartbeat Status                             : Ok
Last attempted heartbeat to OMS              : 2014-05-29 18:01:04
Last successful heartbeat to OMS             : 2014-05-29 18:01:04
Next scheduled heartbeat to OMS              : 2014-05-29 18:02:04


---------------------------------------------------------------
Agent is Running and Ready
```

现在，需要通过引导对 Exadata 上剩余的组件进行发现：

1）在图 9.8 中显示的 Add Targets Manually 页面，选中 Add Targets Using Guided Process 单选按钮。从 Target Types 下拉列表中选择 Oracle Exadata Database Machine，单击 Add Using Guided Discovery 按钮。将 Exadata 选为目标类型，然后单击 Add Using Guided Process …按钮。

2）单击第一个选项 Discover a new Database Machine，并将其硬件组件作为目标。然后单击 Discover Targets，选择 Discover a new Database Machine 选项。

3）输入计算节点 1 和 Oracle Database Home 的代理 URL，在下方添加数据库计算节点的主机名称，单击 Set Credential，然后单击 Next 按钮，如图 9.9 所示。

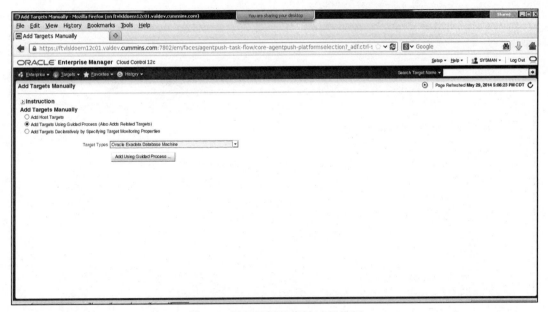

图 9.8　添加目标的指导过程界面

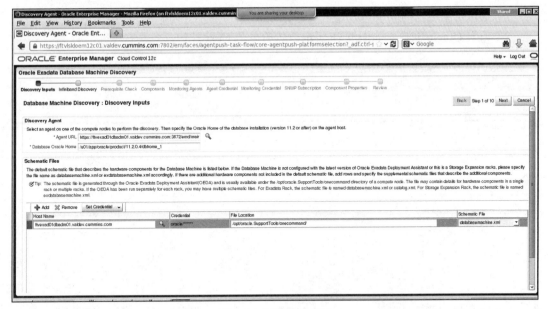

图 9.9　发现输入界面

4）输入 InfiniBand 交换机的主机名称和 nm2user 账户，如图 9.10 所示，然后单击 Next 按钮。

5）确认先决条件检查，然后单击 Next 按钮。

6）确认 Discovery Components，然后单击 Next 按钮。

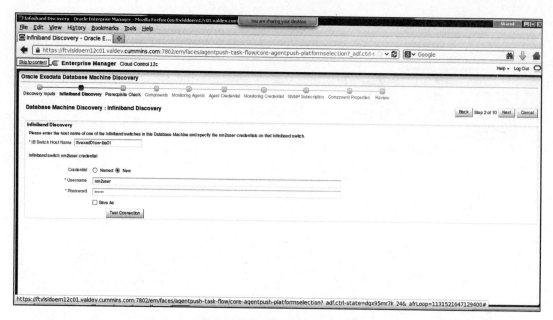

图 9.10　InfiniBand 发现界面

7）确认每个组件的 Monitoring and Backup Monitoring Agents，然后单击 Next 按钮。

8）输入 Oracle 账户，如图 9.11 所示，然后单击 Next 按钮。

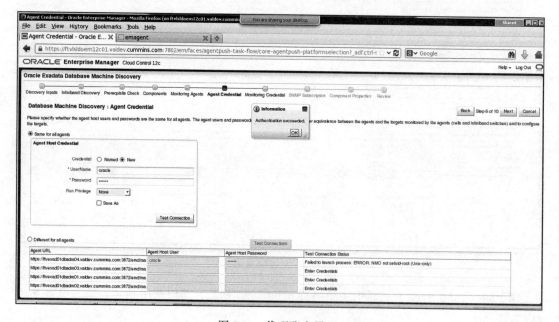

图 9.11　代理账户界面

9）输入存储单元节点的 root 密码，如图 9.12 所示，然后单击 Next 按钮。

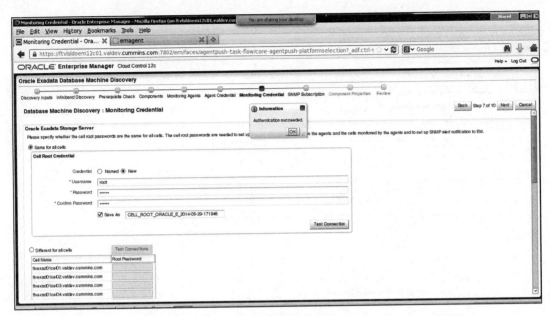

图 9.12　监控存储服务器的账户界面

10）输入账户，如图 9.13 所示，然后单击 Next 按钮。

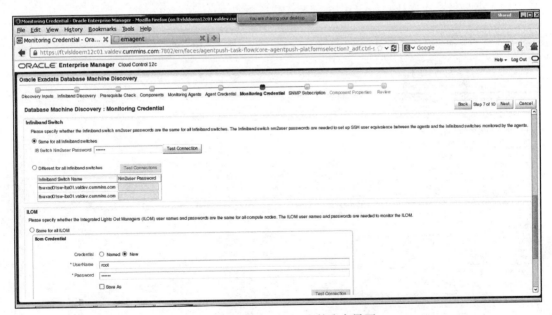

图 9.13　监控 InfiniBand 的账户界面

11）确保在存储和 InfiniBand 选项下的 SNMP 项目没有被选中，如图 9.14 所示，然后单击 Next 按钮。

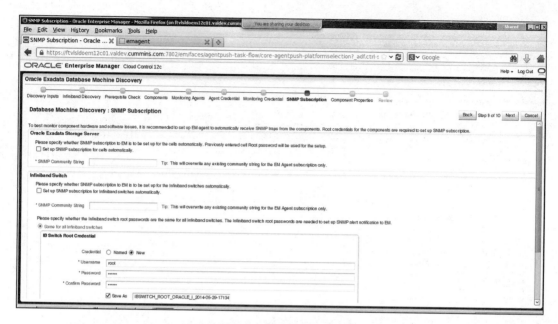

图 9.14　SNMP 订阅界面

12）确认所有组件，然后单击 Next 按钮。

13）做最后一次确认，如图 9.15 所示，然后单击 Submit 按钮。

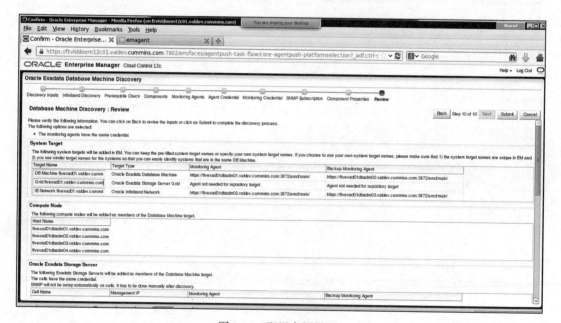

图 9.15　配置审阅界面

图 9.16 显示目标提升已成功完成。图 9.17 中是继续进行的目标创建摘要。

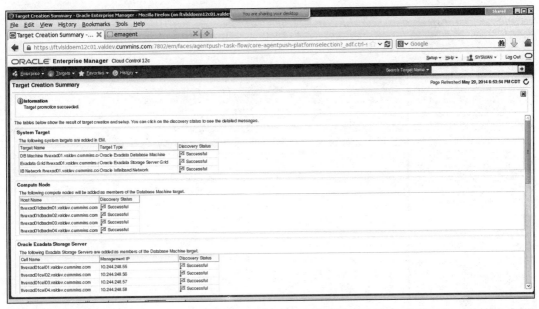

图 9.16　发现完成后界面 1

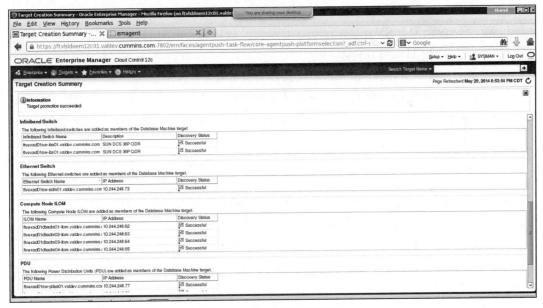

图 9.17　发现完成后界面 2

如图 9.18 所示是数据库一体机主页，这是 Exadata 发现过程最后的屏幕画面。

9.3.3　发现完成后的过程

Exadata 数据库一体机发现程序完成后，需运行以下重要的发现后的任务：

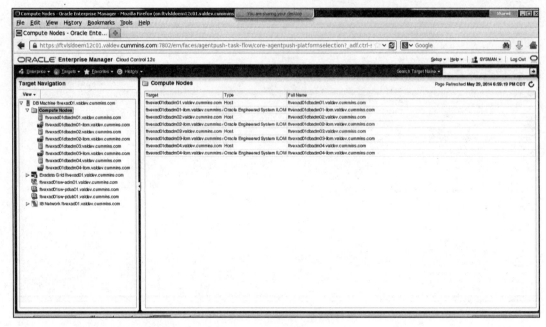

图 9.18   主监控界面

- [ ] 为存储单元配置 SNMP、Cisco 以太网交换机目标、PDU 目标、InfiniBand 交换机
  目标、KVM 目标和 ILOM。
- [ ] 验证 ILOM 服务器和 InfiniBand 交换机目标配置。

之前的发现过程已经发现了 OEM 12c 中的数据库一体机。但是，要监控群集、数据库
和其他资源，必须运行另一个发现过程，然后进行配置，使其能够通过 OEM 12c 监控。

9.4   Exadata 组件

成功完成 OEM 配置、数据库一体机发现、群集发现、RDBMS 和其他资源的发现后，
需要了解那些在 OEM 12c 中被监控的 Exadata 数据库一体机的重要组件。

以下章节将举例说明在 OEM 12c 中监控和管理 Exadata 存储单元和计算节点（数据
库服务器）的基本步骤。需要注意的是，因为这个话题过于宏大，所以这里仅列举简单的
例子。

9.4.1   监控和管理

使用所需要的账户登录 OEM 12c，选择目标下拉列表中的 Exadata 选项，即可看到本
OEM 下配置的数据库一体机的列表。图 9.19 显示了由 3 个 1/8 配机架组成的数据库一体机
机架配置，还可以看到这些机器及其关联组件的状态。

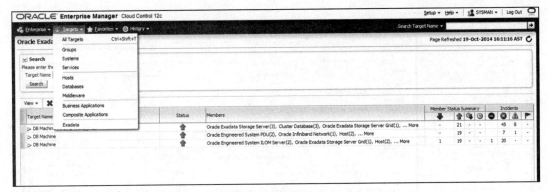

图 9.19　选择目标界面

图 9.20 为 OEM 12c 中的一个 1/8 配机架数据库一体机。图像顶部的概览区详细说明了数据库一体机组件（单元、计算节点、IB 交换机、PDU 和以太网交换机）的健康状态。

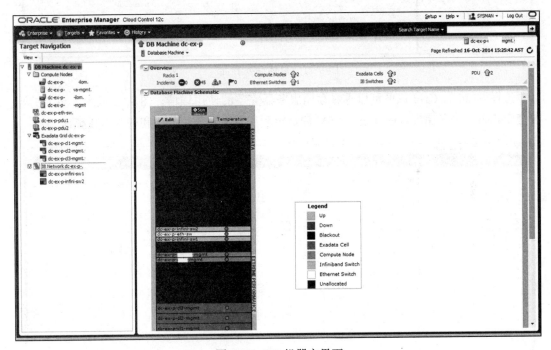

图 9.20　DB 机器主界面

可以选择单个目标进行监控或执行管理。例如，若要查看和管理计算节点，可以选择 Compute Node 选项，然后选择任何一个计算节点。同样，也可以选择 Exadata Grid 选项下的一个单元。

图 9.21 显示了某个计算节点的整体概要，可以查看该计算节点的 CPU、内存、文件系统和网络利用率趋势。

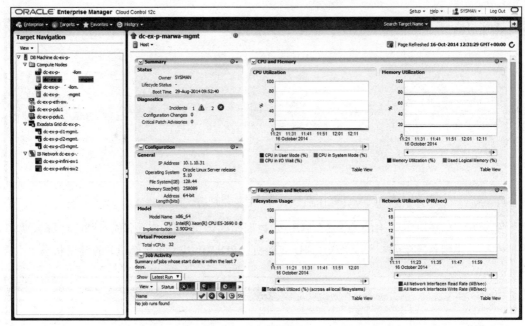

图 9.21　总体摘要界面

选择 Exadata Grid 选项可以查看存储服务器完整的使用详情。图 9.22 显示了单元的当前健康状态、总存储容量的详情、ASM 磁盘组利用情况、负载分配和资源消耗统计。

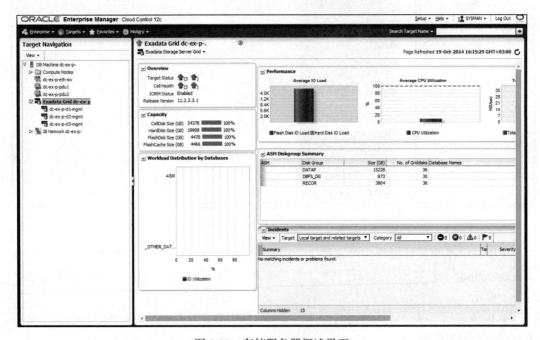

图 9.22　存储服务器概述界面

9.4.2　执行管理

若要监控单个单元并采取执行管理，在 Exadata Grid 下选择需要操作的单元，然后再从右侧的 Exadata 存储服务器下拉列表中选择想要执行的操作选项，如图 9.23 所示。

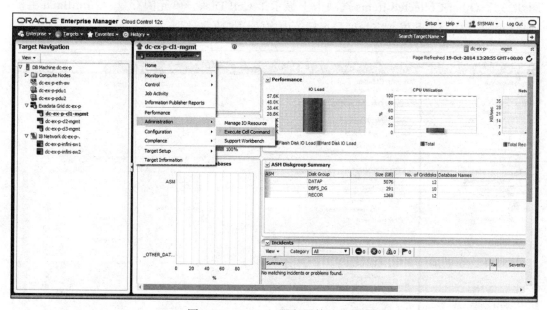

图 9.23　Exadata 服务器管理界面

从 Administration 选项中，可以管理 I/O 资源或执行任何 CellCLI 相关的操作。这是 OEM 12c 为用户提供的一项非常强大的功能。例如，若要执行 CellCLI 命令，可以选择 Execute 或安排任何 Cell 命令，如图 9.24 所示。

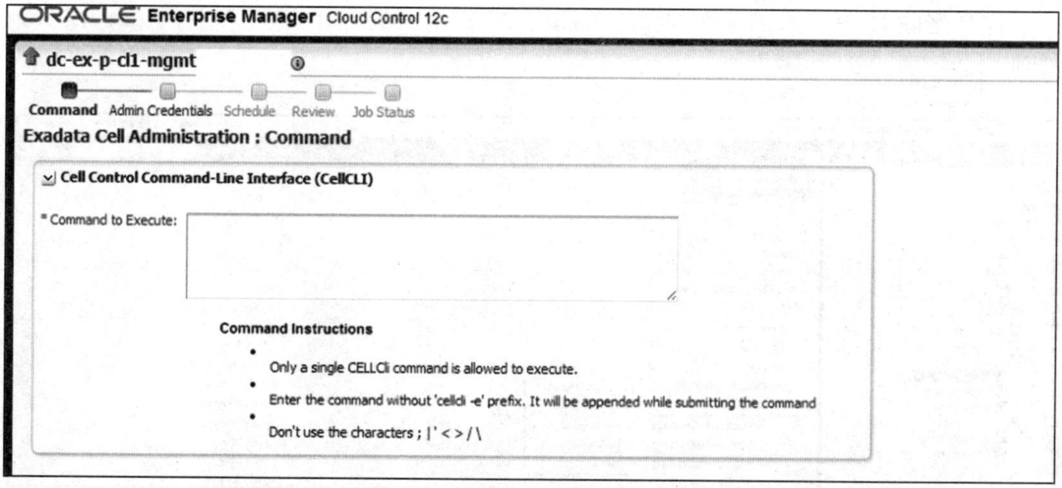

图 9.24　通过 OEM 执行一个 CellCLI 命令的界面

　　从可用的监控选项中选择正确的选项，监控或查看单元指标、指标的收集设置、警报历史和状态历史。

　　可以通过选择 Metric and collection settings 来管理指标和收集设置并设置阈值（见图 9.25）。Other Collected Items 选项卡上显示了 Cell Disk、单元闪存盘、InfiniBand 主机通道适配器（HCA）配置、容量度量指标等内容的详细收集计划。

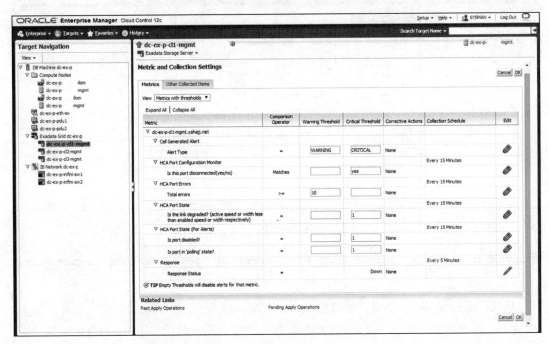

图 9.25　度量和收集设置界面

　　若要删除目标或添加额外的组，如图 9.26 所示，选择下拉列表中的 Target Setup 选项。

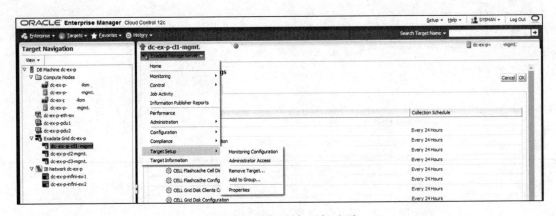

图 9.26　移除 / 添加目标选项

9.5　本章小结

OEM 12c 是一款功能强大且全面的端对端工具，可以通过其简单直观的图形用户界面来有效地监控和管理 Exadata 数据库一体机。本章简要介绍了如何利用 OEM 12c 来监控和管理 Exadata，举例说明了使用插件进行 Exadata 设置和发现的详细过程。此外，还列举了 Exadata 组件监控、管理和执行管理的示例。

Chapter 10 第 10 章

迁移至 Exadata

虽然 Exadata 数据库一体机用起来确实像一个标准的 Oracle 11gR2 或 Oracle 12c 数据库，但它不仅仅是一个数据库。Exadata 数据库一体机包括专用的存储、高性能计算网络和 Oracle 数据库专有的硬件特性。此外，Exadata 仅支持 OEL（Oracle Enterprise Linux）和 Solaris，迁移至 Exadata 意味着可能需要进行跨平台迁移和数据库升级。

单次迁移过程会包含许多可变的步骤，这就导致迁移过程可能不会像预期那样顺利。因此，向 Exadata 迁移时会出现很多意外情况，让我们猝不及防。

本章将帮你制定相关计划并在组织内成功部署 Exadata 的整体流程。

10.1 Exadata 实施生命周期

众所周知，凭借大量内置于平台和基础结构的数据库感知功能和技术，Exadata 数据库一体机可以提供极致性能。但这种极致性能和数据库感知智能软件是需要成本的。因此，在将 Exadata 部署到生产环境之前，需要制定非常严谨的调整和评估方案。Exadata 的实施生命周期一般包括以下几个阶段：

- ❑ 第一阶段：架构策略，本阶段的任务是确定与 Oracle 数据库运行相关的且正在进行中的总体架构策略。
- ❑ 第二阶段：规划和设计，在本阶段，对要迁移到的目标环境进行实际部署规划。
- ❑ 第三阶段：迁移测试，本阶段是针对实施步骤进行测试，验证所有功能需求和性能需求是否都符合预期。
- ❑ 第四阶段：正式迁移和割接，本阶段是将真实的生产数据库从当前运行环境迁移到 Exadata 平台，并进行生产应用割接。

❑ 第五阶段：割接后的支持和管理，本阶段是迁移工作的收尾阶段。此时，Exadata
环境已与日常管理、监控、报警和事件管理流程完全整合。

本章剩余的部分将主要讨论前三个阶段。第四阶段和第五阶段与每次实施的具体内容
相关，将涉及时详细介绍。

10.2　第一阶段：架构策略

按字面意思理解，第一阶段就是构思的开始阶段。首先需要识别、测试和比较可用的
潜在选项，然后做出最终决定（因为架构策略与 Oracle 数据库平台策略相关）。

事实上，支持那些对性能、可用性和可支持性的要求很高的重要系统，将 Exadata 作
为候选选项的项目和计划本身就具有一定的策略性。作为一个平台，Exadata 的应用范围非
常广泛，即使不是全行业适用，至少在行业垂直领域是适用。用户可以部署 Exadata 来处理
所有类型的工作负载（从 OLTP 到 DSS 再到 DW 系统），也可以将其部署为一个平台，用于
整合（各种独立的小库）。正在评估或实施 Exadata 的项目通常是以下三种中的一类或几类
需求：

❑ 建立平台以支持 Oracle 基础结构合并项目和计划。
❑ 建立平台以部署 DBaaS。
❑ 建立平台以满足或超过要求的组织性能和可用性 SLA。

主要的任务如下：

❑ 了解组织机构进行上述努力的目标和需求。
❑ 识别可用的技术选项并列出最终入围的选项。
❑ 定义指标来评估这些选项并排名。
❑ 对每个候选项进行测试，选出最终的架构。

第一个关键目标是能够识别组织机构和业务要求驱动过程和成功标准。这些因素的依
据如下：

❑ 组织目标（例如，削减数据中心的运营成本）。
❑ 业务目标（例如，使销售实现预期增长）。
❑ 业务需求（例如，能够按照承诺提供面向客户的 SLA）。
❑ 能力增长（因为并购）。

很显然，这些都是当前系统或架构可能无法实现或者没有完全实现的领域。为了满足
这些要求，必须要精打细算（如防止收入损失或增加额外的日常开支）。

接下来，需要将这些组织要求转换为技术要求，在后续的架构评估、选择和实施过程
中，会进一步用到这些技术要求。

业务目标是以最短的停机时间或在不停机的情况下提供高可用系统。可以将其进一步
转换为技术要求，例如：

- 为可用性提供更具体的定义（99.9% 或 99.99%）。
- 与补丁修复和维护相关的停机时间的目标。
- 特大灾害发生时的 RPO/RTO。

该项业务可能会迫切需要满足一些具体合约性质的 SLA，例如：

- 在约定的时间窗口内加载并处理分段数据。
- 根据确定的进度表提供数据提取。
- 在指定的 SLA 内处理并生成报告。
- 与最终用户体验或较小的单个原子事务相关的响应时间具有很高的攻击性，使系统极端敏感，即便最小的性能偏差也会引起系统反应。

基于容量和预期增长将这些业务层级的 SLA 转换为技术 IT 基础结构层级的 SLA 和要求。例如：

- I/O 容量和使用率，IOPS（每秒 I/O）或吞吐率（每秒兆字节）。
- CPU 容量和使用率（依据 CPU 利用率目标确定）。

在理解和记录业务需求并将其转换为基础结构目标后，就能以此为基础来确定潜在的选项。潜在选项的选择标准取决于具体的项目或目的，一般包括：

- 为特定目的建立的架构，如 Netezza/Teradata 或 Greenplum。
- 其他供应商提供的其他聚合架构。
- 存储选项，如采用更传统的架构设置的分阶段存储或完全基于 Flash/SSD 的存储。

应采用统一的评估标准，并且该标准应易于对所有选项进行测量，这样就能对同类型事物作比较。可以对每个选项的特定数据库进行定向调优和配置，只要这种操作不会改变测试及其性质或相关结果即可。

某些应用于所有选项的评估标准本身与性能并不相关，但与选项是否适合在组织机构中使用却有很大的相关性。相应的 IT 结构和策略列包括：

- 迁移至目标系统的工作量和便利性。
- 解决方案与业务一起缩放和增长的能力。
- 创建一个能够有效管理环境的团队所需要的人员配备或培训的成本。

如果上述选项超出了使用 Oracle 作为选定数据库平台的范围，则标准中还需要包含以下内容：

- 将数据库从一个平台迁移到另一个平台所需要的时间和工作量。
- 将应用程序迁移到目标平台所需要的时间和工作量。
- 将数据加载到目标系统所需要的时间和工作量。
- 建立团队以支持潜在新平台的成本。

评估标准应基于对所有选项重复执行相同测试的能力。需要定义并设计测试，以便量化和测试之前定义的各类技术要求和 SLA，而且量化和测试应能反复进行，并具有能够用于比较的基线。这些测试将成为概念验证（POC）或价值验证（POV）的基础。

需要特别评估的功能分为两类：默认启用的功能和准备专门实施的功能集。作为设计和规划阶段的一部分，于情于理，都应该测试这些功能的各种组合。其目的是了解每个功能的利弊。这类测试也应该考虑财务方面的因素，如许可成本、转换成本和停运成本。比如，应反复进行测试以确定各种功能的利益，例如：

❑ 使用 HCC（虽然在 Exadata 环境中，使用 HCC 不用另外付费）。

❑ 使用高级压缩（需要另外付费去获得功能使用许可）。

❑ 可能会发生的索引消除，必要时可利用 Exadata 选项和功能。

❑ 使用 IORM，主要是从系统整合的角度来使用。

此外，从物理硬件的角度来看，每个选项本身又可能会包含多个选项和配置。如果选项被选中，针对反映实施内容的硬件配置，还应进行最终的测试。在使用 Exadata 的情况下，这种测试主要受限于以下两点。

❑ 机架的尺寸，即 1/8 配、1/4 配、半配或满配机架（每个服务器模型要么有 2 个插槽，要么有 8 个插槽）。

❑ 存储节点配置，分大容量磁盘和高性能磁盘。

在对各选项进行最后的比较时，将根据每个测试标准对各选项评分，同时考虑标准的最终比重。POV 将依据更主观或定性的标准以及此类技术实际实施时的相关成本来评估测试结果。

这些成本包括硬件、软件许可和人员配置成本以及在该选项的直接影响或改进作用下可能会节省的成本。例如，所节省的成本可能会包括去除因未满足 SLA 而产生的罚款或减少任务所花费的资源时间等。

调整解决方案的大小对于迁移和实施的成功而言尤其重要，它可以确保在 I/O 和 CPU 这两方面都获得充足的容量。同任何传统的平台一样，调整大小和容量规划也将遵循一套标准的方法。每个数据库或数据库服务器所需要的基本数据将包括：

❑ I/O 速率

❑ 内存使用率（由 SGA 和 PGA 使用）

❑ 存储容量要求

❑ CPU 使用率

针对以上领域，需要了解所有用于向 Exadata 迁移的数据库的当前资源利用情况，然后根据所有目标数据库上的资源消耗总量来调整 Exadata 环境的大小。

1. I/O 调整

可以从数据库内保留的 AWR 数据中收集每个数据库的 I/O 速率和容量方面的信息（假定已经获得了使用这些数据所需要的 Oracle 许可）。相关示例请参见代码清单 10.1。在下列查询中：

$$总 IOPS = 读 IOPS + 写 IOPS$$
$$总 MBPS = 读 MBPS + 写 MBPS$$

代码清单10.1　请求实际I/O活动编号的SQL脚本

```
SET LINES 132 PAGES 60
COL stat_name FORMAT a50 HEADING "Event Name"
COL tot_read_io_reqs_per_sec FORMAT 9999999999.999 HEADING "Read IOPS"
COL tot_mb_read_io_reqs_per_sec FORMAT 9999999999.999 \
    HEADING "Multi Block|Read IOPS"
COL tot_write_io_reqs_per_sec FORMAT 9999999999.999 HEADING "Write IOPS"
COL tot_mb_write_io_reqs_per_sec FORMAT 9999999999.999 \
    HEADING "Multi Block|Write IOPS"
COL tot_read_iobytes_per_sec FORMAT 9999999999.999 HEADING "Read MBPS"
COL tot_write_iobytes_per_sec FORMAT 9999999999.999 HEADING "Write MBPS"

WITH base AS(
SELECT
  sn.snap_id,
  TO_CHAR(BEGIN_INTERVAL_TIME,'YYYY-MM-DD HH24:MI') snap_start,
(EXTRACT(DAY FROM (sn.end_interval_time - sn.begin_interval_time))*86400)
+
(EXTRACT(HOUR FROM (sn.end_interval_time -sn.begin_interval_time))*3600)
+
(EXTRACT(MINUTE FROM (sn.end_interval_time - sn.begin_interval_time))*60)
(EXTRACT(SECOND FROM (sn.end_interval_time - sn.begin_interval_time))*01)
 seconds_in_snap,
sw.stat_name, sw.value Statvalue
FROM   SYS.DBA_HIST_SYSSTAT sw,
       SYS.DBA_HIST_SNAPSHOT sn
WHERE   sw.snap_id=sn.snap_id
AND     sw.dbid=sn.dbid
AND     sw.instance_number = sn.instance_number
AND     begin_interval_time > TRUNC(SYSDATE -5)
AND     stat_name IN (
                'physical read total IO requests',
                'physical read total multi block requests',
                'physical write total IO requests',
                'physical write total multi block requests',
                'physical read total bytes',
                'physical write total bytes'
                )
order by sw.stat_name, BEGIN_INTERVAL_TIME
)
SELECT snap_start,
  ROUND(SUM(DECODE(stat_name,'physical read total IO requests',
                  (curr_value - pre_value),0))
          /seconds_in_snap,3) tot_read_io_reqs_per_sec,
  ROUND(SUM(DECODE(stat_name, 'physical read total multi block requests',
            (curr_value - pre_value),0))
          /seconds_in_snap,3) tot_mb_read_io_reqs_per_sec,
  ROUND(SUM(DECODE(stat_name, 'physical write total IO requests',
            (curr_value - pre_value),0))
          /seconds_in_snap,3) tot_write_io_reqs_per_sec,
  ROUND(SUM(DECODE(stat_name, 'physical write total multi block requests',
            (curr_value - pre_value),0))
          /seconds_in_snap,3) tot_mb_write_io_reqs_per_sec,
  ROUND(SUM(DECODE(stat_name, 'physical read total bytes',
          (curr_value - pre_value),0))
          /seconds_in_snap,3) tot_read_iobytes_per_sec,
  ROUND(SUM(DECODE(stat_name, 'physical write total bytes',
            (curr_value - pre_value),0))
          /seconds_in_snap,3) tot_write_iobytes_per_sec
FROM (
SELECT  snap_start, stat_name, seconds_in_snap,
        Statvalue curr_value,
        LAG(Statvalue,1,0) OVER( PARTITION by stat_name
                                ORDER BY snap_start,stat_name) pre_value
```

```
FROM base
GROUP BY   snap_start, stat_name, statvalue, seconds_in_snap
)
GROUP BY snap_start, seconds_in_snap
ORDER BY snap_start;
```

需要考虑所有用于迁移的数据库上的 I/O 速率和容量的总和，然后还需要将这些数据与 Exadata 的物理 I/O 速率和容量功能进行匹配，以确定是否需要 1/8 机架、1/4 机架、半机架或全机架。Exadata 的特定功能（如闪存缓存、闪存日志、智能扫描、智能卸载和存储索引）将减少实际执行的物理 I/O。因为无法精确地预测这些功能到底减少了多少个百分比的 I/O，所以谨慎起见，在估算相关利益时还是应该采取保守的态度。

2. 内存调整

当从内存的角度进行调整时，将遵循一套标准的方法，以下是需要考虑的项目：

❑ 分配到 SGA 的内存。

❑ 负责后台进程、活动会话和非活动会话的 OS 层级 Oracle 后台进程。

❑ OS 层级内存要求。

为了适应未来的预计增长，有以下两个选项可供选择。第一个选项是设计解决方案，为业务规划的调整提供增长空间。第二个选项是设计解决方案，同时考虑到硬件和总体解决方案的预计期限内可能会产生的业务增长。在大多数情况下，最终的解决方案都是混合使用这两个选项，在前几年既需要考虑当前的大小调整，也要考虑到增长超出需求的能力。

可以使用代码清单 10.1 中的查询，然后稍作修改以查看 PGA 和 UGA 统计。

3. CPU 调整

可以使用代码清单 10.1 中的脚本，通过查找 CPU used by this session 统计，从数据库的角度查看 CPU 的使用情况，也可以使用来自 sar 或类似实用工具的输出从 OS 的角度来完成同样的操作。一般而言，OS 层级的统计数据更为合适，但请注意，如果同一个服务器上有多个数据库在运行，将无法区分数据库之间的 CPU 使用情况。

从 CPU 的角度，需要考虑因智能卸载而节省的数据库节点 CPU。I/O 等待类别下所使用的 CPU 能够很好地反映出预计的节省量。如果使用了高级压缩或混合列压缩（HCC），则需要考虑一些日常的 CPU 管理成本。第 5 章介绍了根据压缩类型测量节省情况的数据。

要将当前系统的 CPU 使用率转换为 Exadata 上的 CPU 使用率，常用的办法是使用由标准性能评估公司（SPEC）提供的基准测试程序数值中的额定数据。当前使用的基准是 SPEC CPU2006，可参考该公司网站上的相关说明（www.spec.org/benchmarks.html）：

设计用于提供性能测量，通过该测量结果可以比较不同计算机系统上的计算加强负载。SPEC CPU2006 包含两个基准系列，分别是用于测量和比较计算加强整数性能的 CINT2006 和用于测量和比较计算加强浮点运算性能的 CFP2006。

4. 存储容量调整

从存储的角度来看，与性能需求和能力角度一样，需要根据空间需求来规划空间容量。这里有两个主要的决策点：将要实施的 ASM 冗余级别和所选择的磁盘类型（高性能 VS 高容量）。

在决定需要多少可用容量和裸容量时，要考虑：

❑ 每个数据库需要的总空间，包括用于存储非用户数据（如 System、Sysaux、Undo 或 Temp 等）的表空间。

❑ 重做日志空间（如适用，则联机和备用均包括），Exadata 下的默认值为 4GB。

❑ 每个数据库的归档日志目录所需要的空间（在 Exadata 中，归档日志写入 ASM 上的闪回区）。

❑ 是否计划在 Exadata 上用 DBFS 作为系统级文件系统。

从 Oracle Grid Infrastructure 12.1.0.2 版开始，Exadata 也可以支持 ASM 群集文件系统（ACFS）。需要注意的是，ACFS 不支持 Exadata 的智能卸载、IORM、闪存缓存、闪存日志记录等功能。建议将 ACFS 作为配件使用（如所有节点上都需要用到的 GoldenGate trail 文件），而不是用于数据库存储。

在选择 ASM 冗余级别方面，选择的依据主要是所需要的容错能力。基本上可以这么理解，普通冗余（normal redundancy）模式一次损坏一个存储节点时系统仍可正常使用，而高冗余（high redundancy）模式则最多可以承受两个存储节点（单元）的损坏。存储节点损坏可能是失去整个节点（例如，造成重启的内核错误），也可能是单个节点内没有充足的空间，甚至还有可能是因为对节点定期打补丁而造成的节点损坏。

至于如何选择存储单元内使用的磁盘类型，需要在预期的物理 I/O 性能和实际可用空间之间进行权衡。正如我们所看到的那样，Exadata 存储单元的总闪存缓存为 1.6TB，启用后可以用于缓存读写。这应该是 POC 测试和评估期间的焦点之一。作为一种惯例，对于 DW 和数据库合并工作负载而言，使用高容量磁盘是行业最佳实践方法。

另外，还需要考虑对未来增长和扩张的影响。在 Exadata 机架内，Oracle 不允许混合搭配不同类型的存储单元，要么所有单元都使用高性能磁盘，要么所有单元都使用高容量磁盘。如果需要混合搭配，只能使用存储扩展机柜，并将其与 Exadata 机架连接。

在 Oracle SQL 性能分析器中，还有一种被称为 Oracle Exadata Simulation 的模拟功能。可以通过 OEM 或命令行访问该功能。总体的过程和逻辑如下：

1）使用测试语句（DBMS_SQLTUNE.CREATE_SQLSET 和 LOAD_SQLSET）创建一个 SQL 集。

2）执行模拟器，根据第 1）步中创建的 SQL 集进行估算，了解和衡量 Exadata 平台及其架构的潜在影响。可以使用 OEM 或手动执行模拟器。

模拟器按以下过程操作。这些示例直接来自 tcellsim.sql 脚本：

1）使用 dbms_sqlpa.create_analysis_task 创建一个 SQL 性能分析器调优任务，并把之

前创建的 SQL 集传递给它：

```
:aname := dbms_sqlpa.create_analysis_task(sqlset_name =>
'&&sts_name',              sqlset_owner => '&&sts_owner');
```

2）使用 DBMS_SQLPA.EXECUTE_ANALYSIS_TASK 执行任务，为 CELL_SIMULATION_
TASK = FALSE 指定 EXECUTION_TYPE = 'test execute' 和 EXECUTION_PARAMS 设置：

```
dbms_sqlpa.execute_analysis_task(task_name => :aname,
execution_type => 'test execute',
execution_name => 'cell_simulation_DISABLED',
execution_params => dbms_advisor.arglist('cell_simulation_enabled',
'FALSE'));
```

3）使用 DBMS_SQLPA.EXECUTE_ANALYSIS_TASK 执行任务，为 CELL_SIMULATION_
TASK = TRUE 指定 EXECUTION_TYPE = 'test execute' 和 EXECUTION_PARAMS 设置：

```
dbms_sqlpa.execute_analysis_task( task_name => :aname,
execution_type => 'test execute',
execution_name => 'cell_simulation_ENABLED,
execution_params =>dbms_advisor.arglist('cell_simulation_enabled',TRUE));
```

4）使用 EXECUTION_TYPE= 'compare' 和指标 'io_interconnect_bytes' 比较这两种执行
方式的性能：

```
dbms_sqlpa.execute_analysis_task(:aname, 'compare',
execution_params => dbms_advisor.arglist('comparison_metric',
'io_interconnect_bytes'));
```

5）使用 DBMS_SQLPA.REPORT_ANALYSIS_TASK 生成报告，对这两种执行方式进
行比较分析：

```
select dbms_sqlpa.report_analysis_task(:aname,'text', top_sql => 10)
aspa_summary from dual;
```

生成的报告以 io_interconnect_data 为基础评估 Exadata 对查询性能的影响，并记录
Exadata 环境下的潜在改进情况。借助该模拟器，还可以了解将数据库移动到 Exadata 的影
响，并使用此信息进行大小调整和容量规划。

10.3　第二阶段：规划和设计

现在，已经完成了第一阶段的工作，知道了平台的选择以及考虑实施和启用的平台的
功能集。第二阶段标志着从"验证"阶段到平台的实际实施过渡。

鉴于本书的讲解对象是 Exadata，所以默认 Exadata 就是所选中的平台。当然，如果
Exadata 不是最终选择的平台，上述方法也可以轻松地扩展到其他系统。

在本阶段，团队的主要目标与所选定的 Exadata 平台的实际实施、部署和迁移相关。团
队需要确定以下工作细节：

❑ 确定用于迁移的当前数据库列表。

❑ 设计 Exadata 数据库一体机的总体配置和连通性。

❑ 确定要使用和实施的 Exadata 功能（全局层级或应用程序 / 数据库层级）。

❑ 确定第三方应用程序对迁移至 Exadata 的具体影响，还包括确保供应商对 Exadata 的兼容和支持。

❑ 审核可用于实际迁移数据库的各类选项，选择最适合当前环境的迁移方法。

❑ 制定测试和验证计划。测试主要针对数据库和应用程序，应包括功能和性能这两方面，其目标是将迁移后的风险降至最低。

10.3.1　自定义和第三方应用程序

如果纯粹从技术角度来看，即使将数据库迁移到 Exadata 上，自定义和购买的应用程序应该都能很好地工作。但是，与自定义应用程序相比，迁移与第三方销售的应用程序相关的数据库也确实会有一些细微的差别。

所有的供应商都希望让自己的应用程序运行在得到“认证”的硬件或软件栈上。供应商认证意味着供应商已经在配置条件下测试了应用程序，所以会主动支持其客户端的升级、漏洞修补和解析操作。在将应用程序数据库迁移到 Exadata 前，谨慎起见，应向供应商确认 Exadata 的相关认证，确保供应商能提供持续支持。此外，Exadata 对于所支持的数据库版本还有非常具体的要求，例如，使用补丁集时，版本要求可能也会发生相应的变化。虽然这不是强制的，但 Exadata 通常会采用 Oracle RAC。因此，需要清楚地了解供应商对将应用程序部署到 Oracle RAC 数据库上的支持和认证情况。

出售的应用程序通常会有超出数据库以外的特殊安装要求。这些要求可能都是一些比较标准的要求，不会违反支持协议，如支持 NFS 共享（使用 Oracle dNFS 功能）或打开自定义端口。如果应用程序需要安装特定的软件或软件包，可能就要考虑是否存在潜在问题了。请记住，在硬件和软件层级上，Exadata 都是一个严格控制的系统。应用补丁或进行更新都可能会损害这种依赖性，甚至影响 Oracle 提供的持续支持。

如果使用第三方应用程序，将无法修改应用程序代码。无论该数据库在不在 Exadata 上，都无法修改。但是，必须了解这些含义，尤其是在使用 Exadata 的特定功能时。下方列出了利用 Exadata 功能和特性进行调优的几个例子。这些方法特别适用于对第三方应用程序进行调优。

❑ 按照特定的顺序加载数据，以便使用存储索引。

❑ 使用 CELL_FLASH_CACHE 选项强制缓存存储闪存缓存上的对象。

❑ 正确组合 DBRM 和 IORM，以便通过会话管理 I/O。

❑ 使用合适的压缩方法以减少 I/O。

这里的关键在于，与第三方应用程序相关的迁移数据库会有一些细微的差异。必须了解这些差异的潜在影响，然后进行相应的量化和规划。

10.3.2　选择实施的 Exadata 功能

在 POC/POV 阶段，主要工作是证明 Exadata 特定功能在提高性能或存储方面的广义价值。在规划阶段，继续确定了相关规则和用例，这些规则和用例将帮助我们管理这些功能的实际实施和部署。

在本阶段，会更深入地了解需要将哪些数据库迁移至 Exadata，应用程序如何使用和评估每个数据库中的数据，以及性能特性、工作负载特性和各数据库之间的相关性。本评估内包含的此类功能集的具体示例如下：

- ❏ 在合并的情况下，如果 Exadata 上可能有多个数据库，应确定 IORM 所需的准确规则和配置文件。
- ❏ 要了解是否应进行 CPU 闭锁（就是限定某个数据库使用的 CPU 资源），特别是从合并的角度来看。
- ❏ 需要决定在什么情况下使用什么类型的压缩类型，以及怎样使用。
- ❏ 通过组合分区和正确的压缩类型，可以有效地管理包含活动数据和历史数据的大型表的存储空间利用，而且成本低廉。如果与选择性索引的 Oracle 12c 功能结合，则可以节省大量的存储空间。
- ❏ 对于 OLTP 工作负载，需要用一种非常可控和慎重的态度使用智能扫描和存储索引。相反，在 DW（数据仓库类型）负载下，需要更激进地使用智能扫描和存储索引这两个功能。
- ❏ 了解数据库 I/O，查看闪存缓存日志记录或闪存缓存回写等功能是否可以提升性能。

10.3.3　考虑范例变化

有了 Exadata，现在就有了一台包含解决方案中所有组件的机器。这些组件过去常被视作单独的实体，在以前的环境中，一般是由不同的组织或部门管理这些实体。这些组件如下。

- ❏ 网络：主要是 InfiniBand。
- ❏ 存储：存储单元。
- ❏ 服务器：计算节点和存储节点。

将 Oracle 集群或 Grid Infrastructure 与 Exadata 数据库一体机结合后，这些组件之间的联系变得非常紧密。在早期范例中，DBA 负责数据库，系统管理员管理服务器，网络管理员管理网络，但这类范例并不适用于现在的情况。DBA 现在需要了解这些组件在 Exadata 环境中的相关性和内部工作方式。这就是为什么 IT 行业现在（尤其是在使用 Exadata 时）要引入数据库一体机管理员（DMA）。

以所讨论的补丁修复来说。大多数 Exadata 补丁修复活动是以 root 用户的身份执行，DBA 变成 DMA，因此，要让 DMA 从根级访问 Exadata 数据库一体机是完全合乎逻辑的。

但是，引入具有访问特权的新角色意味着工作量的增加，尤其是该角色还涉及安全审计和法规遵从（HIPPA、PII、SOX 等）。因此，最终的解决方案必须平衡这些方面的问题，为用户提供既有效又易于管理的最优解决方案。

只靠一种办法是不能解决这一问题的。这一切都取决于是否有合适的安全标准、过程和政策，以及如何将它们结合起来。在某些情况下，为支持 DBA 获得 root 访问权限，用户已经修改了安全性和合规性程序（通常使用 sudo 来访问特定功能）。在另一些情况下，系统管理员会接受 Exadata 方面的专门培训，但培训不是从管理数据库的角度出发，而是专注于管理基础结构。这种做法尤其适用于安全和审计软件正在运行的情况。需要强调的是，必须提前考虑这个问题并做好规划。

10.3.4　确定迁移策略

要真正完成将一个真实的数据库迁移到 Exadata 平台，还需要处理许多事情。最重要的是该如何决定使用哪种方法。以下列出了一些主要因素，可以帮助我们做出最后的决定：

❑ 架构特性：当前环境的硬件和架构特性在总体的决策过程中发挥了很重要的作用。有大量因素都会影响可移至给定环境的各类迁移选项的可行性和适用性。其中包括处理器架构或字节序、OS 平台和版本、数据库版本和正在使用的数据库选项（比如分区、RAC 等），以及两种环境之间的连通性。

❑ 停机注意事项：迁移给定的数据库需要多少停机时间？虽然无法做到完全不停机，但可以最大限度地减少迁移时的停机时间。

❑ 数据重组和重构需求：通常情况下，为了从 Exadata 上获得最大利益，可能需要在数据加载过程中进行数据重构。

❑ 成本：在大多数情况下，这一因素与停机时间的要求相关。复制软件（如 GoldenGate）的软件许可费用或购买临时的硬件或存储器以促进迁移过程都可能产生额外的成本。

❑ 复杂性：根据停机时间需求和其他的数据同步和依赖性需求，迁移过程的复杂性可能会进一步增加。例如，GoldenGate 的额外配置会增加设置和维护方面的复杂性。如果迁移过程中同时涉及的数据库数量过多，为了满足同步要求，迁移过程也会更加复杂。

所有的数据库迁移选项都可以划分为以下两类中的一类，即物理数据库迁移和逻辑数据库迁移。

在物理数据库迁移过程中，物理数据库的结构（包括表空间名称、数据文件数量、用户对象的定义和参数，甚至是对象 ID）都完全相同。而逻辑数据库迁移过程中，只需要数据库存储的数据保持一致，不用考虑数据库物理方面的相似性或差异。

在物理迁移选项下，相关技术选项为：

❑ 使用 Oracle Data Guard 或备用数据库技术。

❏ 使用 RMAN 备份和恢复，包括数据文件转换。

在逻辑迁移选项下，可用的技术选项为：

❏ 使用 Oracle 数据泵。

❏ 使用自定义数据移动策略。

❏ 使用 GoldenGate 等复制工具。

物理数据库迁移要更简单直接，因为迁移过程中涉及的移动部件较少。Exadata 是基于 Intel x86 64 位硬件的平台，其字节序 CPU 架构采用小字节序。因此，这种迁移有很大的局限性。

物理迁移技术从没有暗示过我们不能通过执行数据库结构调优来利用 Exadata 功能。它想要表达的是，这些调优活动将在 Exadata 的目标数据库上作为迁移步骤的一部分或在以后执行。

1. 基于数据泵的迁移

基于数据泵的方法具有很高的灵活性，尤其是在需要改变数据结构或物理存储时。凭借丰富的特性和功能，数据泵可以帮助我们：

❏ 修改物理存储特性以满足 Exadata 的最佳实践。

❏ 作为导出操作的一部分，重新排列数据顺序，以便利用 Exadata 的存储单元功能，如智能扫描和存储索引等。

❏ 迁移数据的逻辑部分。这项操作特别适用于数据库合并。

❏ 忽略字节序差异。无论源架构和目标架构之间的字节序特性如何变化，数据泵均不受影响。

❏ 不必单独升级数据库。

但因为固有的过程连续性，基于数据泵的方法也有一些比较大的缺点：

❏ 一般来说，迁移需要的停机时间会很长。

❏ 数据集越大，停机时间越长，当数据集大到一定程度时，几乎不能再使用该方法作为可行的选项了。

❏ 如果打算将"增量"数据加载功能应用到数据提取和加载过程中，则所付出的工作量和所消耗的资源都将是巨大的。

以下是使用数据泵作为迁移过程时的一些建议：

❏ 在数据泵内使用 PARALLEL 选项提升总体速度。

❏ 分阶段存储 ASM 闪回恢复区内的转储文件。

❏ 可以使用 NETWORK 选项直接从源导入。

❏ 研究具体 DB 版本的相关 bug，使用 NETWORK 选项并与 PARALLEL 选项一起使用。

2. 使用 CTAS/IIS 迁移数据

从概念上讲，使用 CTAS/IIS 迁移数据的选项几乎完全继承了数据泵选项的优势和劣势。如果有差异，这个差异应该就是影响程度，这是因为要控制写代码和执行代码进行迁移的过程，还要验证目标站点上的数据。

因为可以完全控制数据移动编码和过程，所以需要更灵活、更好地完成以下工作：

❑ 快速修改数据结构。

❑ 快速修改数据的逻辑结构。

❑ 将更多的环境和数据感知智能融入并行化和更好地控制递增负载等过程中。

另一方面，负责代码写入这项操作也有负面影响，尤其是对时间轴的负面影响：

❑ 因为几乎需要从零开始开发代码，所以整体时间轴会受到不利影响。

❑ 不仅需要开发代码，还需要重做每个正在迁移的数据库的开发过程。

❑ 需要开发一个完整、周密的过程来测试和验证数据移动。

如果最后不得不选择此选项进行数据迁移，以下建议有助于提高迁移性能：

❑ 在 DB link 上请求数据（最好是在 IB 网络上），这样可以获得更好的吞吐量和速度。

❑ 如果使用的是纯文本文件，请根据外部表使用 SQL 以存取文件。这意味需要在 Exadata 上使用 NFS 装载存储选项或使用 DBFS 来分阶段存储纯文本文件。

❑ 组合使用 PARALLEL DML 和 INSERT APPEND 这两个功能。

❑ 如果可能，请关闭归档日志记录以提升速度。

3. 使用数据复制工具

从理论上看，通过使用 Oracle GoldenGate 或 Quest SharePlex 等数据复制工具和软件，可以获得与数据泵、CTAS 或 IIS 相关的所有好处，同时也能克服以下缺点：

❑ 这些工具本身就能提供相应的技术和程序来帮助我们捕获初始数据实例化之后的变化。

❑ 增量数据在源上发生变化时，这些变化会被推送到 Exadata，使停机时间减少，极大地降低了停运期间的工作量。

类似 GoldenGate 或 SharePlex 这类复制工具都包含了自动化操作，可以对复制工具的安装设置、保存现有状态不变以及监控错误和复制延迟等操作进行自动化。因为不必再开发代码，所了极大地节省了编码和测试验证时间。

但是，提升灵活性和功能性是需要付出一定代价的。GoldenGate 和 SharePlex 都是要另外付费的，考虑到 Exadata 环境的规模，使用这两种复制巩固的成本都会很高。即便如此，这种基于数据复制的迁移策略却是所有选项中停机时间最少的。

4. 基于 Data Guard 的迁移：物理和逻辑

基于 Data Guard 的迁移默认源和目标之间的平台架构不会变化。从 Oracle 10g 开始，Oracle 可以支持跨平台的物理备用库。Data Guard 也支持特定平台上的备库。有关目前支持的源和目标系统的详细信息，请参见 Oracle 技术支持文档（ID 413484.1）。

使用物理备用作为迁移策略意味着：

❑ 最初的停机时间受切换 / 激活时间限制。

❑ 源系统保持原样，所以回滚时（如需要）可以快速流畅地操作。

❑ 根据源数据库的版本，可能需要进行数据库升级以确保其与 Exadata 所支持版本的兼容性。需要在 Exadata 的数据库完成切换 / 激活后进行升级，这会进一步影响停机时间。

❑ 切换 / 激活和升级完成后，将在 Exadata 的数据库上执行所有结构改变以利用 Exadata 的相关功能。这也会增加总停机时间。

从回滚的角度来看，必须要了解，Exadata 的特定变化或功能启用意味着回滚操作会变得更加复杂，不再只是简单地切换和故障转移。其挑战在于将发布后执行的数据变更恢复到源平台。

或者，用户还可以使用 Oracle MAA 架构和临时逻辑备库来克服一些限制条件。

5. 使用 RMAN Convert 传输表空间

借助传输表空间和数据库，可以将实际的数据文件从一个服务器复制到另一个，然后只需将适用的元数据导入目标数据库就能实现数据库从一个服务器到另一个服务器的迁移。这种方法的局限性在于，源数据库和目标数据库之间需要有一致的平台。就迁移至 Exadata 而言，在大多数情况下，这种假设都不符合要求。

为了解决这种局限性，在具有相同字节序特性的系统间移动数据文件时，可以使用 RMAN 的 CONVERT TABLESPACE 和 CONVERT DATABASE 功能。但是，如果在具有不同字节序特性的系统间移动数据文件，就需要使用 RMAN 的 CONVERT DATAFILE 功能。

使用 CONVERT TABLESPACE 和 CONVERT DATAFILE 时的总体方法如下：

❑ 使表空间处于只读模式。

❑ 使用 RMAN 将数据文件备份为副本。

❑ 导出表空间相关的元数据。

❑ 使用 RMAN 转换数据文件格式以匹配新数据库的格式。可以在源或目标上完成此操作。

❑ 使转换的数据文件能够在目标上使用。

❑ 使用标准的传输表空间（TTS）程序，将元数据和表空间导入到目标数据库。

利用 CONVERT DATABASE 功能时，基本概念没有太大的变化，主要区别在于，可以在数据库层级上执行任务，而不必以一次一个表空间的频率进行操作，而且，既能在源平台上进行实际的转换操作，也能在目标平台上进行。作为 CONVERT DATABASE 操作的一部分，还会生成一个"传输脚本"，该脚本可用于将数据文件等内容导入目标数据库中。

为了能让这种方法有效地工作，在使用时需要考虑以下因素：

❑ 数据文件和数据库的大小直接影响着整体速度（其原因是显而易见的）。

❑ 为了以源平台格式和目标平台格式存储数据文件副本，该选项需要额外的临时存储空间。
- 在目标（Exadata）上使用 CONVERT DATAFILE 是最具有可扩展性的，原因如下：
  - 借助该功能，可以访问多个节点，实现转换过程的并行化，还能利用存储单元 I/O 功能。
  - 可以使用 RMAN 转换功能，将转换的数据文件直接放到 ASM 磁盘组上。
- 使用 CONVERT DATABASE 时对源数据库有最低的版本要求，最低为 11.1.0.7 版。但是，如果打算使用 CONVERT DATAFILE，则不必升级。
- 对于找到存储转换过程数据文件的落点，主要有两种方法可供选择，要么在计算节点上使用 NFS 装载，要么使用 DBFS。

需要注意的是，上述过程仍然是一种物理迁移，所以需要考虑迁移后的任务，调整数据库结构，以便能够充分地利用 Exadata 的功能。

因为停机期间的移动数据量较大，所以迁移过程中的停机时间也很长。如果对上述程序进行修改，提前对大多数文件进行分阶段转换，并且只使用实际的停用窗口来应用增量变化，则可以显著地减少停机时间。这一过程称为"使用跨平台增量备份的传输表空间停机时间"。详见 Oracle 技术支持文档（ID 1389592.1）。这里的思路是，不用去复制和转换系统架构之间的数据文件，可以转换备份。因此，相应的过程如下。

1）准备阶段（源数据仍然联机）：
- 将数据文件传输至目的系统。
- 必要时将数据文件转换为目标系统的字节序格式。

2）前滚阶段（源数据仍然联机；必要时，尽可能多地重复这一阶段，以捕获目标数据文件副本直至源数据库）：
- 在源系统上创建一个增量备份。
- 将增量备份传输到目标系统。
- 将增量备份转换为目标系统的字节序格式，再将备份应用到目标数据文件副本。

3）传输阶段（源数据为只读）：
- 使源数据库中的表空间为只读。
- 最后一次重复前滚阶段。这一步的目的是使目标数据文件副本与源数据一致。
- 使用数据泵从源数据库中导出表空间对象的元数据。
- 使用数据泵将表空间对象的元数据导入目标数据库。
- 使目标数据库中的表空间为读写状态。

6. 使用 ASM 磁盘添加 / 删除功能迁移至 Exadata

顾名思义，ASM 再平衡（rebalance）技术利用内置的 ASM 再平衡特性将数据块从以前的存储设备移动到 Exadata 存储。整个过程如下：

1）使原有的服务器对 Exadata 存储可见。

2）从 Exadata 存储单元将磁盘添加到磁盘组，并删除原来的 LUN。

3）等待 ASM 再平衡操作完成。

4）再平衡操作完成后，关闭原有服务器上的数据库，然后在 Exadata 服务器上重新启动该数据库。

5）将数据库添加到 Oracle 集群注册表，再添加监听程序、服务等。

虽然这一程序的迁移过程几乎是最快的，但也面临着一些固有的挑战和限制。简而言之，这并不是一个简单的按部就班的过程，需要用户在 Linux 和 InfiniBand 方面具备极丰富的专业知识。

- ❏ 默认是从 Linux 到 Linux 进行传输。
- ❏ 源数据库 ASM 版本的限制条件同样适用。
- ❏ 需要将当前的磁盘组设置为 Normal Redundancy 或 High Redundancy 模式。
- ❏ 现有的磁盘组必须是使用 4MB 以上的分配单元（AU）来创建的。如果不这样做，则需要将数据从当前的磁盘组移动到新创建的磁盘组。
- ❏ 需要使用 InfiniBand 卡配置源服务器，并正确安装和配置 RDS/OpenFabrics Enterprise Distribution（OFED）驱动器。
- ❏ Exadata 特性相关的所有数据库结构配置都需要在迁移后完成。

10.4　第三阶段：迁移测试

本阶段专门用于测试前两个阶段确定的各类过程和程序。要成功完成 Exadata 的迁移和实施工作，不仅要迁移数据库，还应该准备好环境和团队以提供持续的操作支持（虽然这项工作并没有那么吸引人）。需要规划、充分测试和实施的 3 个主要方面分别是：数据库备份和恢复策略、Exadata 系统的整体监控和报警策略（数据库 + 存储 + 硬件），以及 Exadata 补丁修复策略。以上策略有助于将 Exadata 环境集成到现有的运维管理和维护工作流中。

本书将在其他章节对此进行更详细的介绍。因此，本章仅从 Exadata 迁移的角度简要说明一下这 3 方面的内容。

10.4.1　备份和恢复策略

在系统上线前，需要有一个全面的备份和恢复过程与策略。对 Exadata 而言，RMAN 仍是首选的数据库备份工具。因此，这项工作的实质就是如何配置 RMAN 进行备份。

主要有 3 个选项可供选择：

- ❏ 执行 RMAN 到磁盘的备份，以磁盘存储为 ASM 磁盘上的闪回恢复区。
- ❏ 执行 RMAN 到 NFS 装载点的备份，使用 Oracle 的 dNFS 协议进行装载。
- ❏ 执行 RMAN 到磁带的备份，使用介质管理软件来进行磁带通信和管理。

使用 ASM 磁盘组中的空间可能并不是最佳选择，这主要是因为分配了优质 Exadata 存储进行备份；可以将磁盘组中的空间用在更合适的地方。此外，从灾难恢复的角度来看，该解决方案并没有考虑到异地备份的情况。

另一方面，现在更流行备份到 NFS 装载点，特别是在使用了专注于备份和存储且速度和性价比都很高的 NFS 兼容解决方案（如 EMC Data Domain 设备或 Oracle ZFSSA）时。在 InfiniBand 上连接 Exadata 服务器也极大地提升了性能和吞吐率。其构架和设计还需要考虑异地备份的任务和责任。如果完全依赖基于 NFS 的备份解决方案，还应考虑对备份和老化的管理。最常用的异地备份方法是在两个 ZFSSA 之间进行 ZFS 复制。

采用介质管理层（MML）方式的主要原因是为了适应和部署整个组织的标准备份基础设施。因此，从备份和恢复时间的角度来看，备份组需要确保现有的基础设施和架构至少应符合 DBA 组的预期。可以使 MML 备份管理组执行发送数据到异地、备份数据的老化和保留等任务。

10.4.2 Exadata 监控和报警

OEM 12c 是一个非常可靠的工具，它配备了 Exadata 专用插件，可以很好地对 Exadata 的各个方面（包括硬件以及数据库本身）进行监控和报警。

另一个非常有用的部署工具是 Oracle ASR 网关，使用该工具可以对 Exadata 上的硬件问题进行早期检测。ASR 网关与 Oracle 服务器相连，可以追踪硬件问题，直接向 Oracle 技术支持报告故障以便问题得到解决。

对数据库一体机管理员来说，还有一些有用的工具可以帮助我们管理 Exadata 环境（详见第 17 章相关内容）：

❑ Oracle Exachk：该工具非常重要，也许是目前最有用的数据收集和分析工具。
❑ Oracle Trace File Analyzer（TFA）采集器：作为一种综合性方案，该工具可以帮助用户收集、打包和分析故障诊断所需的全部日志文件。

10.4.3 给 Exadata 打补丁

系统上线后，用户需要使用 Exadata 进行的最重要而且也有可能是最复杂的任务之一便是对 Exadata 数据库一体机进行持续的打补丁操作⊖。本书会用一整章的篇幅来讲解打补丁的过程，所以这里只做简单介绍。下面将主要讨论在将数据库迁移到 Exadata 的过程中，用户需要考虑并规划 Exadata 补丁修复的哪些方面。

作为持续运营支持工作的一部分，将要在迁移后对 Exadata 进行补丁修复，这一点想必大家都很清楚。迁移阶段的目标是尽可能地确定相关过程和程序的基本内容。这些基本内容就是持续运营支持的基本成分。

首先是让补丁修复的策略和流程与现有的组织政策、标准和预期保持一致。这一步包

⊖ Oracle 官方每个季度发布一个针对 Exadata 各版本的补丁集。——译者注

括以下项目：

- ❑ 补丁升级的生命周期：在将补丁应用到生产前，确定通过各类环境应用和升级补丁的顺序。
- ❑ 补丁测试和验证：在补丁从一个环境升级到另一个环境时，确定测试过程、培养时间和其他细节。
- ❑ 补丁部署记录：在应用补丁前，DBA 团队需要研究并了解补丁组件、补丁的应用顺序以及具体的操作步骤。当补丁在其生命周期里进行升级时，应以标准的操作程序记录这些内容。
- ❑ 文档记录：在通过各类环境升级补丁时，应该用文档记录下相关程序。

最后（但并不是最不重要），建议在割接和系统上线前，应用最新的季度全栈补丁包。这也是验证之前确定的程序和文档的最佳时机。

10.5　Exadata 迁移最佳实践

如果本章所述的前 3 个迁移阶段能够处理得当，应可以最大限度地降低意外情况的不利影响。可以使用的迁移选项非常多，但根据设计阶段收集的知识和信息，应该能够选择最适合的选项了。以下是迁移期间需要考虑或实施的一些其他项目：

- ❑ 数据库字符集的变化影响了 VARCHAR2 列的实际存储方式。测试过程须负责验证是否应该在这种情况下实施 CHAR 或 BYTE 语义。
- ❑ 要当心"在迁移至 Exadata 时删除所有索引"这种不切实际的想法。这并不是一个有效的语句。

    最起码，应始终保留主键索引以及任何外键相关的索引，防止因确保 DML 期间的数据完整性而使子表上发生事务维护锁。

    对于其他索引，可采用索引使用监控功能或 VISIBLE/INVISIBLE 索引功能来验证某个给定的索引是否是被剔除的候选对象。

    在这种情况下，决策的驱动因素是相对于索引范围扫描，使用智能扫描是否可以更好地提升整体性能。

- ❑ 将这些修改体现到数据库设计和结构中，尽可能早地从 Exadata 一体机及其功能中获得最大的收益。
- ❑ 应用和压力测试的质量越好，结果就越好，成功的可能性也越高。测试功能性和性能所花费的时间都是值得的。如果想在测试中走捷径，往往会在事后付出更多的劳动和成本。

    通过真实环境应用程序测试（Real Application Testing，RAT），可以非常有效地从定性和定量的角度分析数据库变化对数据库性能的影响。还可以比较变更前后具有相同工作负载的执行分析。RAT 是一款非常棒的实用工具，尤其适合在需要始终保持高性能的 Oracle 环境中使用。

❑ 压缩类型与实际使用情况不匹配会对性能产生严重影响，而且需要增加额外的停机时间来解决这种不匹配。

❑ 系统上线前（在 Exadata 上），至少要执行一次完整的补丁修复过程。

❑ 系统上线前（在 Exadata 上），应对 Exadata 相关的灾难恢复（DR）流程和程序进行一次全套测试。测试范围应包括在 DR 场景中验证的应用程序套件的功能性以及数据库恢复程序的全面测试。

❑ 使用 SQL 性能分析器下可用的 Exadata 模拟功能来识别所需的 SQL 语句，这些语句可以帮助我们进行改进，了解预期的改进范围，当然还有最重要的一点，了解哪些 SQL 语句会使性能下降（如果存在）。该操作特别适用于原样迁移的情形，例如，原样迁移第三方供应商提供的应用程序。

❑ 定期使用 Exachk 以确保 Exadata 数据库一体机始终在最优状态下运行。此外，还应在补丁修复前后或硬件更换相关的活动前后运行 Exachk。

10.6 本章小结

在本章中，介绍了一些方法和技术选择，审核了迁移至 Exadata 时应考虑的选项。再次强调，最重要的阶段是规划和设计阶段。该阶段是实施的基础。

第二重要的是测试阶段。测试的程度、质量和完整性直接影响了工作时间、工作量和结果的好坏。

进行实际迁移的方式有很多种，每种方式都有各自不同的优势和劣势。因此，需要找到最适合组织需求的迁移方法和选项。

第 11 章 *Chapter 11*

Exadata 和 ZFS 存储设备升级及补丁修复

作为 Oracle 的旗舰级平台，Exadata 由多个硬件组件构成，用户需要对这些组件进行定期的更新和补丁修复操作。建议始终为 Exadata 系统安装最新的更新。这样做不仅可以让你的系统装上 Oracle 推荐的补丁，还能让你从许多已解决的问题和漏洞上获益，提升整体的稳定性，防止发生潜在的问题。

Oracle 技术支持网站（https://support.oracle.com）提供了一份支持文档《Exadata Database Machine and Exadata Storage Server Supported Versions》（ID 888828.1）。该文档列举了从 11.2 版本开始 Exadata 支持的所有软件和补丁。该文档将始终更新最新的信息、指导和推荐补丁的链接。请定期查看顶部的 Latest Releases and Patching News 以获取最新的信息。如需快速访问，请将该文档添加到浏览器书签中。

我们通常会利用停机窗口来升级 Exadata 计算和存储节点。在与 Oracle 的白金级支持工程师合作时，我们会按照他们要求的时间表进行相关操作。Oracle 提供的时间表一般是没有商量余地的，我们必须充当 Oracle 和企业负责人之间的联络人。有时，企业负责人并不接受 Oracle 支持工程师提供的时间表。因此，作为 DMA，可能需要进行 Exadata 数据库一体机的升级。本章将指导读者如何在 Exadata 平台和 ZFS 存储设备（ZFSSA）上规划和执行升级。

11.1 规划 Exadata 和 ZFS 升级

为什么要对 Oracle Exadata 数据库一体机和 Oracle ZFS 存储设备进行升级或补丁修复？俗话说，"东西没坏，就不要修复！"在理想情况下，Exadata 和 ZFS 系统也许能连续数月都保持正常运行。但是，绝大多数 Exadata 和 ZFS 客户还是需要定期为自己的 Exadata 和 ZFS 系统安装来自 Oracle 的最新补丁和软件，因为说不定什么时候就可能会遇到某个漏洞或问题，但是这些漏洞和问题早已经在 Oracle 技术支持提供的补丁中解决了。

如果没有定期对 Exadata 和 ZFS 进行补丁修复，或者从不修复，那么将错过许多修复漏洞和增强系统功能的机会，而它们本可以极大地提升系统的整体稳定性和其他性能。不仅如此，如果两次补丁更新之间的等待时间过长，系统就需要花费更长的时间并使用更多的补丁来将 Exadata 和 ZFS 升级到当前支持的版本。Oracle ACS（高级客户支持）也要求客户在其系统环境中安装最新支持的补丁包，否则可能不会对其环境提供支持（当然，根据具体情况，也可以同 ACS 协商）。

表 11.1 显示了 Oracle 为 Exadata 提供的白金级认证配置，Oracle ACS 需要使用该配置对你的环境进行升级。

表 11.1　Exadata 提供的白金级认证配置（2014 年 10 月）

硬件 （必需）	操作系统 （必需 / 可选如有标出）	Oracle 数据库 （必需）	程序 （必需 / 可选如有标出）
X2-2 或 X2-8（Exadata 存储）	仅适用于 X2-2 的 Oracle Linux 5.5-5.10（必需）或 Oracle Solaris 11（必需）	11.2.0.3 2014 年 7 月或更晚，或者 2014 年 7 月 11.2.0.4 或更高版本季度全栈下载或 12.1.0.2	Exadata 存储服务器 11.2.3.3.1 或更高版本，如果与 Oracle 数据库 11.2.0.3 或 11.2.0.4（必需）或 12.1.1.1.0 或更高版本一起使用（推荐用于 Oracle 数据——11.2.0.3 或 11.2.0.4，12c）
X3-2 或 X3-8 与 X3-2 存储（Exadata 存储）	Oracle Linux 5.8-5.10（必需）或 Solaris 11 选项，仅适用于 X3-2（必需）	11.2.0.3 2014 年 7 月或更晚，或者 2014 年 7 月 11.2.0.4 或更高版本季度全栈下载或 12.1.0.2	Exadata 存储服务器 11.2.3.3.1 或更高版本（必需）或 12.1.1.1.0 或更高版本（推荐用于 Oracle 数据库 11.2.0.3 或 11.2.0.4，12c）
X4-2（Exadata 存储）	Oracle Linux 5.9 或 5.10（必需）或 Solaris 11（必需）	11.2.0.3 2014 年 7 月或更晚，或者 2014 年 7 月 11.2.0.4 或更高版本季度全栈下载或 12.1.0.2	Exadata 存储服务器 11.2.3.3.0 或更高版本（必需）或 12.1.1.1.0 或更高版本

DBA 绝不应该过于频繁地对 Exadata 和 ZFS 进行补丁修复，这并不是一件需要劳心费力的任务。在进行这类复杂的操作之前，请认真做好规划，思虑周全。升级 Exadata 和 ZFS 需要一定的专业技巧，通常是由 Oracle ACS 和 Viscosity North America 等咨询公司完成。需要注意的是，在升级 Exadata 和 ZFS 时，不仅要将单元存储节点、计算节点或数据库升级到最新的补丁版本，还需要同时完成许多其他的工作。就 Exadata 而言，需要对升级范围进行全面评估，究竟是升级 1/8 配、1/4 配、半配还是满配机架？

Exadata 机架系统越大，需要处理的节点就越多，升级的时间也越长。而且，机架越大也意味着风险更高。例如，在小型 1/8 配的机架（Exadata X3）和 1/4 配机架（Exadata X2-2，X3-2，X4-2）中，只需要升级 2 个计算节点、3 个存储节点和 2 个 InfiniBand 交换机。

相比之下，一个满配机架（Exadata X2-2，X3-2，X4-2）有 8 个计算节点和 14 个单元节点。幸运的是，其中一些组件的升级可以同时完成，应该能够节省一些宝贵的时间。在一开始，你可能会有些不知所措，因为对 Exadata 系统进行补丁修复时，需要更新多个硬件组件，如存储节点、计算节点、InfiniBand 交换机等。本章将非常详细地介绍如何在整个 Exadata 机架上更新软件，而不只是核心组件。本章还将说明哪些组件必须升级，哪些组件可以选择性升级。

如果一个非生产的 Exadata 或 ZFS 系统需要停机，并且该系统与你的生产环境处于相同的软件层级，请记录和测试你完整的升级计划，并注意规划生产升级前的时间控制。此外，在请求停机进行生产升级时还应增加一些缓冲时间。利用多出来的缓冲时间，可以处理升级过程中可能会遇到的相关问题。假设系统环境经常变化，例如，非生产时使用 Exadata 1/8 配机架或 1/4 配机架，而生产时要换成半配机架或满配机架；不同的机架大小会对升级的时间控制产生决定性的影响。此外，你可能还会采取不用停机的滚动升级方式。需要再次强调的是，作为一种最佳实践方法，请务必按照上述要求升级非生产用的 Exadata 或 ZFS 系统。

另外，还应升级整个 Exadata 机架中的每一个组件，安装 Oracle 技术支持提供的最新软件。根据补丁集的层级，应该将最新的补丁包应用到非生产环境中，并通过应用程序测试 Exadata 或 ZFS 堆栈，确保没有问题会阻止你的升级操作。对非生产环境中的最新补丁集进行认证后，即可继续在生产中规划和实施相同的补丁集。

同样，请在升级窗口刚好要出现前创建一个 Oracle 服务请求（SR），这样做是为了提前通知 Oracle 技术支持，以防你需要 Oracle 技术支持来帮助你解决升级过程中可能会遇到的任何问题。

补丁版本发布周期

对于补丁版本的发布，如前所述，请查阅 Oracle 技术支持文档《Exadata Database Machine and Exadata Storage Server Supported Versions》（ID 888828.1）。此文档会经常更新，并列出 Exadata 最新的补丁包版本。Oracle 技术支持的补丁发布频率可能会随时变化，并且不会另行通知。表 11.2 介绍了 Exadata 的补丁发布频率。

提示　本书主要针对 Oracle ZFS 7000 系列，建议定期检查 Oracle 技术支持文档《Sun Storage 7000 Unified Storage System: How to Upgrade the Appliance Kit Software and Service Processor BIOS/ILOM Firmware》（ID 1513423.1）以获取最新的 ZFS 补丁信息，其参考网址为 https://wikis.oracle.com/display/FishWorks/Software+Updates。参见表 11.3。

表 11.2　Exadata 补丁发布频率

软　件	补丁发布频率
季度补丁全栈下载	每季度
Exadata 存储服务器	每季度到每半年
数据库服务器	Grid Infrastructure/RDBMS Bundle Patches 12.1.0.2——每季度（1） 12.1.0.1——每季度 11.2.0.4——每月 11.2.0.3——每季度 11.2.0.2——没有进一步的补丁包——纠错支持截至 2013 年 10 月 31 日 11.2.0.1——没有进一步的补丁包——纠错支持截至 2012 年 4 月 30 日
InfiniBand 交换机	每半年到每年

表 11.3　最新的 ZFS 补丁信息

产　品	最 低 版 本	推荐的最低版本	最 新 版 本
ZS4-4	2013.1.3.0	2013.1.3.0	2013.1.3.0
ZS3-4, ZS3-2	2013.1.2.13*	2013.1.2.13	2013.1.3.0
7420, 7320, 7120	2013.1.2.13*	2013.1.2.13	2013.1.3.0
7410, 7310, 7210, 7110	2011.1.9.2*	2011.1.9.2	2011.1.9.2

* 7420、7320 和 7120 系统同时支持 2011.1 和 2013.1 版本。这些系统的最低软件版本可以更新到 2013.1.3.0 的是 2011.1.4.2。

11.2　季度补丁全栈下载

　　建议采用表 11.2 中提到的 Exadata 季度全栈下载补丁（QFSDP）来升级所有 Exadata 组件，这样就不必为每个组件分别下载所有补丁文件。通过引入 QFSDP 来下载所有最新的更新补丁，Oracle 为客户提供了极大的便利。这种补丁将同"补丁集更新"（PSU）一起每个季度发布一次。

　　QFSDP 包含以下组件的最新软件版本：

❑　基础结构
　　〇　Exadata 存储服务器
　　〇　InfiniBand 交换机
　　〇　电源分配单元
❑　数据库
　　〇　Oracle Database 和 Grid Infrastructure PSU
　　〇　Oracle JavaVM PSU（自 2014 年 10 月起）
　　〇　OPatch，OPlan

❑ 系统管理

　　○ EM Agent/OMS/Plugins

11.3　补丁修复工具和过程

多年以来，针对所有的 Oracle 产品，业界已经开发了许多工具来进行补丁修复以及软件和固件的升级。在 Exadata 机架升级中，将使用以下章节描述的工具来为各类组件进行补丁修复。

11.3.1　OPatch

OPatch 是一种基于 Java 的实用工具，主要用于对 Oracle Home 二进制软件进行补丁修复。只要给 Oracle Home 软件打过补丁，大多数 DBA 都会非常熟悉这种常用工具。OPatch 有许多子程序，会用到很多参数。而且，OPatch 只能应用于特定的平台上。可以通过 MOS 中的 6880880 号补丁下载最新的 OPatch 工具。在 Oracle Home 中解压缩 OPatch，将创建以下目录：

```
$ORACLE_HOME/OPatch.
```

从合适的 Oracle Home 中执行以下命令以验证 OPatch 版本：

```
$ORACLE_HOME/OPatch/opatch version
OPatch Version: 12.1.0.1.2

OPatch succeeded.
```

在 Exadata 升级过程中使用 OPatch 的方法与其在非 Exadata 环境中使用时相同。可以通过 OPatch 将必要的补丁应用到 Grid 和 Database Home 上。OPatch 的主要操作包括打补丁、回滚补丁以及对主补丁进行冲突检查。也可以用 OPatch 打印所有已安装组件和补丁的报告。

最常见的 OPatch 命令选项如下。

❑ $ 'opatch apply ...'：将补丁应用到 Oracle Home。

❑ $ 'opatch rollback ...'：从 Oracle Home 回滚补丁。

❑ $ 'opatch lsinventory'：在 Oracle Home 上显示目录。

❑ $ 'opatch version'：显示正在使用的 OPatch 版本。

❑ $ 'opatch prereq ...'：调用某些先决条件检查。

以不使用参数或使用 -help 子命令的方式调用 OPatch，可将有效的子命令清单返回给用户：

```
Usage: opatch [ -help ] [ -r[eport] ] [ command ]
opatch -help apply
opatch -help lsinventory
opatch -help nappl
opatch -help nrollback
```

```
opatch -help rollback
opatch -help query
opatch -help version
opatch -help prereq
opatch -help util
```

根据具体情况，还可以在应用补丁前将环境变量设置为 OPATCH_DEBUG=TRUE。这是 OPatch 所能支持的最大日志级别。然后，可以分析不同位置上生成的日志文件以审核所执行的特定 OPatch 操作。

11.3.2　patchmgr

patchmgr 工具主要用于在单元节点上更新 Exadata 存储软件以及在 InfiniBand 交换机上更新软件。

本章将在后续部分介绍如何对 Exadata 单元节点和 InfiniBand 交换机进行补丁修复。

在使用 patchmgr 前，应该知道单元节点会在补丁修复或回滚过程中重新启动。同样，在 patchmgr 运行时，不得进行以下操作：

- ❑ 启动一个以上的 patchmgr 实例。
- ❑ 中断 patchmgr 会话。
- ❑ 在补丁修复或回滚期间改变 ASM 实例的状态。
- ❑ 重新调整屏幕大小（因为这样做可能会扰乱屏幕布局）。
- ❑ 在补丁修复或回滚期间重新启动单元或改变单元服务。
- ❑ 以写入模式打开编辑器中的日志文件，或试图改变它们。

🎯 **提示**　准备一个名为 cell_group 的文件，对于要进行补丁修复的每个单元，每行有一个单元主机名称或 IP 地址。

以下是使用该工具进行单元补丁修复或回滚的示例。带 -h（help）选项的 patchmgr 命令显示了与其对应的帮助页面：

```
./patchmgr -cells cell_group
        [-patch_check_prereq | -rollback_check_prereq [-rolling] [-ignore_alerts]]
        [-patch | -rollback [-rolling] [-ignore_alerts]]
        [-cleanup]
```

如果未指定 -cells 参数引用的列表文件，单元补丁修复将会失败。

-cleanup 参数会消除所有单元上的一切补丁文件和临时内容。在清除前，它将收集问题诊断和分析的相关日志及信息。如果补丁修复失败，可以通过删除每个单元上的 /root/_patch_hctap_ 目录来手动清除补丁文件。

-ignore_alerts 参数会忽略 Exadata 单元上活跃的硬件告警，并继续进行补丁修复操作。

-patch 选项会尽可能地将补丁（包括固件更新，如 BIOS、磁盘控制器或磁盘驱动器）应用到单元列表文件中的所有单元。

-patch_check_prereq 参数可以对所有单元进行检查以确定是否应该将补丁应用到单元

上。顾名思义，-rollback 选项的作用是回滚补丁。-rollback_check_prereq 参数会在所有单元上执行先决条件检查以确定是否能为指定的补丁回滚单元。-rolling 选项会基于 EXA_PATCH_ACTIVE_TIMEOUT_SECONDS（默认为 36 000s）环境变量（该变量定义了等待 Grid Disk 激活的超时值），以滚动的方式应用补丁或执行回滚，每次一个单元。

以下是 InfiniBand（IB）交换机升级或降级所支持的选项：

```
./patchmgr -ibswitches [ibswitch_list_file]
          <-upgrade | -downgrade> [-ibswitch_precheck] [-force]]
```

-ibswitches [ibswitch_list_file] 参数指定了 IB 交换机列表文件的名称。该文件包含一个交换机主机名称或 IP（每行一个）。如果未提供 [ibswitch_list_file] 文件名称，patchmgr 将通过运行 -ibswitches 命令，在所有 IB 交换机上执行所识别的命令。

-upgrade 选项可以升级列表文件中的 IB 交换机。-downgrade 选项可以降级列表文件中列出的 IB 交换机。-force 参数会在发生非临界失效后继续升级或降级过程。最后一个参数是 -ibswitch_precheck，它可以在 IB 交换机上执行预更新验证检查。

11.3.3　OPlan

OPlan 工具可以根据环境提供特定的补丁修复步骤，从而简化补丁安装过程。OPlan 可以为目标 Oracle Home 自动收集配置信息，然后生成该 Oracle Home 对应的说明进行补丁修复，无须去确定相关的补丁修复命令。

所生成的说明既包含补丁应用步骤，也包含回滚步骤。可以通过 11846294 号补丁从 Oracle 技术支持上下载 OPlan 工具。表 11.4 显示了 OPlan 可用的产品和补丁支持。输入以下命令以创建说明并应用补丁：

```
$ORACLE_HOME/oplan/oplan generateApplySteps <bundle patch location>
```

表 11.4　OPlan 可用的产品和补丁支持

产品系列	产　品	补丁类型	发　布	平　台
Oracle Database	Oracle Exadata Database Machine*	推荐补丁 *	11.2.0.2	Linux x86-64, Solaris x86-64
	Oracle GI/RAC running on normal clusters	GI PSU 和 DB PSU	11.2.0.2	Linux x86-64, Solaris x86-64, Solaris SPARC（64-bit）
Oracle Database	Oracle Exadata Database Machine*	推荐补丁 *	11.2.0.3*	Linux x86-64, Solaris x86-64, Solaris SPARC（64-bit）
	Oracle GI/RAC running on normal clusters	GI PSU 和 DB PSU	11.2.0.3	Linux x86-64, Solaris x86-64, Solaris SPARC（64-bit）
Oracle Database	Oracle Exadata Database Machine	推荐补丁	12.1.0.1/12.1.0.2	Linux x86-64, Solaris x86-64, Solaris SPARC（64-bit）
	Oracle GI/RAC running on normal clusters	GI PSU 和 DB PSU	12.1.0.1/12.1.0.2	Linux x86-64, Solaris x86-64, Solaris SPARC（64-bit）

* 支持用于推荐的补丁包（补丁包 2 及以后）。

可以在以下位置找到目标所适用的补丁安装说明（HTML 和文本格式）：

```
$ORACLE_HOME/cfgtoollogs/oplan/<TimeStamp>/InstallInstructions.html
$ORACLE_HOME/cfgtoollogs/oplan/<TimeStamp>/InstallInstructions.txt
```

以下示例为 generateApplySteps 命令生成的步骤：

```
Stop the resources running from Database Home
On hostname stop the resources running out of the oracle home Database Home
As a oracle user on the host hostname run the following commands:
[oracle@hostname]
$ rm -f /tmp/OracleHome-hostname_OraDb11g_home1.stat
[oracle@hostname] $ ORACLE_HOME=/u01/app/oracle/product/11.2.0/dbhome_1
 /u01/app/oracle/product/11.2.0/dbhome_1/bin/srvctl stop home -o
 /u01/app/oracle/product/11.2.0/dbhome_1 -n hostname -s
/tmp/OracleHome-hostname_OraDb11g_home1.stat

Apply Patch to Database Home
On hostname Apply the patch to oracle home Database Home
As an oracle user on the host hostname run the following commands:
[oracle@hostname]$
/u01/app/oracle/product/11.2.0/dbhome_1/OPatch/opatch napply -local
 /tmp/Oplan-patches/crs_automation/bp3/10387939 -invPtrLoc
 /u01/app/oracle/product/11.2.0/dbhome_1/oraInst.loc -oh
 /u01/app/oracle/product/11.2.0/dbhome_1
[oracle@hostname]$
/u01/app/oracle/product/11.2.0/dbhome_1/OPatch/opatch napply -local
/tmp/oplan-patches/crs_automation/bp3/10157622/custom/server/10157622
-invPtrLoc /u01/app/oracle/product/11.2.0/dbhome_1/oraInst.loc -oh
/u01/app/oracle/product/11.2.0/dbhome_1
```

在运行 OPlan 打补丁命令发生错误时，可以参考 $ORACLE_HOME/cfgtoollog/Oplan 目录下的详细日志。

OPlan 也有一定的局限性。首先，不支持共享的 Oracle Home 配置，其次，也不支持 Data Guard 配置。可以使用 OPlan 为运行 Oracle Data Guard 配置的 Oracle Home 创建补丁计划，但 OPlan 不会将此类环境当成 Data Guard Standby-First Patch Apply 的备选项。

无论是在 Oracle 设计的系统（例如 Exadata、SuperCluster）上，还是在非 Oracle 设计的系统上，支持 Data Guard Standby-First Patch Apply 的条件都是采用 Oracle 数据库 11.2.0.1 及后续版本所认证的临时补丁和补丁包（例如，补丁集更新，或 Exadata 的数据库补丁）。通过 Data Guard Standby-First 认证的补丁和补丁包会在补丁的 README 中进行此类说明。

以下是可获得 Data Guard Standby-First 认证的补丁类型：

❑ Database Home 临时补丁。

❑ Exadata 补丁包（例如，Exadata 每月和每季度的数据库补丁）。

❑ 数据库补丁集更新。

Oracle 补丁集和主要的版本升级均不适用于 Data Guard Standby-First Patch Apply，例如从 11.2.0.2 到 11.2.0.3 或从 11.2 到 12.1 的升级。

11.4　Oracle 补丁类型

Oracle 补丁集包含软件版本最常见问题的修复程序，有时还会引入一些新的功能，但其发布频率非常低。补丁集是累积的，安装时，它会改变产品版本标题的第 4 位数字。例如，10.2.0.5 是 10.2 的第 4 个补丁集，11.2.0.4 是 11.2 的最新补丁集。用户必须通过 Oracle 通用安装程序（OUI）以 GUI 或静默模式来安装 Oracle 补丁集（通常会被视为一次升级操作）。在撰写本书时，11.2.0.4 是 11gR2 的最新版本，12.1.0.2 是 12c 第 1 版的最新版本。

从 11gR2 开始，Oracle 补丁集均采用完整发布的形式，用户不再需要先安装基础版本。例如，可以直接安装 11.2.0.2，无须先安装 11.2.0.1。因为采用了完整发布的形式，Grid Infrastructure 和 RDBMS 的补丁集也是分别提供的。

在 Oracle 11gR2 之前的版本中，即使 Grid 和 RDBMS 的基础版本是以可下载的 .zip 文件的形式在单独的介质上提供的，这两种产品的补丁集也放在一起交付。也就是说，它们是同一个补丁集，既可以用于 Clusterware，也能用于 RDBMS Database Home。

11.4.1　补丁集更新

Oracle 补丁集更新（PSU）是特定补丁集版本发布后所应用的更新程序。这些补丁每季度发布一次（一月，四月，七月，十月），包含相应补丁集的关键问题的修复程序。PSU 不包括那些会改变软件行为的变更，如数据库优化器方案变更。Oracle 技术支持强烈建议客户主动将软件更新到最新版本，并使用最新的 PSU 来预防潜在问题。

使用 OPatch 工具来安装所有的 PSU（PSU 并不是升级操作）。厂商会为数据库和 Clusterware 或 Grid Infrastructure 发布单独的 PSU。Clusterware PSU（11.2 之前的版本）的缩写为 CRS PSU。Grid Infrastructure PSU 的缩写为 GI PSU。Clusterware 和 Grid Infrastructure 以及数据库 PSU 补丁都是累积的。对于 11gR2 之前的版本来说，Clusterware PSU 指的是 CRS PSU，而对 11gR2 来说，Clusterware PSU 则是指 GI PSU。

通常情况下，PSU 是累积的，而且覆盖范围广。这意味着可以将更高版本的 PSU 直接应用到二进制系统，不需要先应用低版本的 PSU。例如，可以将 11.2.0.4.3 GI PSU 应用到 11.2.0.4 Home，无须先安装 GI PSU 11.2.0.4.1。Oracle 的补丁编号与版本号相关。每个 PSU 的编号都是在数据库版本第 5 位编号的基础上递增，范围为 1~4。例如，初始 PSU 的版本为 11.2.0.4.1，第二个 PSU 的版本就是 11.2.0.4.2，依次类推。

需要注意的是，从 11gR2 开始，GI PSU 既包含特定季度的 GI PSU，也包含数据库 PSU。例如，11.2.0.2.3 GI PSU 包含 11.2.0.2.3 GI PSU 和 11.2.0.2.3 数据库 PSU。

以下示例是应用到 12c 第 1 版 Grid 和 Database Home 的 PSU：

```
$ORACLE_HOME/OPatch/opatch lsinventory -details|grep -i "Clusterware Patch Set Update"
Patch description:  "Oracle Clusterware Patch Set Update 12.1.0.1.1"

$ORACLE_HOME/OPatch/opatch lsinventory -details|grep -i "database Patch Set Update"
Patch description:  "Database Patch Set Update : 12.1.0.1.3 (18031528)"
```

11.4.2　关键补丁更新和安全补丁更新

由安全修复程序组成的迭代累积补丁在过去被称为关键补丁更新（CPU）。从 2012 年 10 月开始，CPU 补丁采用了"安全补丁更新（SPU）补丁"这一新名称。这些补丁仍作为 Oracle CPU 整体计划的一部分发布。

SPU 补丁是累积性的，包含来自之前的 Oracle 安全报警和关键补丁更新的修复程序。无须在应用新的 SPU 补丁前安装以前的安全补丁。但是，在对某个版本应用 SPU 补丁前，必须处于特定产品 Home 所规定的补丁集水平上。还应注意的是，SPU 也已经被替代，详见下节说明。

11.4.3　Oracle 补丁修复标准

补丁名称中繁复的首字母缩略词和类型让 Oracle 用户感到非常困惑。PSU 和 SPU 就是这种类型的补丁。Oracle 技术支持会在每一季度发布这两种补丁，而且它们还包含同样的安全内容。Oracle 推荐安装 PSU，因为 PSU 可以提供额外的关键漏洞修复程序。从 Oracle 数据库版本 12.1.0.1 开始，Oracle 将只提供 PSU 补丁，该补丁将替代 CPU 来满足安全补丁修复标准。SPU 补丁将不再可用。因为 PSU 补丁久负盛名，Oracle 已经采用了这种改进后的补丁修复模式。从 2009 年发布以来，PSU 已经成为 Oracle 技术支持的新标准之一。

如需了解更多信息，请参考 Oracle 技术支持文档《Database Security Patching from 12.1.0.1 Onwards》（ID 1581950.1）。

11.4.4　小补丁

有时候，你可能会需要 Oracle 技术支持提供一个自定义的小补丁，以便与所安装的补丁集软件进行合并。通常情况下，当遇到非常具体的漏洞时，Database 或 Grid Home 就需要使用这种补丁。

实际上，在进行计算节点的 Exadata 升级时，我们遇到过这种情况，并不得不请求 Oracle 技术支持来解决此类问题。随后，Oracle 派遣了一名高级工程师来进行自定义修改，而当时我们正处于停工阶段的中期。

11.5　Exadata 高可用性升级

也可以进行传统的数据库升级，但是进行传统升级时需要整个数据库环境完全停机。换句话说，在整个升级期间，系统将停机，用户和应用程序都不能使用系统。对于 24×7 营业制的店铺而言，始终保持联机状态是非常重要的，绝不能停机。事实上，每停机一秒就意味着损失数千美元。滚动升级可以最大限度地降低停机时间，因为一般情况下，每次只能对一个节点进行补丁修复。而非滚动式升级则会让所有相同的组件（如存储单元节点）

停止运行，然后同时进行补丁修复。

表 11.5 显示了可以采用滚动方法升级的 Exadata 组件。

表 11.5　滚动升级组件

组 件 更 新	滚 动 补 丁
Database—补丁集	是（使用 Data Guard 或 GoldenGate）
Quarterly 补丁	是
网格基础架构（GI）	是
Exadata 数据计算节点	是
Exadata 单元存储节点	是
InfiniBand 交换机	是

幸运的是，包括 Exadata 和 ZFS 在内的大多数 Oracle 产品套件都通过了 MAA 认证。Oracle MAA 是 Oracle 基于 Oracle HA 技术制定的最佳实践蓝图，Oracle MAA 开发团队为此进行了大量的验证，还借鉴了广大客户在向 Oracle 系统成功部署关键业务级应用程序时所积累的生产经验。MAA 的目标是以最低的成本和最简单的方法实现最好的 HA 架构。

Exadata Data Guard 环境是你的理想搭档，有了它，就可以先在 Data Guard 环境中测试整个升级或补丁过程。此类环境可以极大地减少风险和停机时间。完成备用环境的升级后，可以切换到新的主环境上。

应该使用 Data Guard 的临时逻辑备份滚动升级过程来完成数据库补丁集和主要版本的升级。

可以在不影响 Exadata 主环境的前提下升级以下组件：

❑ Exadata 存储服务器软件。

❑ InfiniBand 交换机软件。

❑ 数据库服务器 Exadata OS 和固件。

❑ 数据库服务器 Grid Infrastructure Home。

对于这些组件来说，主环境和备用环境之间没有从属关系。请审查每个补丁的 README 文件，确保该补丁已通过 Data Guard Standby-First 认证。

以下是可获得 Data Guard Standby-First 认证的补丁类型：

❑ Database Home 临时补丁

❑ Exadata 补丁包（例如，Exadata 每月和每季度的数据库补丁）

❑ 数据库补丁集更新

11.6　使用 Exachk 检查 Exadata 设置

Exachk 是 Oracle 技术支持为广大用户提供的一款很棒的工具，可以检查 Exadata 系统的配置设定，包括存储服务器、数据库计算节点、InfiniBand 交换机和以太网。工具检查分

为以下几类:

- ❑ ASM
- ❑ CRS/Grid Infrastructure
- ❑ 数据库和 ASM 初始化参数
- ❑ 具有升级前和升级后功能的数据库升级模块
- ❑ 硬件和固件
- ❑ 对 RAC 非常重要的几个数据库配置设定
- ❑ 对 RAC 非常重要的几个 OS 配置设定
- ❑ MAA 记分卡
- ❑ OS 内核参数
- ❑ OS 包

Exachk 是一种非侵入性的工具。在完成数据采集和检查后,该工具会创建一份详细的 HTML 报告和一个 .zip 格式的文件以供 Oracle 技术支持分析之用(如果需要把 SR 输入计算机)。HTML 报告包含利益 / 影响、风险和操作 / 维修信息。在许多情况下,针对某个问题,Exachk 还会参考可以提供其他相关信息的公开文件,并说明如何解决该问题。若要了解详细信息,请参见的 Oracle 技术支持文档(ID 1070954.1)。

应在以下时间点执行 Exachk,包括 Exadata 初始部署后;定期(每月或每两个月);系统配置变更前后;Exadata 升级前。务必解决运行 Exachk 时发现的所有问题,并注明你认为在开始 Exadata 升级前可以忽略的任何问题。

11.7 Exadata 全栈升级

本节将介绍升级整个 Exadata 全栈的步骤。

以下是升级 Exadata/ZFS 全栈的大致时间。如果你的 Exadata 版本是最新的,一般只要 5~8 个小时就能完成核心组件的升级,而不是表 11.6 中所列的 14.25 个小时。表 11.6 中估算的时间是针对一个已经使用了约 2.5 年的系统,而且从未安装过任何补丁。

表 11.6 Exachk 全栈升级时间

Exadata 组件	升级时间(小时)	Exadata 组件	升级时间(小时)
存储节点(并行)	1.5	最新 PSU 补丁(11.2.0.4.2)(并行)	2
数据库节点升级到 11.2.2.4.2(并行)	1	KVM 控制台	0.5
数据库节点升级到 11.2.3.3(并行)	2	PDUs	0.25
3 个 InfiniBand 交换机(脚本串行)	1.5	Cisco 交换机	0.5
Grid Home 更新	2	ZFS	1.5
DB Home 安装	1.5	合计 Exadata 全栈升级时间	14.25

11.7.1　Exadata 升级路径

图 11.1 显示了 8 个需要升级的主要组件以及建议的升级顺序或升级路径。

图 11.1 的顶部显示了 Exadata 数据库一体机必须要升级的核心组件，底部显示了不需要在全栈升级计划中更新的组件（可以在以后单独升级）。

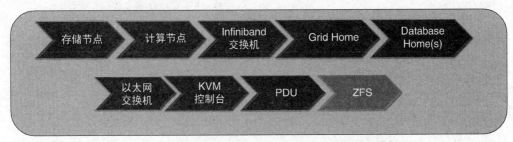

图 11.1　推荐的 Exadata/ZFS 完整的全栈升级路径

至少应该对存储单元节点、数据库计算节点以及 Grid/DB Home 进行补丁修复。最后，建议也对 InfiniBand 交换机进行补丁修复，以便利用最新的固件更新进行互联。

本章概括了从旧的 Exadata 映像版本 11.2.2.3.5（2011 年发布）到 2013 年发布的 11.2.3.3 版本的 Exadata 升级路径，以及数据库和 Grid Home 从版本 11.2.0.2 到 11.2.0.4.2 的升级路径。

1. Exadata 软件映像版本

Exadata 服务器软件二进制文件和 OS 内核为映像形式。当安装或升级单元节点或计算节点时，系统会安装新的 Exadata 映像。

可以通过运行 imageinfo 和 imagehistory 命令来查询当前使用的映像。下列输出显示了升级到 11.2.3.3 的 Exadata 单元节点：

```
$ imageinfo
Kernel version: 2.6.39-400.126.1.el5uek #1 SMP Fri Sep 20 10:54:38 PDT 2013 x86_64
Cell version: OSS_11.2.3.3.0_LINUX.X64_131014.1
Cell rpm version: cell-11.2.3.3.0_LINUX.X64_131014.1-1

Active image version: 11.2.3.3.0.131014.1
Active image activated: 2014-01-10 20:11:28 -0600
Active image status: success
Active system partition on device: /dev/md6
Active software partition on device: /dev/md8

In partition rollback: Impossible

Cell boot usb partition: /dev/sdm1
Cell boot usb version: 11.2.3.3.0.131014.1

Inactive image version: 11.2.2.3.5.110815
Inactive image activated: 2011-09-07 13:46:03 -0500
Inactive image status: success
Inactive system partition on device: /dev/md5
Inactive software partition on device: /dev/md7

Boot area has rollback archive for the version: 11.2.2.3.5.110815
Rollback to the inactive partitions: Possible
```

```
[root@exadcel01 ~]# imagehistory
Version                         : 11.2.2.3.5.110815
Image activation date           : 2011-09-07 13:46:03 -0500
Imaging mode                    : fresh
Imaging status                  : success

Version                         : 11.2.3.3.0.131014.1
Image activation date           : 2014-01-10 20:11:28 -0600
Imaging mode                    : out of partition upgrade
Imaging status                  : success
```

本章描述的升级路径可以用来升级以下组件（">"表示版本由低到高的升级路径）：

❑ 单元组件、InfiniBand 交换机 11.2.2.3.5 > 11.2.3.3

❑ 数据库节点映像 11.2.2.3.5 > 11.2.2.4.2 > 11.2.3.3

❑ Grid Infrastructure Home 11.2.0.2 > 11.2.0.2

❑ BP 12 > 11.2.0.2

❑ 小补丁 14639430 > 11.2.0.4.2

❑ Database Home 11.2.0.2 > 11.2.0.4.2

💿提示 InfiniBand 交换机及其 ILOM 会自动从 11.2.3.3 补丁集更新。

图 11.2 介绍了 Exadata 软件映像版本每个数位的含义。撰写本书时，最新的 Exadata 映像软件版本为 12.1.1.1.1。

图 11.2　Exadata 软件映像版本

2. 检查当前版本

表 11.7 提供了一些菜单路径和命令，需要运行这些路径和命令来查看需要升级的组件的当前版本。规划升级的第一步是了解组件的正确版本。可以使用此信息来确定升级路径。

表 11.7　组件版本信息

组　　件	命令或路径	组　　件	命令或路径
存储节点	imageinfo	以太网交换机	show version
数据库计算节点	imageinfo	KVM	Appliance settings > Version
Database/Grid Homes	opatch lsinventory	PDU	从 Web 控制台，Module Info
InfiniBand 交换机	show version	ZFS	从 Web 控制台，Maintenance > System > Version

以下是显示 InfiniBand 交换机当前版本的输出示例：

```
[root@exaib1 ~]# version
SUN DCS 36p version: 2.1.3-4
Build time: Aug 28 2013 16:25:57
SP board info:
Manufacturing Date: 2011.03.23
Serial Number: "NCD6C0452"
Hardware Revision: 0x0006
Firmware Revision: 0x0000
BIOS version: SUN0R100
BIOS date: 06/22/2010
```

以下是显示 Cisco 交换机当前版本的输出示例：

```
ciscoswitch>show version
Cisco IOS Software, Catalyst 4500 L3 Switch Software (cat4500-IPBASEK9-M),
Version 15.0(2)SG8, RELEASE SOFTWARE (fc2)
Technical Support: http://www.cisco.com/techsupport
Copyright (c) 1986-2013 by Cisco Systems, Inc.
Compiled Mon 02-Dec-13 17:00 by prod_rel_team
Image text-base: 0x10000000, data-base: 0x12095E08
ROM: 12.2(31r)SGA2
Dagobah Revision 226, Swamp Revision 5
ciscoswitch uptime is 21 weeks, 4 days, 14 hours, 58 minutes
System returned to ROM by reload
System restarted at 22:43:15 CST Sat Feb 22 2014
System image file is "bootflash:cat4500-ipbasek9-mz.150-2.SG8.bin"
```

图 11.3 显示了 KVM 交换机的当前版本（控制台上）。图 11.4 显示了 ZFS 的当前版本（控制台上）。

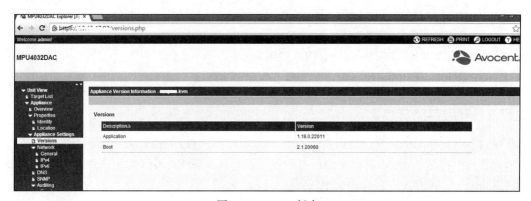

图 11.3　KVM 版本

图 11.4　ZFS 版本

11.7.2 下载 Exadata 和 ZFS 的补丁

基于之前概括的升级路径，我们需要下载并分阶段安装以下补丁。下载数据库节点 1 的所有补丁（如下所示）。你需要确保数据库计算节点 1 的 root 账户具有所有存储单元节点的 SSH 等效性，而且有一个可以访问的 cell_group 文件，并且该文件中列出了所有相关的主机。

- ❑ Patch 17938410：Exadata 11.2.3.3.0 Patchmgr plug-ins download
- ❑ Patch 16278923：Exadata image for 11.2.3.3.0 for Cell and Database Nodes and switches
- ❑ Patch 13513611：Exadata image for 11.2.2.4.2 Database Nodes
- ❑ Patch 16486998：dbnodeupdate.sh
- ❑ Patch 17809253：Exadata Compute Node 11.2.3.3.0 Base Repository ISO
- ❑ Patch 12982245：BP12 patch update to 11.2.0.2 GI Home
- ❑ Patch 14639430：One-off patch for 11.2.0.2 GI Home
- ❑ Patch 13390677：11.2.0.4 Database (download the first three files)
- ❑ Patch 17838803：11.2.0.4 Database PSU patch for Exadata (December 2013—11.2.0.4.2)
- ❑ Patch 6880880：OPatch p6880880_112000_Linux-x86-64.zip
- ❑ Patch 14363313：ZFS BIOS and SP firmware on the Sun Fire X4470 server
- ❑ Patch 15750578：ZFS Storage software update 2011.1.4.2
- ❑ Patch 17945242：ZFS Storage software update 2013.1.1.1
- ❑ Patch 16523441：PDU metering unit firmware and HTML interface v1.06
- ❑ Patch Cisco switch update：cat4500-ipbasek9-mz.150-2.SG8.bin
- ❑ Patch KVM：FL0620-AVO-1.18.0.22011.fl
- ❑ TFTP RPM：tftp-server-0.49-2.0.1.x86_64.rpm（needed for Cisco switch update）

11.7.3 升级存储节点

存储节点或存储单元节点是最先升级的 Exadata 组件，可能也是最重要的组件之一。存储单元节点中存储了 ASM 磁盘组的所有数据，而且还负责 Exadata 的主要性能特征，如智能扫描、HCC、闪存缓存、存储索引等。

1. 存储节点升级的预备步骤

最佳做法是在更新存储单元节点时，创建基本的预备步骤，然后将这些步骤添加到升级计划中。此步骤中需要为 Exadata 系统上的所有数据库创建 RMAN 备份。例如，刚好在关闭所有数据库前进行完整的 level 0 和 level 1 增量及归档日志备份。

需要确保存储节点上没有任何关键问题（如 Cell Disk、Grid Disk 和物理磁盘等部件）存在。输出的状态应为活动、正常或联机。如果不是以上状态，就需要在升级前解决相应的磁盘问题。如果状态不佳，则在大多数情况下，可能需要更换已经损坏的磁盘。理想情况是数据安全，而且存储节点使用正常冗余或高冗余，这意味着在另一个存储节点的另一个磁盘内有相应数据块的副本。

为了以 root 用户身份运行存储节点的 dcli 命令，要有一个记录所有单元存储主机名称的文件，这样，dcli 命令就可以在该文件列出的所有存储节点上发出 cellcli 命令。

在升级或补丁修复开始前，可以在 Exadata 计算节点上执行以下单元命令来检测磁盘错误：

```
$ dcli -g cell_group -l root cellcli -e "LIST CELL"
$ dcli -g cell_group -l root cellcli -e "LIST CELLDISK"
$ dcli -g cell_group -l root cellcli -e "LIST GRIDDISK"
$ dcli -g cell_group -l root cellcli -e "LIST PHYSICALDISK"
```

预备步骤之一是根据所有磁盘组来检查 ASM 磁盘组状态。该命令将验证磁盘完整性，执行元数据检查，并交叉检查所有文件盘区地图和文件分配表的一致性：

```
ASMCMD> ALTER DISKGROUP diskgroup_name CHECK ALL;
```

另一个预验证检查是验证 gv$asm_operation 中没有返回任何行，如下所示。如果 ASM 中有项目在运行，如磁盘组再平衡，则将返回一个行，并且需要在程序执行前完成该运算。

```
SQL> select * from gv$asm_operation;
no rows selected
```

提示　在更换磁盘后，对于有数据在被更换磁盘上的相应磁盘组，ASM 会自动调整数据块以使其重新平衡。如果 ASM 再平衡的时间要比正常操作时长很多，则可以将 _DISABLE_REBALANCE_COMPACT 参数设为 TRUE，中止 ASM 再平衡的压缩阶段。设置初始化参数 _DISABLE_REBALANCE_COMPACT=TRUE 可以禁用所有磁盘组的压缩阶段再平衡。压缩是 ASM（ASM 11.1.0.7 及以上版本）再平衡的第三个阶段。在该阶段，系统会试图将数据块移动到磁盘的外部磁轨上，而且 EST_MINUTES 列会始终显示为 0。

最后，现场操作时，应该为存储单元节点准备额外的备用磁盘，以防升级前或升级期间需要更换磁盘。

2. 存储节点补丁准备

开始补丁修复前，需要以 root 用户的身份解压缩以下来自数据库计算节点 1 的补丁 16278923：Exadata 11.2.3.3.0（Oracle 支持文档，ID 1487339.1）。实际上，在本例中，存储单元节点和数据库计算节点都应用了 Exadata 映像软件补丁（而且保持一致），InfiniBand 交换机软件的补丁也被包括在内。本章随后将继续介绍数据库计算节点和 InfiniBand 交换机的升级过程。

文件解压缩后，执行以下步骤以准备补丁：

1）审查补丁 16278923 的 README。

2）如果以非滚动的方式升级，请关闭计算节点上的所有数据库。

3）如果以滚动的方式升级，请进行 patchmgr 先决条件检查（-patch_check_prereq）。同时，将所有磁盘组的 Oracle ASM 磁盘修复计时器设为默认值，即补丁修复期限为 3.6 小时。

4）下载 Oracle 支持文档 ID 1487339.1 随附的 patchmgr 插件，然后根据说明中的要求进行安装。

3. 存储节点规划

准备工作完成后，可以继续以下步骤来完成存储节点的实际升级工作。需要注意的是，升级存储节点时，可以直接采用最新版本升级，不需要先安装中间补丁。

1）让热备盘始终作为热备，不要将其添加到每个数据库计算节点的 RAID 配置上。在每个计算节点上运行以下命令，这样做可以为每次节点升级节省约 6～8 小时：

```
$ touch /opt/oracle/EXADATA_KEEP_HOT_SPARE_ON_YUM_UPDATE
```

2）在数据库节点上以 root 账户的身份，改为 patch_11.2.3.3.0.131014.1 目录，这也是 .zip 文件 p16278923_112330_Linux-x86-64.zip 解压缩的位置。

3）建议使用以下命令将服务器重置为已知的状态：

```
$ ./patchmgr -cells cell_group -reset_force
```

4）使用以下存储节点补丁修复命令升级到 Exadata 11.2.3.3.0 版本。如果计划应用滚动更新，则使用 –rolling 选项一次更新一个存储节点，同时保持数据库为联机状态。每个存储节点一般都会花 1.5～2 个小时来应用更新。如果未使用滚动选项，所有存储节点都将同时进行补丁修复。此外，还应注意的是，在补丁修复过程中，存储节点会重新启动。

```
$ ./patchmgr -cells cell_group -patch
```

5）使用另一个终端会话或窗口的 less -rf patchmgr.stdout 来监控补丁活动，查看 patchmgr 工具的原始日志详情。

使用下列 -cleanup 选项来清除单元上的所有临时补丁或回滚文件。该选项将清除旧的补丁和回滚状态。请在 patchmgr 工具运行已停止或失败并进行重试之前使用此选项。

```
./patchmgr -cells cell_group -cleanup
```

6）存储单元节点的补丁修复完成后，运行本章之前提到过的 imageinfo 和 imagehistory 命令，应该会得到相似的结果。

7）运行下列状态命令进行后验检查，确保存储单元节点磁盘工作正常。输出的状态应为活动、正常或联机。

```
$ dcli -g cell_group -l root cellcli -e "LIST CELL"
$ dcli -g cell_group -l root cellcli -e "LIST CELLDISK"
$ dcli -g cell_group -l root cellcli -e "LIST GRIDDISK"
$ dcli -g cell_group -l root cellcli -e "LIST PHYSICALDISK"
```

11.7.4 更新计算节点

在进行本节所述操作时，请参考 Oracle 技术支持文档《Configuring Exadata Database

Server Routing》（ID 1306154.1）。本节将列出该文档的一些细节以供参考。在准备数据库计算节点更新时会需要用到这些步骤。

这里列出的步骤可以用来配置 Exadata 数据库一体机内数据库服务器上的网络路由，这样，通过给定接口到达的数据包就会使用同一接口将自己的响应发送出去（而不是始终通过默认网关发送）。系统的默认路由一般使用客户端访问网络和该网络的网关。所有未指定管理或专用网络上的 IP 地址的出站流量将通过客户端访问网络发送。这会对一些客户环境中的管理网络的某些连接产生影响。

在进行上述更改后，运行下列命令重启网络服务：

```
$ dcli -g dbs_group -l root 'service network restart'
```

Exadata 数据库计算节点的更新分为以下 3 步：

1）将 DB 节点上的映像升级到 11.2.2.4.2，然后升级到 11.2.3.3.0。

2）更新 ILOM（自动完成），无须采用单独的步骤。

3）更新 InfiniBand 驱动器。

1. 映像 11.2.2.4.2 更新

首先，采用以下步骤将数据库计算节点上的 Exadata 映像软件从 11.2.2.3.5 更新到 11.2.3.3.0。但映像升级并不是直接的版本升级，这点和存储单元节点的升级方法不一样。需要先安装中间补丁（11.2.2.4.2），然后才能将数据库计算节点升级到 11.2.3.3.0。

转到 Oracle 补丁 16278923（刚才用来将存储单元节点升级到 11.2.3.3.0 的补丁）的 README 文件中的第 3.1 节。会有一个三行表格做出如下规定，即如果数据库计算节点的版本早于 11.2.2.4.2，而 Oracle 的版本为 5.5 或以上，则需要使用补丁 13513611 将数据库服务器更新到 Oracle Exadata Storage Server Software 11g 第 2 版（11.2）11.2.2.4.2。可以忽略上面提到的 Storage，以免引起困惑。

如果系统符合这些标准，就可以采用版本管理方法。可以运行此前提到的 imageinfo 命令来确认当前的映像版本，并通过以下命令来验证 Linux 版本：

```
$ cat /etc/oracle-release
Oracle Linux Server release 5.9
```

继续使用补丁 13513611 将数据库服务器更新到 Oracle Exadata Storage Server Software 11g 第 2 版（11.2）11.2.2.4.2。按照补丁 13513611 README 第 8.1 节中的步骤更新服务器。

编辑 /etc/security/limits.conf 文件，为数据库所有者（orauser）和 Grid Infrastructure 用户（griduser）更新或添加以下限制条件。部署时，可以为两者使用相同的操作系统用户，并命名为 oracle 用户。根据需要调整下列内容：

```
########## BEGIN DO NOT REMOVE Added by Oracle ###########
orauser     soft     core         unlimited
orauser     hard     core         unlimited
orauser     soft     nproc        131072
orauser     hard     nproc        131072
```

```
orauser    soft    nofile    131072
orauser    hard    nofile    131072
orauser    soft    memlock   <value of x listed below>
orauser    hard    memlock   <value of x listed below>
griduser   soft    core      unlimited
griduser   hard    core      unlimited
griduser   soft    nproc     131072
griduser   hard    nproc     131072
griduser   soft    nofile    131072
griduser   hard    nofile    131072
griduser   soft    memlock   <value of x listed below>
griduser   hard    memlock   <value of x listed below>


########### END DO NOT REMOVE Added by Oracle ###########
let -i x=($((`cat /proc/meminfo | grep 'MemTotal:' | awk '{print $2}'` * 3
/ 4))); echo $x
```

如果有 NFS 装载点，请给 /etc/fstab 文件中的条目添加注释，然后卸载共享。在以下示例中，将从 ZFS 存储设备中卸载 NFS 共享：

```
$ umount /zfs/backup1 /zfs/backup2 /zfs/backup3
```

接着，以 root 用户的身份解压缩 db_patch_11.2.2.4.2.111221.zip 文件。随后将创建 db_patch_11.2.2.4.2.111221 目录。更改到 db_patch_11.2.2.4.2.111221 目录。执行 ./install.sh 脚本（如下所示）以应用 11.2.2.4.2 Exadata 映像。在每个节点上运行此命令：

```
./install.sh -force
```

install.sh Shell 脚本会在后台提交补丁程序，以防在登录会话因网络连接中断而终止时补丁修复也发生中断。随后，数据库主机重新启动（补丁修复的过程之一）。

dopatch.log 的最终结果如下：

```
Exit Code: 0x00
[INFO] Power cycle using /tmp/firmware/SUNBIOSPowerCycle

Wait 180 seconds for the ILOM power cycle package to take effect. Then
start the power down.
```

最后，运行 imageinfo 命令来验证版本是否已经更新到 11.2.2.4.2。

2. 映像 11.2.2.3 更新

接下来，将 Exadata 数据库计算节点更新到 11.2.3.3.0。但需要注意的是，在本节介绍的步骤中不会使用 YUM。在安全的环境中，Exadata 系统一般不会有外部网络访问。因此，将下载本章列出的 ISO .zip 文件，即补丁 17809253——Exadata 计算节点 11.2.3.3.0 基类存储库 ISO。可以使用该文件将 11.2.3.3.0 映像更新应用到 Exadata 数据库计算节点。

以下是在 Exadata 数据库计算节点上应用 11.2.3.3 的后续步骤：

1）按照下列文件第 4 节中的步骤进行补丁修复：《Exadata YUM Repository Population and Linux Database Server Updating》（Oracle 技术支持文档（ID 1473002.1））。

2）停止每个节点上的 CRS，然后使用带本地 .zip 文件的 dbnodeupdate.sh 脚本。

```
$ crsctl stop crs -all (-f optional)
$ ./dbnodeupdate.sh -u -l p17809253_112330_Linux-x86-64.zip
```

3）上一步完成后，运行以下命令，继续进行一次性设置的第二阶段：

```
$ ./dbnodeupdate.sh -u -p 2
```

如果会话断开或 RPM 没有安装（由错误表示），可以重新运行命令。

4）使用 dbnodeupdate.sh 脚本程序完成（补丁修复之后的更新）步骤：

```
$ ./dbnodeupdate.sh -c
```

5）为每个数据库计算节点重复之前的步骤。

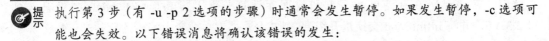 提示　执行第 3 步（有 -u -p 2 选项的步骤）时通常会发生暂停。如果发生暂停，-c 选项可能也会失效。以下错误消息将确认该错误的发生：

```
ERROR: Unable to determine hardware type, reset ILOM and retry, exiting.
```

3. 映像 11.2.2.3 更新故障排除

在等待映像更新完成的过程中，可以检查以下过程，并确认它们是否应用了映像。你可以等待，直到过程完成。

1）运行 $ dmidecode -s system-product-name。

❑ 如果输出是 Not Available，可以执行 $ ipmitool bmc reset cold。

❑ 如果输出是 SUN FIRE X4170 M2 SERVER，重试 ./dbnodeupdate.sh -c 并忽略以下步骤。

2）确认 ILOM 已经启动（执行 $ ipmitool bmc 可重新启动）。

3）关闭节点 5 分钟：

```
$ shutdown -h now.
```

4）至少 5 分钟以后，开启 ILOM 节点 $ start /SYS。

5）一旦节点启动完成，重复步骤 2）。

6）查看日志 $ tail -f /var/log/cellos/vldrun.each_boot.log。

最后一行应为类似于以下信息的内容：

```
2014-02-22 04:43:53 -0600  the each boot completed with SUCCESS
```

运行 imageinfo 命令，验证数据库计算节点是否已经升级到 11.2.3.3.0：

```
# imageinfo

Kernel version: 2.6.39-400.126.1.el5uek #1 SMP Fri Sep 20 10:54:38 PDT 2013 x86_64
Image version: 11.2.3.3.0.131014.1
Image activated: 2014-01-11 01:42:52 -0600
Image status: success
System partition on device: /dev/mapper/VGExaDb-LVDbSys1
```

11.7.5　更新 InfiniBand 交换机

　　现在开始更新 Exadata InfiniBand 交换机。对于 11.2.3.3.0 以后的版本，系统开始使用 patchmgr 工具进行 InfiniBand 交换机的升级和降级。从数据库节点 1 中，转到下列目录（补丁所处的位置）：cell_11233_image/patch_11.2.3.3.0.131014.1/。通过以下命令，可以按照滚动的方式并以 root 用户的身份逐个升级交换机。应用补丁的总时间约为每个 InfiniBand 交换机 30 分钟。

```
$ ./patchmgr -ibswitches -upgrade
```

　　InfiniBand 目前的版本为 2.1.3.4。如果始终遵守本章所述的过程按顺序进行升级，那么此时，应该已经在存储单元节点和数据库计算节点上成功地将 Exadata 映像升级到 11.2.3.3.0，并将 InfiniBand 交换机升级到 2.1.3.4 了。

11.7.6　更新 Grid Home

　　接下来，让我们审查将 Grid（与 Oracle Clusterware Home 含义相同）从 11.2.0.2 升级到 11.2.0.4.2 的步骤。这些步骤与非 Exadata 环境中的步骤非常相似。在正式开始升级前，先要完成一个预防步骤，即验证有无 Grid Disk、物理或 ASM 磁盘组问题。还要使用 alter diskgroup<diskgroup name> check all 命令来检查 ASM 磁盘组。执行升级存储单元节点时运行过的那一组命令，即：

```
$ dcli -g cell_group -l root cellcli -e "LIST CELL"
$ dcli -g cell_group -l root cellcli -e "LIST CELLDISK"
$ dcli -g cell_group -l root cellcli -e "LIST GRIDDISK"
$ dcli -g cell_group -l root cellcli -e "LIST PHYSICALDISK"
ASMCMD> ALTER DISKGROUP diskgroup_name CHECK ALL;
SQL> select * from gv$asm_operation;
no rows selected
```

　　1）参考《Exadata Database Machine 11.2.0.4 Grid Infrastructure and Database Upgrade for 11.2.0.2 BP12 and Later》(Oracle 技术支持文档（ID 1565291.1））。

　　2）对每个节点上的 Grid Home 和 DB Home 进行 OPatch 更新：补丁 6880880，下载 p6880880_112000_Linux-x86-64.zip（适用于 11.2 版本）。

　　3）在 Oracle 支持文档（ID 1565291.1）中，审查 Grid Infrastructure 软件的 11.2.0.4 升级先决条件。在此处示例中，使用的是 11.2.0.2 版本补丁包 10。先决条件规定，在升级到 11.2.0.4 时要满足两个要求，即 11.2.0.2 BP12 或以上版本，以及漏洞 14639430 的修复程序。

　　4）下载这两个补丁，然后使用 OPatch 应用到每个数据库计算节点上的 Grid Home：补丁 12982245（11.2.0.2 GI Home 的 BP12 补丁更新），以及补丁 14639430（11.2.0.2 GI Home 的小补丁）。

　　5）将补丁应用到每个节点上的 Grid Home 和 DB Home：BUG 12982245— TRACKING BUG FOR 11.2.0.2 EXADATA DATABASE RECOMMENDED PATCH 12（BP12）；文件名：p12982245_112020_Linux-x86-64.zip。

创建 ocm.resp 文件，并以 root 用户的身份运行：

```
$ORACLE_HOME/OPatch/ocm/bin/emocmrsp
```

然后以 root 用户的身份应用补丁：

```
$ORACLE_HOME/OPatch/opatch auto
/u01/app/oracle/exadata_patch/04_BP12_GI_HOME/12982245 -ocmrf
/tmp/ocm.rsp
```

最后，为每个数据库运行数据库 Home 中的 catbundle 脚本：

```
SQL> @rdbms/admin/catbundle.sql exa apply
```

6）将以下补丁应用到 Grid Home：BUG 17484294—PSE FOR BASE BUG 14639430 ON TOP OF 11.2.0.2.4 FOR LINUX X86-64 [226]（PSE #2243; 文件名：p14639430_112024_Linux-x86-64.zip）。

以 root 用户的身份应用补丁：

```
$ORACLE_HOME/OPatch/opatch auto
 /u01/app/oracle/exadata_patch/05_One_Off_GI_HOME -oh
/u01/app/11.2.0.2/grid -ocmrf /tmp/ocm.rsp
```

7）确保 Grid Home 和 DB Home 补丁修复所需的文件是分阶段使用的：Oracle Database 11g Release 2（11.2.0.4）Patch Set 3（patch 13390677）; patch 17838803 – 11.2.0.4 Database Patch for Exadata（December 2013—11.2.0.4.2）。

8）使用 OUI 将 Grid Infrastructure 升级到 11.2.0.4。请勿关闭 Clusterware、ASM 或任何数据库。使用 OUI 遵守并执行 11.2.0.4 Grid Infrastructure 软件的安装和升级工作。

创建一个新的 Grid Home：

```
$ dcli -g dbs_group -l root 'mkdir -p /u01/app/11.2.0.4/grid;
$ chown -R oracle:dba /u01/app/11.2.0.4'
```

1. 11.2.0.4 Clusterware 升级和更新

在全栈处于良好状态并正在运行的条件下执行 $ ./runInstaller。在 OUI 升级的第 10 步，请勿执行脚本，应先按顺序完成以下步骤。最后，将 ASM 的 SGA 内存参数 SGA_TARGET 设置更改为 1040MB 以上。

Grid Clusterware 升级完成后，应该可以看到图 11.5 所示的屏幕。

本书不包括 Grid Infrastructure 和数据库软件更新中每个屏幕的示例，因为相应的更新过程与非 Exadata 环境并没有差别。如需了解完整的 Grid Infrastructure 的升级过程和示例，请访问 www.dbaexpert.com/blog/grid-infrastructure-installation/。

最佳做法是在群集内所有节点上运行 rootupgrade.sh 前，使用 napply 选项将最新的补丁集 11.2.0.4.2 应用到 Grid Infrastructure Home。在本例中，所使用的是 11.2.0.4 BP2（补丁 17838803），因为根据说明，这里需要应用最新的 PSU，而不是 BP1。

在 PSU 安装到文件系统后，需要在服务器 1 上运行 rootupgrade.sh，并等待其完成。随后，只需要在剩下的数据库服务器上依次运行 rootupgrade.sh 即可。rootupgrade.sh 进程完成后，Clusterware 和 ASM 将在新的 Grid Home 和新版本 11.2.0.4.2 上运行。

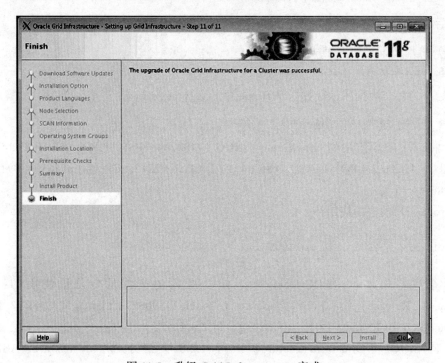

图 11.5 升级 Grid Infrastructure 完成

接下来是验证过程，请执行 OPatch 并检查输出，确认 Grid Home 是否已成功升级：

```
$ORACLE_HOME/OPatch/opatch lsinventory
Oracle Interim Patch Installer version 11.2.0.3.6
Copyright (c) 2013, Oracle Corporation.  All rights reserved.


Oracle Home       : /u01/app/11.2.0.4/grid
Central Inventory : /u01/app/oraInventory
   from           : /u01/app/11.2.0.4/grid/oraInst.loc
OPatch version    : 11.2.0.3.6
OUI version       : 11.2.0.4.0
Log file location : /u01/app/11.2.0.4/grid/cfgtoollogs/opatch/opatch2014-
05-26_23-56-18PM_1.log

Lsinventory Output file location : /u01/app/11.2.0.4/grid/cfgtoollogs/opatch/lsinv/
lsinventory2014-05-26_23-
56-18PM.txt

--------------------------------------------------------------------------
Installed Top-level Products (1):

Oracle Grid Infrastructure 11g                                  11.2.0.4.0
There are 1 product(s) installed in this Oracle Home.


Interim patches (3) :
```

```
Patch  17839474       : applied on Sat Feb 22 13:21:28 CST 2014
Unique Patch ID:  17003208
Patch description:  "DISKMON PATCH FOR EXADATA (DEC2013 - 11.2.0.4.2) : (17839474)"
   Created on 1 Dec 2013, 21:24:06 hrs PST8PDT
   Bugs fixed:
     17839474


Patch  17629416       : applied on Sat Feb 22 13:20:59 CST 2014
Unique Patch ID:  17003208
Patch description:  "CRS PATCH FOR EXADATA (DEC 2013 - 11.2.0.4.2) : (17629416)"
   Created on 01 Dec 2013, 04:05:15 hrs PST8PDT
   Bugs fixed:
     17065496, 17551223, 16346413


Patch  17741631       : applied on Sat Feb 22 13:19:55 CST 2014
Unique Patch ID:  17003208
Patch description:  "DATABASE PATCH FOR EXADATA (DEC 2013 - 11.2.0.4.2) : (17741631
   Created on 28 Nov 2013, 22:49:01 hrs PST8PDT
Sub-patch  17628006; "DATABASE PATCH FOR EXADATA (NOV 2013 - 11.2.0.4.1):
 (17628006)"
   Bugs fixed:
     17288409, 17265217, 17465741, 16220077, 17614227, 16069901, 17726838
     16285691, 13364795, 17612828, 17443671, 17080436, 17446237, 16837842
     16863422, 17332800, 17501491, 17610798, 17602269, 16850630, 17313525
     14852021, 17783588, 13866822, 17546761, 12905058

Rac system comprising of multiple nodes
  Local node = exapdb01
  Remote node = exapdb02
  Remote node = exapdb03
  Remote node = exapdb04


--------------------------------------------------------------------------

OPatch succeeded.
```

Grid Infrastructure 环境配置完成后，可以继续安装 Oracle Database 11.2.0.4 软件。首先，需要在每个数据库节点上创建新的 Database Home。可以利用 dcli 在所有数据库节点上创建新的 $ORACLE_HOME，而且只要使用一个命令即可：

```
dcli -g dbs_group -l root 'mkdir -p /u01/app/oracle/product/11.2.0.4/dbhome_1;
chown -R oracle:dba /u01/app/oracle/product/11.2.0.4/'
```

通过补丁 13390677——11.2.0.4 数据库安装新的 Oracle Database 11.2.0.4 软件。需要下载前 3 个文件（这些文件是用于数据库安装的）。使用 OUI 并根据补丁说明在 RAC 群集上安装 11.2.0.4：http://docs.oracle.com/cd/E11882_01/install.112/e24326/toc.htm。

2. 将 PSU 补丁应用到 Database Home

若要将 PSU 补丁应用到 Database Home，需完成以下步骤：

1）解压缩并应用补丁 17838803——11.2.0.4 Database PSU Patch for Exadata（December 2013—11.2.0.4.2）。

2）根据 Oracle 支持文档将数据库升级到 11.2.0.4。

3）完成 "Checklist for Manual Upgrades to 11gR2"（即 "手动升级到 11gR2 的检查清单"，参见 Oracle 技术支持文档（ID 837570.1））。

4）在数据库升级完成后，运行 exabundle：@?/rdbms/admin/catbundle.sql exa apply（参

见 17838803 的 README 文件）。

11.7.7 升级以太网交换机

一般情况下，用户并不需要升级以太网 Cisco 交换机，但是本节还是简单介绍了相关的升级步骤。完成以太网交换机升级后，用户就能进行 SSH 连接，还可以选择禁用远程登录。可参考以下 Oracle 技术支持文档：《Configuring SSH on Cisco Catalyst 4948 Ethernet Switch》（ID 1415044.1）。

1. 为 Linux 安装和配置 tftp

需要为 Linux 下载、安装并配置 tftp，过程如下：

1）从 http://public-yum.oracle.com/repo/OracleLinux/OL5/latest/x86_64/getPackage/tftp-server-0.49-2.0.1.x86_64.rpm 下载 RPM，然后分阶段实施 RPM。

2）以 -ihv 选项为 root 用户，通过执行 rpm 命令来安装 RPM：

```
$ rpm -ihv tftp-server-0.49-2.0.1.x86_64.rpm
```

3）RPM 安装完成后，重新启动服务，并确保服务正在运行中：

```
$ service xinetd restart
```

4）确保 tftp 正在 Exadata 节点上运行：

```
$ chkconfig --list|grep -i ftp
tftp:            on
```

在 Exadata Linux 节点上，按照以下步骤配置 tftp：

1）使用 777 权限，以 root 用户身份创建名为 /tftpboot 的目录：

```
mkdir /tftpboot
chown nobody:nobody /tftpboot
chmod 777 /tftpboot
```

2）设置 tftp 的配置文件，将禁用参数设为 no，同时更新 server_args 参数，并使用 -c 选项对其进行如下设置：

```
server_args = -s /tftpboot/ -c
```

以下是配置文件示例：

```
[root@exa01 tftpboot]# cat /etc/xinetd.d/tftp
# default: off
# description: The tftp server serves files
#       using the trivial file transfer
#       protocol.  The tftp protocol is often used to boot diskless
#       workstations, download configuration files to
#       network-aware printers,
#       and to start the installation process for
#       some operating systems.
service tftp
{
        disable = no
        socket_type             = dgram
        protocol                = udp
        wait                    = yes
```

```
user                      = root
server                    = /usr/sbin/in.tftpd
server_args               = -s /tftpboot/ -c
per_source                = 11
cps                       = 100 2
flags                     = IPv4
}
```

3）现在，重新启动 Exadata 节点上的 tftp 服务以加载新配置：

```
service xinetd restart
```

4）验证 tftp 的服务是否打开：

```
[root@exa01 ~]# chkconfig --list|grep -i ftp
tftp:               on
```

 提示　只有在 Cisco 交换机的会话被调用后，才能看到正在节点上运行的 tftp 过程。

---

2. 确认可用空间

在继续下一步操作之前，需要确认是否有足够多的可用空间。你需要远程登录到交换机，并输入 root 口令。执行 enable 命令，系统会再次提示输入 root 口令。验证 Cisco 4948 闪存上的可用空间是否可用。使用超级用户权限远程登录到 Cisco 4948。登录之后，使用 show file systems 命令显示可用空间：

```
cisco4948-ip# show file systems
File Systems:
  Size(b)  Free(b)   Type Flags Prefixes
* 60817408 45204152  flash rw bootflash:
-        -           opaque rw system:
-        -           opaque rw tmpsys:
-        -           opaque ro crashinfo:
524280   523664      flash rw cat4000_flash:
-        -           opaque rw null:
-        -           opaque ro tar:
-        -           network rw tftp:
-        -           opaque ro profiler:
-        -           opaque wo syslog:
524280   513891      nvram rw nvram:
-        -           network rw rcp:
-        -           network rw http:
-        -           network rw ftp:
-        -           opaque ro cns:
```

此样例输出显示了 bootflash 内有约 45MB 的可用空间。因为只需要 20MB 的空间，所以该交换机通过了可用空间的先决条件检查。也可以使用如下所示的 dir 命令来显示 bootflash 的内容。此处给出了一个默认的 IOS（互联网络操作系统）固件文件作为示例：

```
exadsw-ip#dir bootflash:
Directory of bootflash:/

    1  -rwx   14569696  Jan 29 2010 19:27:27 -06:00  cat4500-ipbase-mz.122-46.SG.bin
    2  -rw-   4053      Jan 30 2014 08:55:30 -06:00  cisco4948-ip-confg-before-ssh

60817408 bytes total (46243400 bytes free)
```

3. 包括启动固件

默认情况下，当前配置不会被设定为从特定的固件文件启动。最佳做法是，更新当前配置以包括启动固件文件名称。之前，我们确定了存储在 bootflash 中的默认 IOS 固件文件。接下来，保存当前配置，写入 NVRAM，并以唯一名称将其保存到 bootflash 中。

```
cisco4948-ip# copy running-config startup-config all
```

列出含有启动配置文件的文件系统（已保存的配置为粗体显示）：

```
exadsw-ip#dir nvram:
Directory of nvram:/

  509  -rw-      3082                  <no date>  startup-config
  510  ----         5                  <no date>  private-config
    1  ----         0                  <no date>  rf_cold_starts
    2  ----        55                  <no date>  persistent-data
    3  -rw-         0                  <no date>  ifIndex-table.gz
```

将 config 文件从 NVRAM 复制到 bootflash 位置：

```
cisco4948-ip# copy running-config bootflash:cisco4948-ip-confg-before-ssh
```

列出含有启动配置文件的文件系统（原始文件为粗体显示）：

```
exadsw-ip#dir bootflash:
Directory of bootflash:/

  1  -rwx   14569696  Jan 29 2010 19:27:27 -06:00  cat4500-ipbase-mz.122-46.SG.bin
  2  -rw-       4053  Jan 30 2014 08:55:30 -06:00  cisco4948-ip-confg-before-ssh
```

现在，在远程 tftp 文件服务器上对该配置进行备份。使用 tftp，将当前配置从交换机复制到 Exadata 节点。连接到交换机：

```
[root@exa01 ~]# telnet exadsw-ip
Trying 10.43.47.101...
Connected to exadsw-ip.
Escape character is '^]'.

User Access Verification

Password:
exadsw-ip> enable
Password:
```

接下来，调用 Cisco 交换机配置到 Exadata 节点的副本：

```
exadsw-ip#copy bootflash:cisco4948-ip-confg-before-ssh tftp:
Address or name of remote host []? 10.43.47.101
Destination filename [cisco4948-ip-confg-before-ssh]?
!!
4053 bytes copied in 0.016 secs (253313 bytes/sec)
```

在输入此命令后，交换机将提示 tftp 服务器的名称和文件名称，这些名称会在保存到远程 tftp 服务器时使用。此处没有显示相关输出。验证是否已将文件复制到 Exadata DB 节点：

```
[root@exa01 ~]# ls -l /tftpboot
total 4
-rw-rw-rw- 1 nobody nobody 4053 Jan 30 11:09 cisco4948-ip-confg-before-ssh
```

将新的 Cisco IOS SSH 可用固件传输到交换机的 bootflash。

将新的固件文件复制到 Cisco 4948 闪存文件系统，并验证其在 bootflash 中的完整性。在本例中，tftp 服务器被命名为 tftp-server，并且已经分阶段实施了 tftp 服务器上已更新的 IOS 固件（位于 cat4500-ipbasek9-mz.150-2.SG8.bin）。在 Exadata 节点上，将固件文件复制到 /tftpboot 目录。

```
 [root@exa01 ~]# telnet exadsw-ip
Trying 10.43.47.101...
Connected to exadsw-ip.
Escape character is '^]'.
```

4. 验证用户访问

以下步骤将验证 Cisco 交换机上的用户访问：

```
Password:
exadsw-ip>enable
Password:
exadsw-ip#copy tftp: bootflash:
Address or name of remote host []? 10.43.47.101
Source filename []? cat4500-ipbasek9-mz.150-2.SG8.bin
Destination filename [cat4500-ipbasek9-mz.150-2.SG8.bin]?
Accessing tftp://10.43.47.133/cat4500-ipbasek9-mz.150-2.SG8.bin...
Loading cat4500-ipbasek9-mz.150-2.SG8.bin from 10.43.47.133 (via Vlan1):
 !!!!!!!!!!!!!!!!!!!!!!!!!!!!!!!!!!!!!!!!!!!!!!!!!!!!!!!!!!!!!!!!!!!!!!!!!
[OK - 18095100 bytes]

18095100 bytes copied in 80.624 secs (224438 bytes/sec)


Directory of bootflash:/
exadsw-ip#dir bootflash:
    1  -rwx   14569696  Jan 29 2010 19:27:27 -06:00  cat4500-ipbase-mz.122-46.SG.bin
    2  -rw-       4053  Jan 30 2014 08:55:30 -06:00  cisco4948-ip-confg-before-ssh
    3  -rwx   18095100  Jan 30 2014 11:20:37 -06:00  cat4500-ipbasek9-mz.150-2.SG8.bin

60817408 bytes total (28148172 bytes free)
```

运行 verify 命令，验证并核实是否已成功下载，而且下载内容完整：

```
exadsw-ip#verify bootflash:cat4500-ipbasek9-mz.150-2.SG8.bin
CCCCCCCCCCCCCCCCCCCCCCCCCCCCCCCCCCCCCCCCCCCCCCCCCCCCCCCCCCCCCCCCCCCCCCCCC
CCCCCCCCCCCCCCCCCCCCCCCCCCCCCCCCCCCCCCCCCCCCCCCCCCCCCCCCCCCCCCCCCCCCCCCCC
CCCCCCCCCCCCCCCCCCCCCCCCCCCCCC
CCCCCCCCCCCCCCCCCCCCCCCCCCCCCCCCCCCCCCCCCCCCCCCCCCCCCCCCCCCCCCCCCCCCCCCCC
CCCCCCCCCCCCCCC
CCCCCCCCCCCCCCCCCCCCCCCCCCCCCCCCCCCCCCCCCCCCCCCCCCCCCCCCCCCCCCCCCCCCCCCCC
CCCCCCCCCCCCCCC
CCCCCCCCCCCCCCC
CCCCCCCCCCCCCCCCCCCCCCCCCCCCCCCCCCCCCCCCCCCCCCCCCCCCCCCCCCCCCCCCCCCCCCCCC
CCCCCCCCCCCCCCCCCCCCCCCCCCCCCCCCCCC

Verifying file integrity of bootflash:cat4500-ipbasek9-mz.150-2.SG8.bin
Embedded hash not found in file bootflash:cat4500-ipbasek9-mz.150-2.SG8.bir
File system hash verification successful.
```

现在，准备好 Cisco 4948 以使用新的 IOS 固件进行启动。利用值为 0x2102 的 config-register 命令以及刚才下载的新 IOS 固件启动文件来更新配置。如果主启动过程因为某些原因失败，则 0x2102 会让启动过程忽略任何中断情况，将波特率设为 9600，并引导到 ROM：

```
cisco4948-ip# configure terminal
Enter configuration commands, one per line. End with CNTL/Z.
cisco4948-ip(config)# config-register 0x2102
cisco4948-ip(config)# no boot system
cisco4948-ip(config)# boot system bootflash:cat4500-ipbasek9-mz.150-2.SG8.bin
cisco4948-ip(config)#
cisco4948-ip(config)# (type <control-z> here to end)
cisco4948-ip# show running-config | include boot
boot-start-marker
boot system bootflash:cat4500-ipbasek9-mz.150-2.SG8.bin
boot-end-marker
cisco4948-ip#
```

保存配置到 NVRAM：

```
cisco4948-ip# copy running-config startup-config all
cisco4948-ip# write memory
Building configuration...
Compressed configuration from 6725 bytes to 2261 bytes[OK]
```

使用新的 IOS 固件启动 Cisco 4948 交换机。运行 reload 命令时（如下所示），交换机会重新启动，而且在交换机重启时，所有相连设备（包括所有存储单元、数据库服务器、ILOM 和 InfiniBand 交换机）的管理网络会发生 1～2 分钟的停机。管理网络的停机不应引起应用程序的停机，因为数据库须始终可用并正常运行。

```
cisco4948-ip# reload
```

系统会让你确认是否希望继续并重新启动 Cisco 交换机。

> 提示　如果交换机没有重新联机，请参考"强制启动 Cisco 交换机"部分。强制启动时需要物理访问。

交换机重新加载后，使用远程登录重新连接，并按以下程序配置 SSH。此时需要使用以下示例中的 username 命令，该命令以 admin 为用户名、welcome1 为口令来配置用户。该语句是必需的，但是用户名和口令可以采用其他值（建议选择一个比 welcome1 更好的口令）。远程登录后，再次使用 enable 命令获得超级用户权限，并继续进行以下配置：

```
cisco4948-ip# configure terminal
Enter configuration commands, one per line. End with CNTL/Z.
cisco4948-ip(config)# crypto key generate rsa
% You already have RSA keys defined named cisco4948-ip.us.oracle.com.
% Do you really want to replace them? [yes/no]: yes
```

对于通用密钥，将密钥模块的大小设置在 360～2048 之间，如下所示。如果所选的密钥模块大于 512，则可能会花费数分钟的时间进行处理。

```
How many bits in the modulus [512]: 768
% Generating 768 bit RSA keys, keys will be non-exportable...[OK]
cisco4948-ip(config)#
```

```
cisco4948-ip(config)# username admin password 0 welcome1
cisco4948-ip(config)# line vty 0 4
cisco4948-ip(config-line)# transport input all
cisco4948-ip(config-line)# exit
cisco4948-ip(config)# aaa new-model
cisco4948-ip(config)#
cisco4948-ip(config)# ip ssh time-out 60
cisco4948-ip(config)# ip ssh authentication-retries 3
cisco4948-ip(config)# ip ssh version 2
cisco4948-ip(config)# (type <control-z> here to end)
```

验证 SSH 配置是否在工作并已使用 show ip ssh 命令正确配置：

```
cisco4948-ip# show ip ssh
SSH Enabled - version 2.0
Authentication timeout: 60 secs; Authentication retries: 3
```

现在应可以在该交换机中，通过 SSH v2（一般为大多数 SSH 客户端的默认值）并使用用户名 admin 和口令 welcome1（默认口令）进行 SSH 登录。

在配置、访问和验证 SSH 后，有一些站点可能会想要你禁用远程登录访问交换机（只允许使用 SSH 访问）。当然，交换机也是允许同时通过 SSH 和远程登录进行访问的。要禁用远程登录访问，请使用 SSH 连接到交换机（因为远程登录会在此过程中被禁用）并输入以下命令：

```
cisco4948-ip# configure terminal
Enter configuration commands, one per line. End with CNTL/Z.
cisco4948-ip(config)#
cisco4948-ip(config)# line vty 0 4
cisco4948-ip(config-line)# transport input ssh
cisco4948-ip(config-line)# exit
cisco4948-ip(config)# (type <control-z> here to end)
```

如果运行的 Cisco 固件中有更多的输入行，也请将 SSH 应用到剩下的行上。验证 show running 输出中传输行的数量：

```
cisco4948-ip(config)# line vty 5 15
cisco4948-ip(config-line)# transport input ssh
cisco4948-ip(config-line)# exit
cisco4948-ip(config-line)# end
```

更改完成后，交换机上的远程登录被禁用，系统可能会对此进行验证。SSH 连接应是唯一允许的连接方法。

最后，在所有配置变更完成后，保存当前配置，写入 NVRAM，同时以唯一名称将配置保存在 bootflash 中以便引用：

```
cisco4948-ip# copy running-config startup-config all
cisco4948-ip# copy running-config bootflash:cisco4948-ip-confg-with-ssh
cisco4948-ip# write memory
Building configuration...
Compressed configuration from 6725 bytes to 2261 bytes[OK]
```

配置完成。Cisco 4948 上的 bootflash 足够大，可以同时存储原来的 IOS 版本和更新的 SSH 可用 IOS 版本，所以没有必要进行清除操作。

5. 强制启动 Cisco 交换机

只有当 Cisco 交换机在应用固件更新后无法启动时，才需要执行以下步骤。此时需要物理访问 Cisco 交换机：

1）查明 USB 转串口数据线与笔记本电脑上的哪个 COM 端口相连。在 Windows 下，可以在设备管理器中进行确认。

2）连接 Cisco 交换机的控制台端口，而非 mgt 端口。该端口是 x2 Cisco 交换机最右边的顶部端口。

3）控制台线缆有一端的型号为 cat5。请将此端插到设备中。可以使用 console 口转 USB 的转换器将其插到笔记本电脑上。

4）连接速度一般设置为 9600 波特率，8 位数据位，1 位停止位。可使用 putty 等终端程序，设置 COM 端口及波特率等进行连接。

5）按 Return 键，应该可以看到提示。

6）输入 enable 可以获取提示。

7）使用 boot 命令以启动交换机。

11.7.8　升级 KVM 交换机

可从 Avocent 下载可用的更新来升级 Avocent MergePoint Unity KVM 交换机。建议的最低固件版本为 1.2.8。要进行 KVM 升级（可直接进行），只需转到 Web 界面，使用 tftp 将文件 FL0620-AVO-1.18.0.22011.fl 复制到 KVM，然后更新固件文件。可以从 www.avocent.com/Pages/GenericTwoColumn.aspx?id=12541 下载更新。

11.7.9　升级 PDU

PDU 是 Exadata 和 ZFS 的一部分，负责将冗余电力供应给系统。在某些情况下，该组件会被忽略，但它的重要性还是不言而喻的。应该在进行 Exadata 全栈和 ZFS 升级时更新 PDU 的固件。

请参考名称为《Oracle Power Distribution Unit（PDU）—Patch 16523441—Metering Unit Firmware and HTML Interface v1.06》的 Oracle 技术支持文档的 README 文件。downloaded.zip 文件包含以下 3 个更新文件。

❏ MKAPP_Vx.x.dl：计量单元固件。

❏ HTML_Vx.x.dl：HTML 界面文件。

❏ pdu_eth_110324.mib：mib 文件。

如果 .zip 文件还包含一个文本文件，请审阅该文件，获取有关固件更新的其他信息。更新固件时应谨慎。计量单元固件和 HTML 界面页都必须更新。如未能更新 HTML 页面，特定的界面页将无法显示，从而使网络界面无法使用。

1）在与网络连接的系统上，在网络浏览器的地址行中输入计量单元的 IP 地址，与

PDU 计量单元相连。向网络管理员请求 PDU 计量单元的 IP 地址。

2）单击"网络配置"链接，根据提示以管理员的身份登录。默认情况下，管理员的用户名和口令都是 admin。

3）向下滚动页面，直到看见 Firmware-Update 标题。

4）单击 Browse 按钮，找到之前下载的 MKAPP_Vx.x.dl 文件。

5）单击 Submit 按钮，更新计量单元固件。更新固件后，系统会提示更新 HTML 界面。

6）再次单击 Browse 按钮，以 admin 身份登录，并找到之前下载的 HTML_Vx.x.dl 文件。

7）单击 Submit 按钮，更新 HTML 界面。

8）单击 Module Info 链接，验证固件版本等级并确认固件和 HTML 界面是否已成功更新。

11.8　ZFS 升级

现在，来看一看 ZFS 存储设备 7420 的升级步骤。Oracle 建议使用 Firefox 或 Chrome 浏览器更新 ZFS，不要使用 Internet Explorer。

> 🎯 提示　Oracle 技术支持将帮助用户升级 ZFS。升级服务处理器 SP/ILOM 和 BIOS 是一个强制性要求。

请从 Oracle 技术支持的补丁选项卡上下载 ZFS 升级所需要的文件，即 p14363313_14_Generic.zip BIOS 和 SP 固件。Oracle 技术支持使用该 .zip 文件的内容来更新 ZFS。要开始 ZFS SA 固件更新，请转到 ZFS 维护页面，选择 SYSTEM，然后单击 Available 更新。单击 Available 更新旁边的 + symbol，上传这两个 ZFS 支持包文件，然后上传每个支持包的 .gz 文件。系统将显示其正在解压缩。这一过程不会应用 ZFS 文件，只是分阶段执行的一个环节。可以在停用窗口出现前准备好这一步。

文件存储在 Exadata 数据库节点 1 以进行 ZFS 的 BIOS/ILOM 更新，路径为 /u01/app/oracle/exadata_patch/ZFS_BIOS_ILOM_UPDATE/p14363313_14_Generic.zip。

在升级前创建支持包。实际升级时将需要 Oracle 技术支持的协助。

11.8.1　ZFSSA 配置和升级

确认每个数据库节点的 /etc/fstab 文件已对 actimeo=0 参数进行了相应设置：

```
192.168.10.23:/export/backup1 /zfs/backup1 nfs
rw,bg,hard,nointr,noacl,rsize=131072,wsize=1048576,tcp,vers=3,timeo=600, actimeo=0
```

ZFSSA 配置过程包括以下 3 个要求：

1）独立的 7420，基于 X4470 硬件。

2）当前的设备 OS 为 2011.1.3。

3）当前的 BIOS 级别为 09030115。

11.8.2　ZFS 更新第一阶段

在 ZFSSA 更新的第一阶段，升级到 2011.1.4.2 代码，然后继续升级到最新的代码，即 2013.1.1.1。

首先，阅读并了解名称为《Sun Storage 7000 Unified Storage System: How to Upgrade the Appliance Kit Software and Service Processor BIOS/ ILOM Firmware》的文件（Oracle 技术支持文档（ID 1513423.1））。该文件概括了 6 个步骤。需要按照步骤 1~5 将 2011.1.3 升级到 2011.1.4.2（可以跳过第 6 步 "BIOS 升级"，因为升级到 2013 代码之后，这一步也会自动完成）。

该文件还会引用一个版本矩阵，该矩阵里有用来下载以下 OS 升级补丁的链接。

❏ 2011.1.4.2——https://updates.oracle.com/Orion/Services/download/p15750578_201110_Generic.zip?aru=16672629&patch_file=p15750578_201110_Generic.zip

❏ 2013.1.1.1——https://updates.oracle.com/Orion/Services/download/p17945242_20131_Generic.zip?aru=17067413&patch_file=p17945242_20131_Generic.zip

了解上述过程后，请下载 2011.1.4.2 和 2013.1.1.1 升级映像。

接下来，使用升级文件将当前代码 2011.1.3 升级到 2011.1.4.2。升级完成后，重复相同的步骤，将 2011.1.4.2 升级到 2013.1.1.1。

全部升级完成后，可以继续进行更新的第二阶段。

11.8.3　ZFS 更新第二阶段

在完成第一阶段的两个升级后，根据 7420 设备的序列号记录新的 SR，开始第二阶段的操作。需要安排 Oracle TSC（技术解决方案中心）工程师远程升级 SP/ILOM 和 BIOS（建议在时间安排确定后马上记录 SR。）

让 TSC 知道当前的 BIOS 级别（即 09030115），并告知当该设备运行 2013.1.1.1 代码时即可对其进行升级。

接下来，下载 BIOS 映像到将用于远程 WebEx 或共享 Shell 会话的客户端。通过搜索补丁 ID 14363313——SP 3.0.16.13.a r74558 BIOS 09.05.01.02 patchId 14363313 找到映像。

Oracle TSC 将 SP/ILOM 和 BIOS 映像从 09030115 远程升级到 SP 3.0.16.13.a r74558 BIOS 09.05.01.02 patchId 14363313。升级完成后，Oracle TSC 会通过远程会话将 BIOS 设置应用到 BIOS。

在第一阶段和第二阶段都完成后，ZFS 存储设备的更新即全部完成。

11.8.4　更新 ZFS BIOS

本节将介绍 Oracle 技术支持或认证合作伙伴更新 ZFS BIOS 的步骤。以下列出的步骤仅供审阅之用。要进行 BIOS 更新，请上传 p14363313_14_Generic.zip 文件内的 ILOM-3_0_16_13_a_r74558-Sun_Fire_X4470.pkg 文件。

```
# ssh zfssadr-ilom
The authenticity of host 'zfssadr-ilom (10.43.47.132)' can't be established.
RSA key fingerprint is d1:6b:ea:ac:28:c2:2a:10:30:79:92:a8:0f:18:18:8a.
Are you sure you want to continue connecting (yes/no)? yes
Warning: Permanently added 'zfssadr-ilom,10.43.47.132' (RSA) to the list
 of known hosts.
Password:
Oracle(R) Integrated Lights Out Manager
Version 3.0.16.13.a r74558
Copyright (c) 2012, Oracle and/or its affiliates. All rights reserved.

-> stop -f SYS
Are you sure you want to immediately stop /SYS (y/n)? y
Stopping /SYS immediately

-> start SYS
Are you sure you want to start /SYS (y/n)? y
Starting /SYS

-> stop /SP/console
Are you sure you want to stop /SP/console (y/n)? y

-> start /SP/console
Are you sure you want to start /SP/console (y/n)? y

Serial console started.  To stop, type ESC (
```

1）按下 Ctrl+E 快捷键，然后按 Ctrl+S 快捷键进入 BIOS。

2）转到 PCIPnP 菜单，禁用所有 PCIe 插槽和 I/O 分配插槽 [0～9]。

3）为 BIOS 设置中的群集启用 I/O 分配。

4）在 Boot Settings 菜单中，启用 Expert Mode，并按下 Ctrl+U 快捷键进行调用。

5）在 Boot Settings Configuration 中，启用 Persistent Boot Mode。

6）按下 Esc 键，转到顶层菜单，然后保存更改并退出。

7）进入 BIOS 菜单，检查启动设备优先级。检查并确认 HHDP0 和 HHDP1 分别为第一个和第二个启动条目 / 镜像系统磁盘。

8）单击左上角的 Sun 标志，验证新的 BIOS 版本。版本号应为 American Megatrends Inc. 09050102 07/03/2012。

9）在 ZFS 管理主机中，使所有控制器联机，通过 Shell 命令来运行以下命令：

```
# zpool online dr-pool c0t5000CCA01B1DF4A0d0
```

10）通过运行以下命令来检查硬件：

```
fmadm faulty
```

11）在 ZFS 管理网络界面上，转到 Maintenance Hardware，验证有无问题存在。

11.9　本章小结

　　希望本章能够让读者清楚地了解如何进行 Exadata 全栈升级和 ZFS 设备升级。相关的步骤非常繁复，建议对照 Oracle 技术支持的 README 文件来理解那些将在环境中执行的特定补丁或升级步骤。正如本章开头所描述的那样，请先在非生产环境中测试升级并记录自己的说明和所学课程，以便随后能成功完成生产升级。祝你好运，Exadata 和 ZFS 升级成功！

第 12 章 *Chapter 12*

Exadata 的 ZFS 存储设备

在 Oracle 领域，对存储的需求正在呈现爆发式增长，经常超出 DBA 的控制范围。客户不断要求最大限度地利用现有资源，花小钱办大事。但面对指数级增加的数据量，到底采用什么办法才能实现 Exadata 存储的最大化利用呢？无论对高容量或高性能 SAS 磁盘采用正常冗余还是高冗余，你都想挤压 Exadata 存储服务器里的每一兆字节。

怎么能办到这一点？最佳答案是使用 ZFS 存储设备（ZFSSA）。在本章中，将向你展示如何结合 ZFS 存储设备和 Exadata 并通过 Exadata 和 ZFSSA 上的分层存储来最大限度地增加空间利用率。

本章还将介绍最优的 RMAN 备份设置、dNFS 设置以及用在所有计算节点的 ZFSSA 上提高吞吐量的快速脚本，并介绍针对储备数据库迅速实施快照和克隆的方法。

本章主要面向对 Exadata 数据库提供支持并有兴趣了解 Exadata 存储的数据库架构师、DMA 和管理者。对最佳备份策略以及 ZFSSA 上 Exadata 可用的快照 / 克隆功能感兴趣的 DMA 也可以从本章获取有用的信息。

ZFSSA 并不是只能在 Exadata 上使用的存储设备。本章还将介绍与你的 IT 基础设施相关的其他 ZFSSA 应用案例。

12.1　ZFS 产品系列

2013 年 9 月，Oracle 在其 ZFS 存储设备系列中加入了两个新成员，即 ZS3-2 和 ZS3-4，并使用内部 SAS 更新了 7420M2。ZS3 采用 OS8 代码。7420M2 采用之前的 OS7（2011.1.7）代码，但可以在客户有需要时更新到 OS8。若要了解 ZS3-2 或 ZS3-4 的最新信息，请浏览以下 URL：

❑ ZS3-2——www.oracle.com/us/products/servers-storage/storage/nas/zs3-2/ overview/

index.html

- ZS3-4——www.oracle.com/us/products/servers-storage/storage/nas/zs3-4/ overview/ index.html

以下是在处理 ZS3-x 存储设备时需要注意的相关事项：

- ZS3-2 拥有 8 个 PCIe 插槽和 15TB 的缓存，最高容量可以达到 768TB。
- ZS3-4 拥有 14 个 PCIe 插槽和 25TB 的缓存，2TB 的 DRAM，最高容量可以达到 3500TB。
- 两者都提供全方位的连接（支持 10Gb 以太网交换机、40Gb InfiniBand 交换机、16Gb 光纤通道交换机）。

本章中的存储是指 Sun ZFS Storage 7000 设备的存储。之前，类似的存储设备系列被称为 Sun Storage 7000 统一存储系统，包括 7110、7210、7310 和 7410 这 4 个型号。Sun Storage 7000 统一存储系统现已更名为 Sun ZFS Storage 7000 设备，包括 7120、7320、7420 和 7720 这 4 个型号。ZS3-2 和 ZS3-4 是 ZFS 存储设备现在的系列。以下是 7120、7320、7420 和 7720 ZFS 存储设备产品系列的亮点：

- Sun ZFS 存储 7120
  - 高容量存储，入门级定价
  - 原始容量可达 120TB
  - 24GB DDR3 DRAM
  - 96GB 写闪存
- Sun ZFS 存储 7320
  - 高可用性存储与支持闪存的混合存储池
  - 可选择高可用性群集
  - 原始容量可达 192TB
  - DRAM 可达 144GB
  - 基于闪存的读缓存可达 4TB
  - 基于闪存的写缓存可达 288GB
- Sun ZFS 存储 7420
  - 具有高性能、高容量和高可用性的统一存储
  - 由一个单独的存储控制器或采用高可用性集群配置的两个存储控制器组成
  - 最多可采用 24 个 Sun 磁盘架
  - 原始容量可达 1.15PB（拍字节）
  - DDR3 DRAM 可达 1TB
  - 基于闪存的读缓存可达 4TB
  - 基于闪存的写缓存可达 1.7TB
- Sun ZFS 存储 7720
  - 行业领先的密度和简易性

○ 具有高可用性和高密度的机架级配置
○ Sun Storage 7700 机柜里装有采用高可用性集群配置的两个存储控制器
○ 12 个驱动器固定架
○ 原始容量可达 720GB
○ DDR3 DRAM 缓存可达 1TB
○ 基于闪存的读缓存可达 4TB
○ 基于闪存的写缓存可达 432GB

 提示　要了解硬件配置的详细信息，请访问以下网址：http://docs.oracle.com/cd/E22471_01/html/821-1792/maintenance__hardware__overview__7420_7720.html。

ZFSSA 产品系列每年都在变化。ZFSSA 7420 通过扩展可以具有 2.59PB 的原始容量，最多可采用两个控制器，每个存储控制器最多可配备 2TB 读闪存缓存，并且每个磁盘架上最多可以容纳 292GB 写闪存缓存。最重要的是，ZFSSA 7420 可以接纳四口千兆以太网 UTP、Dual 10GigE、QDR InfiniBand HCA 和 8Gb FC HBA。我们最感兴趣的是 Dual 10GigE 和 QDR InfiniBand HCA，这二者可以提升 ZFSSA 上的空间使用性能。

在为 Exadata 购买 ZFSSA 后，需要根据性能和容量选择合适的数据保护选项以满足业务要求，如图 12.1 所示。如果想获得最佳的保护和性能，请选择镜像选项。如果只想利用 ZFSSA 进行备份，则可以选择双重奇偶校验，不必进行镜像处理。同样，如果决定只放置归档数据文件（而非活动数据文件），也可以选择双重奇偶校验选项。

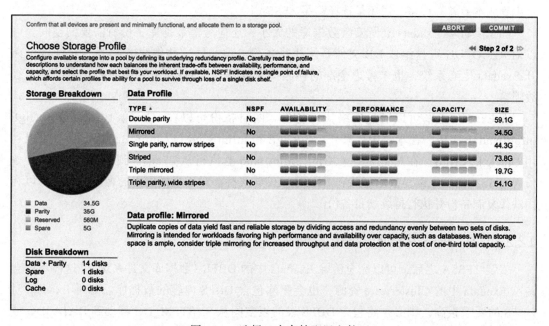

图 12.1　选择一个存储配置文件

在 Exadata 上，只有 NFS 协议才是我们想要的。从 ZFSSA 中完成共享的分配后，可以在 Exadata 上采用直接 NFS 装载共享。

12.2 增加存储容量

在数据保护层对 Oracle Exadata 和 ZFSSA 进行优化，为存储容量提供最好的业内解决方案。Oracle 利用 QDR IB 光纤技术，可以在 Oracle dNFS 上实现数据库计算节点和 ZFSSA 之间每个端口 40Gb/s 的超低延迟带宽。dNFS 是为 Oracle 数据库配置的优化 NFS 客户端，可以为标准 NFS 协议下的数据传送提供高带宽解决方案。对于 Exadata 上的 Oracle 数据库备份和恢复而言，Oracle RMAN 是出色的解决方案。

通过快照和克隆等本地 ZFSSA 功能，ZFSSA 简化了数据库备份的管理和维护过程，并增强了相应的工作性能。还可以在所有的数据库节点、ZFSSA 控制器和 IB 接口中同时进行备份以实现最佳的可扩展性和吞吐量。此外，利用 ZFSSA 提供的持续增量备份架构，用户可以减少备份窗口和恢复时间。最后，Oracle 还在 ZFSSA 中加入了重复数据删除和 EHCC 等本地 Exadata 功能。

迁移至 Exadata 的最大业务驱动因素之一是数据库整合。在合并数据库并发现需要更多的容量时，如果 DATA_DG 磁盘组已经达到了 80%～90% 的空间利用率，那该怎么办？假设公司有兴趣购买 Exadata，但数据库占用已经大于 Oracle 可以在 Exadata 上提供的全部数据空间了，那又该如何处理？当然，公司可以购买额外的存储服务器来增加容量占用，但考虑到成本效益，许多公司还是选择购买 ZFSSA。

除了要计算 Exadata 上所安装数据库的大小，还应考虑数据库备份所需要的空间。可以对 RECO_DG 磁盘组或 DB 文件系统执行备份。但是，这些解决方案既不允许备份离开 Exadata 生态系统，也未考虑全部的存储损失或超过 ASM 正常冗余或高冗余的磁盘级故障。

在 Exadata 上，可以通过网络执行备份。网络备份可以在 1GigE、10GigE 或 40GigE InfiniBand 上实现。在本章中，只介绍 10GigE 和 InfiniBand（以 InfiniBand 为主）。可以利用 Oracle 的 dNFS，在超低延迟 40GigE InfiniBand 上执行从 Exadata 到 ZFSSA 的 D2D 备份。ZFSSA 提供了重复数据删除和 Exadata HCC 支持。对于规模更大的客户，我们可以利用映像复制备份并执行持续增量备份。

12.2.1 从 DBFS 中回收资源和空间

安装 ZFSSA 之后，可以完全清除 Exadata 中的 DBFS（数据库文件系统）。这样不仅会清除 Exadata 中的 Clusterware 资源，也会删除包含 DBFS 内容的数据库。如果 Exadata 对 DBFS 的要求很高，则必须将包含 DBFS 表的表空间从 SYSTEM_DG 移动到 DATA_DG 或 RECO_DG。删除 DBFS 数据库后，DATA_DG 或 RECO_DG 会释放出很多空间。

12.2.2　信息生命周期管理

与在现有 Exadata 中添加存储单元的方案相比，ZFSSA 的存储成本较低。在每个 ZFSSA 上，磁盘空间最大可以扩展为 1.72PB 的磁盘驱动器，闪存空间最大可以达到 10TB。我们的目标是利用 DATA_DG 磁盘组上的高事务性数据进行一级存储。可以将不太活跃的数据（一两年前的数据，甚至是 3~6 个月前的数据）从一级存储移动到二级存储（RECO_DG）。最后，还可以将 2~3 年及以上的数据从二级存储移动到三级存储（ZFSSA）。

在将数据从一级存储移动到二级存储时，可以为二级存储采用 Warehouse 压缩。如果你的目标是获得最高的性能，则不必压缩 DATA_DG 的内容。在将数据从一级存储移动到二级存储时，还可以利用各类压缩选项。同时，也可采取分区策略来移动不同存储级的数据。从一级存储移动到二级存储时，可以利用 Warehouse 压缩模式下的 HCC 压缩。如果存入时间服务水平比查询性能更重要，则应该将 Warehouse 压缩设为 LOW。此外，在将数据从二级存储移动到三级存储时，可以实现更深层次的 HCC（ARCHIVE HIGH）。借助 ARCHIVE 压缩模式，可以牺牲性能以获得最大的存储收益。只有在表格或分区极少访问的情况下，才应该使用 ARCHIVE 压缩。

考虑到三级存储，可以针对 Oracle 数据文件能够使用只读模式的情况进行相关的构建。对于已分区并有归档要求的表，比较旧的分区非常适合存储只读表空间（可以在 RMAN 备份时跳过只读数据文件）。我们的目标是只备份一次只读表空间，以后再进行备份时就不用再管它们了。3 年之后，甚至可以将数据转换为外部表或外部数据泵文件。

12.3　ZFSSA 浏览器用户界面

对于 ZFSSA 管理员而言，浏览器用户界面（BUI）是最重要的工具。BUI 是 ZFSSA 的图形界面，可以在该界面上进行管理、配置和维护、报告及性能可视化操作。如果以前没用过 ZFSSA，建议尝试一下 BUI。

可以通过让浏览器转到 DNS 中为 NET-0 端口（也称之为管理端口）指定的 IP 地址或主机名称来登录 BUI。在 ZFS 的初始配置期间，需要将笔记本电脑直接插到控制台端口上，然后配置主机名称和 IP 地址。BUI 的默认端口名称为 215，若要访问登录页面，可以输入 https://ipaddress:215 或 https://hostname:215。

也可以通过 CLI 的 SSH 直接登录到管理端口。可以使用支持 SSH2 协议的终端模拟器登录 ZFSSA。一开始的时候，需要使用具有 root 权限的账户登录。在组织机构日渐成熟并开发出登录 ZFSSA 的标准后，就可以创建更多的角色和账户了。

ZFSSA CLI 的作用是提供 BUI 的镜像功能。CLI 还提供了丰富且强大的脚本生态系统来实现任务自动化，建立重复过程。

12.4 创建 NFS 共享

在 ZFSSA 上，可以创建 NFS 共享以访问 IB 网络上 Exadata 计算节点的服务器目录和文件。可以在 BUI 中创建来自 ZFSSA 的 NFS 共享或来自命令行的 NFS 共享。本节将证明用这两种方法创建共享的简便性。先从 BUI 方法开始。在登录 ZFSSA 之后，单击顶部的 Shares 链接，屏幕中会显示所有项目和文件系统，如图 12.2 所示。

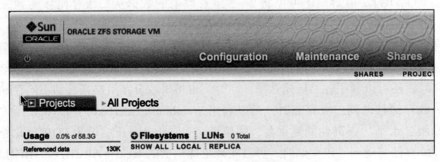

图 12.2 显示项目与文件系统共享

单击 Filesystems 左侧的 "+" 符号，可以在弹出的 Create Filesystem 界面进行编辑，如图 12.3 所示。

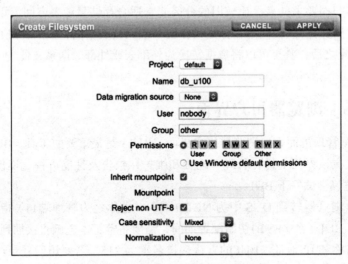

图 12.3 设置用于创建文件系统参数

在该界面中，将文件系统与项目相关联（如果还没有创建项目，则采用默认值），并为共享的文件命名。完成后单击 Apply 按钮。至此，已经成功创建了第一个 NFS 共享。

通过命令行也可以得到同样准确的结果。无论使用 BUI 还是 CLI，都需要了解如何通过 CLI 管理 ZFSSA，因为有时 BUI 可能无法使用（尤其是在需要穿越一系列防火墙或端口可用性出现问题时）。通过 CLI，可以轻松创建共享：

```
zfs1:> shares
zfs1:shares> select default
zfs1:shares default> filesystem db_u200
zfs1:shares default/db_u200 (uncommitted)> commit
```

创建共享后，设定合适的权限和安全设置：

```
zfs1:shares default> select db_u200
zfs1:shares default/db_u200> set aclinherit=discard
                aclinherit = discard (uncommitted)
zfs1:shares default/db_u200> set sharenfs="rw,anon=0"
                   sharenfs = rw,anon=0 (uncommitted)
zfs1:shares default/db_u200> set root_permissions=755
           root_permissions = 755 (uncommitted)
zfs1:shares default/db_u200> commit
```

上述操作完成后，设置过程结束。来看一下刚才创建的新共享的所有属性：

```
zfs1:shares default/db_u200> show
Properties:
                aclinherit = discard
                   aclmode = discard (inherited)
                     atime = true (inherited)
           casesensitivity = mixed
                  checksum = fletcher4 (inherited)
               compression = off (inherited)
                     dedup = false (inherited)
              compressratio = 100
                    copies = 1 (inherited)
                  creation = Tue Feb 05 2013 22:36:49 GMT+0000 (UTC)
                   logbias = latency (inherited)
                mountpoint = /export/db_u200 (inherited)
             normalization = none
                     quota = 0
                quota_snap = true
                  readonly = false (inherited)
                recordsize = 128K (inherited)
               reservation = 0
          reservation_snap = true
                  rstchown = true (inherited)
            secondarycache = all (inherited)
                    shadow = none
                    nbmand = false (inherited)
                 sharesmb = off (inherited)
                  sharenfs = rw,anon=0
                   snapdir = hidden (inherited)
                  utf8only = false
                     vscan = false (inherited)
                 sharedav = off (inherited)
                 shareftp = off (inherited)
                sharesftp = off (inherited)
                sharetftp =   (inherited)
                      pool = Default
            canonical_name = Default/local/default/db_u200
                  exported = true (inherited)
                  nodestroy = false
                space_data = 130K
         space_unused_res = 0
          space_snapshots = 0
           space_available = 58.3G
               space_total = 130K
                root_group = other
          root_permissions = 755
                 root_user = nobody
                    origin =
```

12.5 设置 Exadata 以进行直接 NFS

在网络上安装文件系统之前，需要先在所有 Exadata 计算节点上执行初步的系统管理任务。首先，必须启动 portmap、NFS 和 NFSLOCK 服务。此外，还必须利用 chkconfig 命令让这些服务在服务器重启期间保持为可用状态。要启动这些服务，请执行 sbin 目录中的 service 命令，并传递两个命令行参数：服务名称以及想要该服务做什么（启动、停止或状态）。

以下是启用 NFS 服务时所要执行的具体命令：

```
# cat zfs.1
export PATH=$PATH:/usr/local/bin:/sbin
dcli -l root -g /home/oracle/dbs_group /sbin/chkconfig portmap on
dcli -l root -g /home/oracle/dbs_group /sbin/service portmap start
dcli -l root -g /home/oracle/dbs_group /sbin/chkconfig nfs on
dcli -l root -g /home/oracle/dbs_group /sbin/service nfs start
dcli -l root -g /home/oracle/dbs_group /sbin/chkconfig nfslock on
dcli -l root -g /home/oracle/dbs_group /sbin/service nfslock start
```

执行后，应该可以看到与以下示例类似的结果：

```
# ksh ./zfs.1
exaddb01: Starting portmap: [  OK  ]
exaddb02: Starting portmap: [  OK  ]
exaddb01: Starting NFS services:  [  OK  ]
exaddb01: Starting NFS quotas: [  OK  ]
exaddb01: Starting NFS daemon: [  OK  ]
exaddb01: Starting NFS mountd: [  OK  ]
exaddb01: Starting RPC idmapd: [  OK  ]
exaddb02: Starting NFS services:  [  OK  ]
exaddb02: Starting NFS quotas: [  OK  ]
exaddb02: Starting NFS daemon: [  OK  ]
exaddb02: Starting NFS mountd: [  OK  ]
exaddb02: Starting RPC idmapd: [  OK  ]
exaddb01: Starting NFS statd: [  OK  ]
exaddb02: Starting NFS statd: [  OK  ]
```

服务启用后，可以再次利用 chkconfig 命令，然后使用 --list 选项，并确认服务是否已配置妥当，即可以在服务器重启过程中重新启动。需要特别注意的是，这些服务要在运行级别 3、4 和 5 上重新启动：

```
# /usr/local/bin/dcli -l root -g /home/oracle/dbs_group
/sbin/chkconfig --list |egrep -i "nfs|port"
exaddb01: nfs       0:off  1:off  2:on  3:on  4:on  5:on  6:off
exaddb01: nfslock   0:off  1:off  2:on  3:on  4:on  5:on  6:off
exaddb01: portmap   0:off  1:off  2:on  3:on  4:on  5:on  6:off
exaddb02: nfs       0:off  1:off  2:on  3:on  4:on  5:on  6:off
exaddb02: nfslock   0:off  1:off  2:on  3:on  4:on  5:on  6:off
exaddb02: portmap   0:off  1:off  2:on  3:on  4:on  5:on  6:off
```

接下来，需要在所有 Exadata 计算节点上启用 dNFS。只需利用 dcli，就可以在所有计算节点上同时启用 Oracle dNFS：

```
$ dcli -l oracle -g /home/oracle/dbs_group make -f $ORACLE_HOME/rdbms/lib/ins_rdbms.mk
dnfs_on
```

在本例中，使用 dcli 在所有计算节点或计算节点的子集上同时运行一组命令。dcli 可以节省大量的时间，还能减少在每个计算节点上多次运行相同命令时经常发生的人为错误。

dNFS 的另一个要求是，/etc/hosts.allow 和 /etc/hosts.deny 文件必须具有所有者级别上的读写权限以及组和全局访问的只读权限：

```
# /usr/local/bin/dcli -l root -g /home/oracle/dbs_group
chmod 644 /etc/hosts.allow
# /usr/local/bin/dcli -l root -g /home/oracle/dbs_group
chmod 644 /etc/hosts.deny
```

需要再次执行 dcli，确认命令是否成功执行：

```
# /usr/local/bin/dcli -l root -g /home/oracle/dbs_group
ls -l /etc/hosts.allow /etc/hosts.deny
exaddb01: -rw-r--r-- 1 root root 161 Jan 12  2000 /etc/hosts.allow
exaddb01: -rw-r--r-- 1 root root 347 Jan 12  2000 /etc/hosts.deny
exaddb02: -rw-r--r-- 1 root root 161 Jan 12  2000 /etc/hosts.allow
exaddb02: -rw-r--r-- 1 root root 347 Jan 12  2000 /etc/hosts.deny
```

接下来，必须修改 /etc/sysctl.conf 文件中的 Linux 内核参数。第一个参数 net.core.wmem_max 在文件中间位置。请注意被注释掉的行，那是使用 Exadata 配置的初始值：

```
Modify Kernel Parameters (in the middle of the file):
#net.core.wmem_max = 2097152
# -- Modified per ZFS
net.core.wmem_max = 4194304
```

新值是使用 ZFSSA 为 dNFS 配置的值。除了 net.core.wmem_max 参数以外，还需要将 net.ipv4.tcp_wmem 和 net.ipv4.tcp_rmem 参数配置为 4194304。因为这些都是新参数，故可以将它们添加到 sysctl.conf 文件的末尾：

```
# -- At the end of the file
# --
# -- Added for ZFS
net.ipv4.tcp_wmem=4194304
net.ipv4.tcp_rmem=4194304
```

Exadata 计算节点不需要重新启动。完成内核参数的设置后，可以使用 sysctl -p 命令对其进行动态重载：

```
# /usr/local/bin/dcli -l root
-g /home/oracle/dbs_group /sbin/sysctl -p
exaddb01: net.ipv4.ip_forward = 0
exaddb01: net.ipv4.conf.default.rp_filter = 1
exaddb01: kernel.sysrq = 1
exaddb01: kernel.softlockup_panic = 1
exaddb01: kernel.core_uses_pid = 1
exaddb01: kernel.shmmax = 4398046511104
exaddb01: kernel.shmall = 1073741824
exaddb01: kernel.msgmni = 2878
exaddb01: kernel.msgmax = 8192
exaddb01: kernel.msgmnb = 65536
...
```

还可以使用 sysctl 命令来传递 -a 选项，以显示所有运行时内核参数设置。

接下来，可以再次利用 dcli 在所有 Exadata 计算节点上进行内核重载。在 1/4 机架中，dcli 并没有那么重要，但如果采用半机架或全机架 Exadata，dcli 就将是需要掌握的重要工具。

在设置好内核参数并满足所有辅助性的初步要求后，就可以对数据库组件进行设置了。

要启用 dNFS，必须通过 dnfs_on 选项执行 make 命令：

```
$ make -f ins_rdbms.mk dnfs_on
rm -f /u01/app/oracle/product/11.2.0/dbhome_1/lib/libodm11.so;
cp /u01/app/oracle/product/11.2.0/dbhome_1/lib/libnfsodm11.so
/u01/app/oracle/product/11.2.0/dbhome_1/lib/libodm11.so
```

需要在每个 Exadata 计算节点上重复上述 dNFS 设置。

另一对需要检查的服务是 cpuspeed 和 irqbalance。在 Exadata 上，这些服务默认是禁用的，其作用是优化一些网络设备的吞吐量。cpuspeed 和 irqbalance 服务可以减少 10Gb 以太网上的 NFS 吞吐量。如果这些服务未被使用，或同最大限度地提升 10Gb 以太网上的 NFS 性能相比，是否使用这些服务并不是太重要，则可以在启动后手动禁用这些服务，或利用 chkconfig 和 service 命令动态禁用这些服务：

```
# chkconfig cpuspeed off
# service cpuspeed stop
# chkconfig irqbalance off

# /sbin/chkconfig --list |egrep -i "cpu|irq"
irqbalance      0:off   1:off   2:on    3:on    4:on    5:on    6:off

# /sbin/service irqbalance status
irqbalance (pid 6756) is running...
```

12.5.1 配置和安装 NFS 共享

在 Exadata 上，dNFS 是 Linux 内核管理的 NFS 上的首选解决方案。可以使用 Oracle 内部 dNFS 客户端配置 Oracle 数据库以访问 NFS V3 服务器，这样就不必利用操作系统内核 NFS 客户端了。这种方法可以优化到 NFS 服务器的 I/O 访问路径，提高可扩展性和可靠性。

需要在 Exadata 计算节点上配置 dNFS：

```
$ cat /etc/oranfstab
server: zfssa-dr-h1
path: 192.168.10.23
path: 192.168.10.25
export: /export/backup1 mount: /zfs/backup1
export: /export/backup2 mount: /zfs/backup2
```

接下来，通过以下设置手动进行 NFS 装载 /dNFS 共享：

```
# mount -t nfs -o rw,bg,hard,nointr,noacl,rsize=131072,wsize=1048576,tcp,vers=3,timeo=600
192.168.10.25:/export/dNFS /dNFS
```

如需了解完整的 NFS 选项和设置，请参考 Oracle 技术支持文档《 Mount Options for Oracle Files When Used with NFS on NAS Devices 》(ID 359515.1)。

12.5.2 快照

快照是文件系统或 LUN 的时间点只读副本。快照最初并不消耗任何空间，但当活动共享数据内容变化时，之前未被引用的数据块将成为快照的一部分（写入时复制）。随着时间的推移，如果活动数据量变化，快照也会增大，最终将和其创建时的文件系统一样大。

共享支持用户回滚到前一个快照。在执行回滚时，更新的快照和快照克隆会被破坏。若要创建新的共享快照，只需要利用 BUI 即可。在 BUI 上，逐层展开到共享属性，单击 Snapshot 区域标题上 Snapshots 标签旁的 + 符号。单击 + 符号时，Create Snapshot 窗口弹出。指定快照的名称，单击 APPLY 按钮，如图 12.4 所示。

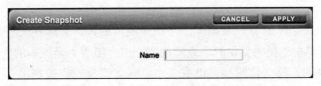

图 12.4　在 ZFS 中创建一个快照

作为一般规则，应该确定快照的命名策略，因为快照的数量可能会无限多。这样一来，如果有数百个快照，就可以轻松地应用清除规则或找到它们。

1. 快照架构

我们可以完全控制所使用快照的数量。甚至只需点击一些屏幕就可以灵活地对快照进行自动化操作。合适的快照架构和实施方法可以显著地降低存储要求，特别是当环境配置较低时（DEV，QA，TEST）。除了省钱和节省空间外，刷新这些低配置环境所需的时间也会显著减少。而且，这也简化了刷新技术，因为只需要通过共享快照并将快照共享 NFS 装载到目标主机，就能在低配置环境中使用数据库的最新映像副本。

另一个应注意的事项是，可能需要定期（每日、每夜或以更高的频率，如每小时执行归档日志目标的快照）执行备份文件系统的快照。对于 Exadata 上的 RAC 数据库，可以为归档日志指定多个目标位置。其中一个目标位置便是 RECO_DG 磁盘组，而归档日志的第二个副本则可以移至 ZFSSA 文件系统。这种架构不仅简化了归档日志备份策略（因为不会在 Exadata 计算节点上产生负载），而且添加了另一层保护（因为可以从 Exadata 节点上完全分割所有备份）。

当在 ZFSSA 上执行快照时，删除快照要谨慎。快照位置的任何变化（添加、删除或修改）都会增加 ZFSSA 上的存储量。此外，还必须设计清除策略来删除旧的快照。

例如，可以采用一种在备份文件系统上每日执行快照的快照架构，并制定另一种规则，比如删除 60 天以上的所有快照。如果对快照管理不当，那么快照会很轻易地填满 ZFSSA 上的剩余存储空间，所以务必要谨慎。

2. 快照部署策略

来看一看通过 Oracle 备份和恢复功能进行快照部署的实际使用案例。需要实施持续增量备份策略，充分利用 ZFSSA 来处理 Oracle 数据库的快照。该备份策略包含了数据库的映像副本备份，可以执行增量备份，并将增量备份应用到映像副本以维持数据库（该数据库会每夜连续更新以映射生产数据库）的基线映像副本。如需了解这种技术的完整信息，请参考第 8 章。

许多公司都会保留其生产数据库（开发、QA 和 TEST 数据库）的多个副本。更糟糕的是，一些公司甚至还有多个诸如 DEV2、DEV3、DEV4、QA1 和 QA2 的副本。快照部署技术可以极大地节省存储成本，并简化这些数据库的配置过程。

12.5.3 克隆

克隆是一种快照共享的可写入副本。与快照类似的是，克隆在一开始也不会消耗任何空间，但在克隆副本发生新的变化时，克隆的大小也会随着克隆副本的变化而增长。快照和克隆的空间是共享的。每个快照都可以有多个克隆。需要特别提醒的是，当清除一个快照时，也清除了与之相关的所有克隆。让我们快速浏览一下通过 BUI 创建快照克隆的过程，如图 12.5 所示。请仔细看图 12.5 的右下角，会发现能够回滚到某个快照，甚至可以清除快照。

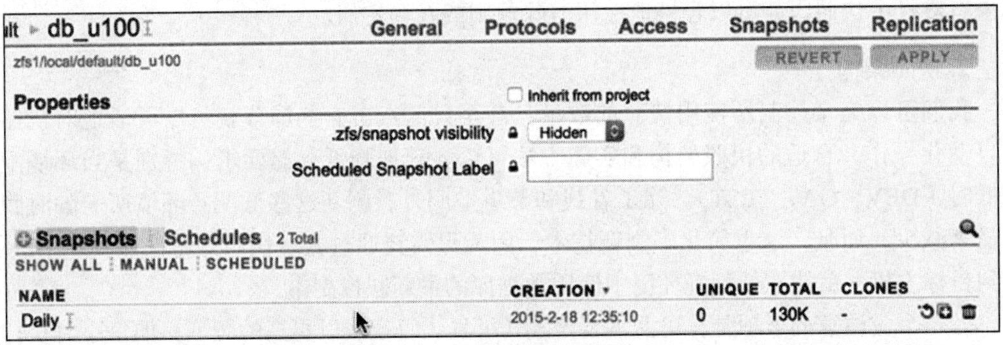

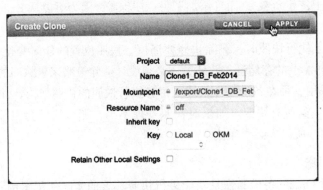

图 12.5　快照和克隆详情

要创建快照的克隆，只需单击 BUI Clones 区里的 Create Clone + 符号。Create Clone 窗口出现，如图 12.6 所示，从中可以看到一些基本信息。

图 12.6　设置参数创建一个克隆

同快照一样，必须为快照克隆指定一个名称。克隆的名称中不能有 # 或类似的元数据字符。在管理中，一般认为快照克隆实际上就是一个快照。事实上，快照的克隆数量是无限的。

12.5.4　利用 Data Guard 创建快照和克隆

就 Data Guard 配置而言，如果在 ZFSSA 上放置物理备份数据文件，可以创建物理备库的快照和克隆，并快速准备克隆数据库以进行 DEV、QA、热修补测试或压力测试。

从快照中创建克隆数据库的过程非常快捷：

1）停止管理恢复进程（MRP），将备库置于一致性状态。

2）在 ZFSSA BUI 上，选取具有物理备库的项目或文件系统的快照。

3）选取快照后，在物理备库上重新开始 MRP。

4）从选取的快照中，通过 BUI 创建文件系统的克隆。

5）将克隆的文件系统 dNFS 装载至物理备库位置上的新数据库服务器。

6）在读写模式下打开克隆的物理备库。

与 Oracle 11g 的快照备用特性不同的是，这次不用担心归档日志的空间会耗尽，也不用担心闪回数据库的时间会用尽。这种架构的另一个好处是，可以创建多个快照，也许还能创建数量无限的克隆。所创建的快照和克隆的数量取决于 ZFSSA 上可用空间的大小。试想一下，如果可以同时测试应用程序的多个组件，那该有多好。你是不是经常听闻一部分 QA 团队成员不得不等待另一部分 QA 团队成员完工才能开始工作，这样他们就不用相互指责了？另外，再想象一下，如果能使用数据库的多个克隆同时测试应用程序的版本，是不是就可以缩短应用程序发布的周期了？

如果你刚好也运行着一个靠近物理备库的开发环境，就可以测试具有完整生产规模的开发数据库。如果不用在开发环境中修改那么多数据，当然我们也希望如此，那么实际的空间消耗将只是你所做修改的大小。你还可以更加快速地刷新开发和 QA 环境。通常需要数小时或几天才能完成的事情现在只要几分钟就能搞定。

12.5.5　ZFS 共享上的最佳实践设置

使用 ZFSSA 共享的默认选项已经可以满足正常使用，但是仍然需要考虑一些 RMAN 备份和恢复能力方面的最佳实践方法，如图 12.7 所示。首先，需要将数据库的记录大小属性设为 128KB。记录大小属性控制着文件系统所用数据块的大小。默认的数据块大小不足以保存大文件。该属性的取值范围为 512B～128KB 之间 2 的倍数。

同步写偏差属性控制着同步写的处理行为。若要执行 RMAN 映像副本备份和备份集，请将 Synchronous write bias 设为 Throughput。若要进行映像副本的增量备份和增量更新，请将 Synchronous write bias 设为 Latency。

Latency 是 ZFSSA 的默认值，可以利用日志设备实现更快速的响应。在 ZFSSA 上进行数据库文件布置时，需要对负载较重的带宽进行同步设置（吞吐量）。

缓存设备被配置成存储池的一部分。Cache device usage 的属性设置决定了是否利用缓存设备进行共享。对于备份集，该属性（二级缓存）需要被设置为 None，而对于增量应用

的备份或数据库克隆操作，该属性应被设置为 All。缓存设备可以提供一个额外的缓存层来
实现更快速的分层访问。

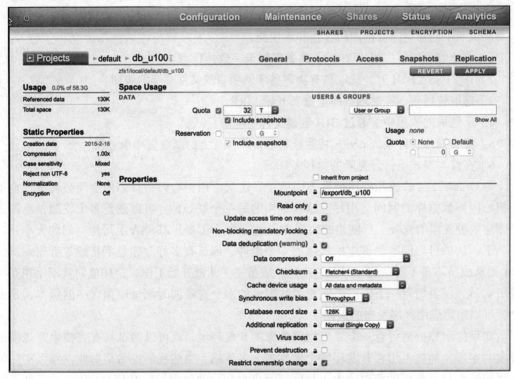

图 12.7　共享属性选项

默认情况下，ZFSSA 上的数据压缩是未启用的。Data compression 属性决定了共享是
否可以在数据被写入磁盘（存储池）前对其进行压缩。对于性能优化的系统，该属性应被设
为 Off，而对于容量优化的系统，该属性应被设为 LZJB。很显然，借助数据压缩，可以通
过付出额外的 CPU 日常管理成本来获得更大的存储容量。同任何可能会造成性能退化的设
置一样，应该测试每个压缩选项的设置，然后确认在节省容量的前提下，哪种设置可以实
现最佳的性能管理成本。我们的最终目标是利用 ZFSSA 实现最优的 Oracle Exadata 备份和
恢复。以下是 ZFSSA 上的其他压缩选项。

❑ LZJB（lzjb）：这是最快速的选项。它是一种简单的行程编码，只适用于足够简单的
　输入，但不会消耗太多 CPU。

❑ GZIP-2（gzip-2）：这是一种快速选项。它是 gzip 压缩算法的轻量级版本。

❑ GZIP（gzip）：这是默认选项。它是标准的 gzip 压缩算法。

❑ GZIP-9（gzip-9）：该选项能够使用 gzip 实现可用性最高的压缩。它会消耗大量的
　CPU，并且通常只能产生很小的收益。

对于从 Exadata 到 ZFSSA 的 RMAN 备份，如果想要从存储层启用压缩，则会使用

LZJB。对于用来支持业务要求的共享，可以考虑进行 gzip 压缩或复制。

对于管理优化的系统，还需要将每个池的共享数指定为 1。对于性能优化的系统，需要将每个池的共享数指定为 8。

就像所有的存储供应商一样，Oracle ZFSSA 也可以设置配额和最低预留。可以在预留中指定将快照作为配额的一部分。

需要注意的是，我们能够开启或关闭重复数据删除功能。重复数据删除的作用是删除重复的数据副本。在标准的重复数据删除过程中，可以进行文件级、数据块级或字节级的重复数据删除。ZFSSA 将执行数据块级的重复删除，因为它的粒度最好，适用于一般用途的存储系统。可以使用散列函数对大块的数据块进行校验和操作，以独特的方式确定数据，避免存储重复的数据。因为要存储包含重复数据的数据库文件或备份映像文件，所以需要启用重复删除功能。

12.6　其他的行业应用案例

ZFS 存储设备不只是为 Exadata 准备的。ZFS 存储设备可以用在任何能够使用 NAS 设备的环境中。Oracle E-Business Suite 需要共享的应用层。可以在准备提供给 E-Business Suite 应用服务器的 ZFSSA 上创建共享。E-Business Suite 还需要在与应用服务器一起共享的数据库服务器上进行共享。此外，可以从 ZFSSA 中提供共享。

ZFSSA 最令人称道的作用是其可以扩展和保护 Oracle Database Appliance（ODA）。在 ODA 上，可以获得更多的容量和位置来备份数据库。Oracle 还可以在 ZFSSA 上提供完全的 HCC 支持。

如果购买磁盘和控制器来适应 IOPS 和吞吐量，就可以在 ZFSSA 上运行生产数据库。如果对容量大小进行合适的调整操作，任务关键型数据库的工作负载就可以在 ZFSSA 上运行。

ZFSSA 的其他使用案例如下：

❑ 作为 NFS 设备插入，在 10GigE 以太网上与当前环境一起工作。

❑ 在光纤通道上运行 RAC 或非 RAC 数据库（不只是在 dNFS 上）。

❑ 利用快照和克隆快速配置物理备库或主动备库。

❑ 利用快照快速克隆数据库。

很多用户并没有意识到，通过 Oracle VM 和 Vmware，也可以使用 ZFSSA 为 Oracle 虚拟化提供支持。无论是中间层虚拟化还是整个 Oracle 堆栈（包括数据库）的虚拟化，都可以利用这两种虚拟化技术完全整合和认证 ZFSSA。

12.7　模拟器学习

可以为 Oracle 的 Virtual Box 下载 ZFS 存储设备模拟器以进行测试、配置和原型操作，具体下载网址为 www.oracle.com/technetwork/server-storage/sun-unified-storage/downloads/sun-simulator-1368816.html。

如果是第一次使用 ZFSSA，建议下载虚拟模拟器进行训练。ZFSSA 模拟器 VM 配置了 2048MB 内存和 125GB 动态分配磁盘空间。做好虚拟化练习，并确保系统有足够的资源（内存、磁盘空间）来支持 VM。

12.8 本章小结

本章说明了 ZFS 设备的实用性，特别是对于那些有兴趣在 Exadata 上扩展存储选项和占用的用户而言。本章还介绍了如何为 ZFS 存储设备设置直接 NFS 并提升备份性能，揭示了快速创建快照和克隆数据库的强大功能，讨论了如何利用 Data Guard 迅速实例化另一个数据库副本。我们审查了各类可在贵公司使用的 RMAN 策略，并描述了一些能在 ZFSSA 上运用的最佳实践方法。

第 13 章 *Chapter 13*

Exadata 性能优化

Exadata 使许多应用程序的吞吐量和扩展性得到了大幅提升。在大多数情况下，这些性能改进可以通过"插入"应用程序实现。但是，即使是非常认同 Exadata 产品的用户也都承认，最终的性能目标需要通过调优和排查来实现。与此同时，Exadata 不是一种廉价的解决方案，所以毫无疑问，使用 Exadata 数据库一体机，就要确保其达到最佳性能收益。

本章对 Exadata 的性能调优进行整体性的介绍，内容结合了通用的 Oracle 数据库调优原则和本书中其他章节也详细提到过的 Exadata 特有的技术。

13.1　Oracle 性能调优

要知道 Exadata 首先是一个 Oracle 数据库，这很重要，并且对一般数据库调优思路的理解是调优 Exadata 的先决条件。

很多书籍中都曾描述过关于 Oracle 数据库调优的主题，甚至整本书都全是关于 SQL 调优、I/O 调优和其他方面的细致描述。所以，本章仅简明、概括性地描述一般数据库调优方面的内容，而不是全面、宽泛地展开论述该话题。

有至少两种有效且互补的方法可用于进行 Oracle 性能优化：

❏ 系统地调整软件栈中的每一层，包括软件与数据库的模式设计、SQL 代码调优、消除瓶颈、内存调优还有最终的物理 I/O 调优。这种系统性的方法可以达到系统整体最优化的效果，但是需要在应用和数据库设计周期中尽早地开始优化。

❏ 识别出最慢、最消耗时间的操作，并且优化它。这是一种典型的解决方法，可以迅速解决性能问题，但是可能仍然无法定位最根本的性能问题。

有经验的 Oracle 从业人员会学习这两种方法，并因地制宜地将其付诸实践。从零开始搭建高性能的 Oracle 数据库是通往极限性能的最佳途径。但是，我们最常遇到的是被要求立刻改善一个并不是由我们设计的系统和数据库，或者不能重新搭建环境的情况。

13.1.1 系统性 Oracle 性能调优

系统性的 Oracle 调优的方法实际上是由应用、数据库和操作系统如何互相协作决定的。从宏观上看，数据库层面的工作如下：

1）应用程序通过 SQL 语句发送请求。数据库用返回代码和结果集来响应这些请求。

2）在处理程序请求时，数据库解析 SQL 语句并且执行各种具有系统开销的操作（安全、计划和事务管理），最后才实际执行语句。这些操作消耗系统资源（CPU 和内存）并且可能在数据库并发操作过程中争用资源。

3）数据库处理（创建、读取或者修改）一些库中的数据。确切的数据量依赖于数据库的设计（比如索引）和应用程序（比如 SQL 语句的编写）。

4）Oracle 首先会尝试在内存中访问数据，虽然所有需要的数据不可能都在内存中。一个块缓存在内存中的概率主要取决于所需的数据的频率和可用来缓存数据的内存量。访问内存中的数据，被称为逻辑 I/O。在 RAC 集群系统中可能要访问集群中另外一个实例中内存的数据。

5）如果数据块不在内存中，那就必须访问磁盘，引发实际的物理 I/O。物理 I/O 是目前为止所有操作中开销最大的，因此数据库必须努力去避免损失更多不必要的 I/O 性能。无论如何，有些磁盘操作是不可避免的。

系统整体中每一层的程序活动都会影响其下层。举例来说，如果提交的 SQL 语句未能利用索引，这将需要大量的逻辑读取，这相应的会增加资源竞争，最终涉及很多的物理 I/O。这样会使你在看到大量的 I/O 和资源争用的情况时直接想到调整硬盘布局。但是，如果按照系统层级的顺序来排列优化工作，可能更有助于找到问题的根本并提升底层的性能。

概括地讲，发生在数据库层面的问题可能是由于发生在系统更高层面的配置导致的。常规的 Oracle 调优方法如下：

1）通过调整 SQL 和 PL/SQL 语句来减少应用层所需的逻辑读，并且优化物理设计（分区、索引等）。

2）通过在数据库层面最小化争用，如锁（lock）、闩锁（latch）、缓存和其他资源的争用来最大化并发可能性。

3）在前面步骤中具有标准化逻辑 I/O 要求，并且通过优化 Oracle 的内存尽可能减少物理 I/O。

4）到此步骤时，物理 I/O 的需求是合理的，此时应该为了保障需求，提供合适的 I/O 带宽和平衡的负载，可以调整一下 I/O 子系统。

13.1.2 Oracle 性能问题处理

解决性能问题需要一个实用的方法，在有限的时间内根据特定问题提高性能，并且通常是在没有办法或者是很少机会去调整应用设计的情况下。那么，排除故障的方法可以总结为找到最慢的环节，并且让它变快。有各种各样的排错技术，但是有经验的 Oracle 优化人员一般会先检查系统的"等待"配置文件：

1）使用 Oracle 视图，通过等待时间模型接口（V$SYSTEM_EVENT、V$SYS_TIME_MODEL 和其他相关的表）辨别各种资源（CPU、I/O 等）和瓶颈（锁、闩锁等）中消耗资源最多的，然后用任何可用的技术（数据库参数调整，系统配置调整，人工处理）减少等待时间。

2）使用 Oracle 视图（V$SQL 以及相关表）收集 SQL 语句执行的相关统计信息，找到最消耗数据库资源的语句或执行时间最长的语句，然后使用诸如索引、基线或 SQL 重写等技术加以处理。

Oracle 企业管理器提供绝大多数性能优化所需要的信息，尽管很多命令行工具拥护者更倾向于使用 wait interface（等待接口）。他们会用代码清单 13.1 中列出的脚本去统计数据库启动以来整体的等待情况。

代码清单13.1　排行前10的等待和时间分类模型

```
SQL> 1
   1  WITH waits
   2      AS (  SELECT event,SUM (total_waits) AS total_waits,
   3                   ROUND (SUM (time_waited_micro) / 1000000, 0)
   4                     AS time_waited_seconds
   5              FROM gv$system_event
   6             WHERE wait_class <> 'Idle'
   7          GROUP BY event
   8          UNION
   9           SELECT stat_name, NULL AS waits,
  10                  ROUND (SUM (VALUE) / 1000000, 0)
  11                    AS time_waited_seconds
  11             FROM v$sys_time_model
  12            WHERE stat_name IN ('DB CPU', 'background cpu time')
  13         GROUP BY stat_name)
  14   SELECT event,
  15          total_waits,
  16          time_waited_seconds,
  17          ROUND (time_waited_seconds * 100 /
  18             SUM (time_waited_seconds) OVER (),2)
  19            AS pct_time
  20     FROM (SELECT w.*,RANK () OVER (
  21               ORDER BY time_waited_seconds DESC) time_rank
  22           FROM waits w)
  23    WHERE time_rank <= 10
  24* ORDER BY 3 DESC
SQL> /
```

EVENT	Total Waits	Time Waited (s)	Pct
control file sequential read	84364933	94116	29.08
DB CPU		69513	21.48
cell single block physical read	9944146	37987	11.74
cell smart table scan	52059906	30534	9.44
Streams AQ: qmn coordinator waiting for slave to start	5153	27998	8.65
background cpu time		25857	7.99
Disk file Mirror Read	13256135	17052	5.27
DFS lock handle	2394441	8311	2.57
db file parallel write	3276183	6210	1.92
enq: TM - contention	17262	6031	1.86

要找到最耗时间的 SQL 语句，可以用代码清单 13.2 中提供的脚本：

代码清单13.2　前10个最耗时的SQL语句

```
SQL> l
  1   SELECT sql_id, child_number,elapsed_time_sec, sql_text
  2     FROM ( SELECT sql_id, child_number, substr(sql_text,1,90) sql_text,
  3                   SUM (elapsed_time/1000000) elapsed_time_sec,
  4                   SUM (cpu_time) cpu_time,
  5                   SUM (disk_reads) disk_reads,
  6                   RANK () OVER (ORDER BY SUM (elapsed_time) DESC)
  7                     AS elapsed_rank
  8              FROM gv$sql
  9            GROUP BY sql_id, child_number, sql_text)
 10     WHERE elapsed_rank <= 5
 11* ORDER BY elapsed_rank
SQL> /

              Child
SQL_ID        no Elapsed Time (s) SQL Text
-------------- ----- ---------------- ----------------------------------
bunfu3xcs0634  0       182559.17 SELECT l.total n_logs, l.mb si
                                 ze_mb,          DECODE(d.log_mod
                                 e,'ARCHIVELOG',(l.unarchived*1

faz5nc0wt4qg4  0        64186.13 BEGIN    FOR i IN 1..1 LOOP    F
                                 OR r IN (SELECT latency_ms, co
                                 unt(*)    FROM EXA_TXN_DATA_SSD

4v52dj4c5ds0p  0        64138.46 SELECT LATENCY_MS, COUNT(*) FR
                                 OM EXA_TXN_DATA_SSD WHERE CATE
                                 GORY='A' GROUP BY LATENCY_MS

98txwdrsb0acf  1        18208.88 SELECT se.event,          NVL2 (
                                 qec.name,
                                 qec.topcategory || ' - ' || q

4dvx8jkw0g505  2        14578.22 SELECT NVL2 (          qec.na
                                 me,          qec.topcategory
                                 || ' - ' || qec.subcategory,
```

Oracle 企业管理器提供的图形展示类似的信息和与之相关的历史信息。图 13.1 展示了 OEM 活动峰值图，它结合了历史峰值分解信息，并且有 Top SQL 和 Top Sessions 的概括信息。

13.2　Exadata 的应用设计

通盘考虑的应用设计对数据库性能有很明显的效果。按照如下方法设计的应用能保证数据库有合理的负载：

❑ 从应用程序到数据库服务器，消除不必要的请求：

　○ 消除不必要的 SQL 执行请求。

　○ 通过使用绑定变量和有效的游标管理消除不必要的 SQL 语句解析。

❑ 减少网络开销和不必要的网络往返传输：

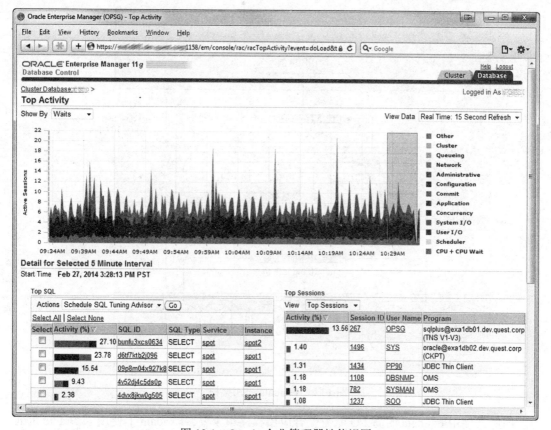

图 13.1　Oracle 企业管理器性能视图

    ○ 通过数组获取和插入接口。

    ○ 使用适当的存储过程。

    ❑ 通过合理的交易设计和锁定策略减少应用程序驱动的锁争用。

    这些原则在 Exadata 情境下使用，并且在任何 Oracle 数据库配置情况中都适用。但是，减少网络带宽的想法用在 Exadata 系统上会让人哭笑不得，因为 Exadata 架构里，网络层本身就提供了非常高的 I/O 带宽。

    InfiniBand 网络与智能扫描技术和其他 Exadata 专有技术使得数据库存储节点支持大量的数据计算节点访问。但是，如果客户端应用使用特别糟糕的编程技术，特别是在全表扫描的情况下，那么数据读取会在应用和数据服务器之间产生瓶颈。

    图 13.2 展示了一个典型 Exadata 应用的网络配置。存储单元和数据库计算节点之间的 InfiniBand 网络通常比数据库和应用程序（SQL*Plus，商业智能工具等）之间的带宽更高。此外，如果应用不能遵从最佳实践，那么一次性只读取一行而不是批量读取，会非常浪费网络带宽。

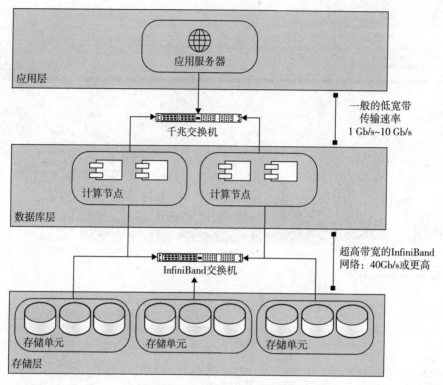

图 13.2　Exadata 应用架构

　　因此，使用 Exadata 的高 I/O 能力配合应用程序很重要，Exadata 上使用了 Oracle 批处理接口（Oracle array interface）。这种技术适合很多编程语言，例如，Java 的 setFetchSize 可以用来控制取得的行数。

　　另外一个减少应用和 Exadata 之间 I/O 瓶颈的有效方法是使用 PL/SQL 包进行批处理。因为 PL/SQL 包在数据库服务器上执行，避免了应用和数据库服务器之间的网络流量，并且在处理大量数据时可能很有效。

提示　所有的标准程序设计原则：绑定变量、数据缓存和数组，都适用于 Exadata 应用。

　　Exadata 的超高带宽可能会远超过应用和数据库之间的需求。确保应用程序使用批量获取的方式以便优化与数据库之间的网络传输。同时也可以考虑使用 PL/SQL 包进行批量处理，因为这种方式不需要在 Exadata 设备外进行网络传输。

13.3　Exadata 数据库设计

　　数据库设计中，表结构、索引设计等，对应用性能的影响比其他任何因素都大。优化器会尝试找到最好的执行计划，但是所有可能的优化方案都直接取决于表和索引中数据的物理特征。

这些特征设计通常在应用代码写出之前就要完成，并且后期很难进行修改。

基本的数据库设计原则在 Exadata 中和其他 Oracle 数据库中基本一样。下面从创建一个标准化形式的数据开始，其中所有的冗余被删除。然后，为了使性能更佳，在模型中添加索引，并且有时还会增加冗余（反规范化）。

索引设计在 Exadata 中有时会被某些 Exadata 架构中的特性所影响：

- ❏ Exadata 具有比其他类似架构更好的并发处理潜能。这就意味着可能某些 SQL 用索引能达到的执行时间，也许可以使用 Exadata 强劲的并发功能所替代。
- ❏ 智能扫描可减少某些全表扫描操作中计算节点上需要获取的数据量。这改变了基于索引的执行计划的表在执行全表扫描时的相关代价。
- ❏ 存储索引同时能在一些传统的索引场景中提供出色的查询性能。
- ❏ 基于索引的执行计划可以更好地利用 Exadata 的智能闪存（Smart Flash）架构（请参见第 15 章）。表扫描对 Exadata 智能闪存的利用相当有限，因为索引块可以被大量缓存。

前 3 个特性是为了减少全表扫描执行计划中的 cost 和降低对索引的需求。第 4 个特性证明了 Exadata 的智能闪存缓存（Smart Flash Cache）提供了基于索引执行计划的更多性能加速。

13.3.1　存储索引

存储索引存储最小值和最大值，并且标记存在某些列上的空值，这些信息记录在一个 1MB 的存储单元中。存储索引驻留在内存的存储单元中，并且当存储单元重置后就不再存在了。

Oracle 自动维护存储索引，信息存储在最多 8 列的存储单元中。这些索引信息在查询初始化时被建立，所以它们是对于当前的应用负载而言最及时、最客观的信息。此外，多个存储单元上不能索引一组 8 列不同的字段，因此存储索引的效果在某种程度上可能会无法预测。

索引组织表和聚簇表不适合用存储索引。

13.3.2　卸载

"卸载"（Offloading）是 Exadata 把正常情况下本应在数据库中进行的处理过程迁移到存储单元的技术。智能扫描实现了"卸载"，当存储单元发生以下任一情况时即会奏效：

- ❏ 谓词过滤，仅返回符合查询语句中匹配 where 条件的虚拟数据块。
- ❏ 使用字段投影来获取仅在 Select 语句中指定的列。
- ❏ 计算和创建虚拟列。

❑ 通过执行特定的函数，将执行结果放在存储单元层面，实现函数的"卸载"。

不像存储索引，"卸载"效果是可预见的。如果以下条件都符合，"卸载"将会发生：

❑ 全表扫描或索引扫描。

❑ 谓词中有带有明确比较含义（=、> 等）的 Where 子句。

❑ 直接路径读（direct path read）操作。

> 🎯 **提示** 有一些例外情况。例如，内存中的并行查询取决于系统负载，并且可能偶尔发生限制智能扫描的情况，因为未使用 direct path I/O 方式。可查看第 4 章以获取更多信息。

尽管是可预测的，但智能扫描不一定总能在需要时奏效。智能扫描可减少大表的扫描消耗，但是 Oracle 的优化器在对比多种执行计划时，不一定总采用减少全表扫描代价的方案。因此，优化器可能会选择一个基于索引的执行计划，那时智能扫描可能是一个"可能更好"的选择。

13.3.3 Exadata 的智能闪存与索引

智能闪存有助于促进扫描和索引的执行，但是默认情况下不会缓存全表扫描或智能扫描所有请求的数据块。第 15 章包含了与之相关的更多详细信息，但是说 Exadata 的智能闪存主要是为了加快 OLTP 的典型索引扫描是无可厚非的。

一个典型的索引查找包含 4~5 个逻辑 I/O：3、4 次遍历 B*-tree 索引，并且有 1 个请求访问磁盘上表的 I/O。索引的块头和分支块都会被高效缓存。这些块通常会驻留在数据库的 Buffer Cache（高速缓冲存储器）中。

可以使用 CELL_FLASH_CACHE KEEP 语句增强缓存索引块的能力，如下所示：

```
ALTER INDEX customers_pk
    STORAGE (CELL_FLASH_CACHE KEEP)
```

不论是否使用了上述 KEEP 语句，注意尽管智能扫描和存储索引可优化全表扫描，但智能闪存可优化索引遍历。在这两种优化中，通常优化器都可能意识不到优化发生，所以想确定是否选择了正确的执行计划，可能需要手动检查。

13.3.4 为新应用设计索引

在新应用中设计索引的方法如下：

1）识别响应时间糟糕的关键查询语句。

2）识别可能影响这些语句的索引。

3）排除冗余的索引，最小化索引相关列。

4）使用多种索引的组合测试应用，从而决定哪些需要继续优化。记住所有的索引都会为 DML 操作增加开销。

然而，最终的性能测试几乎从未发生过。在应用开发的早期阶段进行性能测试看起来有些多余，但是，如果不进行测试，在应用投入生产时常常会产生影响。

在为 Exadata 设计索引时，所用方法与传统数据库相比是没有区别的。但是对于考虑到的每一个基于索引的查询，你需要问两个问题：

❑ 基于智能扫描的执行计划会有等价的效果吗？

❑ 存储索引有可能会有同样的效果吗？

这样最起码能在为 Exadata 的应用设计索引时使整体索引数量减少，但是最终的数量只能通过评测决定。对于给出的 SQL 语句，可从以下几点进行性能对比：

1）基于索引的执行计划。

2）常规的全表扫描。

3）"卸载"智能扫描。

4）利用存储索引的扫描。

5）可以被 Exadata 智能闪存加速的索引。

在查看执行计划和全局统计信息的同时，可以监控 V$SYSSTAT 和 V$SESSTAT 视图，以便观察存储索引或者智能扫描是否生效，如代码清单 13.3（Offloading_etc.sql）所示。

代码清单13.3 监控卸载、存储索引和闪存动态

```
SQL> l
  1  SELECT name, VALUE
  2    FROM v$sysstat where name in ('cell flash cache read hits',
  3    'cell physical IO bytes saved by storage index',
  4    'cell physical IO bytes eligible for predicate offload',
  5    'cell scans'
  6    )
  7* order by name
SQL> /

NAME                                              VALUE
------------------------------------------- ----------
cell flash cache read hits                     8.5225E+10
cell physical IO bytes eligible for pred       4.8860E+16
icate offload
cell scans                                        1630285
cell physical IO bytes saved by storage        5448777728
index
```

这些统计信息是递增的，会在存储单元执行智能扫描、通过存储索引引发的 I/O 或者在闪存中访问有关数据时增加。第 4 章和第 15 章有更多相关信息。

13.3.5 现有应用的索引策略

Exadata 经常被用于对一定数量的现存应用提供整体负载的整合方案。在这种场景中，已存在的索引可能是最初平台的最优方案，但很可能不是 Exadata 上的最优方案。Exadata 最初获得灵感来源于 Oracle 社区，你能在设计 Exadata 一体机时受到社区中"删掉所有索引"这一想法的一些启发。当然，这并非一个好主意，智能扫描或者智能索引仅能加速处理一些典型应用中的部分 SQL 语句。

因此，一个明智的测试方案是：逐步停止索引和测试每种操作后的影响。Oracle 的索引不可见功能使得迅速关闭和重新启用特定索引的想法可以快速实现。

下面是一般处理流程：

1）找到多余的、陈旧的索引。

2）找到在 Exadata 中无须再使用的索引。

3）使个别的索引"不可见"。

4）衡量其对性能的影响。

5）恢复或者删除该索引。

1. 识别多余的、陈旧的索引

识别多余的、陈旧的索引不是 Exadata 特有的功能，但是建议检查索引。不再适用的索引可以通过一些方法识别。V$SQL_PLAN 展示不在任何 SQL 缓存中的索引，如代码清单 13.4（Indexes_without_plan.sql）所示。

代码清单13.4　查找已缓存的执行计划中未曾出现过的索引

```
SELECT table_name, index_namen
  FROM user_indexes i
 WHERE uniqueness <> 'UNIQUE'
   AND index_name NOT IN
(SELECT DISTINCT object_name
        FROM v$sql_plan
       WHERE operation LIKE '%INDEX%'
         AND object_owner = USER)
```

也可以通过在索引上使用 MONITORING 语句来辨别未使用的索引，然后再检查一下表，如代码清单 13.5（Index_monitoring.sql）所示。

代码清单13.5　监控陈旧的索引

```
-- Turn monitoring on for all indexes:

BEGIN
   FOR r IN (SELECT index_name FROM user_indexes)
   LOOP
      EXECUTE IMMEDIATE 'ALTER INDEX ' || r.index_name || ' MONITORING USAGE';
   END LOOP;
END;
/

-- Later run this query

SELECT index_name,
       table_name,
       used,
       start_monitoring
  FROM v$object_usage
 WHERE MONITORING = 'YES';
```

> 提示　记住，用于加强唯一性或者减少外键上锁的索引可能是未使用的。但是，这些很重要，不要删掉约束或者优化外键锁的索引。

2. 识别可能在 Exadata 中不必要的索引

智能扫描和存储索引不太可能对主键和唯一键索引起作用，而是可能更多地用在有如下特别索引的扫描中：

- 最大值 / 最小值查找。
- 非选择性的范围扫描或者等值扫描，这种适合于全表扫描。
- 不适用于唯一性索引扫描（因为如果索引被删除，效率会降低）。
- 不适用于全索引扫描（因为全索引扫描可以被"卸载"到存储层面）。

3. 使个别索引不可见

符合上面标准的索引可以被 Oracle 不可见索引功能迅速关闭。不可见索引仍然在 DML 操作中保持着最新数据的状态，但是会被优化器忽视，从而作为执行计划的候选方案——除非将参数 OPTIMIZER_USE_INVISIBLE_INDEXES 设置为 TRUE。

下面是一个查询的例子，当 IQ 高于 150 时使用索引获取数据。统计学上讲，这些人占人口总数的千分之一，在常规的 Oracle 数据库中，使用一个索引会毫无疑问的是查询优化的正确方法：

```
1   SELECT MAX (rating)
2     FROM exa_txn_data e
3*  WHERE iq > 150

MAX
---
KDC

Elapsed: 00:00:00.76

Execution Plan
```

```
--------------------------------------------------------------------------
|Operation                    | Name          | Cost (%CPU)| Time     |
--------------------------------------------------------------------------
|SELECT STATEMENT             |               |  132    (0)| 00:00:02 |
| SORT AGGREGATE              |               |            |          |
|  TABLE ACCESS BY INDEX ROWID| EXA_TXN_DATA  |  132    (0)| 00:00:02 |
|   INDEX RANGE SCAN          | EXA_IQ_IDX    |    3    (0)| 00:00:01 |
--------------------------------------------------------------------------
```

查询执行时间为 0.76s，并且优化器的 cost 值为 132。如果在 Exadata 中删掉这个索引，仍然能得到不错的性能吗？来测试一下：

```
1* ALTER INDEX exa_iq_idx INVISIBLE

Index altered.

Elapsed: 00:00:00.38
1  SELECT MAX (rating)
2    FROM exa_txn_data e
3*  WHERE iq > 150

MAX
---
KDC
```

```
Elapsed: 00:00:00.99

Execution Plan
-------------------------------------------------------------

-------------------------------------------------------------------------
| Operation                  | Name         | Cost (%CPU)| Time      |
-------------------------------------------------------------------------
| SELECT STATEMENT           |              | 10056   (1)| 00:02:01 |
|  SORT AGGREGATE            |              |            |           |
|   TABLE ACCESS STORAGE FULL| EXA_TXN_DATA | 10056   (1)| 00:02:01 |
-------------------------------------------------------------------------


Predicate Information (identified by operation id):
---------------------------------------------------------------

   6 - storage("IQ">150)
       filter("IQ">150)
```

从优化器的结果看，cost 值显著的从 132 增加到 10 056，但是执行时间仅仅增加了 0.23s。如果想了解更多运行情况，可以通过以下语句查看存储索引和智能卸载的执行统计信息：

```
1   SELECT name, VALUE
2     FROM v$statname JOIN v$mystat USING (statistic#)
3    WHERE name IN
       ('cell physical IO bytes eligible for predicate offload',
4        'cell physical IO interconnect bytes returned by smart scan',
5*       'cell physical IO bytes saved by storage index')

NAME                                                              VALUE
----------------------------------------------------------------  ----------
cell physical IO bytes eligible for predicate offload            299040768
cell physical IO bytes saved by storage index                    129155072
cell physical IO interconnect bytes returned by smart scan          52160
```

如果这次查询仅使用 EXA_IO_IDX 索引查询，那么可以做合理的决策去删除这个索引。Exadata 智能扫描和存储索引优化提供了索引的几乎所有优势。

当然，经常会有很多查询方法去评估，并且整体应用负载也需要考虑一下。在理想情况下，所有索引上的改变都应该被一些应用特定的基准进行评估，可能会使用像 Dell Toad Benchmark Factory 或者 Oracle Real Application Testing 这样的工具。

我们一般不会生活在一个理想的世界，即所有的应用改变都能被充分地在数据库中测试到。但是至少我们能有选择地通过 INVISIBLE 的方式禁用一些索引，能以增量方式调整 Exadata 中的索引并且监控每一个变化，最好在最终决定使用或者删除索引之前做这件事。

13.3.6 选择压缩等级

Exadata 对数据库提供独特的压缩方式。标准的 Oracle 数据库允许用户在常规 DBMS 中压缩数据。行数据被压缩了，但是行的结构未改动。

传统压缩节省数据库中的存储空间，并且可能提升或者降低读取数据的性能。数据被压缩后，加载时间往往被延长，但是读取时间可能由于绝大多数的执行时间花在物理读上而提升。压缩的表变得更小，需要更少的 I/O 操作，因此全表扫描的时间实际上可能被减少。

Exadata 添加了 Exadata 混合列式压缩（EHCC）功能，本书第 5 章中描述了此功能。下面概括一下：

- ARCHIVE HIGH 设置是一种极限压缩方式，会牺牲性能来最大限度地节省可用的存储空间。如果有性能方面的顾虑，不要使用该参数。
- ARCHIVE LOW 压缩用最低的开销去进行全表扫描操作，通常压缩和解压的代价与表的减负和合理的 I/O 负载减少进行抵消。
- ARCHIVE 级别的压缩会降低单行访问，因为行必须在混合列结构中重建。如果单块扫描很重要，那么使用 COMPRESS FOR QUERY 或者考虑非 EHCC 压缩方案较好，例如，COMPRESS FOR OLTP（或者根本不压缩）。

13.4　Exadata 的 SQL 调优

在 Oracle 性能调优中，反对使用"银色子弹"（比喻杀手锏）。它会提供极少的简单调整，并且能有神奇的性能优势。

Exadata 就是这种技术，可提供非常明显的性能提升，就像"银色子弹"。对于 SQL 语句来说，能在"卸载"或者充分利用闪存的情况下，获得跨越数量级般的性能提升。这可能会导致 Exadata 会被肤浅地认为是对于 SQL 语句调优的新技术。

"银色子弹"思维的问题是在于鼓励我们去寻找简单的方案去解决复杂的问题。Exadata 不会矫正糟糕的语句，并且所有的 SQL 调优常规准则在 Exadata 和任何 Oracle 数据库中都适用。只是我们不需要去考虑太多其他因素，Exadata 系统中有最值得注意的独特的调优功能。

Exadata 特有的 SQL 调优功能实现了人们所期望的效果。这种特殊的解决方案在本章前面的卸载功能描述和其他章节中有所陈述。重新回顾几个可能会限制卸载的情况：

- 优化器选择用索引执行计划代替表扫描，这样的选择结果会导致在卸载的判断中为不合格。
- 操作没有使用直接路径读，而是使用从 Buffer Cache 中读取替代了它，同样不会触发卸载。
- Where 语句太复杂，不便被卸载到存储单元。

因此，当想让 Oracle 启用"卸载"功能时：

- 删除相关索引以便排除误导优化器的可能，但显而易见，这可能会有副作用，前面的章节中曾详细讨论过。
- 收集更好的统计信息，尤其是在缺少直方图或者系统统计信息，或者统计信息会让优化器估算出一个不切实际的低消耗的索引时。DBMS_STATS 包含一个特别的 EXADATA 模式，可以帮助 Exadata 系统的优化器更好地领会表扫描性能数据：

```
dbms_stats.gather_system_stats('EXADATA');
```

❑ 使用 NOINDEX hint。该标签对不能修改的 SQL 语句无效，但能强制优化器使用将来可能起作用的索引，限制当前语句。

❑ 使用存储概要（stored outline）或者启用 SQL 基线来让执行计划触发"卸载"功能。这是一个在不能修改的 SQL 语句中加 hint 时，为了达到特殊执行计划所用的相当极端的方法。使用 hint 有类似的缺点，并且是不太灵活的。因此后面接手的 DBA 们可能会更难找出 SQL 语句执行计划不能调整的原因。

> **提示** 概要（outline）技术相关的描述在 Oracle 技术支持文档（ID 730062.1）中可以查到。基线相关技术，包括缓存交换基线，使用 DBMS_SPM.LOAD_PLANS_FROM_CURSOR_CACHE() 操作即可。

❑ 调整数据库参数来提升优化器给出的基于索引执行计划的 cost 值，特别是 optimizer_index_caching 和 optimizer_index_cost_adj。但是这些参数会影响优化器对索引 cost 值的计算，并且可能在某种情况下改变索引执行计划为表扫描，调整这些参数会产生意想不到的效果，这使很多专家都反对这种技术。

❑ 使用 _SERIAL_DIRECT_READ=TRUE 参数强制采用直接路径方式。

❑ 调整 PARALLEL_DEGREE_POLICY 参数，设置成 MANUAL 或 LIMITED 可以避免在内存中的并行查询（这可能阻塞直接路径读）。

13.5 Exadata RAC 调优

Exadata 是基于 RAC 架构的数据库一体机，需要确保正确的集群数据库配置，以便达到性能最优。

> **提示** 可以在 Exadata 上创建一个单实例数据库，尽管一般很少这样用。但是，为便于讨论，此处假设在 Exadata 上安装了一套 RAC 数据库。

理解实例在集群中如何通信对于理解 RAC 性能是极其重要的。Exadata 的 I/O 优化能力、Exadata 智能闪存、存储索引和智能扫描让其为 I/O 提供更高效的服务，超越了一般的数据库。然而，还是应该尽量避免磁盘 I/O 操作，对于需要频繁访问的数据，主要方法还是将其置于内存中。

13.5.1 全局缓存基础

在 RAC 配置中，需要用到的数据可能存储在其他实例的内存中。在这种情况下，RAC 使用集群的私有网络（以下简称"私网"）获取另一个实例内存中的数据，比在硬盘中读数据效果好。每一次通过私网的访问请求都涉及全局缓存（GC）请求。

注意，私网中互相通信仅发生在缓存被访问时。直接路径读不会尝试从本地或者全局缓存区访问数据。实际上，这意味着几乎所有的全局缓存活动都是源于单数据块请求（因为全表扫描几乎都是直接路径访问）。

为了协调实例间的数据块传输，Oracle 为每一个数据块分配一个主实例。该实例的基本职责是持续追踪哪个实例最近访问了某个特定的数据块。

每当一个实例想访问一个未在缓存中的数据块时，就会请求主实例来获得该块。如果该实例有相关的数据，就通过私网传过去。这被认为是一个 2-way 等待的过程。

如果这个实例内存中没有所需的数据，但是另外的实例中有，则会转向第三个节点去获取数据。第三个实例返回请求发起实例所需的数据块。这是一个 3-way 等待的过程。

如果任何实例的内存中都找不到所需的数据块，那么主节点会通知请求的实例从磁盘获取数据。这是一种候补方案。不论哪个实例想获得数据块，涉及传输的实例都不会多于三个。这意味着对于附加的实例的性能损失被最小化。无论如何，当增加实例的数量后，3-way 操作和 2-way 操作的概率增加，并且预计全局缓存性能会有所下降。在实践中，如果想获得扩展性，就需要对 Exadata 系统的 RAC 全局缓存的传输加以关注。

13.5.2　RAC 调优准则

前文提到过 RAC 性能调优的基本准则。RAC 性能良好、扩展性强，在如下情况下适用：
- ❑ 在私网（全局缓存请求）中获取数据块的时间短，是在硬盘上读取数据用时的 1/10。全局缓存请求的目的是为了避免在硬盘上读取数据，在全局请求时，也难免发生硬盘读取操作。如果全局缓存访问耗时接近了硬盘访问，就事与愿违了。幸运的是，优越的全局缓存速度很快，通常是硬盘访问速度的 10～100 倍。
- ❑ 集群有很好的负载均衡，至少没有单个超载的实例。尽管很多 RAC 操作涉及两三个实例，但一个超载的实例可能会把自身的问题传播到周边实例中。实际上，一个远程的 CPU 超载的实例基本上是最可能导致其他空闲实例全局缓存等待的原因。
- ❑ 集群中的开销是数据库整体运行时间中很小的一部分。希望 RAC 首先实现数据库的作用，其次才是集群功能。如果花在全局缓存区中的处理时间较长，则需要寻找减少全局缓存活动的方法。

13.5.3　集群开销

RAC 集群是实现数据库功能的产品，并不会受到集群开销太大的影响。在一个健康的集群中，用在集群协调活动上的时间主要取决于全局缓存区的请求数量乘以全局缓存区的响应时间：

$$集群时间 = 平均响应时间 \times 全局缓存区请求数$$

因此，减少集群的负载主要依靠最小化全局缓存的响应时间和消除任何不必要的全局缓存请求。这些优化的重点取决于集群内相关的活动。可以看一下集群等待的相关因素与其他的查询中耗时高事件的比较，如代码清单 13.6（Top_level_waits.sql）所示。

代码清单13.6　集群开销中等待类型的汇总

```
SQL> SELECT wait_class time_cat,
  2          ROUND((time_secs),2) time_secs,
  3          ROUND((time_secs) * 100 / SUM(time_secs)
  4             OVER (), 2) pct
  5  FROM (SELECT wait_class wait_class,
  6               SUM(time_waited_micro)/1000000 time_secs
  7         FROM gv$system_event
  8        WHERE wait_class <> 'Idle' AND time_waited > 0
  9        GROUP BY wait_class
 10        UNION
 11       SELECT 'CPU', ROUND((SUM(VALUE)/1000000),2) time_secs
 12         FROM gv$sys_time_model
 13        WHERE stat_name IN ('background cpu time', 'DB CPU'))
 14  ORDER BY time_secs DESC;

                                 Time
Time category        Time (s)    pct
-------------------- ---------- -----
User I/O             721,582.92 41.61
System I/O           459,658.69 26.51
CPU                  389,056.04 22.44
Other                124,291.97  7.17
Cluster               18,341.66  1.06
Concurrency           11,545.14   .67
Application            6,503.29   .38
Commit                 2,433.27   .14
Configuration            525.96   .03
Network                   87.24   .01
Administrative            82.90   .00
Scheduler                  2.53   .00
```

从经验上说，集群协调的等待时间最好在数据库总耗时的 10% 以下。当集群的等待时间大于数据库总时间的 10%～20% 时，可能需要调查一下原因。

对于企业管理器，需要仔细研究个别的集群等待事件或者查询，如代码清单 13.7（Cluster_waits.sql）所示。

代码清单13.7　分解集群等待事件

```
SQL> WITH system_event AS
  2    (SELECT CASE
  3              WHEN wait_class = 'Cluster' THEN event
  4              ELSE wait_class
  5            END  wait_type, e.*
  6       FROM gv$system_event e)
  7  SELECT wait_type,  ROUND(total_waits/1000,2) waits_1000 ,
  8         ROUND(time_waited_micro/1000000/3600,2) time_waited_hours,
  9         ROUND(time_waited_micro/1000/total_waits,2) avg_wait_ms  ,
 10         ROUND(time_waited_micro*100
 11            /SUM(time_waited_micro) OVER(),2) pct_time
 12  FROM (SELECT wait_type, SUM(total_waits) total_waits,
 13               SUM(time_waited_micro) time_waited_micro
 14         FROM system_event e
 15        GROUP BY wait_type
 16        UNION
 17       SELECT 'CPU',   NULL, SUM(VALUE)
 18         FROM gv$sys_time_model
 19        WHERE stat_name IN ('background cpu time', 'DB CPU'))
```

```
20  WHERE wait_type <> 'Idle'
21  ORDER BY  time_waited_micro  DESC;
```

Wait Type	Waits \1000	Time Hours	Avg Wait Ms	Pct of Time
CPU		6.15		43.62
Other	38,291	1.76	.17	12.50
Application	32	1.41	157.35	10.00
User I/O	822	.97	4.25	6.88
System I/O	995	.96	3.46	6.78
gc current multi block request	**9,709**	**.87**	**.32**	**6.15**
gc cr multi block request	**16,210**	**.48**	**.11**	**3.37**
Commit	300	.44	5.31	3.13
gc current block 2-way	**5,046**	**.37**	**.26**	**2.59**
gc current block 3-way	**2,294**	**.28**	**.43**	**1.97**
gc cr block busy	984	.16	.58	1.11

更多关于重要的全局缓冲区等待事件的描述如下：

❑ gc cr/current block 2-way——在两个实例之间有全局缓存区的块请求。像本章开始时概述的那样，这会出现在一个实例为提交请求的实例推送所请求的数据块的情况下。

❑ gc cr/current block 3-way——这种等待会发生在主节点没有请求的数据块，并且推送请求给第 3 个实例的情况下。

❑ gc cr/current multi block request——一般发生在一次请求中请求多个数据块时。这通常与全表扫描或者索引扫描相关联。

❑ gc cr/current grant 2-way——一个实例通知另一个实例，告诉其所请求的数据块无法提供。然后该实例会进行一次磁盘访问，去获取相关的数据块。

❑ gc cr/current block busy——请求的实例必须等待占有该块的实例完成其他操作，然后才能转发该块。这有可能是因为相关的数据块上发生了比较激烈的争用或因为请求的实例必须把 undo 的记录刷新到硬盘中，之后才能提供一次一致性的复制。

❑ gc cr/current block congested——该等待可能发生在 CPU 和内存压力阻止了 LMS 进程处理请求队列的情况下。可能在 Exadata 集群中一个实例上发生过载的情况。

❑ gc cr/current block lost——块缺失等待发生在一个数据块在请求后未收到的情况下。轻微或中等的程度可能意味着私网通信有过载。严重的话，可能意味着网络硬件设备问题。

13.5.4　减少全局缓存延迟

RAC 架构需要并且希望实例从私网之间传输数据，作为一个从磁盘访问数据的替代方案。Exadata 的性能对从全局缓存中获取数据块的时间非常敏感，我们叫作全局缓存延迟。

有一些文档和报告中提到，全局缓存延迟主要是私网传输的延迟：在私网中传输数据块的时间。私网上的延迟无疑是整个全局缓存延迟中最重要的组成部分，但不是全部。实际上 Exadata 内的 InfiniBand 网带宽，使得延迟很少见。

但是，全局缓存延迟可能会增加，这发生在数据块传输后全局缓存服务（LMS）执行大量的 CPU 操作的情况下。在一些场景中，非 CPU 操作，如将重做日志中的条目刷到磁盘上，也可能导致全局缓存延迟。

可以用 GV$SYSTEM_EVENT 等待接口（OWI）来测量一下全局缓存延迟。代码清单 13.8（Gc_latency.sql）中的查询展示了每种全局缓存请求类型的平均耗时，还有单块读取时间（用作对比）。

代码清单13.8　集群等待分解

```
SQL> SELECT event, SUM(total_waits) total_waits,
  2          ROUND(SUM(time_waited_micro) / 1000000, 2)
  3          time_waited_secs,
  4          ROUND(SUM(time_waited_micro) / 1000 /
  5          SUM(total_waits), 2) avg_ms
  6  FROM gv$system_event
  7  WHERE        event LIKE 'gc%block%way'
  8      OR event LIKE 'gc%multi%'
  9      OR event LIKE 'gc%grant%'
 10      OR event LIKE 'cell single%'
 11  GROUP BY event
 12  HAVING SUM(total_waits) > 0
 13  ORDER BY event;
```

Wait event	Total Waits	Time (secs)	Avg Wait (ms)
cell single block physical rea	58,658,569	343,451	5.86
gc cr block 2-way	1,226,123	133	.11
gc cr grant 2-way	3,557,547	329	.09
gc cr grant congested	33,230	3	.10
gc cr multi block request	1,867,799	2,716	1.45
gc current block 2-way	4,245,674	449	.11
gc current grant 2-way	1,885,528	166	.09
gc current grant busy	656,165	145	.22
gc current grant congested	17,004	2	.10
gc current multi block request	10,996	2	.18

全局缓存等待高时，需要先确定延迟是否主要来自于私网的等待。私网链接问题一般不太可能是 Exadata 一体机架构设计导致的，但是系统地检查以消除问题根源，排除隐患是有好处的。

可以通过视图 GV$CLUSTER_INTERCONNECTS 查询到私网 IP。从集群中其他节点上 ping 该地址以确定平均延迟。使用 -s 8192 参数，将包设置成与 Oracle 数据库块相同的 8KB 的大小进行发送：

```
$ ping -c 5 -s 8192 192.168.10.2
PING 192.168.10.2 (192.168.10.2) 8192(8220) bytes of data.
8200 bytes from 192.168.10.2: icmp_seq=1 ttl=64 time=0.103 ms
8200 bytes from 192.168.10.2: icmp_seq=2 ttl=64 time=0.097 ms
8200 bytes from 192.168.10.2: icmp_seq=3 ttl=64 time=0.101 ms
8200 bytes from 192.168.10.2: icmp_seq=4 ttl=64 time=0.111 ms
8200 bytes from 192.168.10.2: icmp_seq=5 ttl=64 time=0.108 ms
```

除了高延迟，ping 命令中暴露出来的私网中的问题可能会显示：丢失或者阻塞了数据块。块丢失是指数据包已发送但接收方没有收到。代码清单 13.9 中的查询展示了收发块过程中丢失的数据包数量的对比。

代码清单13.9　识别丢失的数据块

```
SQL> SELECT name, SUM (VALUE)
  2      FROM gv$sysstat
  3    WHERE    name LIKE 'gc%lost'
  4          OR name LIKE 'gc%received'
  5          OR name LIKE 'gc%served'
  6  GROUP BY name
  7* ORDER BY name

NAME                                            SUM(VALUE)
----------------------------------------------- ----------
gc blocks lost                                           0
gc claim blocks lost                                     0
gc cr blocks received                              1492713
gc cr blocks served                                1492713
gc current blocks received                         7834472
gc current blocks served                           7834472
```

花在等待丢失块重新发送上的时间会被记录在等待事件 gc cr request retry，gc cr block lost 和 gc current block lost 中。与这些等待相关的时间应该是少的：通常来讲，gc cr/current blocks received/served 这 3 个等待事件在总体事件中花费的时间应该小于 1%。

如果有大量的块丢失现象，或者相关的等待时间明显接近数据库总时间，等待时间非常高，其原因有可能是网络硬件问题，比如是网卡或者网线的问题。

13.5.5　LMS 延迟

私网的性能是全局缓存延迟的重中之重，但是高的全局缓存延迟却经常由 Oracle 软件层面导致。远程实例的 LMS 服务会给全局缓存请求造成非网络方面的延迟。LMS 负责提取和返回需要的数据块（尽管 LMS 之前经常被认为是锁管理服务，但它更多地被认为是全局缓存服务）。代码清单 13.10（lms_latency.sql）中的查询展示了每个实例的并发和一致性读请求的 LMS 延迟。

代码清单13.10　每个实例中的LMS延迟

```
SQL> WITH sysstats AS (
  2      SELECT instance_name,
  3          SUM(CASE WHEN name LIKE 'gc cr%time'
  4              THEN VALUE END) cr_time,
  5          SUM(CASE WHEN name LIKE 'gc current%time'
  6              THEN VALUE END) current_time,
  7          SUM(CASE WHEN name LIKE 'gc current blocks served'
  8              THEN VALUE END) current_blocks_served,
  9          SUM(CASE WHEN name LIKE 'gc cr blocks served'
 10              THEN VALUE END) cr_blocks_served
 11      FROM gv$sysstat JOIN gv$instance
 12      USING (inst_id)
 13      WHERE name IN
 14              ('gc cr block build time',
 15               'gc cr block flush time',
 16               'gc cr block send time',
 17               'gc current block pin time',
 18               'gc current block flush time',
```

```
19                         'gc current block send time',
20                         'gc cr blocks served',
21                         'gc current blocks served')
22      GROUP BY instance_name)
23   SELECT instance_name , current_blocks_served,
24          ROUND(current_time*10/current_blocks_served,2) avg_current_ms,
25          cr_blocks_served,
26          ROUND(cr_time*10/cr_blocks_served,2) avg_cr_ms
27      FROM sysstats;
```

Instance	Current Blks Served	Avg CU ms	CR Blks Served	Avg Cr ms
Node2	3,997,991	.28	636,299	.14
Node1	3,838,045	.21	856,684	.15

如果网络反应迅速并且传输快，但是 LMS 延迟高，可能跟下面的情况相关：

❑ 某个实例无法迅速响应全局缓存请求，特别是 LMS 进程可能由于请求过多负载或者是 CPU 处于饥饿状态而一直排队，未得到处理。

❑ I/O 瓶颈，特别是重做日志 I/O，会降低对于全局缓存请求的响应速度。

实例的过载现象经常是集群失调导致的：如果集群中的任何一个实例明显过载了，全局缓存响应时间在空闲的实例上会变差。最好的解决方案就是尽量达到更好的集群平衡状态（可参考"平衡 Exadata 的 RAC 数据库"部分）。出现高延迟的另一个主要原因就是在响应请求返回数据块之前还未提交重做日志中的脏数据。如果应用设计为未提交的数据块经常需要跨实例传输，那么重做日志的刷新可能需要经常发生。如果瓶颈存在于重做日志设备上，那么 I/O 等待会被加剧。

通过两个视图可以测量到 LMS 响应时间，它们是 GV$SYSTAT 中的时间信息和 GV$CR_BLOCK_SERVER 中的刷新次数。将二者放在一起，可以计算出需要刷新的块的比例和执行刷新所花费的 LMS 时间比例，如代码清单 13.11（Flush_time.sql）所示。

代码清单13.11　LMS刷新时间统计

```
SQL> WITH sysstat AS (
2        SELECT SUM(CASE WHEN name LIKE '%time'
3                        THEN VALUE END) total_time,
4             SUM(CASE WHEN name LIKE '%flush time'
5                        THEN VALUE END) flush_time,
6             SUM(CASE WHEN name LIKE '%served'
7                        THEN VALUE END) blocks_served
8        FROM gv$sysstat
9        WHERE name IN
10                      ('gc cr block build time',
11                       'gc cr block flush time',
12                       'gc cr block send time',
13                       'gc current block pin time',
14                       'gc current block flush time',
15                       'gc current block send time',
16                       'gc cr blocks served',
17                       'gc current blocks served')),
18        cr_block_server as (
19        SELECT SUM(flushes) flushes,
20             SUM(data_requests) data_requests
21        FROM gv$cr_block_server     )
22   SELECT ROUND(flushes*100/blocks_served,2) pct_blocks_flushed,
```

```
23          ROUND(flush_time*100/total_time,2) pct_lms_flush_time
24    FROM sysstat CROSS JOIN cr_block_server;

PCT_BLOCKS_FLUSHED PCT_LMS_FLUSH_TIME
------------------ ------------------
              1.13               39.97
```

可以看到即使是一个小比例的数据块刷新，都能影响很大比例的 LMS 响应时间。

13.5.6　平衡 Exadata 的 RAC 数据库

将构成 Exadata RAC 集群数据库的各个实例达到平衡对于扩展、管理和提升性能是十分重要的。然而集群中有一些不稳定的负载也是可预料的，在下面这些不合格的方案中可能会出现：

- ❑ 会话在繁忙的实例上获得糟糕的服务时间。尽管集群中可能有空余的容量，但繁忙实例上的会话无法使用该容量改善糟糕的性能。
- ❑ 会话在空闲实例上等待繁忙实例上的数据块。因为大量的操作导致请求远端的实例负载，一个过载的实例可能导致的性能问题会传染到整个集群。一个在空闲实例上的会话可能会等待繁忙实例上的块，这可能是过高的全局缓冲区等待时间导致的。
- ❑ 添加新实例不一定能带来好处。如果集群中的有一些实例负载比较高，就可能成为整个数据库处理输出的瓶颈。在新的实例被加入到集群后，期待的性能提升可能未必能达到。
- ❑ 调优是困难的，因为每个实例有不同的情况。在不平衡的集群中，会话在繁忙的实例上可能经受着较高的 CPU 等待时间，但有一些在相对负载低些的实例上可能经历着很高的全局缓冲区等待。在一个不平衡的集群中进行性能的故障诊断是非常有挑战的，因为情况比较复杂。

评估集群的平衡比较容易。代码清单 13.12 中的查询展示了实例启动后的 CPU time、DB time 和逻辑读。

代码清单13.12　集群的负载均衡

```
SQL> WITH sys_time AS (
  2      SELECT inst_id, SUM(CASE stat_name WHEN 'DB time'
  3                          THEN VALUE END) db_time,
  4        SUM(CASE WHEN stat_name IN ('DB CPU', 'background cpu time')
  5            THEN  VALUE  END) cpu_time
  6       FROM gv$sys_time_model
  7      GROUP BY inst_id                       )
  8  SELECT instance_name,
  9       ROUND(db_time/1000000,2) db_time_secs,
 10       ROUND(db_time*100/SUM(db_time) over(),2) db_time_pct,
 11       ROUND(cpu_time/1000000,2) cpu_time_secs,
 12       ROUND(cpu_time*100/SUM(cpu_time) over(),2)  cpu_time_pct
 13    FROM    sys_time
 14    JOIN gv$instance USING (inst_id);
```

Instance Name	DB Time (secs)	Pct of DB Time	CPU Time (secs)	Pct of CPU Time
Node1	1,209,611.63	73.65	309,136.54	72.20
Node2	432,728.60	26.35	119,025.94	27.80

在这个例子中，显而易见节点 1 正在承受不均衡的 CPU 负载。如果此问题不被定位并解决，不断攀升的集群负载肯定会导致节点 1 的性能恶化，致使该问题变成整个集群的瓶颈。

代码清单 13.12 总结了从集群中的实例开始之后的性能记录。在企业管理器性能展示页可以看到一个对比结果，比较了服务器上每个实例的实时和历史性能信息，如图 13.3 所示。

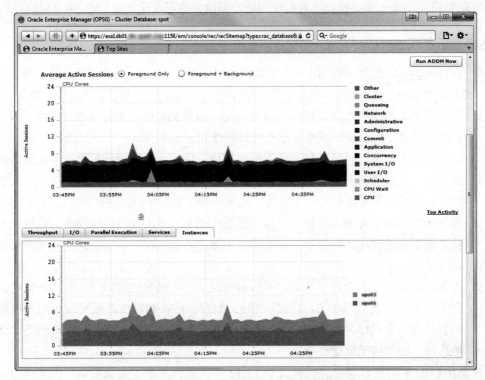

图 13.3　在企业管理器中检查集群负载均衡

一个失衡的 RAC 集群负载可能起因于一个简单的会话或者几个会话，它们把较重的负载放在单个实例上。这样的失衡也许无法避免，尽管在整个集群上的并行化操作可能会帮助平衡负载工作量。其他的原因包括：

- 直接连到集群中某个实例上的会话。这个问题会发生在如果在 TNSNAMES.ORA 文件中填写了某个实例的连接信息，便误解为用它代表了整个集群。
- 客户端或者服务器上过期的 TNSNAMES.ORA 可能会导致 RAC 负载均衡失败。
- 不平衡的服务设置会导致个别服务的大量负载放到了集群中的某些实例上。

也请记得在某个数据库上的负载可能会被平均分配，但是可能有多个数据库在集群中。为了让负载均衡地贯穿于整个集群，所有数据库都需要平衡分配负载。

13.5.7　使用 IORM 和 DBRM 平衡负载

在前面的内容中介绍过如何平衡一个 Exadata 系统上的单个 RAC 数据库的负载。但是，数据整合是 Exadata 的一个关键使命，并且很多或者绝大多数的 Exadata 系统上都部署了多套数据库。在很多情况下，Exadata 系统的能力能满足其上所有数据库负载峰值的需求。如果不能满足，则需要确定这些数据库的资源是否真正被平均分布到集群中，或者是把资源分配给最需要的负载均衡的对象，按照优先级分配。

Exadata 的 I/O 资源管理器（IORM）提供了一种算法机制，该算法机制控制着存储节点给所有数据库提供的 I/O 资源。另外，数据库资源管理器（DBRM）可通过实例锁定来控制计算节点上的 CPU 分配情况。这项技术会在 14 章进行深入讨论。接下来简单总结一下这个概念的要点。I/O 资源管理器和数据库资源管理器使你保证 Exadata 数据库一体机能分配公平的、平衡的资源。

1. I/O 重排

I/O 资源管理器的资源计划建立在存储单元级别上，使用 CellCLIALTER IORMPLAN 命令即可建立。IORM 的 ALLOCATION 语句在存储单元饱和时提供相应的 I/O 能力给某个需要的实例。一旦存储单元的 I/O 达到极限，该实例的 I/O 请求会被加入队列。

IORM 的 LIMIT 选项可以创建对某个实例的绝对的 I/O 限制，即使当时存储单元不饱和。这可以阻止某个实例的读 / 写不会达到存储单元 I/O 的极限。

IORM 计划同样也可应用于 DBRM 消费者类别。这就允许你为跨数据库的特定工作负载类别指定 I/O 限制，即允许高优先权的工作负载获得 I/O 优先级，而不论是哪个数据库。

更多详细内容可参考第 14 章。

2. CPU 优先级

尽管 IORM 可以对 I/O 进行细粒度的控制，但是对于实例和 I/O 的控制还有更多的限制。CPU_COUNT 参数控制着实例中的 CPU 核数，会影响运算的并行度和并发度的操作。该参数也是 DBRM 控制 CPU 功能的基础。DBRM 可以通过该参数控制数据库活动，以免超出 CPU 的极限。因此，可以控制每一个数据库中 CPU 的分配情况。这种技术叫作实例锁定。

在第 14 章中有更多关于实例锁定的信息。

13.6　优化 Exadata 的 I/O

通常在系统调优理论中，I/O 调整被认定为最后选择的方案。I/O 子系统上的负载经常被认为是糟糕的 SQL 语句和大量的锁和闩锁导致的，因此可以找到实际的 I/O 负载直到定位到相关的问题。这条建议适用于 Exadata，也同样适用于其他 Oracle 数据库。应该避免追求过度的 I/O 调优效果，还有硬件的升级（像添加存储），但这些事情应该是在经过 SQL 语句调优到正常水平且和资源分配管理合理之后再考虑的。

当要进行 Exadata 的 I/O 调优时，可做的选择比在传统环境下更有限。在一个自己搭建的 Oracle 数据库中，可以选择添加升级硬盘和彻底改变数据在硬盘上的分布。在一个为 Exadata 设计的系统中，选择空间很小。可以从一个半配置的型号升级成一个满配的型号，或者添加 Exadata 的存储扩展，这主要是为了提高 I/O 带宽，但是不可以拔出原有的磁盘，用更快的硬盘替代它们。

下面的内容中包含了很多选项，如果认为标配的 I/O 性能无法满足业务需求，那么可以参考一下。

13.6.1　让闪存发挥更高的效率

第 16 章将介绍如何设置基于 Exadata 闪存驱动器的 ASM 磁盘组作为 Exadata 智能闪存缓存的补充。全部由闪存组成的磁盘组可以为表提供更好的性能，可以适应闪存磁盘组更小的容量需求，存放在此类磁盘组上的数据表也就不再需要传统的磁盘提供 I/O 了。

13.6.2　配置回写功能

很有可能你在一个较早版本的 Exadata 系统上运行着业务，其闪存正在连续写入模式下，即所有的 I/O 写操作必须全部同步到硬盘上。启动回写缓存可以提升性能，尤其是在遇到写瓶颈的情况下。第 16 章详细解释了是如何做到这一点的。

13.6.3　配置 ASM

即使不能改变集群中所用磁盘的数量或者类型，但可以调整 ASM 磁盘组中的磁盘，可以调整段、临时表空间和重做表空间。

默认的 ASM 配置包括 3 个磁盘组：1 个存放数据文件（DATA），1 个存放重做日志和闪回相关文件（RECO），1 个供数据库文件系统使用（DBFS_DG）。可以修改默认配置，比如通过为临时表空间或特定的表或段创建专用磁盘组来进一步隔离 I/O。

ASM 也提供了一些特殊的配置选项，可以对磁盘组的性能进行一定的干预：

❑ 最佳的硬盘布局可以通过在 ASM 模板中关联文件，需要把主要扩展区（primary extent zone）设置成 HOT。这些文件存储在磁盘"更快"的最外层磁道中，并且有较大的吞吐量和较小的延迟。

> 提示　在旋转的硬盘上，更多的数据在读 / 写磁头下面会提升速度，因为磁盘越外缘周长越大，容量也越大，因此吞吐量提升了。如果所有的数据都存放在最外面的 segment 上，查询延迟会被很好地缩减，因为读 / 写磁头在一个更小的弧度上移动。

❑ 可以将 ASM 磁盘组的条带粒度设置得比较粗，也可以设置得比较细。比较粗的条带分配给硬盘组的单元容量为默认的 1MB，比较细的条带则使用 128KB 的尺寸。较粗的条带可能是对于数据库文件最好的配置选择，但是较细的条带可能更适用于重做、闪回和归档日志，因为它允许并发同步的细小的 I/O 请求。

❑ 在 Exadata 上，ASM 的 cell.smart_scan_capable 参数默认设置为 TRUE。可以关闭该参数，即设置成 FALSE，这样可以选择性地关闭智能扫描，尽管更常用的方法是设置会话相关的参数或者是使用 hint 去达到此目的。如果正在使用一个非 Exadata 系统，则有必要将此参数关闭，即设置为 FALSE。

13.6.4　改变数据块的大小

改变数据块的大小在 Oracle 社区中是一个有争议的话题。理论上，提高数据块的大小能减少表和索引扫描的物理 I/O 次数，尽管 Oracle 的批量块读取功能可以实现相同的效果。较大的块大小可能会减少索引的 B*-tree 树深度，这有可能减少索引扫描时的 I/O 请求次数。

相反，在理论上，较小的块可以带来更高的缓存效率，减少热块上的闩锁和锁争用，并且提升交互效率。

传闻还有实验结果可以证明这些效果，但是因为修改块大小的效果与工作负载相关，所以最可靠的方法是尝试多种块大小并且衡量一下性能。如果不能通过基准的测试证明块大小适用于当前应用，则可以选择块大小的默认配置。

13.7　本章小结

大多数的传统 Oracle 数据库技术同样适用于 Exadata 一体机。但是，Exadata 的独特特性确实会带来额外的性能挑战和选择。

存储索引、智能扫描和高性能并行处理，都是为了让 Exadata 的全表扫描执行计划比索引扫描更有竞争力。Exadata 的智能闪存同时也加快了索引扫描。以前应用中的很多索引在 Exadata 完全不需要再用了，通过一个系统的方法梳理索引，可以将相关索引隐藏。

Exadata 调优的其他关键组件包括优化 RAC 数据库配置并使用 IORM 调整工作负载。

Exadata 数据库整合

传统模式中，商业应用软件与特定的基础架构绑定，导致效率低下、利用率低以及灵活性差。最近，IT 行业中有一种趋势——追求合理化、简化和标准化 IT 资源。对于这种趋势有很多驱动力，这并不惊人，主要的动机就是降低成本。降低成本有很多方式，比如缩小服务器占用空间，最小化制冷成本，减少过度的管理，甚至提高使用率。降低成本（资本和运营）是将工作负载整合到共享基础架构的关键优势。

一个关于降低成本例子是对已经服役多年的服务器的整合。随着革命性的虚拟化技术的出现，整合已成为一种非常简化的方法。

本章主要介绍 Exadata 系统如何被用作一个理想化的整合环境，描述了整合的方法，包括规划、设置和管理。

14.1　数据库整合模型

数据库的整合有不同的形式，也可以使用虚拟技术，比如：

❑ 基于 Hypervisor 的整合，如 VMware、Oracle VM 或者 Hyper-V。

❑ 在共享架构上整合一组数据库实例。这被称为数据库实例整合。

❑ 合并分散的应用中的各种模式到一个数据库，这被称为模式整合。

很多 DBA 都会使用这 3 种配置的结合方案。每种技术和方案都有优缺点。客户一般不愿意将其系统整合到虚拟环境，部分原因是虚拟化开销对整体性能有一定影响。对于关键应用来说，延迟问题是很敏感的。但是实际上，这变得越来越不是技术因素（延迟或者吞吐量）的问题，更多的是 Oracle 数据库许可问题。

在本章，数据库实例整合和模式整合为重点。另外，Oracle 12c 的新特性——插拔数据库也将贯穿该主题。

14.2　Exadata 整合规划

有多个关键规划区域可以整合到 Exadata。只有在成立专门的工作组（整合和标准化指导委员会）的情况下，整合工作才能得到很好的执行。整合工作也必须由高级人员推动。不这样做的话这项工作会变得被动、无法立足长远，一般不会获得太理想的效果。

以下是工作组的主要目标和对象：

- ❑ 定义符合整合条件的应用。
- ❑ 确定多少应用或者数据库会被整合，并且定义满荷系数，即 Exadata 可以轻松处理的整合数据库数量的阈值。
- ❑ 推动 Exadata 平台如何配置，包括使用 Exadata 的容量。
- ❑ 评估整合的成功因素。
- ❑ 确定放置策略或者估算哪些应用会使用数据整合模型或模式整合。
- ❑ 定义一个迁移现有应用的计划，为其迁移到 Exadata 整合平台上做准备。
- ❑ 定义需要排除在整合范围之外的应用或者异常值。比如有些应用可能会需要极其迅速的响应时间，或者有不利于整合环境的容量要求。

14.3　应用分组

按照商业或者功能用途对应用进行分组很重要，并且划分也基于简单的服务等级协议（SLA）。下面展示了分组方法：

- ❑ 业务——为不同业务或部门创建独立的服务器池，或者为不同的应用服务或根据某些政策、规则创建独立的服务器池。
- ❑ 功能——为具有相似功能的应用创建服务器池（比如面向内部的应用程序和面向外部的应用程序）。
- ❑ 技术——基于系统的类型、数据库版本或者隔离需求创建独立的服务器池；或者是工作负载有互补的应用；或围绕特定的高可用目标。

这些 SLA（服务等级协议）应该基于可用性、可维护性或者响应时间。举个浅显的例子，一个不正确的整合模式可能是将产品和 QA 环境整合起来，但是一个不太明显的例子是将业务关键应用与没有定义性能或可用性目标的应用整合在一起。

14.3.1　服务器池

一个整合的服务器池（或者简称为服务器池）是一组服务器，甚至是一系列作为目标整合平台的 Exadata 数据库一体机系统。对于大规模的整合，建议使用包含 4 个节点群集的半配 Exadata，这是官方推荐的最小服务器池的大小。当有更小或者更有针对性的整合需求时（比如做特定的业务处理单元），可以用更小的服务器池，比如 Exadata X5-2 型号 1/4 或者 1/8 的配置。如果在单独的 Exadata 上部署备库，则这种配置的选择甚至更加可行。

服务器池可以根据特定的配置进行创建，并且支持特殊的业务需求。例如，管理员可以创建一个基于数据监管需求（PCI、PII、HIPAA 等）的服务器池，为其 Oracle 11gR2 关键业务应用程序再创建另一个服务器池。这是让 SLA 需求相似的库在整合环境上共存的最佳实践；换句话说，不要将关键业务与非关键业务放在一个服务器池中。

在考虑应用整合之前，这些分散的应用可能设计了重要的高可用需求，比如应用的恢复总时间或者 RTO（恢复时间目标），应用的最大数据丢失容忍度或者 RPO（恢复点目标）。另外，对于不同维护窗口的损失容忍度也需要进行检查确认。有些应用可以承受偶尔的计划停机，但有一些则不能。整合的一个关键好处是用户可以受益于其内部的弹性和资源共享的灵活性。但是，可用性的损失也会影响整合环境中的所有应用。这种不可用性可能是计划内的，也可能是计划外的。因此，必须降低可用性方面的损失或者使其对于用户是透明的。

 注意 当可用性、性能或者安全在共享平台上损失后，大多数的应用所有者必然会切换回原来合适的区域内运行，即会转向一个非共享、非融合的配置环境。因此，整合是有风险的，必须在首次实施时就做出正确规划。

14.3.2　Chargeback

数据库即服务（DBaaS）是一个新的形式，DBA 或者开发人员等最终用户可以请求和使用数据库服务。DBaaS 是一个自助的服务平台，可以提供数据库资源，提供共享、整合的平台模式。DBaaS 在通常是基于数据库的使用情况 Chargeback 的。

Chargeback 与用户使用的 IT 资源相关，或者与组织对资源的消耗有关系。Chargeback 使管理员可以跟踪应用程序所有者或者消费实体使用的关键业务资源或者指标，然后向这些实体报告这些资源的使用情况。这不仅仅是资源的分配，也可以作为一种责任机制，当 Chargeback 生效时，用户会对其更放心。各部门可以准确地与业务用户或者业务部门共享或者报告有关的成本，该成本与资源使用情况相关联。

Chargeback 有 3 种基本指标，均属于计算资源消耗方面，包括 CPU 使用率、内存和存储分配。这些指标构成了一个 charge plan，可以用于任何类型的 Chargeback 方案。很多 IT 组织也拓展了各自的 Chargeback 计划，包括部署架构。比如 Chargeback 计划可以与高可用性、业务连续性甚至所需的变更请求数量相一致。

采用量化模型和 Chargeback 模型可以为 IT 和其他商业领域提供显著的好处。比如供应商和消费者可以了解服务成本，并制定使用资源的规则，量化并提供了对环境使用的监控，并且提供对环境改善的机会和服务供应列表。

下面是 Chargeback plan 的示例。

- 黄金版：8 个 CPU，40GB 的 SGA（4 个 RAC 节点总和），部署 Data Guard。
- 白银版：4 个 CPU，20GB 的 SGA（4 个 RAC 节点总和）。
- 青铜版：2 个 CPU，8GB 的 SGA（4 个 RAC 节点总和）。
- 入门版：2 个 CPU，2GB 的 SGA 的单节点 RAC。

14.4　规格评定需求

可以被整合的应用的数量取决于容量、资源消耗情况和应用的 SLA。此外，系统资源使用的预定义阈值也决定可以整合的总量。经常会有这种情况——有机构购买一个 Exadata，然后决定进行密集的整合，但是，更好的方法是研究出合适的整合密度，然后根据研究结果在 Exadata 上进行适当的调整。

在 Exadata 整合平台上规划程序会参考应用的状态，不论是新的应用还是已有的应用。对新的应用来说，初始化的设置与现有容量规划相同：确定需要的负载能力，在开发和质量保证（QA）环境中测试，并且明确增长情况。对于现有的应用，借助工具，例如，AWR 报告、vmstat 和 iostat 命令来确定资源使用情况。OEM 12c 整合规划器为收集数据集提供了一种简化的方法。

在整合环境中，糟糕的或者反复无常的性能会影响 SLA，甚至会导致停机，而且这经常是混合非互补负载或者是各种负载排斥的后果。因此，Exadata 整合成功的关键在于确保只有互补的负载被放在一起。

在检查互补工作负载时，要确保统一整合的 CPU 负载使用率峰值不要超过平均 CPU 峰值过多。

峰值和平均值之间应该尽可能保持最小的差距，确保所有 CPU 可以达到最高的利用率。这是一种渐进的方法，换句话说，对于所有统一整合的应用，必须有一个检查的过程。例如，在评估待选应用和负载时，要明确新的负载对 CPU 的峰值和平均使用率上的影响。一个互补性的负载状况会让平均负载增加而并不只是影响个别的峰值。最好的优化场景是在使用率的平均值增加时，峰值保持不变。

管理员可以使用整合规划器去尝试几种不同的场景，以便重构现有系统或者新环境（假设分析）的负载架构，并确定这种场景是否会导致 SLA 冲突。整合规划器提供一个指导性的整合方法，并且这项建议是基于技术和业务两方面因素给出的。在 Exadata 上运行整合规划器非常简单，因为 Exadata 的配置非常容易理解。

14.5　建立 Exadata 整合

数据库消耗的主要资源是 I/O、内存和 CPU，这不是秘密。因此，CPU 和应用程序资源必须经过仔细的检查。本节将介绍在整合之前需要注意的指标和数据关键点。

14.5.1 存储和 I/O 设置

建议在融合之前先检查一下现有应用的存储使用率。整合了的数据库通常可获得比平时更多的存储，因此这里有一个重点，就是检查实际使用了多少存储，即检查有多少空间剩余，多少空间存储了数据。

注意资源配置精简的存储系统，因为可能会因此导致某些方面的存储问题。整合存储空间时，是系统管理员调整过度分配存储空间的系统的好机会。在迁移应用到整合平台上之前，应用所有者应该确认旧的和不需要的数据已经被归档或者被清理。这不仅可提升存储效率，还缩短了整体的迁移时间。

存储的 IOPS 在数据整合环境中可能是最容易被忽视的。要注意，整合的数据库集合本质上也是 IOPS 的合集。DBA 应该关注整合环境中所有数据库 IOPS 的平均值和峰值。

使用 AWR 报告收集如下 I/O 指标：

$$IOPS= 整体物理读请求 + 整体物理写请求$$

$$MBytes/s= 总物理读的字节数 + 总物理写的字节数$$

这些指标有助于确定提供给应用需求的存储吞吐量。如果所有节点的应用运行在 RAC 环境中，那么聚合其 IOPS 或者带宽。注意，I/O 栈中的每一层都应该支持未来整合的 I/O 负载。

 提示　到目前为止，磁盘组中没有设定对于特定数据库的配额管理机制。

下面的脚本可供抓取和测量 IOPS：

首先，需要一个保存抓取数据快照的表，因此创建代码清单 14.1 中所示的表 super_timer。

代码清单14.1　创建计时表

```
-- TIMER_CREATE.SQL
drop table super_timer;
create table super_timer
(
 timer_name        varchar2(40)    not null primary key,
 timer_start       date            not null,
 timer_stop        date                null,
 lrg_reads1        number          not null,
 lrg_writes1       number          not null,
 sma_reads1        number          not null,
 sma_writes1       number          not null,
 tby_reads1        number          not null,
 tby_writes1       number          not null,
 lrg_reads2        number              null,
 lrg_writes2       number              null,
 sma_reads2        number              null,
 sma_writes2       number              null,
 tby_reads2        number              null,
 tby_writes2       number              null
);
```

一旦创建了计时表，则需要在负载开始和结束前分别简单地执行下面的计时开始和结束脚本。注意，需要为相关计时器指定相应的名字。

```
-- TIMER_START.SQL
set verify off
insert into super_timer
SELECT upper('&1'), sysdate, null,
 sum(decode(name,'physical read total multi block requests',value,0)),
 sum(decode(name,'physical write total multi block requests',value,0)),
 sum
(decode(name,'physical read total IO requests',value,0)-
decode(name,'physical read total multi block requests',value,0)),
 sum
(decode(name,'physical write total IO requests',value,0)-
decode(name,'physical write total multi block requests',value,0)),
 sum(decode(name,'physical read total bytes',value,0)),
 sum(decode(name,'physical write total bytes',value,0)),
 null, --null, null,
 null, null, null, null, null
FROM v$sysstat;
commit;

-- TIMER_STOP.SQL
set verify off
update super_timer
set (timer_stop, lrg_reads2, lrg_writes2, sma_reads2,
sma_writes2, tby_reads2, tby_writes2)
=
(
 SELECT sysdate,
    sum(decode(name,'physical read total multi block requests',value,0)),
    sum(decode(name,'physical write total multi block requests',value,0)),
    sum(
decode(name,'physical read total IO requests',value,0)-
decode(name,'physical read total multi block requests',value,0)),
    sum
(decode(name,'physical write total IO requests',value,0)-
decode(name,'physical write total multi block requests',value,0)),
    sum(decode(name,'physical read total bytes',value,0)),
    sum(decode(name,'physical write total bytes',value,0))
 FROM v$sysstat
)
where timer_name = upper('&1');
commit;
```

目前剩下的步骤就是通过下面的 TIMER_RESULTS.SQL 脚本显示运行时间和 IOPS。其中，第二个和第三个查询可显示不同的大小的检测，可酌情跳过，而只用第一个查询查看整体的检查结果。此处把它们整合在了一起，请根据需求删除不需要的语句。

```
-- TIMER_RESULTS.SQL
set verify off

set linesize 256
set trimout on
set trimspool on

column timer_name      format a20            heading 'TIMER NAME'
column run_time        format a8             heading 'RUN TIME|HH:MM:SS'

column tby_read        format 999,999.999    heading 'TOTAL|READ|MB'
column tby_writes      format 999,999.999    heading 'TOTAL|WRITE|MB'
column tr_mbps         format 999,999.999    heading 'TOTAL|READ|MB/S'
```

```
column tw_mbps          format 999,999.999    heading 'TOTAL|WRITE|MB/S'
column tr_iops          format 999,999.999    heading 'TOTAL|READ|IOPS'
column tw_iops          format 999,999.999    heading 'TOTAL|WRITE|IOPS'
column tot_iops         format 999,999.999    heading 'TOTAL|R/W|IOPS'

column sma_reads        format 999,999,999    heading 'SMALL|READ|COUNT'
column sma_writes       format 999,999,999    heading 'SMALL|WRITE|COUNT'
column sma_total        format 999,999,999    heading 'SMALL|TOTAL|COUNT'
column sr_iops          format 999,999.999    heading 'SMALL|READ|IOPS'
column sw_iops          format 999,999.999    heading 'SMALL|WRITE|IOPS'
column st_iops          format 999,999.999    heading 'SMALL|TOTAL|IOPS'

column lrg_reads        format 999,999,999    heading 'LARGE|READ|COUNT'
column lrg_writes       format 999,999,999    heading 'LARGE|WRITE|COUNT'
column lrg_total        format 999,999,999    heading 'LARGE|TOTAL|COUNT'
column lr_iops          format 999,999.999    heading 'LARGE|READ|IOPS'
column lw_iops          format 999,999.999    heading 'LARGE|WRITE|IOPS'
column lt_iops          format 999,999.999    heading 'LARGE|TOTAL|IOPS'

select timer_name,
       floor((timer_stop-timer_start )*24)
       || ':' ||
       mod(floor((timer_stop-timer_start )*24*60),60)
       || ':' ||
       mod(floor((timer_stop-timer_start)*24*60*60),60) run_time,
       ROUND((tby_reads2-tby_reads1)/1048576,3)         tby_read,
       ROUND((tby_writes2-tby_writes1)/1048576,3)       tby_writes,
       ROUND((tby_reads2-tby_reads1)/1048576/
(timer_stop-timer_start)/86400,3)    tr_mbps,
       ROUND((tby_writes2-tby_writes1)/1048576/
(timer_stop-timer_start)/86400,3) tw_mbps,
       ROUND(((sma_reads2-sma_reads1)+(lrg_reads2-lrg_reads1))/
(timer_stop-timer_start)/86400,3)    tr_iops,
       ROUND(((sma_writes2-sma_writes1)+(lrg_writes2-lrg_writes1))/
(timer_stop-timer_start)/86400,3) tw_iops,
       ROUND(((sma_reads2-sma_reads1)+(sma_writes2-sma_writes1)+
             (lrg_reads2-lrg_reads1)+(lrg_writes2-lrg_writes1))/
(timer_stop-timer_start)/86400,3) tot_iops
from super_timer
where timer_name = upper('&1');

select timer_name,
       floor((timer_stop-timer_start )*24)
       || ':' ||
       mod(floor((timer_stop-timer_start )*24*60),60)
       || ':' ||
       mod(floor((timer_stop-timer_start)*24*60*60),60) run_time,
       sma_reads2-sma_reads1                            sma_reads,
       sma_writes2-sma_writes1                          sma_writes,
       (sma_reads2-sma_reads1)+(sma_writes2-sma_writes1) sma_total,
       ROUND((sma_reads2-sma_reads1)/(timer_stop-timer_start)/86400,3)   sr_iops,
       ROUND((sma_writes2-sma_writes1)/(timer_stop-timer_start)/86400,3) sw_iops,
       ROUND(((sma_reads2-sma_reads1)+(sma_writes2-sma_writes1))/
(timer_stop-timer_start)/86400,3) st_iops
from super_timer
where timer_name = upper('&1');

select timer_name,
       floor((timer_stop-timer_start )*24)
       || ':' ||
       mod(floor((timer_stop-timer_start )*24*60),60)
       || ':' ||
       mod(floor((timer_stop-timer_start)*24*60*60),60) run_time,
       lrg_reads2-lrg_reads1                            lrg_reads,
       lrg_writes2-lrg_writes1                          lrg_writes,
```

```
                   (lrg_reads2-lrg_reads1)+(lrg_writes2-lrg_writes1) lrg_total,
             ROUND((lrg_reads2-lrg_reads1)/(timer_stop-timer_start)/86400,3)   lr_iops,
             ROUND((lrg_writes2-lrg_writes1)/(timer_stop-timer_start)/86400,3) lw_iops,
             ROUND(((lrg_reads2-lrg_reads1)+
       (lrg_writes2-lrg_writes1))/(timer_stop-timer_start)/86400,3) lt_iops
       from super_timer
       where timer_name = upper('&1');
```

以下是执行这些脚本的一个实际演示——执行和衡量一个笛卡儿 join 查询。注意，必须命名相关的计时器，因此这里在计时器的 SQL 脚本提示中输入了 ISHAN。

```
-- TIMER_TEST.SQL
@timer_create

@timer_start ISHAN

select count(*) from all_objects a, all_objects;

@timer_stop ISHAN

@timer_results ISHAN
```

14.5.2　内存设置

在操作系统上需要修改许多参数才能使 Exadata 支持和扩展整合配置。如果参数或者配置设置不当，操作系统可能需要重启，或者可能因为需要适应增长变化的整合环境而发生一些中断。

整合的一个关键问题是内存的使用效率。尤其是对于整合的数据库实例而言，这种情况下很多数据库实例都运行在一个服务器池中。多数整合计划是去决策多少数据库实例可以被整合。表 14.1 中给出了如何在 Linux 系统上配置 Exadata 的建议。

表 14.1　Exadata Linux 的建议

OS 参数	建　议	说　明
HugePages	HugePages 建议使用的条件是在 /proc/meminfo 中的 PageTables 超过 2% 的物理内存后 HugePages 应该等于服务器上所有数据库使用的共享内存段的总数	当所有的数据库实例在运行时，所有在用的共享内存可以通过 ipcs -m 命令的执行结果计算出来 HugePages 的设置必须在任何 SGA_TARGET 设置增加或者新的数据库被加入进来之前重新计算规划 Init.ora 中的 USE_LARGE_PAGES=ONLY 参数，用于在每个整合了的实例中防止实例在 HugePages 不足的情况下启动
kernel.shmmni	kernel.shmmni 应该大于现有数据库的使用量	kernel.shmmni 系统参数定义了共享内存段的数量
kernel.shmmax	kernel.shmmax 应该被设置为服务器物理内存的 85%	kernel.shmmax 系统参数定义了共享内存段尺寸的最大值
kernel.semmns	kernel.semmns 应该大于所有数据库进程的总和或预计总和，这是由数据库进程参数 PROCESSES 指定的	kernel.semmns 系统参数设置了系统信号总量的最大值
kernel.semmsl	kernel.semmsl 应该设置得比任何一个数据库的 PROCESSES 参数的最大值都大	kernel.semmsl 系统参数定义了在一个信号量集中的最大数量

14.5.3 CPU 设置

如前所述，系统稳定性在整合环境中是极其重要的，因为很多应用可能会被未计划的事件或者一个计划的停机影响。

有两个不稳定的主要因素：内存过度分配和 CPU 消耗。过度的内存分配可能会潜在地引发系统的 swap 使用，其最终会引起重要集群件和数据库实例进程被换页出去，最终导致节点驱逐。CPU 过度消耗的情况，同样会导致重要集群件和数据库实例进程无法获得 CPU 周期，引起节点驱逐。

要缓解这种问题，用户需要了解下面的内容。

1. 实例锁定和数据库资源管理

在非整合环境中，CPU_COUNT 参数不太重要，但是，在整合的环境中，CPU_COUNT 是非常重要的。因为如果不特别设定 CPU_COUNT，那么每个数据库实例将会发现服务器上的所有 CPU。例如，一个 4 颗 10 核的服务器（总共 40 个 CPU），上面跑了 30 个数据库实例，如果不设置 CPU_COUNT，则会有 120 个 CPU 的集合，超过 30 倍了。

有一种机制能有效地限制每个数据库的 CPU 资源，使用 Oracle 数据库的实例限定功能即可，11.2.0.1 版本就可以用了。实例锁定依赖于数据库资源管理（DBRM）功能。DBRM 是 Oracle 数据库的功能，也是 Oracle 集群 QoS 功能中集成的功能。

DBRM 在工作负载中和各个数据库之间提供细粒度的系统资源控制，这使得 DBRM 成为整合系统中的一个非常重要的功能，因为 DBRM 经常用于管理 CPU，磁盘 I/O 以及并行执行（PQ 操作）。

DBRM 支持之前提到过的两种 Exadata 整合模型。比如 DBRM 可用于管理资源在模式整合中不同应用之间的使用率和争用，并且可以用于数据库实例整合情况下的资源使用率和争用的管理。

对于模式整合，DBA 可以为每个被整合的模式创建一个消耗组。资源计划会自动将资源消耗组与资源及计划的 I/O 和 CPU 分配联系在一起。

以下 PL/SQL 创建了一个简单的资源计划，并创建了 3 个指定用户的 consumer 组：

```
BEGIN
  DBMS_RESOURCE_MANAGER.CREATE_SIMPLE_PLAN(SIMPLE_PLAN => 'NISHADB_PLAN',
    CONSUMER_GROUP1 => 'APPLICATION_A', GROUP1_PERCENT => 70,
    CONSUMER_GROUP2 => ' APPLICATION_B', GROUP2_PERCENT => 20)
    CONSUMER_GROUP3 => ' APPLICATION_C', GROUP3_PERCENT => 10)
;
END;
/
ALTER SYSTEM SET RESOURCE_MANAGER_PLAN = 'NISHADB_PLAN' SID='*' SCOPE='BOTH';
```

在数据库整合模型中，DBRM 通过实例锁定和 DBRM 资源计划控制并且监控 CPU 使用情况和冲突。此外，DBRM 可以与 IORM（I/O 资源管理）的跨数据库资源计划联合来进行 IORM 的硬盘 I/O 使用情况和争用查看。其中主要的环节是跨数据库 IORM 计划，它可以将 I/O 资源（跨越 Exadata 单元）分配给多个数据库。IORM 在下节中会提到。此处只关注实例锁定功能。

启用实例锁定功能需要两步：

第一，对于每个整合的实例，提交设置 CPU 资源计划的指令来开启实例锁定。设置 DBRM 资源计划使用 RESOURCE_MANAGER_PLAN 初始化参数。在大多数情况下，如果不需要对数据库进行工作负载的管理，用户可以简单地设置 RESOURCE_MANAGER_PLAN 为 DEFAULT_PLAN：

```
ALTER SYSTEM SET RESOURCE_MANAGER_PLAN = 'DEFAULT_PLAN' SID='*' SCOPE='BOTH';
```

或者，使用之前例子中的方法：

```
ALTER SYSTEM SET RESOURCE_MANAGER_PLAN = 'NISHADB_PLAN' SID='*' SCOPE='BOTH';
```

记住，尽管可以通过嵌套用户组创建符合的 DBRM 资源计划，但是最好保持简单，创建单一的级别。

第二，设置 CPU_COUNT 初始化参数可以为实例指定所需的 CPU 的最大数。默认情况下，CPU_COUNT 被设置成服务器的最大 CPU 数量，并且包含超线程的 CPU。

注意，CPU_COUNT 参数隐式地影响了很多 Oracle 参数和内部结构，比如并发、Buffer Cache 和闩锁结构分配。通常建议将 CPU_COUNT 的最小值设置为 2，因为有案例显示，如果该参数设置为 1，则会导致系统挂起或者是糟糕的性能。此外，应避免频繁调整 CPU_COUNT 参数，因为这可能会引发其他问题。

2. I/O 资源管理

管理 CPU 资源是 DBRM 的基础功能，但是，对于全面的管理和控制 I/O 资源，需要启动 I/O 资源管理（IORM）功能。IORM，搭配 Exadata 的卸载功能，是区分 Exadata 与其他整合系统的重要功能。

要知道 IORM 被定义和设置在了 Exadata 存储服务层，因此是 Exadata 服务软件的特征之一。

IORM 管理 Exadata 单元 I/O 资源，在每一台 Exadata 单元的基础上进行：当数据库发起了一个 I/O，它通过一个 iDB 信息包发送该 I/O 请求给 Exadata 存储单元。这个信息包包含标记了负载的信息，比如用户组和资源类型（如果用了的话）。之后这些 I/O 请求被放在 CELLSRV I/O 队列上，然后被 IORM 处理，此时资源计划已经被评估出来了。IORM 评估每个 I/O 请求，包括每个用户组和数据库的，依照定义的资源计划验证优先级，最终调度或者将 I/O 发送到硬盘队列上。配置较高的数据库和用户组将被分配较多的请求，配置低的则分配得较少。注意，Exadata 单元的 I/O 速率在预定义的阈值内时，IORM 不会排序或者组织前端（用户）的 I/O 请求。

创建 IORM 计划时，首先评估整合数据库的负载特征。如果所有或者大部分的工作量都是面向低延迟的，比如 OLTP，一个计划指导应该反映这种分配需求。对于数据仓库的整合配置，同样的原则也适用。当混合的负载（例如，数据仓库和传统 OLTP）被整合时，仔细考虑

I/O 能力该如何分配。以下的例子说明了对于 OLTP、数据仓库和混合配置负载的 IORM 配置。

第一个例子，以下的 IORM 指令计划用于支持两个高优先级基于 OLTP 数据库和其他整合数据库的 I/O 管理。po 数据库和 oe 数据库有不同的 I/O 优先级，但是都有比其他整合数据库更高的优先级。

```
cellcli> alter iormplan dbplan = -
  ((name=po, level=1, allocation=50), -
   (name=oe, level=1, allocation=40), -
   (name=other, level=1, allocation=10));
```

尽管不是必选的，但可以明确地为 IORM 设置 low latency objective，以确保有最低的 I/O 延迟。

```
alter iormplan objective=low_latency;
```

在下面的场景中，来看一下针对数据仓库整合方案的 IORM 计划。本例有 3 个关键的高吞吐量数据库：edw、etl 和 stage。数据库 edw 和 etl 是本系统上最重要的数据库；Informatica 的 stage 数据库相对不是特别重要。其他整合在一起的 Exadata 内的任何数据库都不会影响这 3 个数据库。

```
cellcli> alter iormplan dbplan = -
  ((name=edw, level=1, allocation=40), -
   (name=etl, level=1, allocation=40), -
   (name=stage, level=1, allocation=10),
   (name=other, level=1, allocation=10));
```

这个 IORM 指令显示有磁盘争用，edw 和 etl 获得了平均的硬盘带宽，并且每个都有 stage 数据库 4 倍的带宽。如果有某些资源管理效果，也可以创建更复杂的多级指令，例如，如果 EDW 需要比 ETL 更高的带宽，并且 ETL 需要比 stage 或者其他整合的数据库配置好一点，可以做如下定义：

```
cellcli> alter iormplan dbplan = -
((name=edw, level=1, allocation=60),
 (name=etl, level=1, allocation=40),
 (name=stage, level=2, allocation=100),
 (name=odi_test, level=3, allocation=50),
 (name=other, level=3, allocation=50)),
catplan=''
```

但是，如前面所说，IORM 在保证有简单、单一的计划时效果最好。之前的例子制定了标准的资源分配，但是 IORM 也有强制为每个数据库限制磁盘使用率的能力。

可以在命令中限制其属性。注意，当设定限制时，多余的 I/O 能力不能被其他整合的数据库使用。因此，限制属性本质上是在 I/O 能力没有被充分利用时，更多地提供给可预计的和持续的数据库性能。然而，限定属性在基于 I/O 带宽消耗收费时是非常重要的功能。以下的 IORM 计划展示了限制属性的使用情况：

```
ALTER IORMPLAN dbplan= -
((name=po, level=1, allocation=50, limit=50), -
(name=oe, level=1, allocation=40, limit=50), -
(name=other, level=1, allocation=10, limit=30));
```

最后的例子展示了为整合环境中混合的工作负载数据库定义一个合适的计划的过程。在这个例子中有非常重要的 OLTP 数据库 po 和 oe，还有两个承载关键业务的数据仓库 edw 和 etl。对于这个混合工作负载的整合，重要的是如何去明确哪个负载需要有更高的优先级。注意，无法同时保证吞吐量和低延迟，换句话说，只能取其一。在大多数情况下，一般更青睐低延迟。

在下面的例子中，低延迟获取了 OLTP 类型优先分配。使用这个命令，IORM 会自动优化低延迟。如果数据仓库需要更高的优先级，那么这些数据库需要比 OLTP 数据库分配更高级的设置。

```
cellcli> alter iormplan dbplan = -
 ((name=po, level=1, allocation=40),
 (name=oe, level=1, allocation=30),
 (name=etl, level=1, allocation=10),
 (name=edw, level=1, allocation=10),
 (name=other, level=1, allocation=10);
```

若想加强 Exadata 存储高带宽，可按照如下设置：

```
alter iormplan objective=high throughput;
```

为了能平衡延迟和带宽，可以参考如下设置：

```
alter iormplan objective=balanced;
```

当 IORM 开启了 basic 模式之后，会自动管理和排序关键的后台 I/O，比如日志同步和控制文件读。若 Exadata 存储单元在 11.2.3.2 版本及以上，IORM 默认是启动的，为了防止过高的较小 I/O 导致的延迟，这些版本使用了基本的 objective 设置。用户自定义的小 I/O，使用基本的 objective 设置。在此模式下，用户定义的资源管理器计划不强制执行。要为用户定义的资源管理器计划启用 IORM，必须将目标设置为 AUTO。可使用以下命令更改 objective：

```
alter iormplan objective=auto;
```

若要把 IORM 还原成默认的基本设置，可使用如下 CellCLI 命令：

```
alter iormplan objective=basic;
```

若使用 11.2.3.1 或者更高版本，Exadata 存储服务软件 IORM 目前支持跨数据库的共享计划，与之前的版本不同，它使用百分比表示。一个共享是一个 I/O 资源分配策略。另外，所有数据库的新的默认参数的默认值没有显式地在数据库计划中命名。

资源分类管理是高级功能。它允许用户分配资源给目前正在进行的工作。比如假设所有数据库都有 3 类工作：OLTP，报表和维护。基于这些工作类型分配 I/O 资源，可以使用分类资源管理。

在跨数据库的计划中，也可以为数据库指定以下参数。

❑ Flashcache：启动或关闭某个数据库的闪存缓存功能。在 Exadata 11.2.2.3.0 版本以上可用。

❑ Flashlog：启动或关闭数据库的 Flash log（闪存日志）功能。

❑ Limit：限制每个数据库的硬盘最大使用率阈值为 50%。

请注意闪存缓存的 ALTER IORMPLAN 属性可以被设置成 off，以便阻止数据库使用闪存缓存。这就可以使得闪存缓存可以为关键业务数据库保留着。如果发现关键数据库的命中率受到闪存缓存的影响，则可以关闭闪存缓存功能。关闭闪存缓存有增加硬盘 I/O 负载的负面影响。

一旦相关的 IORM 计划创建后，就可以用命令将其激活；相反，关闭命令可以用来禁止 IORM 计划（注意，命令需要在每个单元的基础上执行，因此 dcli 用于跨单元操作并且能确保一致性）。

```
CellCLI> alter iormplan active
```

若要列出所有单元的目标设置，使用以下 dcli 命令即可。在一个 1/4 配的 Exadata 上运行了一段时间，可以获取到 3 个单元的输出信息：

```
dcli -g cell_group cellcli -e "list iormplan attributes objective"

cell01: auto
cell02: auto
cell03: auto

cellCLI> list iormplan detail
name: exas01cel01_IORMPLAN
catPlan:
dbPlan: name=po,level=1,allocation=50,name=oe,level=1,allocation=40,
name=other,level=1,allocation=50
status: active
```

14.6 隔离管理

不同用户的隔离需求可能会大大影响整合的方法和效果。不论是整合了多个应用模式在一个数据库，或把多个数据库放在一个 Exadata 平台，还是使用多种两者的组合，取决于系统隔离的级别。

在这个部署模型中，整合的数据库基本上由一个或者多个应用模式组成，这些模式可能在一台服务器上，也可能在多个服务器池中。客户通常使用 15～20 个应用（模式）来部署。在模式（schema）共享的情况下，分配的单元是模式（schema）。因此，模式需要适当地隔离。

尽管模式整合提供了最高级别的融合，但必须细心地设计和规划，保证整合环境的和谐。例如，检查模式的命名空间冲突和确定已认证的软件包可以运行在整合环境中。模式整合的安装配置在 12c 可插拔数据库功能下变得非常高效。但是，需要安装 12c 数据库来更好地发挥这功能的作用。对于 11g 数据库，用户可以采用以下章节中的最佳实践。

隔离可以被分为 4 个领域：故障、操作、资源和安全。每一种隔离的整合模式都有稍微不同的处理方法，比如使用系统或者数据库内置的功能，经常与高级的功能或者产品相结合，可提供一个更完整的应对风险的解决方案。

下面一节主要关注用户隔离的方案，主要针对于数据库和模式整合。

14.6.1　数据库整合的故障隔离

在数据库整合模式下，多重租用的粒度是数据库，所以每个数据库（而且是每个数据库实例）在硬件池中与其他数据库隔离。尽管所有数据库可能都运行在相同的 Oracle Home 目录下，但是数据库实例的故障通常会被隔离，也就是故障隔离即对有问题实例的隔离维护。

例如，如果一个数据库实例无响应了，邻居节点的 LMS 进程请求 Oracle 集群同步服务（CSS）来进行节点驱逐以处理出问题的实例。在少数情况下，无响应的实例不能被关闭，这时可能会进行重启节点处理；在这种极少数的情况下，其他数据库实例会受到影响。但是，恰当的应用设计和按照最佳实践的安装实施可以限制实例或者节点失败带来的影响。

例如，在使用 RAC 的一些功能，比如 Fast Application Notification（FAN），Fast Connection Failover（FCF）或者 12c 的功能 Application Continuity（AC），可以在故障事件发生时提供快速的响应，例如，节点或者数据库实例宕机事件。允许应用快速重连接可以最小化服务中断造成的影响。

14.6.2　模式整合的故障隔离

在模式整合的故障隔离模型中，一个模式相关应用的故障不会引起其他应用的失败。但是，登录风暴或者其他不正确的配置，或者中间层问题，可能会影响其他整合的应用。

为了最小化登录风暴，将中间层的连接池恰当地设置一下较好。在有些情况下，可以在 Oracle 的监听里设置对于登录频率的限制。

写得比较糟糕的代码放在库（比如 PL/SQL）中，也可能影响其他应用。充分测试应用代码是有必要的，这样能防止应用程序故障。

14.6.3　数据库整合中的操作隔离

操作隔离保证任何数据库的管理、维护或者操作环境不会影响到池里的其他数据库，包括启动和关闭实例、打补丁、备份恢复。

1. 启动和关闭

在大多数的整合配置中，Oracle Home 的数量保持最少，并且通常 Oracle Home 用于所有整合的数据库。为了提供操作隔离，需要为每个数据库创建自定义用户名的 DBA 用户，并且将这些用户加入密码文件（需要将 REMOTE_LOGIN_PASSWORDFILE 设置为 EXCLUSIVE），然后将 SYSDBA 权限赋予这些用户。通过在每个数据库中分配不同的密码文件，用户可以获取自己数据库的 SYSDBA 权限。

想执行操作功能，比如启动或者关闭，DBA 需要使用 SYSDBA 权限连接到合适的数据库用户。通常这样的操作都是通过 OEM 实现，因此，必须跟 OEM 建立必要的数据库凭证。

2. 打补丁

给整合环境中的数据库打补丁需要完成两项任务：为补丁程序做计划和执行补丁操作。当在 Exadata 上搭建整合环境时，需要与应用程序所有者一起设置停机 SLA 并考虑适当的计划，因为有可能有计划内和计划外的补丁工作。来自应用所有者的频繁的需求，对于数据库而言是低效的并且应该被阻止，因为补丁不仅是作用于所有数据库，并且有可能有一些对数据库有反面影响。

打补丁的时间计划应该是预先制定并且被所有相关参与者认可的。例如，需要妥善地制定 Oracle PSU 的补丁计划。对于一次性的补丁，应该估算一下其优先级和相关性，并且应该服从于整个整合的数据库大群体。当补丁需要实施时，最有效的方式就是阶段性地打补丁，包含克隆 Oracle Home，为已经复制的 Home 打补丁，并且最终切换 Oracle Home。尽可能利用滚动升级打补丁。

如果跨数据库的补丁管理机制不符合实际需求或者不希望共享 SYSDBA 权限，那么为一组数据库创建单独的 Oracle Home 则是另外一种选择。对于这些情况来说，Oracle Home 应该使用一个不同的用户名和 OSDBA。但是，在不同的 Oracle Home 下运行数据库实例，会增加复杂性和影响整体效率。

14.6.4 模式整合的操作隔离

既然模式整合中只有一个单一数据库，操作隔离便基本成为了最大程度地降低恢复和数据丢失的影响还有补丁管理的实现方式。

为了尽可能达到最大限度的数据恢复效果，需要精心设计备份策略。备份方式应该包括适合应用的恢复粒度。通常在模式整合中，需要晚上使用数据泵导出模式进行备份。如果数据丢失或者被删除，闪回表功能、闪会查询和闪会事务可以用来提供最小损失的恢复。在 Oracle 12c 中，RMAN 拥有单个表级别的恢复。要能确定多少应用和数据库需要整合，并且把所有参数定义好。

模式整合中的问题和数据库整合中的类似。

14.6.5 数据库整合中的资源隔离

资源隔离用于处理操作系统资源的分配和隔离。在数据库整合中，竞争资源包括内存，CPU 和 I/O（存储容量以及 IOPS）。

❑ 内存：合适的 sga_target 和 sga_max_target 参数需要在每个节点上以实例为基础进行设置，并且需要在所有相同数据库的实例中保持统一的维护。注意，在 Oracle 12c 之前，没有办法在 Oracle 12c 以外的版本通过调整 PGA_AGGREGATE_TARGET 初始化参数来加强和控制 PGA。目前 Oracle 12c 提供了一个硬性的 PGA 限制处理功能，通过启动自动 PGA 管理获得此功能，需要设置 PGA_AGGREGATE_LIMIT 参数来实现。因此建议给 PGA 设置硬性的限制来避免过度使用 PGA。

```
SQL> ALTER SYSTEM SET PGA_AGGREGATE_LIMIT=2G;
```

❑ CPU：与内存的设置类似，CPU 的取值也应该恰当。像前面章节提到的一样，这可以通过设置 CPU_COUNT 为一个特定的值或者是启动实例锁定功能（instance caging feature）实现。建议使用后者，因为他同时也能加强 DBRM 资源计划，提供更好的 CPU 消耗控制。相关最佳实践可参考之前的"CPU 设置"章节。

❑ I/O：I/O 控制和资源管理以 IORM 的形式处理。这在之前的"I/O 资源管理"一节中详细描述过。

14.6.6　模式整合的资源隔离

在模式整合下的资源隔离中，多个应用竞争相同的数据库和系统资源，因此资源管理对于模式整合是非常重要的。Oracle 数据库资源配置文件限制功能提供基本的"旋钮"来控制资源消耗，并且可以辅助 DBRM 与 Oracle QoS 一起使用。应用程序可以带着适当的资源计划指令放在消费者组（consumer groups）中，指定了 CPU、I/O 和并行服务器资源如何在消费者组中分配的规则。

对于存储相关的问题，DBA 可以通过设置表空间配额来限制存储消耗。这需要密切关注每个模式的表空间，进而使增长状况和上限可以被很好地控制。

14.6.7　数据库整合的安全隔离

在任何整合环境中，一种叫作"最小化权限"的安全实施方法可以用来强化环境。在大多数情况下，一个节点上的 Oracle Home 会用于所有数据库的实例。如果多个数据库使用同一个 Oracle Home，任何用户都是在一个 OSDBA 组中，并且都使用这个 Orache Home，都有 SYSDBA 权限访问这个路径下所有的数据库实例。这是一个可以减少管理开销的方法，但会引起安全问题。

建议按照以下列出的最佳实践去设置：

❑ 最小化数据库服务器访问（即仅通过 SQL*Net 方式访问）。

❑ 为 DBA 用户指定用户名，赋予其 sudo 命令访问权限。

❑ 配置并启用 Database Vault 来提供用户的数据访问控制分离：

　○ 为了保护应用和模式数据，让其不被非法访问，可使用 Database Vault 域配置。安全管理要求为每个应用所对应配置的数据库启用 Realms（域）。

　○ 对于电子商务套件，Siebel 和 PeopleSoft 用户，为其进行 Data Vault Realms 的二次开发。

　○ 在必要的时候加密数据。

14.6.8 模式整合的安全隔离

模式之间的安全隔离是整合环境中最重要的事之一。"开箱即用"的 Oracle 数据库配置文件可以用来限制数据访问。但是，更深度的安全措施和策略都需要部署到位。这可能包括静止的数据、提供细粒度访问控制以及安全审计。在用于运行时审计管理的高级安全设置、基于领域的访问控制、数据库记录和审计库记录上使用加密是有必要的。以下是模式整合的一些安全相关最佳实践：

❑ 只把 SYSDBA、SYSOPER 和 SYSASM 权限提供给 DBA。

❑ 为访客 DBA 提供模式级别的访问和 V$ 视图的访问。

❑ 确保使用保密的别名。

❑ 使用数据库用户强密码。

❑ 设置恰当的 PASSWORD_LOCK_TIME 和 FAILED_LOGIN_ATTEMPTS 值。

14.7 Oracle 12c 可插拔数据库

从部署的角度来看，关于可插拔数据库（PDB）没有特定的 Exadata 特性。但是，Exadata 的工程系统模型，连同 PDB 功能一起，提供了一个丰富的 DBaaS 战略部署环境。因此，为了保证完整性（在此次整合话题讨论中），我们在一个高层的角度介绍可插拔数据库。

在 Oracle 12c 版本之前，模式整合模型提供了最高效和最高级的整合。但是，这个模型需要精细的设计和规划，以便保证整合的应用可以在性能、安全和管理方面都能和谐共处。此外，类似模式命名冲突的问题需要解决。因此，尽管模式整合的实施不是最简单的，但是可提供最高的回报率。

随着 Oracle 12c 的到来，一个新的整合架构被引进。这项新功能叫作 Oracle 多租户（Oracle multienant），它被广泛认知为可插拔数据库（PDB）。这项功能极大地简化了数据库共享环境下的多种应用整合，并且消除了之前版本的局限性。PDB 允许部署一个容器数据库（CDB），在 CDB 上可以存放一个或多个 PDB。PDB 消除了模式整合中的关键障碍，并且通过这种方式解决了持续维护问题。

该功能在 Oracle 的架构中是一个戏剧性的改变，因为实际上所有的 Oracle 组件和功能都是为了 PDB 调整和增强的，包括 DBRM、先进的安全机制、RAC，前提是不牺牲性能。例如，Oracle 12c 资源管理扩展提供了特别的功能去实时调整 CDB 中 PDB 的争用问题。在单个 CDB 中创建多个 PDB 允许共享内存和后台进程。这项特性允许用户在一个服务器平台上操作多个 PDB 数据库，比在单个服务器上部署单个数据库实例效果更佳。这类似于模式整合所带来的好处。但是，PDB 结合了所有模式整合模型的优点，并且这是 Exadata 12c 的主要整合模式。

PDB 的一个重要的优势是它的便携性或移动性。PDB 可以从一个 CDB 中拔出并插入另一个 CDB 中。或者，可以在同一个 CDB 中克隆 PDB，再或者从一个 CDB 克隆到另一个 CDB。这些操作，连同创建 PDB，都是用新的 SQL 命令完成的，只需几秒钟。

14.8　本章小结

今天的商业世界不断变化，越来越复杂并且充满挑战，这就要求企业建立敏捷、灵活的 IT 架构来适应市场的快速变化。一个 IT 机构的主要使命包括系统整合、标准化商业流程、转向共享服务和遵守企业规章。整合是各种组织追求其业务上的更高效率的一个主要的战略。

整合变成了一个合理的方法和行为，是合理化、简化和标准化的结果。但是，数据库整合已经被认为是虚拟化或者是整合的"最后疆域"。

像 Exadata 这样工程化的系统是整合和 DBaaS 的重要组成部分。很多 Exadata 功能都有多种工作负载和多应用支持，以及在杂乱环境中适当的隔离，部分原因是因为地域或者政治问题、缺乏动机甚至是对现有可用技术的理解不足。在这一章，回顾了 Exadata 数据库融合的计划机制和最佳实践。

Exadata 智能闪存缓存深入讲解

Exadata 数据库一体机同时使用固态硬盘和传统硬盘,以经济实惠地存储大量数据,并且可以达到低延迟和高吞吐量。本章将介绍 Exadata 固态硬盘架构,并且详细介绍 Exadata 智能闪存和智能闪存日志如何实现如此快速的 I/O。

15.1　固态硬盘技术

为了理解闪存技术如何作用于 Exadata 系统的性能和如何利用该技术,下面来对比一下固态硬盘和传统硬盘的性能及成本。

15.1.1　硬盘技术的局限性

传统磁盘一直都是每一代计算机设备生产配备的主要部件。从 20 世纪 50 年代首次推出以来,基本技术仍然保持稳定:一个或多个盘片包含代表信息的磁性电荷(称之为磁盘)。这些磁盘被机械臂读 / 写,机械臂在磁盘的半径上移动,并且等待盘片旋转到合适的位置读 / 写(见图 15.1)。读取信息的总时间是移动磁头到位的时间(寻道时间)、旋转目标点到预定位置所需的时间(旋转延迟)和通过磁盘控制器传输项目(传输时间)的时间的总和。

摩尔定律:最早由 Intel 创始人戈登·摩尔提出——观察到晶体管的集成度每 18～24 个月翻一番。最广泛的解释是,摩尔定律反映了其观察到所有电子元件参数都会呈指数型增长,涉及 CPU 速度、RAM 和硬盘存储容量。尽管这些指数增长几乎涉及所有计算相关的电子元件——包括硬盘密度,但是它不适用于机械技术,例如,底层磁盘 I/O。比如根据摩尔定律对磁盘转速影响的计算,今天的磁盘可以达到 20 世纪 60 年代的 1 亿倍,但实际上目前的转速只是以前的 8 倍。

图 15.1　磁盘结构

> **提示**　如果一个 8 英寸⊖硬盘在 1962 年受制于摩尔定律，转速为每分钟 2800 转，那么到现在磁盘外缘的速度大概是光速的 10 倍。就像《星际迷航》中 Scotty 所说："我不能改变物理定律！"

因此，当计算机性能的其他重要组件在以指数型发展的时候，磁盘只是以普通增长速度发展。有一些重大的技术创新（例如，垂直磁记录），这些技术一般都只提升容量和稳定性，对速度的提升并不明显。因此，当今硬盘驱动器相比过去进步慢（在与其他组件甚至是存储能力进行对比时）。所以，硬盘 I/O 越来越限制系统的性能，并且数据库性能实践变得越来越注重尽可能地避免磁盘 I/O。

15.1.2　固态闪盘的兴起

多年来，为了避免磁盘驱动器的瓶颈，人们做出了各种努力。得出的方案中，最普遍、最实用的就是使用"磁盘短行程技术"和"条带化"磁盘：本质上是通过安装更多的硬盘来达到数据存储容量，主要是为了提高 I/O 总带宽。这提高了硬盘子系统的整体 I/O 能力，但是对于单个 I/O 操作的延迟方面效果有限。

> **提示**　short stroking（短行程技术）表示限制一个硬盘上的数据存储总量，所以所有的数据都会分布在磁盘边缘。这样可以提高 I/O 寻道速度，靠的是减少机械臂在硬盘上的平均移动距离，因为外延的数据访问速度是整体最高的。一个 short stroking 硬盘驱动器的速度可能是一个写满数据的磁盘的访问速度的 2 倍，这取决于被丢弃的存储容量。

与磁盘相比，固态硬盘（SSD）没有移动部件且 I/O 延迟非常低。商用的 SSD 目前使用 DDR RAM（高效的电池供电 RAM 设备或者 NAND 闪存）。NAND 闪存是一种固有的非易失性存储介质，并且几乎主宰了当今的 SSD 市场。NAND 闪存是 Exadata 所使用的 SSD 技术。

⊖　1 英寸≈2.54 厘米。——编辑注

1. Flash SSD 延迟

Flash SSD（闪存固态盘）的性能远远高于传统磁盘，尤其是对于读操作来说。图 15.2 对比了不同类型的 SSD 和传统硬盘（注意，这些是近似值，对于来源和配置不同的驱动器，结果会有明显不同）。

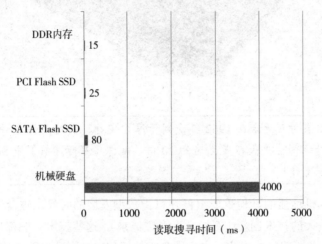

图 15.2　不同驱动技术的寻道时间

2. 固态硬盘的经济学

固态硬盘未来有望替代所有传统磁盘。虽然这一天有可能到来，但短期内，人们在经济的存储和高效的 I/O 方面有争执（传统磁盘在存储介质单元上更经济），但是闪存在提供高 I/O 和低延迟上更高效。

图 15.3 说明了两者相互竞争的趋势：当 I/O 成本因为固态硬盘降低时，每兆字节的成本将增加。各种样式的 SSD（PCI/SATA 和 MLC/SLC）可提供不同的价格和性能特性，比传统磁盘（如 15K RPM 和 7K RPM）丰富。SSD 设备提供很棒的 I/O 能力和经济较为劣势的大规模存储能力。当然，SSD 每 GB 的成本降得很快，但是不如传统磁盘价格下降和数据存储需求增加得快（尤其是在大数据时代）。

因为大多数数据库都存在热 / 冷数据，即一小部分经常访问的数据和大部分静止的数据，大部分数据库会通过结合使用固态硬盘和传统磁盘来达到最佳经济效益，这就是为什么 Exadata 提供了传统磁盘和闪盘来实现存储和性能之间的最佳实践平衡。如果 Exadata 只用传统磁盘，那么就不能提供更优质的 OLTP 性能；如果只用 SSD，就不能为大型数据库提供经济的令人信服的存储了。

15.1.3　Flash SSD 的结构和性能

固态硬盘和传统磁盘的性能区别不仅仅是在于减少单个读操作的延迟。就像传统磁盘的结构适合某些特殊的 I/O 操作一样，固态硬盘的结构有利于特定的和不同类型的 I/O。理解 SSD 如何处理不同数据的操作有助于帮助我们更好地进行配置决策工作。

美元/GB

| | 0.00 | 5.00 | 10.00 | 15.00 | 20.00 | 25.00 | 30.00 |

PCI SLC SSD　0.06　26.83

MLC PCI SSD　0.12　13.41

SATA SSD　0.05　2.93

■ 美元/IOP
■ 美元/GB

高性能磁盘　0.83　0.50

大容量磁盘　0.08　1.27

| 0.00 | 0.20 | 0.40 | 0.60 | 0.80 | 1.00 | 1.20 | 1.40 |

美元/I/O

图 15.3　固态硬盘和传统磁盘的经济学

1. SLC、MLC 和 TLC 硬盘

基于闪存的固态硬盘有 3 个层次的存储结构。信息单独存储在单元中。在单层单元（SLC）SSD 中，每个单元仅存储一位（bit）。在多层单元（MLC）中，每个单元存储两个甚至更多位的信息。MLC SSD 设备因此具有更大的存储密度，但是性能和稳定性较差。然而，因为 MLC 存储更经济，闪存厂商一直在不知疲倦地提升其性能和稳定性，并且目前 MLC 设备一般都有特别优异的性能。

迄今为止，MLC SSD 每个单元仅存储 2 位的信息。但是，三级缓存（TLC）SSD 目前已经出现了：这些都是可存储 3bit 信息的 MLC 设备。理论上，高密度 MLC 将来可能出现。但是每个单元中逐渐增加的位数降低了单元的寿命和性能。目前为止，Exadata 只用 SLC 或者两层 MLC 设备。

单元排列在页中（一般是 4KB 或者 8KB 大小），并且这些页一般放在 128KB～1MB 大的块中，如图 15.4 所示。

2. 写性能和耐久性

页和块结构对于闪存的性能效果尤为显著，因为迎合了闪存技术的写 I/O 特殊性。读操作和初始写操作仅需要一个页面的 I/O。但是改变页的内容需要一次性擦除和整块的覆盖写操作。即便是最初的写操作也明显慢于读操作，但是块擦除操作更慢，大概需要 2ms。

图 15.5 展示了页查找、页写和块擦除的大致时间。

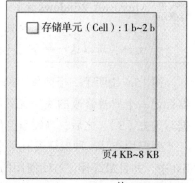

存储单元（Cell）：1 b～2 b

页4 KB～8 KB

块：128 KB～1 MB

图 15.4　SSD 存储层次（对数缩放）

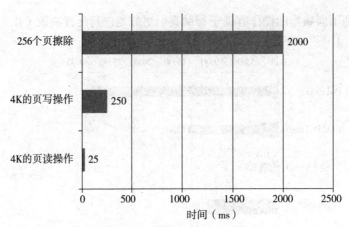

图 15.5　闪存 SSD 性能特征

写 I/O 落在固态硬盘上会有另外一个结果：经过一定数量的写入，存储单元会变得不可用。这种写的能力限制因驱动器而异，但是一般在低端的 MLC 设备上是 10 000 个周期，在高端的 SLC 设备上是 1 000 000 个周期。SSD 一般会在一个单元变得无法写入时，将其标记为坏页并且移动数据到新的页内。从而"安全失败"。

3. 垃圾回收和磨损均衡

企业级 SSD 制造商努力地避免擦除操作导致的性能损失，并且提高写能力的可靠性，因此编写了先进的算法以保证擦除操作的最小化和尽可能地在设备之间平均分担写压力。

擦除操作通过 free list（自由列表）和垃圾回收来避免。在一个更新期间，SSD 上被修改的块标记为无效，并且复制更新的内容到一个空块中去，然后获取一个 free list 的位置，垃圾回收程序按流程回收无效块，将其放在 free list 中以待后续操作。有一些 SSD 持有比宣传上更高的驱动器容量来保证 free list 不会因空闲空间用尽而不可用。这就叫作过度配置。

提示　Microsoft Windows 系统中有一个 TRIM 命令，允许系统在整个文件被删除时告知 SSD，进而移动到空块池中。但是，在生产系统中几乎没有删除过 Oracle 数据库的文件，所以这个命令对于 Oracle 数据库来说意义不大。

图 15.6 说明了一个简化了的 SSD 更新算法。为了避免执行耗时的擦除操作，SSD 控制器标记一个要被修改的块为无效状态（1），然后在 free list 中取一个空块（2）并将新的数据写进去（3）。之后，当硬盘空闲时，可通过擦除无效块垃圾操作将无效块回收。

磨损均衡是一种保证没有某个块会被过多写入的算法，可能涉及移动热块的内容到 free list 中，并且最终标记过度使用的块为不可用。

硬盘控制器中的磨损均衡算法和垃圾回收算法让 SSD 真正成熟。如果没有磨损均衡算法和垃圾回收算法，SSD 驱动器的性能会退化，有效寿命也会减少。

　　但是，垃圾回收和磨损均衡的确会影响人们对一个使用 Flash SSD 的数据库系统抱有更高的期望。但持续进行顺序写 I/O 或者集中于少量热页的写操作，可能无法让垃圾回收和磨损均衡算法有时间去清理无效页或者在操作之间分发访问过频繁的热页。最终，受到这些负载影响的 SSD 可能会呈现性能或者存储能力的退化。这可能会影响到使用 Flash SSD 进行密集型顺序写的工作负载（比如重做日志操作）。

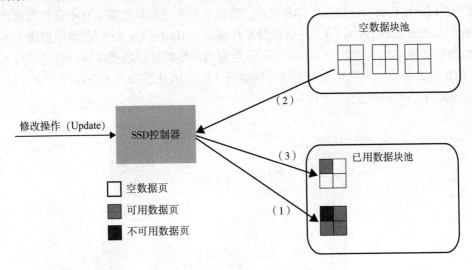

图 15.6　Flash SSD 垃圾回收

4. SATA 与 PCIe SSD

　　Flash SSD 驱动器有两种基本的类型：SATA 和 PCIe。SATA SSD 像大多数传统硬盘一样通过 SATA 接口连接计算机。PCIe 驱动器直接连接到 PCI 总线上，很像绝大多数家用计算机上显卡所用的插槽。

　　SATA SSD 使用起来比较方便，因为它可以用在传统 SATA 硬盘适用的场合。但不幸的是，SATA 接口是为传统硬盘设计的，具有毫秒级别的延迟，而对于 Flash SSD 来说，其延迟在微秒级别，若使用的是 SATA 接口，那么 SATA 的开销可能会占到读延迟总数的 2/3。

　　PCIe 接口被设计成针对极其低延迟的设备，比如图形适配器和允许直接与计算机处理总线交互的设备。所以，PCIe SSD 设备比 SATA SSD 设备有更低的延迟（读延迟在其上大概是 25μs），但是在传统 SATA SSD 上大概需要 75s（可参见图 15.2）。

15.1.4　Oracle 数据库闪存缓存

　　尽管 Exadata 系统不用 Oracle 数据库闪存（DBFC），但是任何关于 Exadata 智能闪存（ESFC）的讨论都不可避免地涉及与 DBFC 的对比。所以在深度讨论 Exadata 闪存之前，先快速回顾一下 Oracle 数据库闪存是如何工作的。DBFC 在 Oracle RDBMS 11.2 的 Oracle 操作系统（Solaris 和 Oracle Enterprise Linux）上可用。

数据库闪存为 Buffer Cache 提供一个二级缓存。Oracle 使用一种改进的 LRU 算法管理数据块。简单地说，如果块近期不被访问，那么它在 Buffer Cache 中的生命周期就会结束。当 DBFC 出现后，数据缓存中的数据块过期后不会被丢弃，而是通过 Database Wirter（DBWR）写入闪存设备。将来需要访问这些块时，可以通过闪存访问替代比较慢的传统硬盘数据文件访问。

图 15.7 展示了 Oracle 数据库闪存结构。数据库服务进程从数据文件中读取数据块并且把它放在 Buffer Cache 中（1）。随后读取操作可以从 Buffer Cache 中获得数据块而不用再访问数据库文件（2）。当块的 Buffer Cache 生命周期结束后，数据库写进程将其写入闪存（3），但是这么做不会干扰在磁盘上修改块数据（5）。因此读操作不是在闪存中进行，（4）就是在 Buffer Cache 中进行（5）。

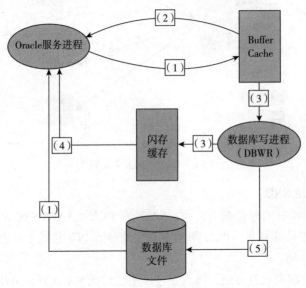

图 15.7　Oracle 数据库闪存结构

> 💡**提示**　Oracle DBFC 允许非 Exadata 系统利用 Flash SSD 提升性能。但是，DBFC 不包含在任何 Exadata 配置中，并且不要将其与 Exadata 智能缓存（ESFC）混淆。

15.2　Exadata 闪存硬件

至此，已经研究了 Flash SSD 技术和数据库闪存技术，下面来看一下在 Exadata 结构中是如何设计 Flash SSD 的。在 Exadata 系统中，Flash SSD 存储单元（storage cell）中。计算节点没有配置 SSD。

每个存储单元都包含 4 个 PCIe Flash SSD 驱动器。具体的配置要根据 Exadata 型号而定：

❑ 在 X2 系统上，每个单元有 4 个 96GB 的 Sun F20 SLC PCI Flash 卡，即每个存储单

元有 384GB，一个满配的 Exadata 中总共有 5.2TB 的 Flash 存储空间。

❑ 在 X3 系统上，每个单元有 4 个 400GB 的 F40 MLC PCI Flash 卡，即每个存储单元有 1.6TB，一个满配的 Exadata 有 22.4TB 的闪存总容量。

❑ 在 X4 系统上，每个单元有 4 个 800GB 的 Sun F80 MLC PCI Flash 卡，即每个存储单元 3.2TB 的容量，并且满配的 Exadata 有 44.8TB 的闪存总空间。

注意，在 X-2、X-3 和 X-4 中的配置提升不是通过添加更多的 Flash SSD 卡实现，而是通过提高每个驱动器的容量。

另外，请注意 X-3 的容量提升主要是通过从 SLC 卡换到 MLC 卡实现的。虽然 SLC 比 MLC 更耐用、延迟更低，但是自从 F20 出现后，MLC 技术有了明显的提升。Oracle 宣称，在图 15.8 中展示的 MLC F40 卡的吞吐量实际上是 SLC F20 卡原始吞吐量的 2 倍。

图 15.8　Oracle Sun F40 PCIe Flash SSD

 提示　Oracle 宣称 F20 卡每秒可以读取 10.1 万次 4KB 的数据，但是 F40 每秒可以读取 19 万次 8KB 的数据。假设大多数的 Flash SSD 都执行 8KB 标准的读，则可以认为在 OLTP 场景中 F40 的吞吐量可以达到 F20 的 3~4 倍。

15.3　Exadata 智能闪存缓存

在 Exadata 智能闪存（ESFC）中，Exadata 系统的默认配置一般是将系统中所有的闪存当作缓存。在下一章将会看到如何将闪存用作其他用途，并且非常好用。ESFC 会发挥 Flash 闪存绝大部分的优势。

ESFC 与数据库闪存缓存有一样的结构，就像在前面章节提到的那样。但是，这里需要关注一些明显的区别，以避免误认为 ESFC 仅仅是 Exadata 数据库闪存缓存。

15.3.1　Exadata 智能闪存缓存结构

ESFC 可以用 Exadata 存储单元服务器软件 CELLSRV 管理。一般来说，当数据库节点请求访问 ASM 硬盘上的数据块时，CELLSRV 软件会向 ESFC 和 ASM 磁盘组中的磁盘发出异步请求。如果数据在闪存缓存中，则从缓存中获取，如果不在，就在磁盘组中查找。在数据块发送到数据库节点之后，CELLSRV 随后将从磁盘组发过来的块存储到闪存缓存中，前提是这些块是符合条件的。

发送到数据库服务器存储单元缓存的工作是由元数据决定的，包含了 I/O 的大小和类型，还有段的 CELL_FLASH_CACHE 存储参数。

尽管有可能将 Exadata 配置成一个单实例的 Oracle 数据库，但是大多数 Exadata 数据库被配制成一个 RAC 集群。因此，在正常情况下，请求仅在请求节点的 Buffer Cache 中或者在集群中的其他节点中未找到该块时才会访问存储单元。

图 15.9 展示了 Exadata 简单读的数据流向：

1）数据库在本地缓存中查找数据块。

2）如果本地缓存中没有找到，数据库将跨越集群使用 Cache Fusion 从 Global Cache 中查找。

3）如果在 Global Cache 中没找到，数据库向存储服务器发送块访问请求。

4）存储服务器同时从闪存和磁盘中读取数据块。

5）存储服务器从最快响应请求的来源获取数据块。

6）存储服务器把块放在 Exadata 智能缓存中，如果之前不在里面的话。

> 提示　请记住，无论 Exadata 系统中数据库节点数有多少，在 Global Cache 中请求的实例数不能超过 3 个。大多数请求访问的实例会联系有特定块的节点，然后转发请求给最近访问过的实例去获取数据块。

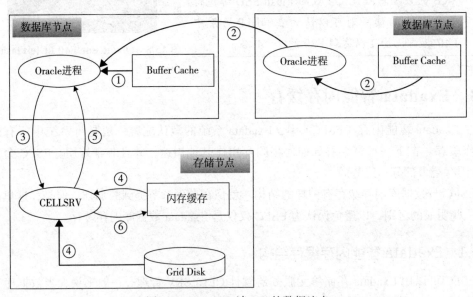

图 15.9　Exadata 读 I/O 的数据流向

似乎没有必要去赘述 RAC 的 Global Cache 架构与 ESFC 的结合。但是，ESFC 与 RAC Global Cache 的关系对于 ESFC 性能的扩展至关重要。ESFC 实际上是一个三级缓存，只有 Oracle 在本地 Buffer Cache 和 RAC 全局缓存中都找不到需要的数据时才会使用。在有些情 Buffer Cache 和全局缓存的有效性非常好，以至于额外的 ESFC 缓存仅提供增量的优势而已。

15.3.2　Exadata 智能闪存缓存存储什么

不是所有从存储单元发送到数据库服务器的数据都存储在闪存缓存中。存储服务软件可以区分不同类型的 I/O 请求（备份、数据泵、归档日志等）。只有数据文件和控制文件块才被缓存在 ESFC。CELLSRV 也区分数据块单块读和全表或智能表扫描。

Exadata 默认仅存储小的 I/O 到 Exadata 智能缓存中。小的 I/O 绝大多数都是单块读。在全表扫描期间，Oracle 请求的块一般为较大的数据块（默认是 16 个块），并且如果不为段设置 CELL_FLASH_CACHE，它们就不会被存储到 Exadata 的闪存缓存中。

15.3.3　闪存缓存压缩

F40 和 F80 Flash SSD 设备（分别在 Exadata X-3 和 X-4 数据库一体机上提供）可以在闪存缓存中提供硬件加速的数据压缩。依照存储在缓存中数据的性质，容量可以有 2~4 倍的有效提升。压缩是在闪存设备中进行的，所以几乎没有对系统产生负载。该功能需要高级压缩选项。

闪存缓存压缩默认是不被开启的，可以通过输入 ALTER CELL flashCacheCompress=TRUE 命令和 ALTER CELL flashCacheCompX3Support=TRUE（X3 系统上）命令开启。这些命令必须在闪存缓存创建前输入，所以需要删除并重建闪存缓存来利用此功能。可查看 Oracle 技术支持文档（ID 1664257.1）了解更多细节。

15.3.4　CELL_FLASH_CACHE 存储子句

Segment 参数 STORAGE 的子句 CELL_FLASH_CACHE 控制了 ESFC 中的块的优先级，也控制了智能扫描的块。有 3 种设置：

❑ 如果设置成 NONE，则 Segment 的块不会被存储到 Exadata 的智能闪存中。

❑ 如果设置成 DEFAULT，则小的 I/O（单块读）会被放在 Exadata 智能闪存中。

❑ 如果设置成 KEEP，智能扫描和全表扫描会在 Exadata 智能缓存中进行。此外，当存储服务器需要在 ESFC 回收块时，设置为 KEEP 的块最终会被回收。

可以通过查询 USER_SEGMENTS 或者 DBA_SEGMENTS 来检查当前的 CELL_FLASH_CACHE 子句的设置：

```
SQL> l
  1* SELECT segment_name,segment_type,cell_flash_cache
     FROM user_segments where segment_name like 'EXA%'
SQL> /

SEGMENT_NAME             SEGMENT_TYPE       CELL_FLASH_CACHE
------------------------ ------------------ ----------------
EXA_TXN_DATA             TABLE              KEEP
EXA_TXN_DATA_EIGHT_PK    INDEX              KEEP
EXA_TXN_DATA_EIGTH       TABLE              KEEP
EXA_TXN_DATA_HALF        TABLE              NONE
EXA_TXN_DATA_HALF_PK     INDEX              KEEP
EXA_TXN_DATA_PK          INDEX              DEFAULT
EXA_TXN_DATA_SAS         TABLE              KEEP
```

可以在 CREATE TABLE 或者 CREATE INDEX 语句中设置 CELL_FLASH_CACHE，或者之后用 ALTER TABLE 或 ALTER INDEX 来调整：

```
SQL> ALTER TABLE exa_txn_data STORAGE (CELL_FLASH_CACHE none);

Table altered.
```

15.3.5　闪存缓存的 KEEP 使用期

有一些 Oracle 文档描述 KEEP 子句会将块固定到 ESFC 中，但这不完全准确。KEEP 子句优先处理数据块，但是不保证所有对象的块都会放在 ESFC 中。Oracle 最多仅会给 KEEP 块预留 80% 的 Exadata 智能缓存。KEEP 块的时间一般不会长于 DEFAULT 默认的时间，如果 KEEP 块一直未被访问，并且有其他数据块被读入闪存缓存，旧的块会离开缓存，尤其是当有大量的 KEEP 块被读入时。

此外，缓存中被标记为 KEEP 段的块并不是无限期获得权限，默认情况下，一个块的 KEEP 权限会在 24 小时以后过期。可以输入 LIST FLASHCACHECONTENT 命令查看权限状态。

在这里，可以看到 Exadata 智能闪存中引入的块作为全表扫描的一部分，并且使用了 CELL_FLASH_CACHE 这个 KEEP 属性。

```
CellCLI> list flashcachecontent where objectNumber=139536 detail
         cachedKeepSize:        2855739392
         cachedSize:            2855936000
         dbID:                  325854467
         dbUniqueName:
         hitCount:              0
         hoursToExpiration:     24
         missCount:             2729
         objectNumber:          139536
         tableSpaceNumber:      5
```

大概有 2.8GB 的数据在 cachedSize 和 cachedKeepSize 中显示。HoursToExpiration 显示保持 KEEP 属性的时间。24 小时以后这些对象的记录如下：

```
list flashcachecontent where objectNumber=139536 detail
         cachedKeepSize:        0
         cachedSize:            2855936000
         dbID:                  325854467
         dbUniqueName:
         hitCount:              0
         missCount:             2729
         objectNumber:          139536
         tableSpaceNumber:      5
```

到期后，数据块仍然在缓存中，但是不再被标记为 KEEP 并且可能会被删除来保证其他非 KEEP 块被引入。

15.3.6　监控 Exadata 智能闪存缓存

在第 16 章，将会了解到 Exadata 智能闪存缓存监控的细节，包括 CellCLI 和其他工具。

但是由于这些技术是相当复杂的（比日常的实践调优更适合压力测试和研究项目），所以这里用一些简单的方式以确定其对于 Exadata 智能闪存缓存的有效性。

显然，闪存技术的本质是减少整体的 I/O 时间。因此，最有效的技术是在各种 CELL_FLASH_CACHE 参数值之间进行切换，并且在 V$SYSTEM_EVENT 和 V$SESSION_EVENT 两个视图中观察执行时间和等待时间的差异。但是，在一个生产系统上调整 CELL_FLASH_CACHE 参数是有一些破坏性的，并且一般情况下不会经常在相同的环境中测试不同的选项。

V$SYSSTAT 和 V$SESSSTAT 视图包括两种统计信息，提供快速的 Exadata 智能缓存性能查询：

❑ Cell Flash Cache read hits：记录了 Exadata 智能闪存缓存中读请求的次数。

❑ physical read requests optimized：记录了"被优化"了的读请求的次数，不管是通过 Exadata 智能闪存缓存或者是通过存储索引。虽然对于 Exadata 智能闪存来说，其效果可能不能跟存储单元闪存读的命中率相比，但它在下面的 V$SQL 视图中显示出了优势。

如代码清单 15.1 所示，将统计数据与物理读的总体的 I/O 请求统计量进行比较，可以看出有多少 I/O 正在优化（esfc_sessstat_qry.sql）。

代码清单15.1　优化单元I/O统计信息

```
SQL> l
  1     SELECT name, VALUE
  2       FROM v$mystat JOIN v$statname
  3            USING (statistic#)
  4      WHERE name IN ('cell flash cache read hits',
  5                     'physical read requests optimized',
  6*                    'physical read total IO requests')
SQL> /

NAME                                            VALUE
------------------------------------- -------------
physical read total IO requests               117,246
physical read requests optimized               58,916
cell flash cache read hits                      58,916
```

V$SQL 视图的 optimized_phy_read_requests 列中能看到记录了优化了的闪存或者是存储索引 I/O 的读请求。因此可以识别具有最高优化 I/O 数量的被缓存的 SQL，并且可能是 Exadata 智能闪存缓存中最重的用户。代码清单 15.2（esfc_vsql.sql）展示了排名前 5 位的优化了 I/O 的 SQL 语句。

代码清单15.2　排名前5位的I/O优化SQL语句

```
SQL> l
  1  SELECT sql_id,
  2         sql_text,
  3         optimized_phy_read_requests,
  4         physical_read_requests,
  5         optimized_hit_pct,
  6         pct_total_optimized
```

```
 7      FROM (  SELECT sql_id,
 8                     substr(sql_text,1,40) sql_text,
 9                     physical_read_requests,
10                     optimized_phy_read_requests,
11                     optimized_phy_read_requests * 100
12                                  / physical_read_requests
13                         AS optimized_hit_pct,
14                      optimized_phy_read_requests
15                     * 100
16                     / SUM (optimized_phy_read_requests)
17                                  OVER ()
18                          pct_total_optimized,
19                     RANK () OVER (ORDER BY
20                                  optimized_phy_read_requests DESC)
21                         AS optimized_rank
22               FROM v$sql
23             WHERE optimized_phy_read_requests > 0
24           ORDER BY optimized_phy_read_requests DESC)
25*  WHERE optimized_rank <= 5
SQL> /
```

	Optimized	Total	Optimized	Pct Total
SQL_ID	Read IO	Read IO	Hit Pct	Optimized
77kphjxam5akb	270,098	296,398	91.13	12.19
4mnz7k87ymgur	269,773	296,398	91.02	12.18
8mw2xhnu943jn	176,596	176,596	100.00	7.97
4xt8y8qs3gcca	117,228	117,228	100.00	5.29
bnypjf1kb37p1	117,228	117,228	100.00	5.29

15.3.7 Exadata 智能闪存缓存的性能

可以使用 ESFC 来获取性能提升，但提升程度十分依赖于负载和配置信息。下面看几个示例。

1. Exadata 智能闪存与智能扫描

前面提过，智能扫描一般是不在闪存中缓存的，除非将参数 CELL_FLASH_CACHE STORAGE 设置为 KEEP。图 15.10 展示了这个效果：在一个大表（5000 万行）中进行连续扫描（使用同样的 SELECT 和 WHERE 子句），该表不受闪存影响，除非表上设置了 CELL_FLASH_CACHE KEEP 子句。

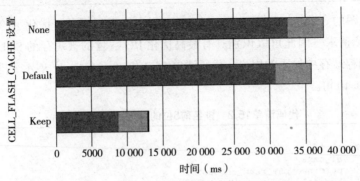

图 15.10　在 Exadata 智能扫描上设置 CELL_FLASH_CACHE 存储参数

2. 全（非智能）扫描

Exadata 智能闪存对全表扫描的处理与智能扫描非常类似。想象一下全表扫描的过程：先读到第一批表中的数据块，把它们放在闪存中，再读取下一批数据块并且缓存，然后重复此过程直到所有的数据块都被读取。现在，是读到表的最后部分的时候，表中第一批数据块已经被推下了最近频繁使用的任务链，并且现在相对"冷"。实际上，最后的数据块被读取时，最早的数据块可能已经过期了。

如果发生这种情况，当再次读取表时，就会发现很少或者是没有数据块在存储缓存中了。更糟糕的是，缓存已经被"污染"了，因为用通过全表扫描读取的大量数据块放在了缓存中，并且可能这些数据是从未读取过的。这就是 Oracle 全程几乎完全消除表的缓存块扫描的一个原因，也是为什么 Exadata 默认不缓存全表扫描的块到智能缓存中的原因。

图 15.11 确切地说明了这个现象。闪存缓存当一个大表（5000 万行）使用闪存的默认配置进行全表扫描时，会发现闪存缓存中存在很少的数据块，并且与表的存储设置 CELL_FLASH_CACHE 为 NONE 的情况相比，本质上没有性能优势。当设置 CELL_FLASH_CACHE 为 KEEP 之后，数据块就被优先放置在 ESFC 中，并且带来很高的闪存命中率，因此扫描时间大大缩短。

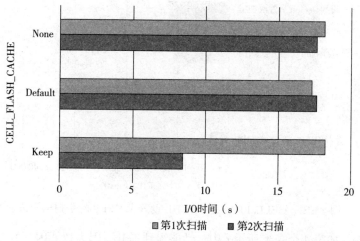

图 15.11　大表全（非智能）表扫描中的 ESFC 示例

那么，应该如何为段设置合适的 CELL_FLASH_CACHE 参数来保证合理的全表扫描频率呢？同样，这取决于工作负载和事务的优先级，但是设置成 KEEP，对足够放入 Exadata 智能缓存的表来说大概是个好主意。典型的候选表可能是包含 join、profile 和认证表的较小的表，或者被全表扫描连续读取的表。

3. 智能闪存 KEEP 开销

我们已经接受了把存储在高速缓存中的数据的成本视为可以忽略不计的。毕竟，在基于 RAM 的缓存中访问数据仅需几纳秒，并且还是经常用的排序缓存（就像 Oracle 数据库的

Buffer Cache）。但是，基于闪存缓存的性能动态基本上是不同的。添加一个数据至 Exadata 智能闪存通常比写机械磁盘快得多，但是比写进内存要慢得多（大概是 95ms 与 10ns 的区别）。

正如在本章前面部分提到的那样，如果垃圾回收算法不能跟上高速的数据块更新时，写入闪存设备的延迟可能显著降低。在最差的情况下，当整个闪存中的所有页在请求擦除操作的工作量高于写操作时，写操作的效率可能会经历一个数量级的下降。当对闪存设备进行大量的顺序写操作时，这种情况很可能发生。

当为了优化全表扫描或者智能扫描而使用 CELL_FLASH_CACHE 参数设置 KEEP 时，实际上是要求闪存缓存了一个可能有非常多的信息量的大表。第一次需要访问数据时，需要将大量的潜在顺序写放在闪存中，并且这可能产生巨大的开销。

图 15.12 展示了实际开销。前两个条形代表相同的全表扫描配置文件，此时 CELL_FLASH_CACHE 设置为 DEFAULT。当输入一条 ALTER TABLE 语句将 CELL_FLASH_CACHE 设置为 KEEP 时，性能最初下降得比较显著，如第 3 个条形所示。另外的时间就是将数据从存储单元传送到 Exadata 智能闪存中进行全表扫描的时间。

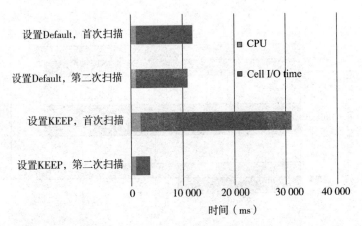

图 15.12 CELL_FLASH_CACHE 设置为 KEEP 的全扫描开销

随后的扫描（如第 4 个条形所示）中，性能得到提升，因为智能闪存所存储的数据可以满足需求。但是，可以预想到表可能从缓存中过期，进而导致在 Exadata 智能闪存中使用代价昂贵的重新填充操作。

最初写入 Exadata 智能闪存的开销取决于 Exadata 的版本（也和闪存固件版本有关），但是也会增加从磁盘读取的开销。换句话说，第一次将 CELL_FLASH_CACHE 设置成 KEEP 后，全表扫描实际上是比将该参数设置成 NONE 更糟糕的。

在对大表设置 CELL_FLASH_CACHE 为 KEEP 之前，考虑一下将数据块推出智能缓存外的可能。应该慎用 CELL_FLASH_CACHE 的 KEEP 设置。

4. 索引查找与 ESFC

与两种智能和非智能扫描对比而言，索引查找与 ESFC 有完全不同的互相联动模式。

第一，索引的单块读是在每个实例的缓存中发生的，因此减少读取磁盘的可能性会降低。Buffer Cache 的命中率能达到 90% 或者更高，因此只有十分之一或者更少的逻辑读是通过访问存储服务器获得的。

第二，因为 Exadata 数据库经常用作 RAC 数据库，如果数据库节点在本地 Buffer Cache 中找不到所需要的数据，便使用 RAC 私网来获取其他实例缓存中可能存在的数据块。

在本地缓存或者在全局缓存中找不到的数据块可能会在 Exadata 智能闪存中找到，不过鉴于数据库节点上可用的内存比较大，很有可能这个块从未被请求访问过或者是在缓存中已经过期的。

尽管如此，对于很多表来说，使用 ESFC 补充 Buffer Cache 和全局缓存可以降低 Buffer Cache 或全局缓存 "缺失" 的成本，从而带来实质性的改进。图 15.13 展示了这种情况。通过设置 CELL_FLASH_CACHE 为 NONE 来关闭 ESFC 会导致随机单块读取时间显著增加（在一个有 1 亿条记录的表中进行 500 000 次随机 500 000 个键值的读取）。

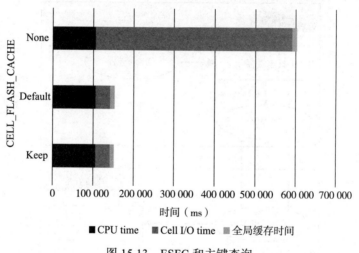

图 15.13　ESFC 和主键查询

设置 CELL_FLASH_CACHE 为 KEEP 通常不是必选的，并且可能不利于索引的单块读取。因为 KEEP 往往保持块的读取时间较长（在其他块的开销上算是多的），LRU 算法在设置为 DEFAULT 的缓存中淘汰数据块总的来说可能会使更有用的数据缓存进来。

换句话说，如果将 CELL_FLASH_CACHE 设置为 KEEP，个别表索引读取可能会有改进，但是这么做的代价是整体 ESFC 的效率降低并且损伤了 segment（CELL_FLASH_CACHE 设置为 DEFAULT）的查询性能。请记住，KEEP 影响缓存块对于全表扫描场景的访问，此方式有潜在的损害性能。

15.4 监控、控制和测试 Exadata 智能闪存缓存日志

Exadata 存储软件 11.2.2.4 中引入了智能闪存缓存的日志功能。这项功能的目的是减少整体的重做日志同步时间，是通过 Exadata 闪存缓存提供第二个重做日志写路径实现的。在 redo log sync 同步期间，Oracle 将日志同时写到硬盘和闪存缓存中，并且允许重做日志在任何一种方式写完后立刻进行 sync 操作。

闪存缓存在写操作中占优势，数据保存只需要很短的时间，直到存储服务确定所有的内容都写入了重做日志。由于智能闪存日志只是一个临时性的存储，因此只需要少量的闪存存储空间——每个单元 512MB（X4 上已经超过了 3.2TB，X3 上使用 1.6TB，或者 X2 上的 365GB）。

图 15.14 展示了基本的控制流程。Oracle 进程执行 DML 操作时产生重做（redo）条目写入 redo buffer（1）。周期性的或者在提交时，LGWR 将刷新缓冲区（2），引发一个 CELLSRV 进程的 I/O 需求（3）。CELLSRV 同时写到闪存和 Grid Disk 中（4），并且只要任何一个 I/O 操作完成，就返回控制信号给 LGWR（5）。

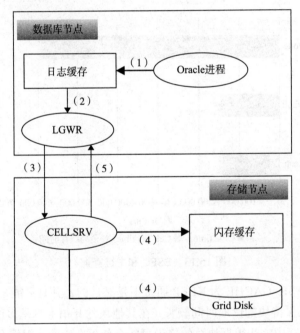

图 15.14　Exadata 智能闪存日志

使用 Flash SSD 去优化重做日志操作是一个略有争议的话题。包括本书笔者在内的许多人认为，Flash SSD 对于重做日志的开销是一个不太好的选择。因为顺序重做日志 I/O 的性质在磁盘上有利于借助磁盘旋转持续写入，因为连续 I/O 最大限度地减少寻找延迟，但是连续写的性质对 Flash SSD 不利，因为持续的覆盖写会导致数据块的擦除率很高。

提示　关于 FlashSSD 为何是作为重做日志不好的选择的更多信息和意见，请参见 http://
guyharrison.squaResace.com/ssdGuide/kevinclosson.wordpress.com/2011/11/01/flash-
is-fast-provisioning-flash-for-oracle-databaseredo-logging-emc-f-a-s-t-is-flash-and-
fast-but-leavers-redo-where-it-belongs/。

　　但是，Exadata 智能闪存日志功能并非基于一些理论上的有利于 SSD 写 I/O 而设计的。
相反，智能缓存的目标是使重做日志的在 Grid Disk 和 Flash SSD 两种途径中的写操作变得
"平滑"，并且在两种途径任何一种完成之前的操作后执行重做日志写入。

　　redo log sync waits：在提交时发生，通常只涉及几毫秒的等待时间，因为它们在相对
负载比较小的磁盘系统上只涉及顺序写操作。保持重做日志与在 ASM 磁盘组中的数据文件
分离，这样能保证比较重的数据文件 I/O 压力不会影响到重做日志操作的消耗时间。

　　但是，不可避免的，重做日志的实时同步操作会和其他的 I/O 操作冲突，比如归档读 /
写或者 Data Guard 操作。

　　在这种情况下，一些重做日志同步操作可能需要很长时间。如下就是一些 Oracle trace
日志数据，显示了重做日志同步等待：

```
WAIT #4..648: nam='log file sync' ela= 710
WAIT #4..648: nam='log file sync' ela= 733
WAIT #4...648: nam='log file sync' ela= 621
WAIT #4...648: nam='log file sync' ela= 507
WAIT #4...648: nam='log file sync' ela= 683
WAIT #4...648: nam='log file sync' ela= 2084
WAIT #4...648: nam='log file sync' ela= 798
WAIT #4...648: nam='log file sync' ela= 1043
WAIT #4...648: nam='log file sync' ela= 2394
WAIT #4...648: nam='log file sync' ela= 932
WAIT #4...648: nam='log file sync' ela= 291780
WAIT #4...648: nam='log file sync' ela= 671
WAIT #4...648: nam='log file sync' ela= 957
WAIT #4...648: nam='log file sync' ela= 852
WAIT #4...648: nam='log file sync' ela= 639
WAIT #4...648: nam='log file sync' ela= 699
WAIT #4...648: nam='log file sync' ela= 819
```

　　ela 条目以微秒为单位显示执行时间。大多数的等待时间小于 1ms（1000μs），但是在中
间有 291 780μs 的异常等待（大概 1/3s）。

　　偶尔的特别高的重做日志同步等待，比如刚才看到的信息可能不会让人不安，但是如
果重做日志同步等待经常与严重的应用事务一起发生，就需要加以注意。线上操作，比如
购物车的保存，提交一笔订单，还有保存配置的更改都经常包含一些提交操作，并且众所
周知当今的消费者在线上会因为数秒的延迟迅速失去耐心。所以甚至偶尔较高的重做日志
等待时间也会引起关注。Exadata 的智能闪存日志可用来消除这些令人不安的异常值。

15.4.1　监控和控制智能闪存缓存日志

　　Exadata 智能闪存缓存日志默认是开启的，并且用户不需要做任何操作来启用它，但要

确保存储单元（Storage Cell）至少运行在 Exadata 存储软件的 11.2.2.4 版本上。

可以通过使用 list flashlog 命令来确定闪存日志状态：

```
CellCLI> list flashlog  detail
        name:                   exa1cel01_FLASHLOG
        cellDisk:               FD_09_exa1cel01,FD_02_exa1cel01,
        creationTime:           2012-07-07T06:56:23-07:00
        degradedCelldisks:
        effectiveSize:          512M
        efficiency:             100.0
        id:                     3c08cfe1-ea43-4fde-85c2-0bbd5cbd11ec
        size:                   512M
        status:                 normal
```

可以使用资源管理计划来控制 Exadata 智能闪存日志功能的状态。可以针对个别数据库开启或者关闭 Exadata 智能闪存日志。

因此，以下命令可以为数据库 GUY 关闭 Exadata 智能闪存日志，并且可以用于其他数据库：

```
ALTER IORMPLAN dbplan=((name='GUY',flashLog=false),
                       (name=other,flashlog=on))'
```

可以使用以下 CellCLI 命令监视 Exadata 智能闪存日志的行为：

```
CellCLI> list metriccurrent where objectType='FLASHLOG';
    FL_ACTUAL_OUTLIERS              FLASHLOG        1 IO requests
    FL_BY_KEEP                      FLASHLOG        0
    FL_DISK_FIRST                   FLASHLOG        253540190 IO requests
        …
    FL_FLASH_FIRST                  FLASHLOG        11881503 IO requests
        …
    FL_PREVENTED_OUTLIERS           FLASHLOG        275125 IO requests
```

以下这可能是由此命令生成的最有趣的 CellCLI 指标。

❑ FL_DISK_FIRST：重做日志操作在 Grid Disk 上首次写完成。

❑ FL_FLASH_FIRST：重做日志操作在 Flash SSD 上首次写完成。

❑ FL_PREVENTED_OUTLIERS：被闪存日志优化过的，甚至是超过 500ms 的时间去完成的重做日志的写次数。

15.4.2 测试智能闪存缓存日志

下面一起看一个示例。测试一下 Exadata 智能闪存缓存日志，通过 20 个并发的进程，每个进程执行 20 万次的更新和提交，总共 400 万次的重做日志同步操作。现在，使用资源计划禁用 Exadata 智能闪存日志（请参阅之前章节中的 ALTER IORMPLAN 语句）并且重复此测试。使用 R 统计软件包捕获 DBMS_MONITOR 跟踪文件的每一个重做日志同步的等待进行分析。

在 Exadata 智能闪存日志被禁用后，关键 CellCLI 指标如下：

```
FL_DISK_FIRST             32669310 IO requests
FL_FLASH_FIRST             7318741 IO requests
FL_PREVENTED_OUTLIERS       774146 IO requests
```

启用 Exadata 智能闪存日志后，指标如下：

```
FL_DISK_FIRST              33201462 IO requests
FL_FLASH_FIRST              7337931 IO requests
FL_PREVENTED_OUTLIERS       774146 IO requests
```

所以这个特别的闪存硬盘的存储单元"赢得"了 3.8% 的时间（FL_FLASH_FIRST 与 FL_DISK_FIRST 的比率）并且阻止了异常的发生（异常是超过 500μs 的重做日志同步）。所以表面上看，仅需要处理很少的信息。

但是，重做日志同步时间统计分析展示了不同的输出情况。表 15.1 总结了 2 个测试的主要统计信息。

表 15.1　Exadata 智能闪存缓存日志在重做日志同步等待上的效果

智能闪存 日志设置	重做日志同步时间（μs）				
	最小值	中等值	平均值	99%	最大值
On	1.0	650	723	1656	75 740
Off	1.0	627	878	4662	291 800

Exadata 智能闪存缓存日志减少了 15% 的平均日志文件同步等待时间，并且这种差异在统计信息上是显著的。还有一个显著的 99% 的减少，那 1% 的最小的等待时间被减少到了 4.6s，甚至 1.6s。

图 15.15 展示了 Exadata 智能闪存缓存日志功能开启时和未开启时，日志文件同步等待的分布状态。使用 Exadata 智能闪存日志时创建了一个奇怪的驼峰，看起来像是正常的钟形曲线分布。要了解这条驼峰曲线，需要查看非常高的异常重做日志等待的分布情况。

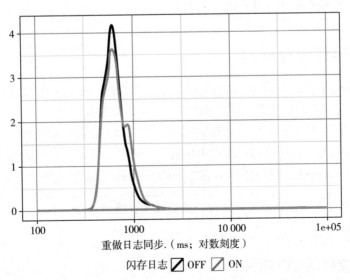

图 15.15　Exadata 智能闪存缓存日志与日志文件同步等待分布

图 15.16 展示了前 1 万个等待的分布情况。该图更清晰地展示了 Exadata 智能闪存缓存日志如何减少较高的异常日志文件同步等待。这些等待被拉了回来，但是在某个点时仍然会高于其他日志同步等待的等待时间。这造成了在图 15.15 中的高峰并且展示了显著的额外的重做日志等待减少。

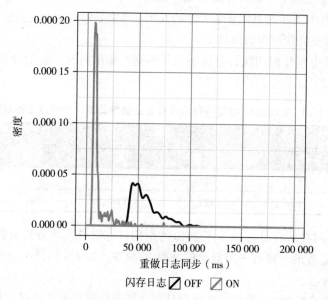

图 15.16　Exadata 智能闪存缓存日志与前 1 万个日志文件同步等待分布

Flash SSD 不一定是理想的重做日志写操作的存储介质。Exadata 智能闪存日志可以减少非常高的异常重做日志写入的影响。

15.5　智能闪存缓存回写

在存储服务软件 11.2.3.2.0 版本之前，Exadata 智能闪存是直接写缓存，意味着写操作将同时应用在缓存和硬盘设备上，硬盘 I/O 完成之前不算完成。

从 Exadata 存储软件的 11.2.3.2.0 开始，Exadata 智能闪存可以实现回写缓存（write-back cache）了。这意味着写操作最初在缓存中执行，并且稍后才会阶段性地写入磁盘。这可以有效地提升受 I/O（Oracle 数据文件）瓶颈影响的 Exadata 系统的性能。

 提示　11.2.3.2.1 版本是建议使用该功能的最低版本，因为这个版本包含了解决已知重大问题的方案。

15.5.1　数据文件写 I/O 瓶颈

与早期的 Exadata 智能闪存一样，回写缓存主要只处理数据文件块，重写被 Exadata 智能闪存日志功能优化了。

数据文件写操作一般发生在 Oracle 的后台进程，并且大多数的情况下并不需要真的等待这些 I/O 执行。既然这样，那么写入优化的优势是什么？为了理解这个回写缓存的优势，下面来复习一下 Oracle 数据文件写 I/O 的原理和写 I/O 变为瓶颈的症状。

当 Buffer Cache 中的一个数据块被修改时，DBWR 有责任将这个"脏"数据块写入硬盘。DBWR 持续这样做并且使用异步 I/O 处理，所以一般会话不必去等待 I/O 发生（会话唯一需要等待的 I/O 时间是提交 COMMIT 命令时的重做日志同步时间）。

但是，Buffer Cache 中的所有缓冲区都有可能出现脏数据，一个进程可能在其读取一个数据块进缓存时出现等待，导致一个 free buffer waits（空闲缓存等待）。

图 15.17 展示了此现象。用户会话希望把新的数据块放入 Buffer Cache，但是需要等待新的缓存，直到数据库写进程将脏块清除为止。也有可能会观察到写完成等待（write complete waits）。当会话想去访问一个 DBWR 正在往磁盘上写的块时，就会出现这些问题。

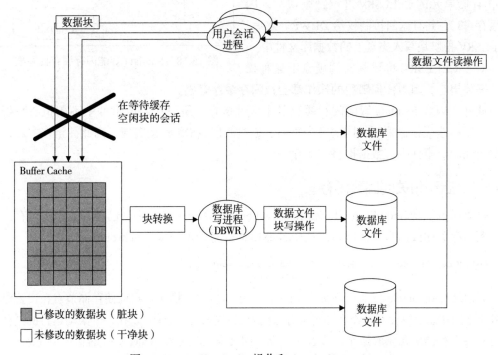

图 15.17　Buffer Cache 操作和 free buffer waits

free buffer waits 可能导致更新（update）操作密集型负载，这在 Oracle 会话读入缓存的 I/O 带宽超过数据库写进程带宽时会发生。因为数据库写进程使用异步并行写 I/O，并且因为所有的相关进程在访问相同的文件，所以 free buffer waits 经常发生在 I/O 子系统的读快于写操作的情况下。

存在这样一种不平衡，发生在 Exadata 的读和写延迟之间——Exadata 智能闪存可以将读的速度提升 4~10 倍，尽管没提供相似的写优势。因此，free buffer waits 可能成为瓶颈，使得 Exadata X2 变得特别忙。Exadata 智能闪存缓存回写提供了与读一样的写加速，因此减少了 free buffer wait 瓶颈。

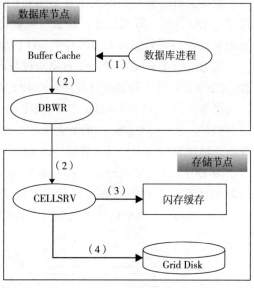

15.5.2 回写缓存架构

图 15.18 展示了 Exadata 智能闪存缓存回写架构。

一个 Oracle 进程修改了数据库块，然后该块变脏（1）。DBWR 定期发送这些块到存储单元（Storage Cell）以进行写操作（2）。对于合格的块（几乎所有在 Buffer Cache 中的块都是合格的），存储单元的 CELLSRV 进程把脏块写入闪存缓存（3），并且返回控制权给 DBWR。之后，CELLSRV 把脏块写入磁盘上的数据库文件中。

对于 CELLSRV 将块刷新到硬盘上这种操作不需要担心，因为任何随后的操作都会被闪存缓存完成。

图 15.18　Exadata 智能闪存缓存回写架构

此外，因为 Exadata 智能闪存缓存是永久性缓存，所以在停电事件中不用担心数据丢失。回写高速缓存也采用相同的冗余策略，通过底层 ASM 磁盘实现，因此甚至在灾难性的存储单元故障事件中，数据也将被保存。

15.5.3 启动和关闭回写闪存

可以通过执行 list cell attributes flashcachemode 命令来确定是否已经开启回写缓存。如果回写闪存关闭或回写未开启，flashCacheMode 变量则返回 writeThrough：

```
CellCLI> list cell attributes flashcachemode detail
        flashCacheMode:          writeback
```

开启缓存在 Oracle 技术支持文档（ID 1500257.1）中有描述。建议使存储节点在设置过程中处于空闲状态，以使写操作在通过缓存之前就已经静止。这样可以在一个滚动运行的过程中同时对一个存储单元完成操作，或者在完全关闭所有数据库和 ASM 实例的状态中完成操作。

非滚动方式需要在所有数据库或者 ASM 实例关闭时在每个存储单元上执行以下命令：

```
DROP FLASHCACHE
ALTER CELL SHUTDOWN SERVICES CELLSRV
ALTER CELL FLASHCACHEMODE=WRITEBACK
ALTER CELL STARTUP SERVICES CELLSRV
CREATE FLASHCACHE ALL
```

滚动方式是类似的，但是包括一些额外的步骤以确保 Grid Disk 没有被使用。查看 Oracle 技术支持文档（ID 1500257.1）可以找到细节处理方法。

15.5.4 回写缓存性能

图 15.19 展示了在遇到 free buffer waits 时，回写缓存对于工作负载的效果。图 15.19 中的工作负载属于写操作严重密集但是仅有一点读 I/O 开销（所有操作都在缓存中）的情况。因此，数据库经历了非常高的 free buffer waits 和相关的 buffer busy waits（缓冲区忙等待）事件。开启回写缓存完全消除了 free buffer waits，这是因为有效地提升了数据库写进程的写 I/O 带宽，因此，吞吐量提高了 4 倍。

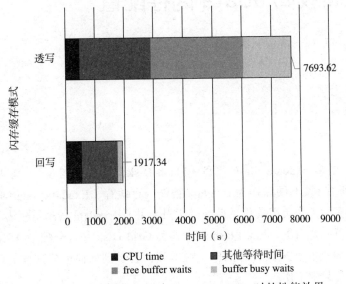

图 15.19 回写缓存在遇到 free buffer waits 时的性能效果

但是，不要误认为回写缓存是解决所有负载问题的通用良药。只有涉及 free buffer waits 的负载时才有可能看到这样的性能收益。当负载主要涉及 CPU、读 I/O、全局缓存协调、日志写等时，这些负载不能通过回写缓存的设置获得好处。

15.6 本章小结

SSD 提供了比传统硬盘更高的 I/O 能力和更低的 I/O 延迟。

默认的 Exadata Flash SSD 设置与 Exadata 智能闪存缓存类似。Exadata 智能闪存缓存的主要目的是通过配置闪存作为硬盘的缓存加速数据库文件的读 I/O。Exadata 智能闪存默认不会加速全表扫描，但是可以设置 CELL_FLASH_CACHE KEEP 来改善该操作。

Exadata 智能闪存日志允许闪存缓存参与重做日志的写操作。这可以减轻偶尔发生的非常高的重写"异常"。Exadata 智能闪存缓存也可以作为回写缓存，开启后可以像满足读请求一样去满足写请求，可以提升正在经历数据文件写 I/O 瓶颈的系统性能（对 free buffer waits 时间改善很明显）。

Chapter 16 第 16 章

高级 Exadata 闪存配置

本章将关注更多 Exadata Flash 硬盘（Flash Disk，又称"闪盘"）高级技术。默认的 Exadata 配置下所有 Flash 硬盘作为 Exadata 智能闪存缓存（Exadata Smart Flash Cache）使用。这种配置为多种工作负载提供了性能的提升，并且 Exadata 管理员仅需要进行很少的配置。但是，也有可能配置 Exadata Flash 硬盘作为 Grid Disk 并且分配给 ASM 磁盘组，然后就可以直接用于表空间和重做日志操作。在本章，会看到如何创建这样的配置并且了解它如何在不同工作负载中工作。

16.1　使用 Flash 作为 Grid Disk

Exadata 系统拥有令人难以置信的 Flash 硬盘容量（一个满配的 X4 机器上有高达 44TB 的 Flash 硬盘）。Flash 硬盘确实提升了 Exadata 系统的整体价格，所以，尽可能最大限度地发挥闪盘的作用。

默认配置使用所有的 Exadata 闪存（Flash storage）作为存储，是一个"无须设置"选项。不需要更多的设置，就可以在各种业务场景中带来益处。但是，这不一定是闪存资源的最佳效果。

有可能重新配置全部或者部分 Flash 硬盘作为 Grid Disk，然后可以将其作为 ASM 磁盘使用，并且用作数据库文件和重做日志。在很多情况下，这会获得优越的性能。

为什么要创建基于 Flash 的 Grid Disk？有几个令人信服的理由：

❑ 如果表足够小，可以完全放入缓存，那么所有表上的 I/O 都加速了。用 Exadata 智能闪存时，读 I/O 只有在块存在于闪存中时才被加速。

❑ Exadata 智能闪存对于单块访问的优化非常有效，但是默认不会用于智能优化或者全表扫描。使用 CELL_FLASH_CACHE KEEP 存储参数设置会有一些副作用，可以通过把表完全放在闪存中加以避免。

❑ 不是所有的数据库 I/O 都会使用 Exadata 智能闪存（例如，临时段上的 I/O 和重做日志）。通过创建 Grid Disk，有可能加速这些 I/O。

16.1.1　Grid Disk、Cell Disk 和闪存缓存

Exadata 存储系统均由硬盘设备组成，可以使用高性能或者大容量 SAS 传统硬盘与 SSD 混合。这些硬盘都被认为是 Cell Disk。

默认情况下，SAS 硬盘被映射为 Grid Disk，这些盘直接给基础数据节点作为 LUN 识别并且用于创建 ASM 磁盘组。

可以通过 CellCLI 和 sqlplus 命令查看存储的每一个层。在系统上使用 LIST celldisk 命令可查看所有磁盘——固态盘或者 SAS 盘（输出描述中称为 HardDisk）。

```
CellCLI> LIST celldisk ATTRIBUTES name,devicename, size ,diskType
          CD_00_exa1cel01        /dev/sda        1832.59375G     HardDisk
          CD_01_exa1cel01        /dev/sdb        1832.59375G     HardDisk
          CD_03_exa1cel01        /dev/sdc        1861.703125G    HardDisk
          CD_04_exa1cel01        /dev/sdd        1861.703125G    HardDisk
          ...
          FD_12_exa1cel01        /dev/sdu        22.875G         FlashDisk
          FD_13_exa1cel01        /dev/sdv        22.875G         FlashDisk
          FD_14_exa1cel01        /dev/sdw        22.875G         FlashDisk
          FD_15_exa1cel01        /dev/sdx        22.875G         FlashDisk
```

LIST GRIDDISK 命令显示 Cell Disk 如何映射为 Grid Disk：

```
CellCLI> LIST griddisk ATTRIBUTES name,cellDisk,diskType
          DATA_EXA1_CD_00_exa1cel01      CD_00_exa1cel01      HardDisk
          DATA_EXA1_CD_01_exa1cel01      CD_01_exa1cel01      HardDisk
          DATA_EXA1_CD_02_exa1cel01      CD_02_exa1cel01      HardDisk
          ...
          DATA_EXA1_CD_09_exa1cel01      CD_09_exa1cel01      HardDisk
          DATA_EXA1_CD_10_exa1cel01      CD_10_exa1cel01      HardDisk
          DATA_EXA1_CD_11_exa1cel01      CD_11_exa1cel01      HardDisk
```

在 ASM 中的 Grid Disk 显示为逻辑硬盘，以 o/cell_ip_address/GridDiskName 格式显示：

```
SQL> l
  1    SELECT label ,PATH, header_status
  2      FROM v$asm_disk
  3* ORDER BY name
SQL> /

LABEL                   PATH                            HEADER_STATU
--------------------    ----------------------------    ------------
DATA_EXA1_CD_00_EXA1    o/192.168.10.3/DATA_EXA1_CD_00   MEMBER
CEL01                   _exa1cel01

DATA_EXA1_CD_00_EXA1    o/192.168.10.4/DATA_EXA1_CD_00   MEMBER
CEL02                   _exa1cel02

DATA_EXA1_CD_00_EXA1    o/192.168.10.5/DATA_EXA1_CD_00   MEMBER
CEL03                   _exa1cel03
```

默认情况下，Flash 硬盘被配置成 Exadata 智能闪存缓存并且对于数据库节点不可见。可

以使用 LIST FLASHCACHE 命令查看组成闪存的 Cell Disk。

```
CellCLI> list flashcache detail
        name:                    exa1cel01_FLASHCACHE
        cellDisk:                FD_07_exa1cel01,FD_09_exa1cel01,FD_02_exa1cel01,FD_05_
exa1cel01,FD_15_exa1cel01,FD_00_exa1cel01,FD_04_exa1cel01,FD_08_exa1cel01,FD_01_
exa1cel01,FD_11_exa1cel01,FD_10_exa1cel01,FD_14_exa1cel01,FD_12_exa1cel01,FD_13_
exa1cel01,FD_06_exa1cel01,FD_03_exa1cel01
        creationTime:            2013-12-31T17:55:30-08:00
        degradedCelldisks:
        effectiveCacheSize:      287.5G
        id:                      7989f434-c89c-4c6e-8d62-f299824da633
        size:                    287.5G
        status:                  normal
```

图 16.1 显示了所有硬盘的映射，包括 Exadata 默认配置中的 Cell Disk、Grid Disk、闪存缓存和 ASM。所有的 SAS 硬盘都映射到了 Grid Disk，这些盘依次用于为数据库创建 ASM 磁盘组。所有的 Flash 硬盘都用来创建 Exadata 智能闪存缓存。

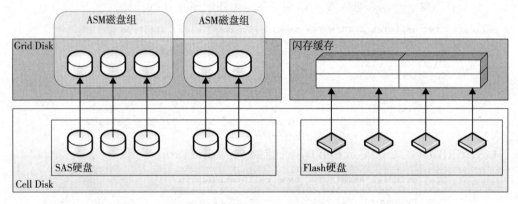

图 16.1　Exadata 中默认的 Cell Disk 和 Grid Disk 配置

图 16.2 显示了 Exadata 系统配置了一些 Flash 硬盘作为 Grid Disk，另外一些分配给了 Exadata 智能闪存缓存。

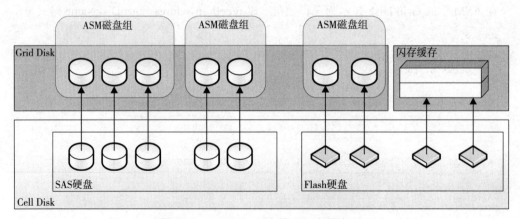

图 16.2　设置 Exadata Flash 硬盘作为闪存缓存和 Grid Disk

16.1.2　创建一个基于 Flash 硬盘的 ASM 磁盘组

如果想用 Exadata Flash 硬盘实现 Exadata 智能闪存缓存以外的功能，需要从闪存中删除一些 Flash 硬盘，并且将其分配为 Grid Disk，然后，这些 Grid Disk 可以用于创建 ASM 磁盘组来存储数据文件和重做日志。

重新分配所有 Flash 硬盘给 Grid Disk 是不明智的。Exadata 智能闪存缓存的优势是显而易见的，并且 Oracle 机器的工程架构认为闪存缓存的存在是为了平衡性能，所以一般只能分配一些 Flash 硬盘作为 Grid Disk 并且把剩下的 Flash 硬盘作为小一点的 Exadata 智能闪存缓存。

以下是操作流程：

1）删除已存在的 Exadata 智能闪存。

2）创建小一点的闪存缓存。

3）用剩余的 Flash 硬盘创建 Grid Disk。

4）用这些 Grid Disk 来创建 ASM 磁盘组。

1. 创建 Grid Disk

首先，需要从 Exadata 智能闪存缓存中去掉一些 Flash 硬盘。在每个存储服务器上，删除闪存缓存并且新建一个小一点的闪存缓存：

```
CellCLI> drop flashcache
Flash cache exa1cel01_FLASHCACHE successfully dropped
CellCLI> create flashcache all size=288g
Flash cache exa1cel01_FLASHCACHE successfully created
```

现在，可以用剩余的 Flash 硬盘创建 Grid Disk：

```
CellCLI> create griddisk all flashdisk prefix=ssddisk
```

这些命令运行在 X2 系统上时，每个存储节点有 384GB 的闪存，所以前面的命令创建了大概 96GB 的 SSD Grid Disk。

可以使用 LIST Griddisk 命令查看创建的 Grid Disk：

```
CellCLI> LIST griddisk ATTRIBUTES name,cellDisk,size
where diskType='FlashDisk'
        ssddisk_FD_00_exa1cel01        FD_00_exa1cel01        4.828125G
        ssddisk_FD_01_exa1cel01        FD_01_exa1cel01        4.828125G
        ssddisk_FD_02_exa1cel01        FD_02_exa1cel01        4.828125G
        ssddisk_FD_03_exa1cel01        FD_03_exa1cel01        4.828125G
        ssddisk_FD_04_exa1cel01        FD_04_exa1cel01        4.828125G
        ssddisk_FD_05_exa1cel01        FD_05_exa1cel01        4.828125G
        ssddisk_FD_06_exa1cel01        FD_06_exa1cel01        4.828125G
        ssddisk_FD_07_exa1cel01        FD_07_exa1cel01        4.828125G
```

刚创建的 Grid Disk 的容量对应于 Flash 加速卡的物理配置。在 X2 系统上，Flash 加速卡（Sun F20）由 4 个闪存模块组成，每一个包含 8 个 4GB 的闪存单元。每个 Grid Disk 对应这些闪存单元中的一个。

2. 创建 Flash 硬盘组

Grid Disk 在 ASM 硬盘中以该格式表现：o/cellIPAddress/GridDiskName。当创建的 Grid

Disk 时，指定的前缀可以用来区分 Grid Disk 和 Flash Grid Disk。在本例的情景中，所有的 Flash Grid Disk 都用了 ssddisk 作为前缀，这是在 CREATE GRIDDISK 命令行中指定的。因此，如下命令从一些未分配的 Flash Grid Disk 中创建了 ASM 硬盘组：

```
SQL>
  1  create diskgroup DATA_SSD normal redundancy disk 'o/*/ssddisk*'
  2  attribute 'compatible.rdbms'='11.2.0.0.0',
  3  'compatible.asm'='11.2.0.0.0',
  4  'cell.smart_scan_capable'='TRUE',
  5* 'au_size'='4M'
```

当然，也可以使用 OEM 控制 ASM 实例来创建新的硬盘组。新的 Flash 硬盘会显示为成员硬盘，如图 16.3 所示。

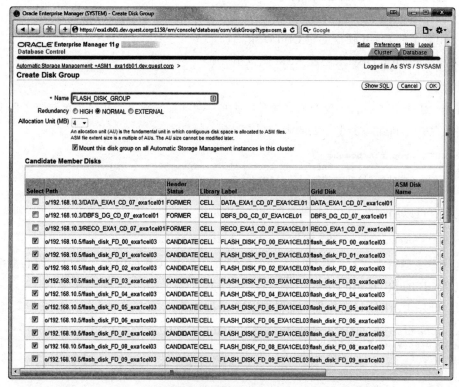

图 16.3　在企业管理器中创建基于闪存的 ASM 磁盘组

16.2　Flash 表空间与闪存缓存

来看一下基于闪盘的表空间与 Exadata 智能闪存缓存的性能对比。

16.2.1　Index Fetch 性能

像前面章节所提到的，Exadata 智能闪存缓存在执行单块随机读（典型的主键索引便利）

时获得的性能收益最大。

图 16.4 对比了 50 万行范围值的 50 万个主键遍历所执行的时间。第 1 条显示了 CELL_
FLASH_CACHE 设置为 NONE 时的性能。下面 2 条显示了 CELL_FLASH_CACHE 设置为
DEFAULT 或者 KEEP 时的性能。可发现性能获得了明显提升，节省了 32% 的执行时间。

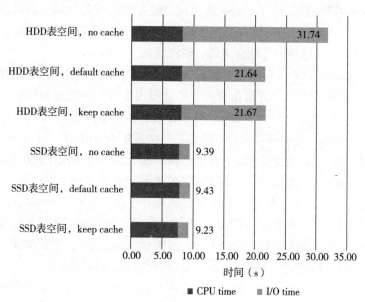

图 16.4　索引遍历在闪存缓存和 Flash 表空间中的对比

但是，像图 16.4 中的最后 3 条显示的那样，把整个段（还有其索引）放在 SSD 表空间，
减少了 70% 的执行时间和 93% 的 I/O 时间。在本例中将段放在基于 SSD 的表空间后提供
了比 Exadata 智能闪存缓存更好的性能。

在闪存缓存上，Flash 表空间的性能优势非常依赖于数据访问模式。当 Exadata 智能闪
存缓存的命中率很高时，闪存缓存的访问性能可能接近 Flash 表空间。但是，必须有一个
SAS 硬盘作为初始化的块缓存设备来为 Exadata 智能闪存加速。当段直接存储在 SSD 中时，
其硬盘 I/O 初始化就不会发生了。

此外，Exadata 智能闪存缓存比 Flash 表空间有更少的可预测性。如果缓存是 Cold 状态
或者段最近未被访问过，性能通常不会差。使用 SSD 表空间，将不能从冷的闪存缓存获得
任何性能的间歇性降级。

另一方面，有些表如果整个放在闪存里会太大，这时 Exadata 智能闪存缓存可加速表的
I/O。把段放在一个 Flash 表空间中，需要 Flash 存储中有足够的空间来存放整个段。当然，
表分区技术是一个很好的机制，可以帮助用户跨越这个障碍，本章稍后将验证这个方案。

图 16.4 中数据体现的最后一个要点：对于 SSD 表空间，设置了 CELL_FLASH_CACHE
参数后出现性能差异。没有必要将 Exadata 智能闪存缓存中已经有的数据再存储于 SSD，

因为一个缓存就够了，这比在下层缓存中获得的性能更高。所以当在 Flash 表空间存储一个表时，设置 CELL_FLASH_CACHE 为 NONE 即可。

16.2.2   扫描性能

正如在 15 章看到的那样，Exadata 智能闪存缓存默认不会存储全表扫描和智能表扫描的块。可以通过使用 CELL_FLASH_CACHE 的 KEEP 设置来通知 Exadata 智能闪存缓存去存储扫描到的块，但是这样做可能会遇到一些问题。

首先，往 Exadata 智能闪存缓存中加载大的段可能实际上会在初始化扫描时降低性能。其次，加载大的段到缓存中可能会把有价值的块推出缓存，最先加载的块可能在扫描完成前过期。最终，块引入 Exadata 智能闪存缓存的 KEEP 区域，在 24 小时后过期，所以如果表经常被扫描，Exadata 智能闪存缓存可能会在扫描操作中失败。

如果确定想优化全表或者一个段的智能扫描，那么直接将该段存放在 Flash 上可能比把 Exadata 智能闪存缓存的 CELL_FLASH_CACHE 参数设置为 KEEP 的性能好。

图 16.5 对比了在 SAS 上和基于闪存的表空间中开启和关闭 Exadata 智能闪存缓存时同一个表的扫描时间。第一组数据（12.45，11.27）显示了不用闪存加速的扫描的性能，第二组数据（33.14，4.75）显示了设置 CELL_FLASH_CACHE 为 KEEP 的效果（一开始扫描时下降了，因为存储表到闪存的开销略大，可是后面的扫描都被加速了）。

图 16.5 的最后的一组数据（3.36，2.94）显示了存储在 Flash 表空间中的表的性能。不论是否设置 CELL_FLASH_CACHE，扫描都被完全优化了，并且初始时性能的降低也被 Exadata 智能闪存缓存避免了。

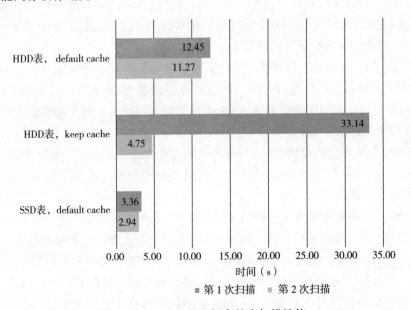

图 16.5   SAS 和基于闪存的表扫描性能

16.2.3　创建一个 Flash 临时表空间

　　Exadata 智能闪存缓存可以缓存与段相关的数据块：表、索引和分区。进行索引查找和单表扫描时，扫描这些段相关的 I/O 占主要的 SQL I/O 等待时间。但是，对于复杂的 SQL，比如哈希 JOIN、排序或者 GROUP BY 操作，临时段相关的 I/O 可以变得突出并且可能占整体性能的主要部分。

　　当排序和哈希操作被请求时，Oracle 在程序全局区（PGA）分配一个私有内存区域。对于这些会话来说，总共可用的 PGA 内存量取决于 MEMORY_TARGET 或者 PGA_AGGREGATE_TARGET。

　　当可分配给排序和哈希操作的内存不充足时，Oracle 必须在操作期间读写临时段。在一次性操作中，Oracle 需要写出和读回很多临时表段。使用需求越多，就会有越多的 I/O 被发起，并且操作变得越来越慢。当临时段上操作增加，一次排序或者哈希操作所请求的 I/O 变得越来越快，并且操作数越增加，就越会变成 SQL 性能的决定性因素。

　　图 16.6 展示了 PGA 内存对于排序的可用容量和语句执行时间的关系。当内存空间变得紧张时，临时表空间 I/O 增加并且最终占据 SQL 性能的重要部分。

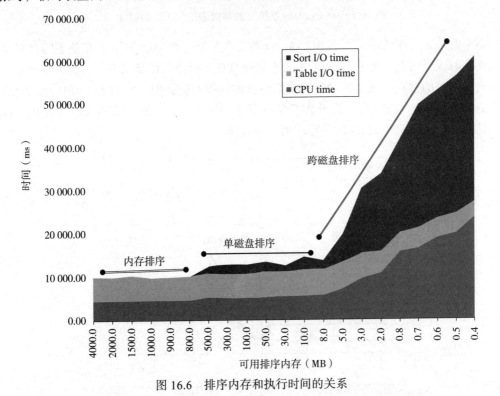

图 16.6　排序内存和执行时间的关系

　　关于 Oracle 数据库使用的直连 PCI 闪存，使用闪存作为临时表空间的基础设备可以获得明显的临时表空间 I/O 减少。图 16.7 展示了这种效果。

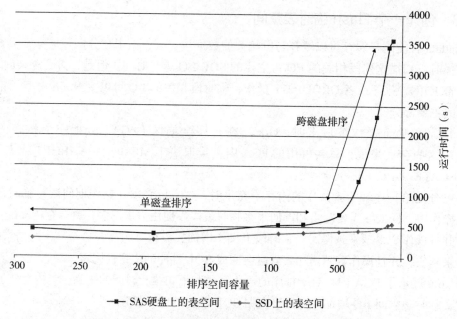

图 16.7 非 Exadata 系统上的临时表空间 I/O 的减少

不幸的是，这样的结果不会在 Exadata 系统上复制。图 16.8 展示了在基于闪存和基于 SAS 的临时表空间上，对于不同 PGA 大小的硬盘排序操作的性能状况。对每个操作的等待时间进行细致的检查发现，尽管临时表空间读的性能有时被闪存临时表空间优化，但是对于 Flash 表空间的写操作明显低于基于 SAS 的表空间。所以，没有实现整体的优化。你的测试结果可能取决于 Exadata 硬件版本和工作负载。

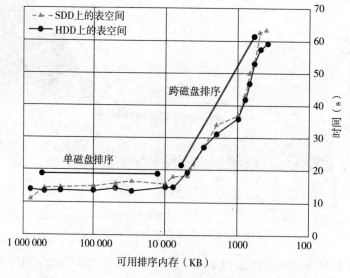

图 16.8 Exadata X2 上基于闪存的临时表空间性能

16.2.4　为重做日志使用闪存

从一开始，Oracle 架构就被设置为避免 I/O 等待。Buffer Cache 服务于避免读硬盘，并且写入的数据也被 DBWR 后台进程异步写入数据文件。这个思路是为了避免发起请求的会话在任何时候等待 I/O。

有一种不能避免的 I/O，是发生在 COMMIT 命令提交后的 I/O。原子性、一致性、独立性、持续性（ACID）事务必须以某种形式永久存储，以便在系统故障事件中不会丢失事务。当 COMMIT 命令提交时，重做日志条目被从内存刷新到硬盘上的重做日志文件中，因此，重做日志 I/O（作为重做日志同步等待事件反馈给用户）是事务系统 I/O 开销的重要部分。因为重做日志 I/O 是不可避免的应用系统 I/O 的一部分，并且由于 SSD 提供更快的 I/O，所以在很多社区中发现有人支持使用 SSD 加速重做日志 I/O，这并不奇怪。但是，实验（和理论）已经普遍证实重做日志 I/O 的完美替代方案不是通过闪存加速。

重做日志文件 I/O 涉及几乎不间断的顺序写操作。这些排序的 I/O 对于传统硬盘架构来说是最优的，由于读 / 写头不需要在写请求之间移动，因此消除了寻址延迟。另一方面，这些相关的 I/O 最差的方案是 SSD，因为重做日志文件的循环特性（块被持续地覆盖重写）在垃圾收集算法上施加了一个非常重的负载。在持续写重做日志时修改量很高，最终会请求擦除操作，因此写性能会变差。

图 16.9 对比了涉及 10 万个更新和提交的事务负载性能，这个测试是专门用来观察重做日志的同步等待的。重做日志创建为 4096 的块大小，并且 Exadata 智能闪存缓存日志被关闭了。

其结果和在其他系统上找到的类似现象相同，在日志文件被放在 SSD 上时，重做日志性能没有提升（并且可能下降）。

> 📝 **注意** 早期版本（112.2.3.2）的 CellCLI 软件存在一个 bug，导致了默认被配置为 512B 块大小的重做日志存在相当灾难性的性能。可以用 ALTER DATABASE ADD LOGFILE 命令指定块大小。
>
> 查看 http://guyharrison.squarespace.com/blog/2011/12/6/using-ssd-for-redo-on-exadata-pt-2. html 可获得更多信息。

一些可信的报告指出使用 SSD 时，重做日志性能提升，比负载中有很多小事务时性能好，如图 16.9 所示，下面采用提交大量的重做日志来替换。为了验证 Exadata 闪存是否能加速大量重做操作，来看一下执行大量提交操作生成大量重做信息时会发生什么。

重做尺寸的测试结果如图 16.10 所示。比增加重做日志尺寸更糟，使用多个 SSD 比单个硬盘时性能下降更快。这个结果只是更

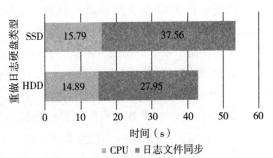

图 16.9　基于 SSD 和 HDD 的重做日志相关性能对比

加证实了不能把重做日志放在 Exadata 的 SSD 上的建议。大多数测试发现了把重做日志放在 SSD 存储上对于纯粹的重写时间没有益处，并且在最坏的情况下会造成明显的性能损失。

> **注意** 图 16.10 数据中的锯齿部分显示了日志缓存的动态情况。日志缓冲区缓存了重写并且该库上设置为了 1MB 的尺寸。所以，当重写略超过 1MB 时会获得比 1MB 时略好的性能，因为重做缓存已经在提交操作刚刚执行之后将数据刷新到硬盘。查看 http://guyharrison.squarespace.com/blog/2013/9/17/redo-log-sync-time-vs-redo-size.html 可获得更多的信息。

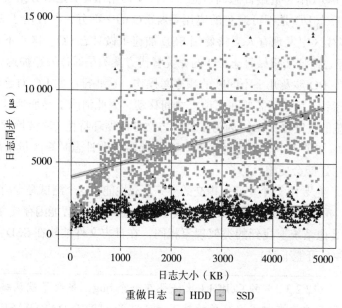

图 16.10　改变重做日志大小对于日志同步时间的影响

16.3　存储分层解决方案

把段放在 SSD 表空间可以提供比 Exadata 智能闪存缓存更好的优化和预见性，但是 Exadata 智能闪存的杀手锏之一是可以优化大的放不进闪盘的表和索引。

处理存储子系统的挑战并不只是针对 Exadata 的。事实上，还涉及两个趋势：

❑ 不断增长的数据量（大数据）的需求方案，它提供大量经济的空间来存储数据。这种基础的需求要求系统使用传统硬盘。

❑ 不断增长的事务交易率和容量指数增加的需求方案，提供经济的 IOPS 攻击和最小的延迟。这属于固态硬盘和内存解决方案的范畴。

对于大多数数据库来说，唯一平衡这些 I/O 的方式是"分层"各种形式的存储，包括 RAM、SSD 还有传统硬盘。Oracle 数据库提供了多种机制来允许把数据从不同层之间切换以便平衡 IOPS 和存储消耗，还有最大化性能。你应该主要考虑的功能是：

- ❑ 分区：允许一个对象（表或索引）跨多种存储形式存储，并且允许数据在线地从一种存储介质移动到另一种。
- ❑ 压缩：可以用来减少存储时占用的空间（但是增加了检索时间）。
- ❑ Oracle 12 自动数据库优化（ADO）：允许在活动中的数据基于策略进行压缩或者用段移动替代基于存储的空闲空间分配。

16.3.1　使用分区进行数据分层

几乎任何分层存储解决方案都要求表数据的分布跨越不同的层。通常，大多数庞大的表中存储着随着时间积累的数据，并且最近进入的数据通常都最活跃，之前进入的数据一般活跃度相对弱。

Oracle 分区允许一个表的数据被保存在多个段（例如，分区）中，并且这些分区可以被存储在不同的表空间中。因此，它是任何数据库分层方案的基石。

关于 Oracle 分区能力的完整、详尽的讨论超出了本章的范围。但是，可以想像一个场景，把表的内容跨 Exadata 系统上的两个存储层进行存储。热层（hot tier）存储在基于闪存的表空间中，冷层（cold tier）存储在基于 SAS 的表空间中。建一个分区，并允许为新数据选定一个默认的分区，然后把旧的数据放在指定的存储位置。

代码清单 16.1 提供了一个间隔分区表的例子。写进表里的新数据被存储在 SSD_TS 表空间，早于 2013 年 7 月 1 日的数据被存储在 SAS_TS 表空间。

代码清单16.1　间隔分区表

```
CREATE TABLE ssd_partition_demo
(
    id              NUMBER PRIMARY KEY,
    category        VARCHAR2 (1) NOT NULL,
    rating          VARCHAR2 (3) NOT NULL,
    insert_date     DATE NOT NULL
)
PARTITION BY RANGE (insert_date)
    INTERVAL ( NUMTOYMINTERVAL (1, 'month') )
     STORE IN (ssd_ts)
     (PARTITION cold_data VALUES LESS THAN
          (TO_DATE ('2013-07-01', 'SYYYY-MM-DD'))
          TABLESPACE sas_ts);
```

在一些数据写进表之后，可以看到新数据是如何在 SSD 表空间（SSD_TS）上存储，而旧的数据又是如何存储在 SAS 表空间（SAS_TS）的。

```
SQL> l
  1  SELECT partition_name, high_value, tablespace_name
  2    FROM user_tab_partitions
  3* WHERE table_name = 'SSD_PARTITION_DEMO'
SQL> /

PARTITION HIGH_VALUE                                    TABLESPACE
--------- -------------------------------------------- ----------
```

```
COLD_DATA TO_DATE(' 2013-07-01 00:00:00', 'SYYYY-M SAS_TS
          M-DD HH24:MI:SS', 'NLS_CALENDAR=GREGORIA
SYS_P68   TO_DATE(' 2013-11-01 00:00:00', 'SYYYY-M SSD_TS
          M-DD HH24:MI:SS', 'NLS_CALENDAR=GREGORIA
SYS_P69   TO_DATE(' 2013-12-01 00:00:00', 'SYYYY-M SSD_TS
          M-DD HH24:MI:SS', 'NLS_CALENDAR=GREGORIA
SYS_P70   TO_DATE(' 2013-10-01 00:00:00', 'SYYYY-M SSD_TS
          M-DD HH24:MI:SS', 'NLS_CALENDAR=GREGORIA
SYS_P71   TO_DATE(' 2013-09-01 00:00:00', 'SYYYY-M SSD_TS
          M-DD HH24:MI:SS', 'NLS_CALENDAR=GREGORIA
SYS_P72   TO_DATE(' 2013-08-01 00:00:00', 'SYYYY-M SSD_TS
          M-DD HH24:MI:SS', 'NLS_CALENDAR=GREGORIA
SYS_P73   TO_DATE(' 2014-01-01 00:00:00', 'SYYYY-M SSD_TS
          M-DD HH24:MI:SS', 'NLS_CALENDAR=GREGORIA
SYS_P74   TO_DATE(' 2014-02-01 00:00:00', 'SYYYY-M SSD_TS
          M-DD HH24:MI:SS', 'NLS_CALENDAR=GREGORIA
```

这个配置最初是合适的，但是随着数据量的增长，希望有更少的访问并且会想把旧数据从 SSD 表空间挪到 SAS 表空间。要实现这个目的，可以输入 ALTER TABLE MOVE PARTITION 命令。例如，代码清单 16.2 中的 PL/SQL 语句将 90 多天前具有 HIGH_VALUE 属性的所有分区从 SSD_TS 表空间移动到 SAS_TS 空间。

代码清单16.2   使用PL/SQL把旧的分区从SSD移动到SAS表空间上

```
DECLARE
    num_not_date         EXCEPTION;
    PRAGMA EXCEPTION_INIT (NUM_NOT_DATE, -932);
    invalid_identifier   EXCEPTION;
    PRAGMA EXCEPTION_INIT (invalid_identifier, -904);

    l_highdate           DATE;
BEGIN
    FOR r IN (SELECT table_name,
                     partition_name,
                     high_value
                FROM user_tab_partitions
               WHERE tablespace_name <> 'SSD_TS')
    LOOP
       BEGIN
          -- pull the highvalue out as a date
          EXECUTE IMMEDIATE 'SELECT ' || r.high_value || ' from dual'
             INTO l_highdate;

          IF l_highdate < SYSDATE - 90
          THEN
             EXECUTE IMMEDIATE
                  'alter table '
               || r.table_name
               || ' move partition "'
               || r.partition_name
               || '" tablespace sas_ts';
          END IF;
       EXCEPTION
          WHEN num_not_date OR invalid_identifier   -- max_value not a date
          THEN
             NULL;
       END;
    END LOOP;
END;
```

Oracle 11g 中，这个操作会在移动过程中阻断各个分区上的 DML 操作（或者如果分区不能被锁定，会报 ORA-00054 的错误）。Oracle 12c 中，可以设定 ONLINE 参数来允许被操作的分区上的事务继续。在移动以后，该分区的本地索引和全局索引会被标记为不可用，除非指定 UPDATE INDEXES 或 UPDATE GLOBAL INDEXES 参数。

　　Oracle 12c 的在线分区移动语法简单、有效，但是 Oracle 11g 中可以通过很多复合的手段实现相同的效果。使用 DBMS_REDEFINITION 包，可以在目标表空间中创建一个临时表，同步临时表与源表中所有的变化数据，然后进行两表之间有效的交换。

　　代码清单 16.3 提供了一个使用 DBMS_REDEFINITION 的例子。此处在目标表空间内创建了一个有些区别的临时表，用来同步现存的分区。当 FINISH_REDEF_TABLE 方法被调用时，将可能已应用于分区的所有事务都应用到临时表中，并且将表与相关的分区交换。临时表（映射了源分区段）现在可以被删除了。

代码清单16.3　使用DBMS_REDEFINITION来移动在线表空间

```
-- Enable/ Check that table is eligible for redefinition
BEGIN
  DBMS_REDEFINITION.CAN_REDEF_TABLE(
   uname        => USER,
   tname        => 'SSD_PARTITION_DEMO',
   options_flag => DBMS_REDEFINITION.CONS_USE_ROWID,
   part_name    => 'SYS_P86');
END;
/
-- Create interim table in the tablespace where we want to move to
CREATE TABLE interim_partition_storage TABLESPACE sas_ts
AS SELECT * FROM ssd_partition_demo PARTITION (sys_p86) WHERE ROWNUM <1;

-- Begin redefinition
 BEGIN
  DBMS_REDEFINITION.START_REDEF_TABLE(
   uname        => USER,
   orig_table   => 'SSD_PARTITION_DEMO',
   int_table    => 'INTERIM_PARTITION_STORAGE',
   col_mapping  => NULL,
   options_flag => DBMS_REDEFINITION.CONS_USE_ROWID,
   part_name    => 'SYS_P86');
END;
/
-- If there are any local indexes create them here
-- Synchronize
BEGIN
  DBMS_REDEFINITION.SYNC_INTERIM_TABLE(
   uname     => USER,
   orig_table => 'SSD_PARTITION_DEMO',
   int_table  => 'INTERIM_PARTITION_STORAGE',
   part_name  => 'SYS_P86');
END;
/

-- Finalize the redefinition (exchange partitions)
BEGIN
  DBMS_REDEFINITION.FINISH_REDEF_TABLE(
   uname      => USER,
   orig_table => 'SSD_PARTITION_DEMO',
   int_table  => 'INTERIM_PARTITION_STORAGE',
   part_name  => 'SYS_P86');
END;
/
```

使用 DBMS_REDEFINITION 比较麻烦，但是一般来说，这是 Oracle 11g 中最好的在线移动分区的方法。在 Oracle 12c 中 MOVE PARTITION 的 ONLINE 参数用起来要简便得多。

16.3.2　Oracle 12c ILM 和 ADO

Oracle 12c 数据库引入了信息生命周期管理（ILM）和自动数据优化（ADO）功能。这些功能用于帮助用户在数据周期内进行管理。一个数据元素的生命周期可能涉及最初存储它的低延迟存储方式，例如 SSD、压缩或者移动到较慢的存储中，并且最终将其归档到一个单独的段中。例如，ADO 允许用户创建策略，可以压缩一段时间内没有被访问的数据，但是不会直接在存储分层上提供帮助。然而，ADO 的语法允许使用 TIER TO 参数，乍一看像是允许将数据在表空间之间移动。

例如，根据最初的 Oracle 12c SQL 语句参考，下面的语句是合法的：

```
ALTER TABLE ssd_partition_demo ADD POLICY ssd_policy
    TIER TO ssd_ts AFTER 1 MONTH OF NO ACCESS;
```

但在现有的 12c 版本中，该语法不被支持。TIER TO 参数可以用来定义段的第二个存放位置，但是这个分层仅发生在表空间剩余空间不足并且不能再用一个活动的过滤器的情况下。未来发布的 Oracle 数据库软件版本可能会提供更多的功能，但是目前这种能力暂时不允许用户有选择地在 SSD 和 SAS 存储上移动行或者分区。

16.4　本章小结

Exadata 智能闪存缓存使得 Exadata Flash 硬盘可以在面对各种负载场景时更有效率并且仅需要更少的配置。但是，可以通过很少的工作把 ASM 的硬盘组建立在整个 Flash 存储上，并且有选择地去使用其热段（hot segments），或者尝试把临时表空间和重做日志放在闪存存储上。创建基于闪存的硬盘组可以得到特殊工作负载的优越性能，虽然这肯定比简单地配置一下 Exadata 智能闪存要付出更多的努力。可以考虑创建一个闪存 ASM 磁盘组来存储相关的小的"热"段，尤其是与某段时期时间紧迫的全表扫描相关的段。使用分区，可以为 Exadata 创建存储分层方案——通过把访问较频繁的分区放在闪存上，把不常访问的分区放在 SAS 盘上。

第 17 章 *Chapter 17*

Exadata 工具和实用命令

Oracle Exadata 数据库一体机是基于标准商业组件的融合硬件平台，同时在解决方案中加入了许多定制化特性。Exadata 采用 Oracle 企业级 Linux 操作系统，运行在配置了 Intel x86 64 位处理器的 Sun 硬件服务器上，以 Oracle GI（Grid Infrastructure，网格基础架构）作为底层集群管理软件，集群管理软件上用的是标准的 Oracle 数据库软件（企业版）。没有使用任何专属的操作系统或者软件，为管理员节省了学习和理解大量专属命令集的学习成本，这样使用起来会更容易。

本章会介绍一些 Exadata 专属的工具和实用命令，也会介绍一些在维护普通数据库时就经常使用，在维护管理和维护 Exadata 数据库一体机时仍然必需的工具。但本章不会介绍维护 RAC 或者维护 Linux 的标准命令或者工具包，那应该是最基本的知识，读者可自行学习。

17.1 Exadata 诊断工具

Oracle 为诊断 Exadata 数据库一体机提供了比较全面的工具集，这些工具也一直在完善优化中，同时也在开发更多工具来协助诊断工作和缩短该旗舰级硬件平台的问题解决时间。这个工具集包括：

❑ Exachk，Exadata 的健康检查工具

❑ TFA Collector，问题跟踪日志分析搜集器

❑ ExaWatcher

❑ SunDiag

另外还有一些所有 Oracle 数据库和基础平台都适用的标准工具，比如：

❑ OSWatcher

❑ RDA

❑ RACcheck

在本节中会深入学习这些 Exadata 专属的工具。

17.1.1 SunDiag

SunDiag 工具用于在 Exadata 数据库一体机平台上搜集调试和诊断硬件问题的数据日志文件。鉴于这款工具的功能在持续增强，应该定期检查并下载其最新版本，同时要阅读最新的使用说明。这些内容请参阅 Oracle 技术支持文档（ID 761868.1）。

Sundiag.pl 已经在 Exadata 服务器上安装好了，但建议重新安装，更新到最新的版本。大致过程如下：

1）从 Oracle 支持网站下载最新版本，是一个 .zip 格式的压缩文件。

2）解压 .zip 压缩文件到一个临时目录，比如 /tmp。

3）复制这个最新版本到所有的现存节点，包括计算节点和存储节点。

运行 SunDiag 工具，需要运行 Shell 脚本 /opt/oracle.SupportTools/sundiag.sh。这个脚本需要在每个存储节点和计算节点执行。执行完之后，会在 /tmp 目录中生成一个压缩文件，这个压缩文件里是硬件诊断内容和日志文件，可以把它传给 Oracle 技术支持。

借助 dcli 工具命令，可以在一个计算节点上执行这个脚本，通过 SSH 对等信任协议，该脚本在所有存储节点和计算节点中也会同时执行。

执行 SunDiag 有多种模式：

❑ 仅仅搜集硬件诊断信息，执行 sundiag.sh 脚本，不加任何额外的参数。

❑ 搜集硬件诊断信息，同时包含 OSWatcher 工具搜集的数据，执行 sundiag.sh 脚本时需要加上 osw 选项。

❑ 搜集硬件诊断信息，同时包含 ILOM 数据，执行 sundiag.sh 脚本时需加上 snapshot 或者 ilom 选项。这两个选项都去尝试搜集 ILOM 快照信息。snapshot 选项使用主机 root 用户权限下执行 ILOM 快照，并通过网络把它传过来。ilom 选项搜集用户级别的 ILOM 数据，通过 IPMI（Intelligent Platform Management Interface，智能平台管理接口）传递数据。

SunDiag 工具搜集内核、磁盘分区、PCI 总线信息、物理磁盘状态、内核日志文件等内容。此外，在存储节点上，SunDiag 工具还搜集存储节点和磁盘信息，用的是 CellCLI 命令，搜集的内容包括存储节点、物理磁盘、LUN、Cell Disk、Grid Disk、闪存缓存等。另外，在操作系统级别，SunDiag 还搜集存储节点上的 PCI 闪存模块信息以及系统日志文件。

17.1.2 Exachk：Exadata 健康检查工具

Exachk 是 Oracle Exadata 一体机专用的工具，基于最佳实践和已知问题去检查 Exadata 一体机配置信息和性能信息。Exachk 工具搜集关键的软件信息、硬件信息、固件信息（firmware）和配置信息，评估当前的安装配置是否恰当，并将它发现的问题和评估结果生成一个报告。这个评估报告可以协助客户做系统状况回顾，并将当前搜集到的数据与支持的版本级别及 Oracle Exadata 最佳实践相互参照。

📌 **提示**　也可以在 Exadata 上用 Oracle HealthCheck 工具的结果作为参照。HealthCheck 是 Exachk 早期版本的名称，现在已经不更新了，保留这个名字只是为了向后兼容第一代 Exadata——HP Oracle 数据库一体机。

鉴于这个工具的功能一直在增强，建议定期使用下面的命令检查自己的工具版本。如果显示过期了，就下载最新版本，并阅读最新的使用说明书。工具的最新版本可以在 Oracle 技术支持网站上查询，文档 ID 为 1070954.1。最新版的 Exachk 下载成功之后，将其解压到 /opt/oracle.SupportTools/exachk 目录。

```
[oracle@oe01db02 exachk]$ pwd
/opt/oracle.SupportTools/exachk
[oracle@oe01db02 exachk]$ ./exachk -v
```

EXACHK VERSION: 2.2.5_20140530

要简单了解怎么使用 Exachk，可以执行 exachk -h 命令，该命令会输出针对当前版本可用的非常全面的选项列表，以及它们的用法：

```
./exachk -h
Usage : ./exachk [-abvhpfmsuSo:c:t:]
        -h         Prints this page.
-a All (Perform best practice check and recommended patch check)
-b Best Practice check only. No recommended patch check
-v Show version
-p Patch check only
-m exclude checks for Maximum Availability Architecture (MAA)
scorecards(see user guide for more details)
-u
Run exachk to check pre-upgrade or post-upgrade best practices for
11.2.0.3 and above
    -o pre or -o post is mandatory with -u option like ./exachk -u -o pre
-f Run Offline. Checks will be performed on data already collected from
the system
-o Argument to an option. if -o is followed by v,V,Verbose,VERBOSE or
 Verbose, it will print checks which pass on the screen
if -o option is not specified, it will print only failures on screen. For
 eg: exachk -a -o v
-clusternodes
Pass comma separated node names to run exachk only on subset of nodes.
-dbnames
Pass comma separated database names to run exachk only on subset of
databases
-localonly
Run exachk only on local node.
-debug
Run exachk in debug mode. Debug log will be generated.
-dbnone
Do not prompt database selection and skip all database related checks.
-dball
Do not prompt database selection and run database related checks on all
 databases discovered on system.
-c Used only under the guidance of Oracle support or development to
override default components
-upgrade
Used to force upgrade the version of exachk being run.
```

（编写本书时）最新版本的 Exachk 增加了一些新特性，包括：

❏ 比较两个单独的 Exadata 报告的差异。

❏ 比较两次 Exachk 运行的结果。

❏ 增强了软件自我更新特性。

❏ 以 root 用户运行 Exachk，在角色和职责分离的场景下特别有用。

❏ 支持新的零数据丢失恢复一体机（Zero Data Loss Recovery Appliance，ZDLRA）。

默认的正常操作，Exachk 是以交互式的方式运行的，要输入密码，并要确认一些选项。然而，Exachk 同样可以"静默"的方式运行，这就很容易调度 Exachk 周期性运行，并将生成的结果以邮件形式反馈。这种静默运行配置需要满足一些特定的前提：

❏ 为所有计算节点上的 Oracle 用户配置 SSH 对等性。

❏ 为 Oracle 用户配置无须密码的 sudo 权限，并以 root 用户执行。

❏ 如果由于安全因素无法配置无须密码的 sudo 权限，另一个途径是用 -S 选项来排除 root 级别的相关检查。

Exachk 的另一个新特性也很有用，可将它的检查结果装载到 repository 知识库中（更详细的内容，可参考 Oracle 技术支持文档（ID 1602329.1），内容包含 ORAchk 和 Exachk 的搜集管理器（Collection Manager，CM））。这对那种有大量数据库系统的用户非常有用。他们可以上传 Exachk 和 ORAchk 的检查结果，可以在 repository 知识库中做历史对比，查看检查结果。

要使用 Exachk 搜集管理器，要先完成：

❏ 创建一张特定表结构的新表，表名由用户定义。表结构可能随着 Exachk 版本变化而变化，因此需要从特定版本的 Exachk 用户手册中获取脚本来创建该表。

❏ 上传时要制定这些环境变量：

　　❍ RAT_UPLOAD_CONNECT_STRING——数据库连接字符串。

　　❍ RAT_UPLOAD_TABLE——表名，详细信息会上传到该表。

　　❍ RAT_UPLOAD_USER——表的属主用户。

　　❍ RAT_UPLOAD_PASSWORD——属主用户的密码。

　　❍ RAT_UPLOAD_ORACLE_HOME——用来上传的 Oracle 目录路径。

17.2 InfiniBand 网络诊断工具

在 InfiniBand 交换机上，有一个子网管理软件层——OpenSM，它是作为守护进程在交换机内运行的，可以使用标准的 Linux 命令检查它的服务状态：

```
[root@oe01sw-iba0 ~]# chkconfig --list opensmd
opensmd          0:off   1:off   2:off   3:off   4:off   5:off   6:off
[root@oe01sw-iba0 ~]# service opensmd status
opensm (pid 7147) is running...
[root@oe01sw-iba0 ~]#
```

这个服务进程可以用 enable_sm 和 disable_sm 命令进行启用或停用。

每一种 Exadata 配置都至少有 2 个 InfiniBand 交换机，有一个例外情况是，满配的 Exadata 数据库一体机有 3 个 InfiniBand 交换机。当连接多个机柜使用时，交换机的个数也会随之增加。每个 InfiniBand 交换机运行一个子网管理进程。但是，有且只有一个交换机能作为子网管理的主设备（master）。

InfiniBand 网络中所有交换机的子网优先级用于识别配置中的主交换机（master switch）和从交换机（slave switch）。通过将一个子网管理器的优先级别设置得比其他的更高，就相当于宣布了在这个 InfiniBand 网络中某个子网管理器所在的交换机是主交换机。如果多个子网管理器的优先级别相同，第一个子网管理器将它自己标注为主交换机，并接管这个角色。如果当前的主交换机（主子网管理器所在的交换机）不可用了，基于相同的规则，另一个子网管理器会成为主交换机。

多机柜环境中，满配的一体机有 2 个叶子交换机（leaf switch）和一个骨干交换机（spine switch）。骨干交换机中的子网管理器总是被配置成比两个子网交换机更高的优先级。因此，默认情况下，InfiniBand 网络中骨干交换机中的子网管理器总是 Master。

setsmpriority 命令用于设置子网管理器的优先级。getmaster 命令用于识别 InfiniBand 网络中的当前主设备。代码清单 17.1 是这些命令的示例，这是一台 1/4 配的一体机，有 2 个 InfiniBand 交换机。

代码清单17.1　1/4配数据库一体机（配有2个InfiniBand交换机）的配置示例

```
[root@oe01sw-iba0 ~]# uname -a
Linux oe01sw-iba0.at-rockside.lab 2.6.27.13-nm2 #1 SMP Thu Feb 5 20:25:23
CET 2009 i686 i686 i386 GNU/Linux
[root@oe01sw-iba0 ~]# cat /etc/opensm/opensm.conf   | grep priority
# SM priority used for deciding who is the master
# Range goes from 0 (lowest priority) to 15 (highest).
sm_priority 5
[root@oe01sw-iba0 ~]# getmaster
Local SM enabled and running, state STAND BY
20140627 14:52:51 Master SubnetManager on sm lid 1 sm guid
0x2128f56921a0a0 : SUN DCS 36P QDR oe01sw-ibb0 172.17.33.14

[root@oe01sw-ibb0 ~]# uname -a
Linux oe01sw-ibb0.at-rockside.lab 2.6.27.13-nm2 #1 SMP Thu Feb 5 20:25:23
CET 2009 i686 i686 i386 GNU/Linux
[root@oe01sw-ibb0 ~]# cat /etc/opensm/opensm.conf   | grep priority
# SM priority used for deciding who is the master
# Range goes from 0 (lowest priority) to 15 (highest).
sm_priority 5
[root@oe01sw-ibb0 ~]# getmaster
Local SM enabled and running, state MASTER
20140627 14:42:15 Master SubnetManager on sm lid 1 sm guid
0x2128f56921a0a0 : SUN DCS 36P QDR oe01sw-ibb0 172.17.33.14
```

可以使用 ibroute 命令，检查 InfiniBand 路由表。传递给 ibroute 的参数是要查询的交换机本地标示端口（port lid）。1/4 配的一体机上，命令输出与如下所示类似：

```
[root@oe01db01 ~]# ibroute 1
Unicast lids [0x0-0xe] of switch Lid 1 guid 0x002128f56921a0a0 (SUN DCS
```

```
36P QDR oe01sw-ibb0 172.17.33.14):
  Lid  Out   Destination
       Port     Info
0x0001 000 : (Switch portguid 0x002128f56921a0a0: 'SUN DCS 36P QDR oe01sw-
ibb0 172.17.33.14')
0x0002 017 : (Switch portguid 0x002128f56b22a0a0: 'SUN DCS 36P QDR oe01sw-
iba0 172.17.33.13')
0x0003 018 : (Channel Adapter portguid 0x0021280001fc6307: 'oe01db02 S
192.168.10.2 HCA-1')
0x0004 010 : (Channel Adapter portguid 0x0021280001fc6308: 'oe01db02 S
192.168.10.2 HCA-1')
0x0005 015 : (Channel Adapter portguid 0x0021280001fc6c6b: 'oe01db01 S
192.168.10.1 HCA-1')
0x0006 007 : (Channel Adapter portguid 0x0021280001fc6c6c: 'oe01db01 S
192.168.10.1 HCA-1')
0x0007 014 : (Channel Adapter portguid 0x0021280001fc57b3: 'oe01cel02 C
192.168.10.4 HCA-1')
0x0008 001 : (Channel Adapter portguid 0x0021280001fc57b4: 'oe01cel02 C
192.168.10.4 HCA-1')
0x0009 016 : (Channel Adapter portguid 0x0021280001fc4be3: 'oe01cel03 C
192.168.10.5 HCA-1')
0x000a 004 : (Channel Adapter portguid 0x0021280001fc4be4: 'oe01cel03 C
192.168.10.5 HCA-1')
0x000d 013 : (Channel Adapter portguid 0x0021280001fc6267: 'oe01cel01 C
192.168.10.3 HCA-1')
0x000e 002 : (Channel Adapter portguid 0x0021280001fc6268: 'oe01cel01 C
192.168.10.3 HCA-1')
12 valid lids dumped
 [root@oe01db01 ~]# ibroute 2
Unicast lids [0x0-0xe] of switch Lid 2 guid 0x002128f56b22a0a0 (SUN DCS
36P QDR oe01sw-iba0 172.17.33.13):
  Lid  Out   Destination
       Port     Info
0x0001 017 : (Switch portguid 0x002128f56921a0a0: 'SUN DCS 36P QDR oe01sw-
ibb0 172.17.33.14')
0x0002 000 : (Switch portguid 0x002128f56b22a0a0: 'SUN DCS 36P QDR oe01sw-
iba0 172.17.33.13')
0x0003 010 : (Channel Adapter portguid 0x0021280001fc6307: 'oe01db02 S
192.168.10.2 HCA-1')
0x0004 018 : (Channel Adapter portguid 0x0021280001fc6308: 'oe01db02 S
192.168.10.2 HCA-1')
0x0005 007 : (Channel Adapter portguid 0x0021280001fc6c6b: 'oe01db01 S
192.168.10.1 HCA-1')
0x0006 015 : (Channel Adapter portguid 0x0021280001fc6c6c: 'oe01db01 S
192.168.10.1 HCA-1')
0x0007 001 : (Channel Adapter portguid 0x0021280001fc57b3: 'oe01cel02 C
192.168.10.4 HCA-1')
0x0008 014 : (Channel Adapter portguid 0x0021280001fc57b4: 'oe01cel02 C
192.168.10.4 HCA-1')
0x0009 004 : (Channel Adapter portguid 0x0021280001fc4be3: 'oe01cel03 C
192.168.10.5 HCA-1')
0x000a 016 : (Channel Adapter portguid 0x0021280001fc4be4: 'oe01cel03 C
192.168.10.5 HCA-1')
0x000d 002 : (Channel Adapter portguid 0x0021280001fc6267: 'oe01cel01 C
192.168.10.3 HCA-1')
0x000e 013 : (Channel Adapter portguid 0x0021280001fc6268: 'oe01cel01 C
192.168.10.3 HCA-1')
12 valid lids dumped
```

在 Exadata 交换机上，可以运行 env_test 命令来检查 InfiniBand 交换机的整体健康情况。这个命令会做一系列的硬件测试，包括电源功率、电压、风扇转速、温度等，并会将这些测试结果打印到屏幕上。这里展示一下该命令的输出：

```
[root@oe01sw-iba0 ~]# env_test
Environment test started:
Starting Environment Daemon test:
Environment daemon running
Environment Daemon test returned OK
Starting Voltage test:
Voltage ECB OK
Measured 3.3V Main = 3.27 V
Measured 3.3V Standby = 3.37 V
Measured 12V = 11.97 V
Measured 5V = 4.99 V
Measured VBAT = 3.10 V
Measured 2.5V = 2.49 V
Measured 1.8V = 1.78 V
Measured I4 1.2V = 1.22 V
Voltage test returned OK
Starting PSU test:
PSU 0 present OK
PSU 1 present OK
PSU test returned OK
Starting Temperature test:
Back temperature 26
Front temperature 28
SP temperature 50
Switch temperature 41, maxtemperature 42
Temperature test returned OK
Starting FAN test:
Fan 0 not present
Fan 1 running at rpm 12208
Fan 2 running at rpm 12099
Fan 3 running at rpm 11772
Fan 4 not present
FAN test returned OK
Starting Connector test:
Connector test returned OK
Starting Onboard ibdevice test:
Switch OK
All Internal ibdevices OK
Onboard ibdevice test returned OK
Starting SSD test:
SSD test returned OK
Environment test PASSED
[root@oe01sw-iba0 ~]#
```

17.2.1　校验 InfiniBand 拓扑结构

Oracle 创建了一个 verify_topology 脚本来校验 Exadata 一体机配置上的 InfiniBand 网络的拓扑结构。这个脚本位于计算节点的 /opt/oracle/SupportTools/ibdiagtools 目录。下面是运行 verify_topology 命令的选项和开关：

```
[root@oe01db01 ibdiagtools]# ./verify-topology --help
    Usage: ./verify-topology [-v|--verbose] [-r|--reuse (cached maps)] [-m|--mapfile]
    [-ibn|--ibnetdiscover (specify location of ibnetdiscover output)]
    [-ibh|--ibhosts (specify location of ibhosts output)]
    [-ibs|--ibswitches (specify location of ibswitches output)]
    [-t|--topology [torus | quarterrack ] default is fattree]
    [-a|--additional [interconnected_quarterrack]
    [-factory|--factory non-exadata machines are treated as error]
    [-ssc|--ssc to test ssc on fake hardware as if on t4-4]
    [-t5ssc|--t5ssc to test ssc on fake hardware as if on t5-8]
    [-m6ssc|--m6ssc to test ssc on fake hardware as if on m6-32]
```

这些选项中，主要理解 -t 和 -a 选项，因为这二者基本上界定了期望的 InfiniBand 网络拓扑，可以用作基线。网络拓扑依赖于互联机柜的数量，以及网络中每个 Exadata 机柜的大小⊖。下面列出了与 –t 配合使用的一些可能参数：

- ❑ -torus，环形网络是常见于高性能计算实验室的一种专有网络结构，这种拓扑结构中，所有交换机组成一个非循环环形网络。环形网络的细节不在本书讨论范围之中。
- ❑ fattree（默认选项参数），fattree 拓扑是指在分层网络拓扑中有多个根级节点（root-level node）的一种拓扑。这个选项适用于满配的一体机或者多机柜互联的配置。
- ❑ quarterrack，这是 fattree 拓扑的一个特例，在这种配置里没有特定的根级交换机。这个选项适用于 1/8 配、1/4 配或半配的一体机，因为在这 3 种机型里只有 2 个 InfiniBand 交换机。
- ❑ -a interconnected_quarterrack，也是 fattree 拓扑的一个特例，这种拓扑也是多机柜互联，不适用 fattree 拓扑选项。两个 1/8 配或者 1/4 配的机柜互联时，就是采用这种拓扑结构。

下面展示的就是一个 1/8 配 Exadata 一体机里 verify_topology 命令的输出示例：

```
[root@oe01db01 ibdiagtools]# ./verify-topology -t quarterrack
        [ DB Machine Infiniband Cabling Topology Verification Tool ]
                [Version IBD VER 2.d ]
--------------- Quarter Rack Exadata V2 Cabling Check---------
Check if all hosts have 2 CAs to different switches............ [SUCCESS]
Leaf switch check: cardinality and even distribution .......... [SUCCESS]
Check if each rack has an valid internal ring ................. [SUCCESS]
```

17.2.2　infinicheck

Oracle 提供了一个工具——infinicheck，用来一键检查 InfiniBand 网络的健康状况，而不只是拓扑和物理端口的连接情况。从 InfiniBand 网络的视角来看，所有需要做的诊断或者校验工作，都应该从 infinicheck 开始。

infinicheck 工具放置在计算节点的 /opt/oracle.SupportTools/ibdiagtools 目录。infinicheck 命令需要从执行节点到所有存储节点、计算节点上 root 用户的 SSH 对等性许可。infinicheck 测试和验证下面一些内容，并确保测试结果是期望结果，至少是在可接受的范围之内：

- ❑ 从所有计算节点到所有单元的连通性和通信测试。
- ❑ 从所有计算节点到所有其他计算节点的连通性和通信测试。
- ❑ 从计算节点到单元的性能测试。
- ❑ 从计算节点到计算节点的性能测试。

下面是在 1/4 配的 Exadata 一体机上运行 infinicheck 命令的输出示例：

⊖ 这里的大小是指，机柜里是满配、半配还是 1/4 配或者 1/8 配。——译者注

```
[root@oe01db01 ibdiagtools]# ./infinicheck
                          INFINICHECK
            [Network Connectivity, Configuration and Performance]
            [Version IBD VER 2.d ]
 Verifying User Equivalance of user=root to all hosts.
(If it isn't setup correctly, an authentication prompt will appear to push
 keys to all the nodes)
 Verifying User Equivalance of user=root to all cells.
(If it isn't setup correctly, an authentication prompt will appear to push
 keys to all the nodes)
                      ####  CONNECTIVITY TESTS  ####
                    [COMPUTE NODES -> STORAGE CELLS]
                         (30 seconds approx.)
[SUCCESS]..............Results OK
[SUCCESS]....... All  can talk to all storage cells
         Verifying Subnet Masks on all nodes
[SUCCESS] ........ Subnet Masks is same across the network
             Prechecking for uniformity of rds-tools on all nodes
[SUCCESS].... rds-tools version is the same across the cluster
          Checking for bad links in the fabric
[SUCCESS].......... No bad fabric links found
                    [COMPUTE NODES -> COMPUTE NODES]
                         (30 seconds approx.)
[SUCCESS]..............Results OK
[SUCCESS]....... All hosts can talk to all other nodes
                      ####  PERFORMANCE TESTS  ####
                  [(1) Storage Cell to Compute Node]
                           (195 seconds approx)
[SUCCESS]..............Results OK
                  [(2) Every COMPUTE NODE to another COMPUTE NODE]
                           (135 seconds approx)
[SUCCESS]..............Results OK
                  [(3) Every COMPUTE NODE to ALL STORAGE CELLS]
                       (looking for SymbolErrors)
                           (195 seconds approx)
[SUCCESS]..............Results OK
[SUCCESS]....... No port errors found
INFINICHECK REPORTS SUCCESS FOR NETWORK CONNECTIVITY and PERFORMANCE
----------DIAGNOSTICS -----------
Hosts found: 192.168.10.2 | 192.168.10.1 |
3 Cells found: ..
192.168.10.3   | 192.168.10.4   | 192.168.10.5   |
2 Host ips found: ..
192.168.10.2   | 192.168.10.1   |
##########   Host to Cell Connectivity   ##########
Analyzing cells_conntest.log...
[SUCCESS]..... All nodes can talk to all other nodes
Now Analyzing Compute Node-Compute Node connectivity
##########   Inter-Host Connectivity   ##########
Analyzing hosts_conntest.log...
[SUCCESS]..... All hosts can talk to all its peers
##########    Performance Diagnostics    ##########
###   [(1) STORAGE CELL to COMPUTE NODE    ######
Analyzing perf_cells.log.* logfile(s)....
         --------Throughput results using rds-stress --------
         2300 MB/s and above is expected for runs on quiet machines
192.168.10.2( 192.168.10.2 ) to oe01cel01( 192.168.10.3 ) : 3421 MB/s...OK
192.168.10.2( 192.168.10.2 ) to oe01cel01( 192.168.10.3 ) : 3736 MB/s...OK
192.168.10.1( 192.168.10.1 ) to oe01cel02( 192.168.10.4 ) : 3460 MB/s...OK
192.168.10.1( 192.168.10.1 ) to oe01cel02( 192.168.10.4 ) : 3741 MB/s...OK
192.168.10.2( 192.168.10.2 ) to oe01cel03( 192.168.10.5 ) : 3320 MB/s...OK
192.168.10.2( 192.168.10.2 ) to oe01cel03( 192.168.10.5 ) : 3739 MB/s...OK
##########    Performance Diagnostics    ##########
####     [(2) Every DBNODE to its PEER      ######
Analyzing perf_hosts.log.* logfile(s)....
```

```
--------Throughput results using rds-stress --------
       2300 MB/s and above is expected for runs on quiet machines
192.168.10.2( 192.168.10.2 ) to 192.168.10.1( 192.168.10.1):3137 MB/s...OK
192.168.10.2( 192.168.10.2 ) to 192.168.10.1( 192.168.10.1):3735 MB/s...OK
------------------------
```

17.3　其他有用的 Exadata 命令

本节重点介绍 InfiniBand 网络层和存储节点的相关命令。

存储节点以及存储层相关的监控和诊断命令，在前面的章节已经介绍过。本节接下来介绍的命令只包含确定存储软件版本，确保它是最新的。

首先对 InfiniBand 网络层进行更深入的了解。我们将会学习怎样通过 IB 层的校验和报告工具来深入分析、诊断并进行 IB 层故障排查。

17.3.1　imageinfo 和 imagehistory

除了运行标准的 OEL 内核外，每个计算节点和存储节点上还运行着 Exadata 存储服务器软件映像（software image），这是一个关键的集成点。这既适用于计算节点，也适用于存储节点，虽然在计算节点上的映像要比存储节点上的小得多。

用 imageinfo 命令可以查看计算节点和存储节点上当前正在运行的软件映像版本。要查看这个命令的各种选项，可以执行 imageinfo -help 和 imagehistory -help 命令。

下面的输出示例，是在计算节点上运行 imageinfo：

```
[root@oe01db01 ~]# imageinfo --all-options
Kernel version: 2.6.39-400.128.1.el5uek #1 SMP Wed Oct 23 15:32:53 PDT 2013 x86_64
Image version: 12.1.1.1.0.131219
Image created: 2013-12-19 04:13:36 -0800
Image activated: 2014-07-08 23:28:49 -0400
Image type: production
Image status: success
Image label: OSS_12.1.1.1.0_LINUX.X64_131219
Node type: COMPUTE
System partition on device: /dev/mapper/VGExaDb-LVDbSys2
```

下面的输出示例，是在存储节点上运行 imageinfo：

```
[root@oe01cel01 ~]# imageinfo --all-options
Kernel version: 2.6.39-400.128.1.el5uek #1 SMP Wed Oct 23 15:32:53 PDT 2013 x86_64
Cell version: OSS_12.1.1.1.0_LINUX.X64_131219
Cell rpm version: cell-12.1.1.1.0_LINUX.X64_131219-1

Active image version: 12.1.1.1.0.131219
Active image created: 2013-12-19 04:44:32 -0800
Active image activated: 2014-07-08 16:37:52 -0400
Active image type: production
Active image status: success
Active image label: OSS_12.1.1.1.0_LINUX.X64_131219
Active node type: STORAGE
Active system partition on device: /dev/md6
Active software partition on device: /dev/md8
In partition rollback: Impossible

Cell boot usb partition: /dev/sdm1
Cell boot usb version: 12.1.1.1.0.131219
```

```
Inactive image version: 11.2.3.3.0.131014.1
Inactive image created: 2013-10-14 17:56:23 -0700
Inactive image activated: 2014-07-03 17:16:58 -0400
Inactive image type: production
Inactive image status: success
Inactive image label: OSS_11.2.3.3.0_LINUX.X64_131014.1
Inactive node type: STORAGE
Inactive system partition on device: /dev/md5
Inactive software partition on device: /dev/md7
Boot area has rollback archive for the version: 11.2.3.3.0.131014.1
Rollback to the inactive partitions: Possible
```

17.3.2　InfiniBand 网络相关的命令

这部分包含一些 Exadata 一体机上运行的基本命令集，主要用于管理 InfiniBand 网络。一些在这部分会用到的描述 InfiniBand 网络专用的首字母缩略词介绍如下。

❑ CA（channel adapter）：通道适配器。实际的 PCIe 卡，提供 InfiniBand 连通作用。

❑ LID（local identifier）：本地标识。一个 InfiniBand LID 地址，唯一识别对应着光纤卡上的一个设备。LID 用于提供第二层的交换功能。根据命令的不同，特定设备的 LID 可能输出成 base lid 或 lid。

1. ibstat

ibstat 命令展示 InfiniBand 适配器卡的基本信息。可以在计算节点上运行，也可以在存储节点上运行。下面是 ibstat 的输出示例：

```
[root@oedb01 ~]# ibstat --verbose
CA 'mlx4_0'
        CA type: MT26428
        Number of ports: 2
        Firmware version: 2.11.2010
        Hardware version: b0
        Node GUID: 0x0021280001fc6266
        System image GUID: 0x0021280001fc6269
        Port 1:
                State: Active
                Physical state: LinkUp
                Rate: 40
                Base lid: 13
                LMC: 0
                SM lid: 1
                Capability mask: 0x02510868
                Port GUID: 0x0021280001fc6267
                Link layer: IB
        Port 2:
                State: Active
                Physical state: LinkUp
                Rate: 40
                Base lid: 14
                LMC: 0
                SM lid: 1
                Capability mask: 0x02510868
                Port GUID: 0x0021280001fc6268
                Link layer: IB
```

2. ibhosts

ibhosts 命令是一个脚本，用于探测 InfiniBand 拓扑，也可以用来从已经生成的拓扑文件中，解析出拓扑中的终端通道适配器节点，换句话说，就是存储节点和计算节点，但是不包含交换机。下面是 ibhosts 命令的输出示例：

```
root@oe01db01 ~]# ibhosts
Ca  : 0x0021280001fc6c6a ports 2 "oe01db01 S 192.168.10.1 HCA-1"    COMPUTE NODE
Ca  : 0x0021280001fc6306 ports 2 "oe01db02 S 192.168.10.2 HCA-1"    COMPUTE NODE
Ca  : 0x0021280001fc4be2 ports 2 "oe01cel03 C 192.168.10.5 HCA-1"   STORAGE CELL
Ca  : 0x0021280001fc57b2 ports 2 "oe01cel02 C 192.168.10.4 HCA-1"   STORAGE CELL
Ca  : 0x0021280001fc6266 ports 2 "oe01cel01 C 192.168.10.3 HCA-1"   STORAGE CELL
```

3. ibswitches

ibswitches 命令也是一个脚本，用于探测 InfiniBand 光纤拓扑，也可以用来从已经生成的拓扑文件中解析出交换机节点。下面是 ibswitches 命令的输出示例：

```
[root@oe01db01 ~]# ibswitches
Switch  : 0x002128f56921a0a0 ports 36 "SUN DCS 36P QDR oe01sw-ibb0
172.17.33.14" enhanced port 0 lid 1 lmc 0
Switch  : 0x002128f56b22a0a0 ports 36 "SUN DCS 36P QDR oe01sw-iba0
172.17.33.13" enhanced port 0 lid 2 lmc 0
```

4. ibnodes

ibnodes 命令也是一个脚本，用于探测 InfiniBand 光纤拓扑，也用来从已经生成的拓扑文件中解析出通道适配器对应的 InfiniBand 节点、交换机和路由器。下面是 ibnodes 命令的输出示例。设备名称后的 S 意味着这个设备是计算节点服务器，C 代表这是存储节点。

```
[root@oe01db01 ~]# ibnodes
Ca      : 0x0021280001fc6306 ports 2 "oe01db02 S 192.168.10.2 HCA-1"
Ca      : 0x0021280001fc4be2 ports 2 "oe01cel03 C 192.168.10.5 HCA-1"
Ca      : 0x0021280001fc6266 ports 2 "oe01cel01 C 192.168.10.3 HCA-1"
Ca      : 0x0021280001fc57b2 ports 2 "oe01cel02 C 192.168.10.4 HCA-1"
Ca      : 0x0021280001fc6c6a ports 2 "oe01db01 S 192.168.10.1 HCA-1"
Switch : 0x002128f56921a0a0 ports 36 "SUN DCS 36P QDR oe01sw-ibb0 172.17.33.14" enhanced
port 0 lid 1 lmc 0
Switch : 0x002128f56b22a0a0 ports 36 "SUN DCS 36P QDR oe01sw-iba0
172.17.33.13" enhanced
port 0 lid 2 lmc 0
```

5. ibstatus

ibstatus 命令显示从节点服务器上本地 InfiniBand 驱动中抽取的基本信息。下面是从一台计算节点服务器上运行 ibstatus 命令的输出示例：

```
[root@oe01db01 ~]# ibstatus
Infiniband device 'mlx4_0' port 1 status:
        default gid:    fe80:0000:0000:0000:0021:2800:01fc:6c6b
        base lid:       0x5
        sm lid:         0x1
        state:          4: ACTIVE
        phys state:     5: LinkUp
        rate:           40 Gb/sec (4X QDR)
        link_layer:     IB

Infiniband device 'mlx4_0' port 2 status:
        default gid:    fe80:0000:0000:0000:0021:2800:01fc:6c6c
        base lid:       0x6
        sm lid:         0x1
        state:          4: ACTIVE
        phys state:     5: LinkUp
        rate:           40 Gb/sec (4X QDR)
        link_layer:     IB
```

下面是在存储节点上运行 ibstatus 命令的输出示例：

```
[root@oe01cel02 ~]# ibstatus
Infiniband device 'mlx4_0' port 1 status:
    default gid:   fe80:0000:0000:0000:0021:2800:01fc:57b3
    base lid:      0x7
    sm lid:        0x1
    state:         4: ACTIVE
    phys state:    5: LinkUp
    rate:          40 Gb/sec (4X QDR)
    link_layer:    IB

Infiniband device 'mlx4_0' port 2 status:
    default gid:   fe80:0000:0000:0000:0021:2800:01fc:57b4
    base lid:      0x8
    sm lid:        0x1
    state:         4: ACTIVE
    phys state:    5: LinkUp
    rate:          40 Gb/sec (4X QDR)
    link_layer:    IB
```

6. ibping

ibping 命令用来检验 InfiniBand 网络内各种节点间的连通性。这个 ping 测试并非基于 IP 地址，而是在网络堆栈的下一层进行。ping 的目标对象是基于 LID 的。为了测试连通性，需要在目标服务器上先以"服务器模式"（server mode）运行 ibping 命令，然后在本节点上以"客户端模式"（client mode）去"ping"特定的 LID 端口。

```
##Run "ibping" in server mode on db node:
[root@oe01db01 ~]# ibping -S

## Run "ibping" from a storage cell in Client Mode
[root@oe01cel101 ~]# ibping --verbose --count 4 --Lid 5
Pong from oe01db01.at-rockside.lab.(none) (Lid 5): time 0.099 ms
Pong from oe01db01.at-rockside.lab.(none) (Lid 5): time 0.055 ms
Pong from oe01db01.at-rockside.lab.(none) (Lid 5): time 0.056 ms
Pong from oe01db01.at-rockside.lab.(none) (Lid 5): time 0.050 ms

--- oe01db01.at-rockside.lab.(none) (Lid 5) ibping statistics ---
4 packets transmitted, 4 received, 0% packet loss, time 4000 ms
rtt min/avg/max = 0.050/0.065/0.099 ms
```

7. iblinkinfo

iblinkinfo 命令输出 InfiniBand 节点之间每个端口的连接信息。诊断连接性能下降或者连接通道关闭相关的性能问题时，这个工具很有帮助。无论连接是激活状态（active）还是连通状态，这个服务器都可以被识别。此外，InfiniBand 连接信息是从 IB 网络内所有交换机的视角来呈现的。从下面的示例中可以看出：

```
[root@oe01db01 ~]# iblinkinfo --verbose
Switch: 0x002128f56921a0a0 SUN DCS 36P QDR oe01sw-ibb0 172.17.33.14:
         1    1[  ] ==( 4X           10.0 Gbps Active/  LinkUp)==>
 8    2[  ] "oe01cel02 C 192.168.10.4 HCA-1" ( )
         1    2[  ] ==( 4X           10.0 Gbps Active/  LinkUp)==>
14    2[  ] "oe01cel01 C 192.168.10.3 HCA-1" ( )
         1    3[  ] ==(                        Down/ Polling)==>                    [
] "" ( )
         1    4[  ] ==( 4X           10.0 Gbps Active/  LinkUp)==>
10    2[  ] "oe01cel03 C 192.168.10.5 HCA-1" ( )
         1    5[  ] ==(                        Down/ Polling)==>                    [
```

```
] "" ( )
          1    6[   ]  ==(                        Down/ Polling)==>              [
] "" ( )
          1    7[   ]  ==( 4X          10.0 Gbps Active/  LinkUp)==>
6    2[  ] "oe01db01 S 192.168.10.1 HCA-1" ( )
          1    8[   ]  ==(                        Down/ Polling)==>              [
] "" ( )
          1    9[   ]  ==(                        Down/ Polling)==>              [
] "" ( )
          1   10[   ]  ==( 4X          10.0 Gbps Active/  LinkUp)==>
4    2[  ] "oe01db02 S 192.168.10.2 HCA-1" ( )
          1   11[   ]  ==(                        Down/Disabled)==>              [
] "" ( )
          1   12[   ]  ==(                        Down/ Polling)==>              [
] "" ( )
          1   13[   ]  ==( 4X          10.0 Gbps Active/  LinkUp)==>
2   14[  ] "SUN DCS 36P QDR oe01sw-iba0 172.17.33.13" ( )
          1   14[   ]  ==( 4X          10.0 Gbps Active/  LinkUp)==>
2   13[  ] "SUN DCS 36P QDR oe01sw-iba0 172.17.33.13" ( )
          1   15[   ]  ==( 4X          10.0 Gbps Active/  LinkUp)==>
2   16[  ] "SUN DCS 36P QDR oe01sw-iba0 172.17.33.13" ( )
          1   16[   ]  ==( 4X          10.0 Gbps Active/  LinkUp)==>
2   15[  ] "SUN DCS 36P QDR oe01sw-iba0 172.17.33.13" ( )
          1   17[   ]  ==( 4X          10.0 Gbps Active/  LinkUp)==>
          2   18[   ]  "SUN DCS 36P QDR oe01sw-iba0 172.17.33.13" ( )
          1   18[   ]  ==( 4X          10.0 Gbps Active/  LinkUp)==>
2   17[  ] "SUN DCS 36P QDR oe01sw-iba0 172.17.33.13" ( )
          1   19[   ]  ==(                        Down/Disabled)==>              [
] "" ( )
…
          1   31[   ]  ==( 4X          10.0 Gbps Active/  LinkUp)==>
2   31[  ] "SUN DCS 36P QDR oe01sw-iba0 172.17.33.13" ( )
          1   32[   ]  ==(                        Down/Disabled)==>              [
] "" ( )
…
          1   36[   ]  ==(                        Down/Disabled)==>              [
] "" ( )
CA: oe01db02 S 192.168.10.2 HCA-1:
       0x0021280001fc6307      3    1[  ]  ==( 4X          10.0 Gbps Active/
 LinkUp)==>       2   10[  ] "SUN DCS 36P QDR oe01sw-iba0 172.17.33.13" ( )
       0x0021280001fc6308      4    2[  ]  ==( 4X          10.0 Gbps Active/
 LinkUp)==>       1   10[  ] "SUN DCS 36P QDR oe01sw-ibb0 172.17.33.14" ( )
CA: oe01cel03 C 192.168.10.5 HCA-1:
       0x0021280001fc4be3      9    1[  ]  ==( 4X          10.0 Gbps Active/
 LinkUp)==>       2    4[  ] "SUN DCS 36P QDR oe01sw-iba0 172.17.33.13" ( )
       0x0021280001fc4be4     10    2[  ]  ==( 4X          10.0 Gbps Active/
 LinkUp)==>       1    4[  ] "SUN DCS 36P QDR oe01sw-ibb0 172.17.33.14" ( )
CA: oe01cel01 C 192.168.10.3 HCA-1:
       0x0021280001fc6267     13    1[  ]  ==( 4X          10.0 Gbps Active/
 LinkUp)==>       2    2[  ] "SUN DCS 36P QDR oe01sw-iba0 172.17.33.13" ( )
       0x0021280001fc6268     14    2[  ]  ==( 4X          10.0 Gbps Active/
 LinkUp)==>       1    2[  ] "SUN DCS 36P QDR oe01sw-ibb0 172.17.33.14" ( )
CA: oe01cel02 C 192.168.10.4 HCA-1:
       0x0021280001fc57b3      7    1[  ]  ==( 4X          10.0 Gbps Active/
 LinkUp)==>       2    1[  ] "SUN DCS 36P QDR oe01sw-iba0 172.17.33.13" ( )
       0x0021280001fc57b4      8    2[  ]  ==( 4X          10.0 Gbps Active/
 LinkUp)==>       1    1[  ] "SUN DCS 36P QDR oe01sw-ibb0 172.17.33.14" ( )
Switch: 0x002128f56b22a0a0 SUN DCS 36P QDR oe01sw-iba0 172.17.33.13:
          2    1[  ]  ==( 4X          10.0 Gbps Active/  LinkUp)==>
7    1[  ] "oe01cel02 C 192.168.10.4 HCA-1" ( )
          2    2[  ]  ==( 4X          10.0 Gbps Active/  LinkUp)==>
13    1[  ] "oe01cel01 C 192.168.10.3 HCA-1" ( )
          2    3[  ]  ==(                        Down/ Polling)==>              [
] "" ( )
          2    4[  ]  ==( 4X          10.0 Gbps Active/  LinkUp)==>
```

```
9    1[  ] "oe01cel03 C 192.168.10.5 HCA-1" ( )
        2    5[  ] ==(                    Down/ Polling)==>              [
] "" ( )
        2    6[  ] ==(                    Down/ Polling)==>              [
] "" ( )
        2    7[  ] ==( 4X          10.0 Gbps Active/  LinkUp)==>
5    1[  ] "oe01db01 S 192.168.10.1 HCA-1" ( )
        2    8[  ] ==(                    Down/ Polling)==>              [
] "" ( )
…
        2   10[  ] ==( 4X          10.0 Gbps Active/  LinkUp)==>
3    1[  ] "oe01db02 S 192.168.10.2 HCA-1" ( )
        2   11[  ] ==(                    Down/Disabled)==>             [
] "" ( )
        2   12[  ] ==(                    Down/ Polling)==>             [
] "" ( )
        2   13[  ] ==( 4X          10.0 Gbps Active/  LinkUp)==>
1   14[  ] "SUN DCS 36P QDR oe01sw-ibb0 172.17.33.14" ( )
        2   14[  ] ==( 4X          10.0 Gbps Active/  LinkUp)==>
1   13[  ] "SUN DCS 36P QDR oe01sw-ibb0 172.17.33.14" ( )
        2   15[  ] ==( 4X          10.0 Gbps Active/  LinkUp)==>
1   16[  ] "SUN DCS 36P QDR oe01sw-ibb0 172.17.33.14" ( )
        2   16[  ] ==( 4X          10.0 Gbps Active/  LinkUp)==>
1   15[  ] "SUN DCS 36P QDR oe01sw-ibb0 172.17.33.14" ( )
        2   17[  ] ==( 4X          10.0 Gbps Active/  LinkUp)==>
1   18[  ] "SUN DCS 36P QDR oe01sw-ibb0 172.17.33.14" ( )
        2   18[  ] ==( 4X          10.0 Gbps Active/  LinkUp)==>
1   17[  ] "SUN DCS 36P QDR oe01sw-ibb0 172.17.33.14" ( )
        2   19[  ] ==(                    Down/Disabled)==>             [
] "" ( )
…
        2   31[  ] ==( 4X          10.0 Gbps Active/  LinkUp)==>
1   31[  ] "SUN DCS 36P QDR oe01sw-ibb0 172.17.33.14" ( )
        2   32[  ] ==(                    Down/Disabled)==>             [
] "" ( )
…
        2   36[  ] ==(                    Down/Disabled)==>           [  ] "" ( )
CA: oe01db01 S 192.168.10.1 HCA-1:
    0x0021280001fc6c6b     5    1[  ] ==( 4X          10.0 Gbps Active/
LinkUp)==>       2    7[  ] "SUN DCS 36P QDR oe01sw-iba0 172.17.33.13" ( )
    0x0021280001fc6c6c     6    2[  ] ==( 4X          10.0 Gbps Active/
LinkUp)==>       1    7[  ] "SUN DCS 36P QDR oe01sw-ibb0 172.17.33.14" ( )
```

8. ibcheckstate

ibcheckstate 命令用于扫描 InfiniBand 网络，检查端口的逻辑状态和物理状态，当逻辑状态不是 active 或者物理状态不是 LinkUp 时会报告端口状态异常。

这个命令的输出，是从 IB 网络内的所有终端视角来看的，包含交换机和服务器。终端通过 GUID 来识别。这个输出可以跟 ibnodes 的输出通过 GUID 相关联，得出实际的服务器名称和交换机名称。

下面是 ibcheckstate 命令的输出示例：

```
[root@oe01ce101 ~]# ibcheckstate -v
# Checking Switch: nodeguid 0x002128f56921a0a0
Node check lid 1:  OK
Port check lid 1 port 1:  OK
Port check lid 1 port 2:  OK
Port check lid 1 port 4:  OK
Port check lid 1 port 7:  OK
Port check lid 1 port 10:  OK
Port check lid 1 port 13:  OK
```

```
Port check lid 1 port 14:   OK
Port check lid 1 port 15:   OK
Port check lid 1 port 16:   OK
Port check lid 1 port 17:   OK
Port check lid 1 port 18:   OK
Port check lid 1 port 31:   OK

# Checking Switch: nodeguid 0x002128f56b22a0a0
Node check lid 2:   OK
Port check lid 2 port 1:   OK
Port check lid 2 port 2:   OK
Port check lid 2 port 4:   OK
Port check lid 2 port 7:   OK
Port check lid 2 port 10:   OK
Port check lid 2 port 13:   OK
Port check lid 2 port 14:   OK
Port check lid 2 port 15:   OK
Port check lid 2 port 16:   OK
Port check lid 2 port 17:   OK
Port check lid 2 port 18:   OK
Port check lid 2 port 31:   OK

# Checking Ca: nodeguid 0x0021280001fc6306
Node check lid 3:   OK
Port check lid 3 port 1:   OK
Port check lid 3 port 2:   OK

# Checking Ca: nodeguid 0x0021280001fc6c6a
Node check lid 5:   OK
Port check lid 5 port 1:   OK
Port check lid 5 port 2:   OK

# Checking Ca: nodeguid 0x0021280001fc4be2
Node check lid 9:   OK
Port check lid 9 port 1:   OK
Port check lid 9 port 2:   OK

# Checking Ca: nodeguid 0x0021280001fc57b2
Node check lid 7:   OK
Port check lid 7 port 1:   OK
Port check lid 7 port 2:   OK

# Checking Ca: nodeguid 0x0021280001fc6266
Node check lid 13:   OK
Port check lid 13 port 1:   OK
Port check lid 13 port 2:   OK

## Summary: 7 nodes checked, 0 bad nodes found
##          34 ports checked, 0 ports with bad state found
```

9. ibcheckerrors

ibcheckerrors 命令是一个脚本，通过探测 InfiniBand 网络拓扑或者使用现成的拓扑文件，展示并对 IB 端口上的错误信息计数器进行清零。下面是 ibcheckerrors 命令的输出示例：

```
[root@oe01db01 ~]# ibcheckerrors -v

# Checking Switch: nodeguid 0x002128f56921a0a0
Node check lid 1:   OK
Error check on lid 1 (SUN DCS 36P QDR oe01sw-ibb0 172.17.33.14) port all:   OK

# Checking Switch: nodeguid 0x002128f56b22a0a0
Node check lid 2:   OK
Error check on lid 2 (SUN DCS 36P QDR oe01sw-iba0 172.17.33.13) port all:   OK
```

```
# Checking Ca: nodeguid 0x0021280001fc6306
Node check lid 3:  OK
Error check on lid 3 (oe01db02 S 192.168.10.2 HCA-1) port 1:  OK
Node check lid 4:  OK
Error check on lid 4 (oe01db02 S 192.168.10.2 HCA-1) port 2:  OK

# Checking Ca: nodeguid 0x0021280001fc4be2
Node check lid 9:  OK
Error check on lid 9 (oe01cel03 C 192.168.10.5 HCA-1) port 1:  OK
Node check lid 10:  OK
Error check on lid 10 (oe01cel03 C 192.168.10.5 HCA-1) port 2:  OK

# Checking Ca: nodeguid 0x0021280001fc6266
Node check lid 13:  OK
Error check on lid 13 (oe01cel01 C 192.168.10.3 HCA-1) port 1:  OK
Node check lid 14:  OK
Error check on lid 14 (oe01cel01 C 192.168.10.3 HCA-1) port 2:  OK

# Checking Ca: nodeguid 0x0021280001fc57b2
Node check lid 7:  OK
Error check on lid 7 (oe01cel02 C 192.168.10.4 HCA-1) port 1:  OK
Node check lid 8:  OK
Error check on lid 8 (oe01cel02 C 192.168.10.4 HCA-1) port 2:  OK

# Checking Ca: nodeguid 0x0021280001fc6c6a
Node check lid 5:  OK
Error check on lid 5 (oe01db01 S 192.168.10.1 HCA-1) port 1:  OK
Node check lid 6:  OK
Error check on lid 6 (oe01db01 S 192.168.10.1 HCA-1) port 2:  OK

## Summary: 7 nodes checked, 0 bad nodes found
##          34 ports checked, 0 ports have errors beyond threshold
```

如果这个命令的检查结果汇报有错误，可以通过下面的命令做更进一步的深入分析。

❑ ibcheckerrors：扫描 InfiniBand 网络，检测其连通性，验证 IB 端口（或节点）并报告错误。

❑ ibqueryerrors：查询并报告非零 IB 端口计数器。

❑ ibchecknet：验证 IB 子网、节点或端口并报告错误。

❑ ibchecknode：验证节点连通性，对指定的节点做一个简单的检查。

❑ ibcheckport：验证端口连通性，对指定的端口做一个简单的可用性检查。

一旦问题被诊断并校正，可以通过下面的命令重置计数器：

❑ ibclearerrors：对 IB 子网中的端口错误计数器进行清零。

❑ ibclearcounters：对 IB 子网中的端口计数器进行清零。

17.4　监控 Exadata 存储节点

除了之前介绍的通用监控和维护性质的工具和命令外，还可以用 OEM 或者 Dell/Quest Spotlight 来监控 Exadata 的方方面面。

17.4.1　Dell 的 Exadata 软件工具

在笔记本电脑和台式计算机领域，Dell 广为人知，同时 Dell 作为 Oracle 数据库所用的

服务器和存储器的主流供应商也有十多年了。当它在 2012 年收购 Quest 软件公司后，Dell
也成为 Oracle 数据库管理和开发工具的主流供应商了。在 Oracle 圈子里，Quest 软件以
Toad 工具的创造者而闻名。Toad 是一款 Oracle 数据库管理和开发工具，当然它也可以管理
其他数据库系统。Dell 宣称在全球范围内有超过 300 万 Toad 用户。

Dell 软件集团还提供其他一系列的 Oracle 相关产品，包括 Shareplex——它在 Oracle
数据库之间提供高速复制能力，以及 Foglight——它为所有类型的数据库、应用服务器和应
用基础架构提供监控和性能管理功能。

Dell 公司的所有软件产品都经过 Exadata 平台、Oracle 数据库的认证支持。另外，Dell
还为管理 Exadata 提供了 Toad DBA 套件的专门版本。这个版本的 Toad 包括用 Spotlight 管
理 Oracle Exadata，它是 Oracle 产品系列中流行的 Spotlight 版本，增加了专门诊断 Exadata
系统的功能。

Oracle Exadata 专用的 Spotlight，为 Exadata 的状态提供了一种图形展示，如图 17.1
所示。

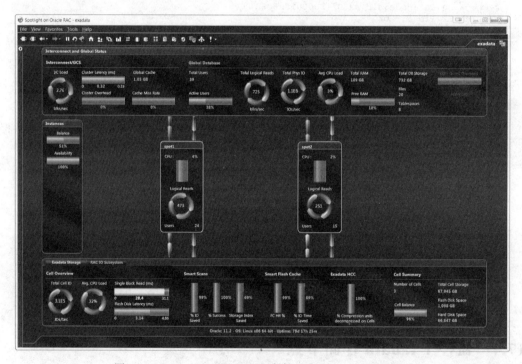

图 17.1 Quest Spotlight DBA 套件（Oracle Exadata 版本）

这个屏幕上展示了一个 Oracle RAC 数据库的常规信息：全局缓存性能、集群互联以及
集群的负载均衡。它还展示了 Exadata 存储节点上的关键统计数据，包括存储服务器的总体
负载、智能扫描的活动情况和效能、Exadata 智能闪存的命中率及节约时间，以及 Exadata
混合列压缩活动情况。单击这些图标中的任意一个，都会展示这一 Exadata 组件的更详细

的活动信息。当然，还可以检查聚合整个系统的 CellCLI 统计数据。图 17.2 展示了 Exadata
智能闪存的详细信息。

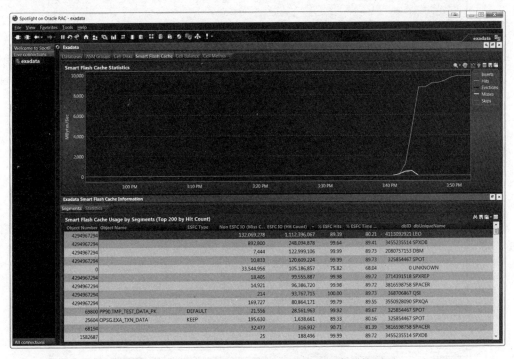

图 17.2　Toad 上的 Oracle Exadata 智能闪存监控页面

Dell Toad 套件还包括 SQL Optimizer 优化器工具，该工具使用了人工智能引擎，为给
定的 SQL 语句进行改写，并确保改写后的语句获得最好的性能提升。这个产品结合了许多
Exadata 特有的特性，包括：

❏ 强调智能扫描或布隆过滤（bloom filter）操作。

❏ SQL 改写规则支持启用或停用智能扫描和布隆过滤操作，并确定对查询的影响。

❏ 对嵌入式 SQL 子句进行智能改写，鼓励将整个子查询卸载（offloading）到存储服
务器中。

❏ 集成的计划控制模型，通过启用或停用智能扫描和布隆过滤操作，并采用 Oracle 执
行计划基线来促进 SQL 性能，无须修改应用程序源代码。

从图 17.3 和图 17.4 可以看到这些示例。

17.4.2　使用企业管理器监控存储节点

一旦存储节点作为 Oracle 企业管理器（Oracle Enterprise Manager，OEM）的目标对象
并正确配置后，OEM 就可以搜集存储节点的统计数据。除了安装插件，并进行目标发现
（target discovery）外，还有一些特定的任务要完成，这些任务在接下来的小节中描述。

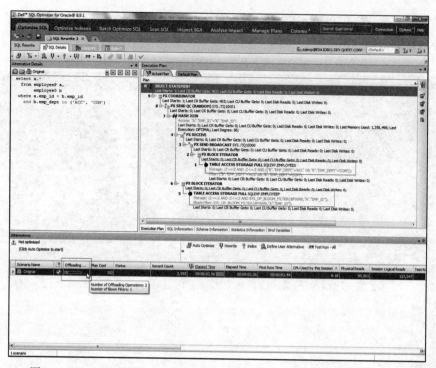

图 17.3　Toad 上的 Exadata SQL 优化器：SQL 执行计划启用了布隆过滤

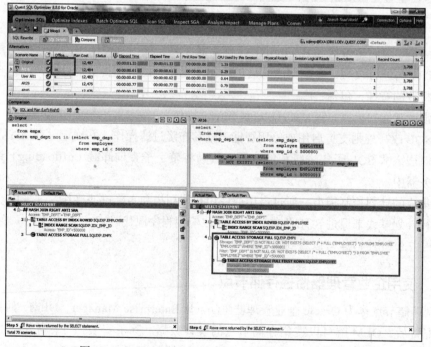

图 17.4　Toad 上的 Exadata SQL 优化器：SQL 改写

配置 OEM 目标

在 OEM 能够搜集存储节点的统计数据之前，需要在所有的计算节点和存储节点之间配置无密码连接。这个配置过程在企业管理器的在线帮助文档里有记录。代码清单 17.2（setup_ssh_root.sh）展示的简单脚本可以部分地自动化这一过程。

代码清单17.2　配置无密码SSH连接（setup_ssh_root.sh）

```
ssh-keygen -t dsa
while [ $# -gt 0 ]; do
    export remoteHost=$1

    # Root user
    scp ~/.ssh/id_dsa.pub root@${remoteHost}:
    ssh root@${remoteHost} 'mkdir .ssh;chmod 700 .ssh; cat ~/id_dsa.pub
>>~/.ssh/authorized_keys;chmod 600 ~/.ssh/authorized_keys '


    #cellmonitor
    ssh root@${remoteHost} 'mkdir ~cellmonitor/.ssh;
        chmod 700 ~cellmonitor/.ssh;
        cat  ~/id_dsa.pub >>~cellmonitor/.ssh/authorized_keys;
        chmod 600 ~cellmonitor/.ssh/authorized_keys;
        chown cellmonitor ~cellmonitor/.ssh;
        chown cellmonitor ~cellmonitor/.ssh/authorized_keys'
    shift
done
```

在每个计算节点上运行这个脚本，并将所有存储服务器节点名称作为参数传进去：

```
bash set_ssh_root.sh exa1cel01 exa1cel02 exa1cel03
```

接着就会收到各种 SSH 口令或提示信息等，除了输入密码，其他内容只需要按 Enter 或者 Y 键即可。在这个配置过程中，要为每个存储节点输入 2 次密码才能把所需要的内容都配置好，然后才能够不需要输入密码就可以通过 SSH 登录到存储节点。

在 OEM 上配置监控存储节点，需要在数据库主页面的 Related Links 栏里单击 Add Exadata Cell Targets，如图 17.5 所示。

下一个页面主要说的是增加一个存储节点作为监控对象的前提条件，包括创建一个无密码的 SSH 配置。接着，如图 17.6 所示，可以看到一个 Add Oracle Exadata Storages Server（增加 Oracle Exadata 存储服务器）的页面。

然后可以在 Cluster Database 页面的 Exadata Cells 部分看到存储节点状态是活跃的，如图 17.7 所示。

到此为止，存储节点就处于被监控状态了，可以看到存储节点的指标统计信息，包括历史信息和实时信息。要具体查看某个指标，从图 17.7 所示的链接里选择特定的存储节点，接着选择具体的属性指标即可。指标统计信息如图 17.8 所示。

17.4.3　比较分析多节点的 CellCLI 统计数据

有时可能要计算所有节点上 CellCLI 的各种统计数据。这个操作是相当冗长烦琐的，即使可以使用一条 dcli 命令在所有节点上运行相同的指令。Guy Harrison 用 Perl 写了一个小工具，可以比较分析所有节点上的统计数据。使用这个小工具，可以轻容易地对各种 CellCLI 指标统计数据进行对比分析。示例如下：

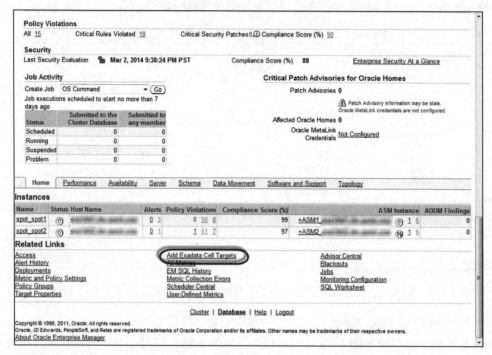

图 17.5　初始化 Add Exadata Cell Targets 过程

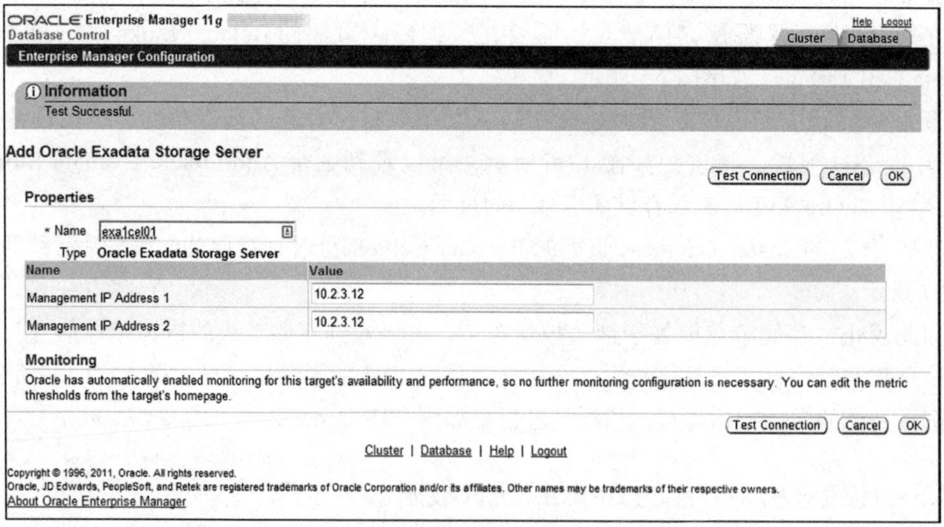

图 17.6　对 Exadata 存储节点进行连通性测试

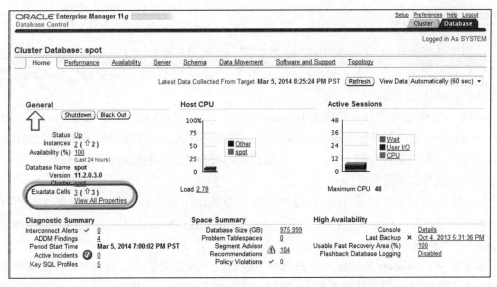

图 17.7　在 OEM 里 Exadata Cells 连接状态是活动的

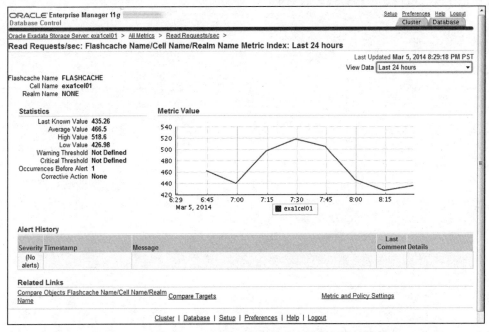

图 17.8　在 OEM 里跟踪一个存储节点的指标统计信息

```
$  perl cellcli.pl --hosts exa1cel01,exa1cel02,exa1cel03  --mask FL_.*FIRST --desc

Name            Description                                         Sum
--------------- ------------------------------------------------- ------------
FL_DISK_FIRST   no of redo writes first completed to disk         2.27974e+08
FL_FLASH_FIRST  no of redo writes first completed to flash        7.22336e+06
```

17.5 本章小结

正如大家所看到的，Oracle Exadata 数据库一体机是一个集成了先进硬件技术和智能应用感知软件的独特解决方案。因此，Oracle 开发了各种工具，让用户更好地管理和监控这款独特的软硬件一体机。

现在，OEM 已经可以全面地对 Exadata 的各个组件进行管理、维护和监控。除了 OEM 之外，Oracle 还提供了其他 Exadata 专用工具，比如 Exachk（专门针对 Exadata 的健康检查工具）、TFA（跟踪文件分析工具）——从数据库的视角搜集诊断信息，以及 SunDiag——从硬件的角度搜集诊断信息。

InfiniBand 网络是 Exadata 体系架构中的一个关键组成部分，为平台提供卓越的可用性、可靠性和性能。Oracle 提供了 verify_topology、infinicheck 等工具，让用户监控和检查 InfiniBand 网络的健康情况。

事实证明，Exadata 确实是一个成熟的平台，这个事实就是主流的第三方数据库管理软件供应商正在将他们的产品和工具专门对 Exadata 进行改版。Dell/Quest Spotlight 就是软件供应商正在改版软件这一趋势很好的例子。